全球碳中和第三条道路

新公共物品原理
全球碳中和解决方案

THE NEW PRINCIPLE FOR PUBLIC GOODS AND
SOLUTIONS FOR GLOBAL CARBON NEUTRALIZATION

杨宝明◎著

中国经济出版社
CHINA ECONOMIC PUBLISHING HOUSE
·北京·

图书在版编目（CIP）数据

新公共物品原理与全球碳中和解决方案 / 杨宝明著
. -- 北京：中国经济出版社，2023.11
ISBN 978 - 7 - 5136 - 7537 - 6

Ⅰ.①新⋯　Ⅱ.①杨⋯　Ⅲ.①二氧化碳 – 排污交易 –
研究 – 世界　Ⅳ.① X511

中国国家版本馆 CIP 数据核字（2023）第 209940 号

责任编辑　姜　莉
责任印制　马小宾

出版发行　中国经济出版社
印　刷　者　北京富泰印刷有限责任公司
经 销 者　各地新华书店
开　　本　787mm×1092mm　1/16
印　　张　27
字　　数　540 千字
版　　次　2023 年 11 月第 1 版
印　　次　2023 年 11 月第 1 次
定　　价　98.00 元

广告经营许可证　京西工商广字第 8179 号

中国经济出版社 网址 www.economyph.com 社址 北京市东城区安定门外大街 58 号 邮编 100011
本版图书如存在印装质量问题，请与本社销售中心联系调换（联系电话：010-57512564）

研究项目团队

本项目由杨宝明博士领衔，项目研究人员包括贺灵童、韩传峰、黄渝祥、施骞、刘兴华、徐培征等。

杨宝明博士负责项目核心理论的研究和成果输出，主导本书的整体创作工作。

贺灵童统筹本书的编辑工作，参与第1章、第3章、第6章部分内容的撰写，主导本书所有参考文献的考证整理、数据图表制作，参与本书的整体核对工作。

徐培征主要负责本项目的电力市场改革研究方面，参与了第10章部分章节及附录部分的撰写，参与全书的核对工作。

黄渝祥教授承担本项目的经济学高级顾问工作，从专业理论上为项目成果进行把关，提出改善优化建议，参与所有重要问题、观点和理论的研讨。

韩传峰、施骞、刘兴华教授在本项目研究的全过程中参与多次研讨，给予了很多指导，提出了许多建议和意见，对研究成果的改进和本书品质的提升发挥了重要作用。

同济大学中和研究院

2023年7月

献给为解决全球气候问题而奋斗的人们

Dedicated for those fighting against global climate change

IPCC 第六次评估报告综合报告：《气候变化 2023》[①]

联合国政府间气候变化专门委员会（Intergovernmental Panel on Climate Change，IPCC）2023 年 3 月发布第六次评估报告综合报告：《气候变化 2023》（*AR6 Synthesis Report：Climate Change 2023*）。

报告指出，在过去的一个多世纪，化石燃料的燃烧以及不平等且不可持续的能源和土地使用导致全球气温持续上升，现在已经比工业化前的水平高出了 1.1℃。这导致极端天气事件的发生愈加频繁和强烈，使全球各个地区的自然和人口日益陷入危险之中。随着气候变暖加剧，粮食和水资源安全问题将日益严峻；这些风险如果与大流行病或区域冲突等其他不利事件同时发生，将变得更加棘手。

2018 年，IPCC 强调了"将气候变暖控制在 1.5℃ 的挑战是前所未有的"。5 年后的今天，由于温室气体排放量的持续增加，这一挑战现已变得更加严峻。迄今为止为应对气候变暖所开展工作的速度和规模，以及目前的计划，都不足以应对气候变化。面对日益严峻的气候挑战，倘若要将全球气温上升幅度控制在工业化前水平的 1.5℃ 以内，从 2020 年初开始测量，世界只能多排放 5000 亿吨 CO_2，按近年全球每年排放约 360 亿吨 CO_2 计算，全球将在大约 12 年内，即 2034 年耗尽全部碳预算。因此，要实现控温 1.5℃，所有部门都要在本个十年内全力、快速且持续地减少温室气体排放；如果要在 2030 年前将排放量减少近一半，那么温室气体的排放现在就需要减少。

---

① 根据以下网址内容作者翻译：https://www.ipcc.ch/report/sixth-assessment-report-cycle/.

《2022 年全球气候状况》报告[①]

2023年4月，世界气象组织（World Meteorological Organization，WMO）发布《2022年全球气候状况》（*State of the Global Climate 2022*）报告，报告显示：

全球平均气温：2022年的全球平均气温比1850—1900年的平均水平高1.15℃；尽管连续3年出现有降温效应的拉尼娜现象，但是近8年是有记录以来最热的8年，2022年是有记录以来第五或第六热的年份。

温室气体排放：CO_2（二氧化碳）、CH_4（甲烷）和N_2O（一氧化二氮）的浓度在2021年达到观测的最高纪录，部分观测点这3种温室气体浓度2022年还在持续上升。

海洋热含量：2022年，海洋热含量达到新的观测纪录。温室气体滞留在气候系统中的累积热量约有90%储存在海洋中，在一定程度上缓解了更高的温度上升，对海洋生态系统造成风险。

海平面上升：2022年，全球平均海平面继续上升，达到了有卫星记录以来的新高。

冰川：2022年2月25日，南极洲海冰降至192万平方千米，是有记录以来的最低水平。

东非干旱与粮食危机：东北非洲的干旱加剧，主要集中在肯尼亚、索马里和埃塞俄比亚南部，连续5个雨季的降雨量低于平均水平，这是40年来干旱时间最长的一次；在干旱和其他冲击的影响下，该地区预计有3700

[①] 根据以下网址内容作者翻译：https://public.wmo.int/en/our-mandate/climate/wmo-statement-state-of-global-climate.

万人面临严重的粮食危机。

巴基斯坦创纪录的降雨与洪灾：2022年7月和8月破纪录的降雨导致巴基斯坦发生大面积洪灾。8月，全国75000平方公里（约占巴基斯坦面积的9%）被淹没。据统计，巴基斯坦有1700多人死亡，3300万人受到影响，近800万人流离失所。经评估，总损失与损害高达300亿美元。

中国和欧洲创纪录的夏季热浪：2022年夏天，破纪录的热浪袭击了中国和欧洲。欧洲夏季的3个月里每个月都会出现明显的热浪。夏季期间，西班牙、德国、英国（65岁及以上）、法国和葡萄牙的死亡人数分别为4600人、4500人、2800人、2800人和1000人，死因与异常高温有关。最反常的热浪发生在7月中旬。7月19日，英国林肯郡科宁斯比（Coningsby）的气温高达40.3℃，这也是英国历史上气温首次突破40℃；7月18日，都柏林凤凰公园的气温高达33.0℃，是爱尔兰1887年以来的最高温度；7月20日，德国汉堡纽维登塔尔的气温为40.1℃，是德国出现纬度最高的40℃；7月21日，瑞典马姆拉的气温达到37.2℃，是瑞典1947年以来的最高气温……

欧洲严重干旱：2022年夏天，欧洲不仅经历了有气象记录以来最热的三个7月之一，还可能遭遇"约500年来最严重的干旱"。在欧洲，8月的情况最为严重，包括莱茵河、卢瓦尔河和多瑙河在内的河流水位降至极低水平，严重扰乱了河流运输。在法国，河水流量低、温度高，导致一些核电站的发电量减少。德国中西部的三个州经历了有记录以来最干旱的夏天，而这个地区在2021年夏天经历了极端洪水。法国经历了1976年以来最干旱的1—9月，英国和比利时经历了1976年以来最干旱的1—8月。2021年及2022年冬季，意大利北部和伊比利亚半岛异常干燥，春季欧洲大部分地区比平均水平更干燥。因严重干旱，法国西南部受到野火的严重影响，烧毁面积超过6.2万公顷。

北美西部持续严重干旱：据估计，美国2022年因干旱造成的经济损失总额为220亿美元。得克萨斯州经历了有记录以来第二干旱的1—7月，墨西哥北部邻近地区尤其干旱，而加利福尼亚州经历了有记录以来最干旱的1—10月，降水比1901—2000年平均水平低65%。截至2022年10月，前36个月降水量是有记录以来最低的。7月下旬，科罗拉多河流域的米德湖降至1938年水库蓄水以来的最低水位。10月，密西西比河中下游地区的水位达到了历史最低水平；到10月中旬，美国超过82%的地区经历了异常干旱，这是美国干旱监测机构23年监测以来历史上最大的干旱区域。新墨西哥州经历了有记录以来最大的火灾季节；加利福尼亚州也遭遇了历史上规模最大的火灾。

《2022 年中国气候公报》[①]

2023年2月，中国气象局国家气候中心发布《2022年中国气候公报》。公报显示：

2022年，全国平均气温为10.51℃，为1951年以来历史次高，仅比2021年低0.02℃；除冬季气温略偏低外，春、夏、秋三季气温均为历史同期最高；甘肃、湖北、四川和新疆气温为1961年以来历史最高，安徽、河南、湖南、江苏、江西、宁夏和青海为1961年以来历史次高。

2022年夏季，我国高温（日最高气温≥35℃）日数为14.3天，比常年偏多6.3天，为历史同期最多。四川东部、重庆、湖北大部、湖南、江西、安徽大部、江苏南部、上海、浙江、福建大部、陕西南部等地高温日数为40~50天，大部地区较常年偏多20~30天，浙、闽、川、渝等13省（市）高温日数均为1961年以来历史同期最多。持续高温天气给人体健康、农业生产和电力供应等带来不利影响，浙江、上海等南方多地用电创历史新高，浙江、江苏、四川等地多人确诊热射病。

2022年，极端高温事件为1961年以来历史最多，其中重庆北碚（45.0℃）、江津（44.7℃）、湖北竹山（44.6℃）等366个国家站日最高气温突破或持平历史纪录。

2022年，我国共发生35次冷空气过程（含寒潮过程11次），冷空气过程和寒潮过程均较常年偏多，其中寒潮过程偏多6次。2月，南方地区出现持续低温雨雪寡照天气，对农业、电力、交通造成不利影响；初春，北方

---

① 根据以下网址内容作者翻译：https://www.cma.gov.cn/zfxxgk/gknr/qxbg/202303/t20230324_5396394.html。

暴雪、南方暴雨影响大；秋末冬初，两次寒潮过程降温幅度大、影响范围广，多地出现低温冷冻害和雪灾。

2022年，全国平均降水量为606.1毫米，较常年偏少5%，为2012年以来最少；夏季平均降水量为1961年以来历史同期第二少；2022年，全国平均降水日（日降水量≥0.1毫米）为94.3天，较常年偏少7.4天，为1961年以来最少；七大江河流域中，辽河流域降水量为1961年以来第二多；全国共出现暴雨6383站日，较常年偏多2.5%。

2022年，我国旱情总体偏重，区域性和阶段性干旱明显。华东、华中等地出现阶段性春夏连旱，长江中下游及川渝等地7月至11月上半月持续高温少雨，遭遇夏秋连旱。长江流域中旱以上干旱日数为77天，较常年同期偏多54天，为1961年以来历史同期最多。

与干旱相反的是，2022年暴雨过程频繁，华南、东北雨涝灾害重，珠江流域和松辽流域出现汛情。2022年，全国共出现38次区域暴雨天气过程。春末夏初"龙舟水"强袭，珠江流域出现汛情；6—7月东北地区雨日多、雨量大，松辽流域40条河流发生超警以上洪水；8月中下旬四川、青海等局地短时强降雨引发山洪，致灾重。

2022年，全国气象灾害造成农作物受灾面积1206.8万公顷，死亡、失踪296人，直接经济损失2147.5亿元。

《2022年CO₂排放》[①]

2023年3月，国际能源署（International Energy Agency，IEA）发布《2022年CO₂排放》（*CO₂ Emissions in 2022*）报告，报告显示：

2022年，全球能源与工业相关的CO_2增长了0.9%，即3.21亿吨，达到创纪录的368亿吨；其中与能源相关的CO_2排放量增加了4.23亿吨，与工业相关的CO_2排放量下降了1.02亿吨。2022年CO_2排放量的增长远低于全球3.2%的GDP增速，恢复了近十年来碳排放与经济增长的脱钩趋势，这一脱钩趋势曾于2021年疫情后为排放量的大幅反弹所打破。

2022年能源价格上涨、通胀上涨以及传统能源贸易受阻，导致多国将天然气转换为煤炭，但全球CO_2排放量的增长却低于预期。受益于可再生能源、新能源汽车、热泵等清洁能源技术的应用，减少了5.5亿吨CO_2排放量。此外，中国和欧洲工业生产的下滑也减少了CO_2排放量。2022年，极端天气下制冷与供暖的需求增加了6000万吨CO_2排放量，由于核电站停运导致增加了5500万吨CO_2排放量。

2022年，最大的行业排放量增长来自电力和供热，其排放量增长了1.8%，即2.61亿吨。特别是在亚洲新兴经济体的带动下，全球燃煤发电和供热的排放量增长了2.24亿吨，即2.1%。可再生能源的强劲扩张限制了煤电排放的反弹。可再生能源占2022年全球发电量增长的90%。太阳能光伏和风能发电量分别增加了约275太瓦时，创下了新的年度纪录。2022年，工业排放下降了1.7%，降至92亿吨。尽管一些地区出现了制造业削减，

---

① 根据以下网址内容作者翻译：https://www.iea.org/reports/co2-emissions-in-2022.

但全球CO_2排放量的下降主要是由于中国工业排放量减少了1.61亿吨CO_2，如水泥产量下降了10%，钢铁生产下降了2%。

2022年，中国的CO_2排放量减少了0.2%，即2300万吨，达到121亿吨。这是中国2015年通过结构性改革推动碳减排以来的首次年度排放量下降。由于煤炭使用的增加，能源燃烧的CO_2排放量就增加了8800万吨，但这些增量被工业过程排放的减少所抵消。由于太阳能光伏发电和风力发电的大幅增长，煤炭占电力能源的60%左右，且总电力需求的增长速度远低于过去十年的平均水平。因此，燃煤发电的排放量增加了约3%，部分原因是夏季极端高温期间燃煤电厂的增加，以及对电力或以煤炭为燃料的区域供热的依赖日益增加。

工业部门的CO_2排放量有所下降，但中国对债务融资房地产的打击和持续的房地产低迷的影响并未完全反映在2022年的工业CO_2排放量中。新开工建筑同比下降约40%，而钢铁和水泥产量分别仅比2021年下降2%和10%。因此，中国工业部门的CO_2排放量比前一年减少了1.61亿吨，其中很大一部分来自工业生产过程排放量的下降。中国CO_2排放量同比降幅空前之大，拉低了全球工业CO_2排放量。

与全球交通运输行业CO_2排放量增长形成对比的是，2022年中国的交通运输碳排放量下降了3.1%。与2021年相比，2022年应对新冠肺炎疫情的措施大大加强了，包括对主要城市的封控以及对跨省的限制。与此同时，电动汽车的销量在2022年达到600万辆，减少了CO_2排放量。

重要联合国气候变化大会

1995年：柏林气候大会（COP1）

1995年，《联合国气候变化框架公约》（*United Nations Framework Convention on Climate Change*，*UNFCCC*）第一次缔约方大会（COP1）在德国柏林召开。会议通过了工业化国家和发展中国家《共同履行公约的决定》，要求工业化国家和发展中国家"尽可能开展最广泛的合作"，以减少全球温室气体排放量。

2009年12月，UNFCCC第十五次缔约方大会（COP15）暨《京都议定书》第五次缔约方大会在丹麦哥本哈根举行。大会分别以《联合国气候变化框架公约》及《京都议定书》缔约方大会决定的形式发表了《哥本哈根协议》。会上中国政府宣布到2020年中国的碳排放量比2005年减少40%~45%的目标。

2009年：哥本哈根气候大会（COP15）

1997年：京都气候大会（COP3）

1997年，UNFCCC第三次缔约方大会（COP3）在日本京都召开。会议上，《公约》生效后的第一份议定书——《京都议定书》草案出炉，是UNFCCC下的第一份具有法律约束力的协议，也是人类历史上首次以法规的形式限制温室气体排放的文件，条约于2005年2月正式生效。

2022年：沙姆沙伊赫气候大会（COP27）

2022年，UNFCCC第二十七次缔约方大会（COP27）在埃及沙姆沙伊赫召开。"我们正驶在前往气候地狱的高速公路上，而且还脚踩油门。"联合国秘书长古特雷斯在会议上表示。闭幕大会上，"沙姆沙伊赫实施计划"最终得以发布，最大的亮点之一在于长期悬而未决的"损失与损害"资金被确立设定，虽然资金来源仍待协商，但这已是一个积极信号。

2015年，UNFCCC第二十一次缔约方大会（COP21）在巴黎召开。中国国家主席习近平出席开幕式并发表主题讲话。近200个缔约方一致同意通过于2016年生效的《巴黎协定》，是UNFCCC下继《京都议定书》后第二份有法律约束力的气候协议，为2020年后全球应对气候变化行动作出安排，长期目标是21世纪末全球平均气温较前工业化时期上升幅度控制在2℃以内，并努力将温度上升控制在1.5℃以内。

2015年：巴黎气候变化大会（COP21）

2021年：格拉斯哥气候变化大会（COP26）

2021年，UNFCCC第二十六次缔约方大会（COP26）在格拉斯哥举行。来自近200个国家的代表签署了《格拉斯哥气候公约》，协议巩固了之前的气候共识，并让各方认识到所有国家都需要立即采取更多措施，努力将全球升温控制在1.5℃以内，以防止全球灾难性气候事件发生频率大幅上升。其间，中美共同发布了《中美关于在21世纪20年代强化气候行动的格拉斯哥联合宣言》。

气候问题中国路线

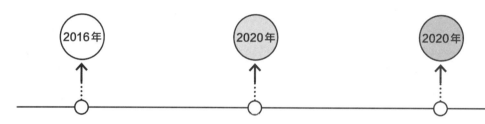

G20会议

2016年9月3日，国家主席习近平同美国总统奥巴马、联合国秘书长潘基文在杭州共同出席气候变化《巴黎协定》批准文书交存仪式，习近平在仪式上致辞：中国是负责任的发展中大国，是全球气候治理的积极参与者。中国将落实创新、协调、绿色、开放、共享的新发展理念，全面推进节能减排和低碳发展，迈向生态文明新时代。

第七十五届联合国大会一般性辩论

2020年9月，习近平主席在第七十五届联合国大会一般性辩论上阐明，应对气候变化《巴黎协定》代表了全球绿色低碳转型的大方向，是保护地球家园需要采取的最低限度行动，各国必须迈出决定性步伐。同时宣布，中国将提高国家自主贡献力度，采取更加有力的政策和措施，CO_2排放力争于2030年前达到峰值，努力争取2060年前实现碳中和目标。

气候雄心峰会

在2020年12月举行的气候雄心峰会上，习近平主席通过视频发表题为《继往开来，开启全球应对气候变化新征程》的重要讲话，宣布到2030年，中国单位国内生产总值CO_2排放将比2005年下降65%以上，非化石能源占一次能源消费比重将达到25%左右，森林蓄积量将比2005年增加60亿立方米，风电、太阳能发电总装机容量将达到12亿千瓦以上。

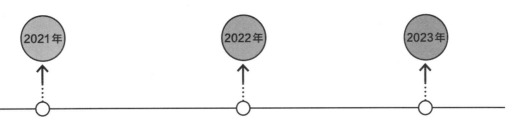

领导人气候峰会

2021年4月，国家主席习近平在北京以视频方式出席领导人气候峰会，并发表题为《共同构建人与自然命运共同体》的重要讲话。习近平强调，中国将生态文明理念和生态文明建设纳入中国特色社会主义总体布局，坚持走生态优先、绿色低碳的发展道路。中方宣布力争2030年前实现碳达峰、2060年前实现碳中和，是基于推动构建人类命运共同体和实现可持续发展作出的重大战略决策。中国正在制订碳达峰行动计划，广泛深入开展碳达峰行动，支持有条件的地方和重点行业、重点企业率先达峰。中国将严控煤电项目，"十四五"时期严控煤炭消费增长、"十五五"时期逐步减少。

碳达峰碳中和工作领导小组全体会议

2022年3月1日，政治局常委、国务院副总理、碳达峰碳中和工作领导小组组长韩正在北京主持召开碳达峰碳中和工作领导小组全体会议。

韩正表示，实现碳达峰碳中和，是以习近平同志为核心的党中央统筹国内国际两个大局作出的重大战略决策。要统筹发展和安全，坚持稳中求进，先立后破、通盘谋划，科学把握工作节奏，在降碳的同时确保能源安全、产业链供应链安全、粮食安全，确保群众正常生活。要充分认识双碳对高质量发展的支撑和引领作用，保持战略定力不动摇，聚焦重点领域和关键环节，扎扎实实推进双碳工作，走出一条符合中国国情的生态优先、绿色低碳发展道路。

解振华获首届诺贝尔"可持续发展特别贡献奖"

2023年2月21日，诺贝尔可持续发展基金会于瑞典斯德哥尔摩宣布，中国气候变化事务特使解振华先生，由于其在全球合作及气候变化上的贡献，获颁首届诺贝尔"可持续发展特别贡献奖"。解振华先生代表中国出席了历届世界气候变化大会，在协调各方立场、达成共识与合作方面，展现了卓越的领导力。解振华表示，这是他个人的荣誉，更是对中国在应对气候变化和可持续发展方面贡献的肯定。

中美气候问题对话历程

2014年

"中美气候政策与行动"对话会谈

2014年7月，国家发展和改革委员会副主任解振华与来京出席第六轮中美战略与经济对话的美国白宫气候变化事务特别顾问波德斯塔、气候变化特使斯特恩举行"中美气候政策与行动"对话会谈，双方就中美气候变化工作组进展和成果、2020年前目标完成进展及2020年后行动目标等问题深入交换了意见。当天下午，中美气候变化工作组举行了成果签约仪式。该批项目的签约和实施标志着中美气候变化工作组在推动两国企业和研究机构开展气候变化合作方面取得了重要进展。

2014年

中美气候变化联合声明

2014年11月，中美两国元首宣布了两国各自2020年后应对气候变化行动，美国计划于2025年实现在2005年基础上减排26%~28%的全经济范围减排目标，并将努力减排28%。中国计划在2030年前后CO_2排放达到峰值且将努力早日达峰，并计划到2030年非化石能源占一次能源消费比重提高到20%左右。此外，双方建立了中美气候变化工作组和中美清洁能源研究中心，以促进双方在碳捕集和封存技术以及建筑能效和清洁汽车方面的合作。

G7广岛声明

2023年5月，以美国为首的七国集团（G7）在日本广岛召开峰会。在会议期间以及发表的联合声明中，一边宣称保持沟通，构筑建设性、稳定的对华关系，一边炒作涉华议题，妄谈台海、东海、南海局势，企图将"经济胁迫"和"债务陷阱"的脏水泼到中国头上。此外，G7站在道义制高点，利用气候问题绑架中国，联合声明要求西方之外的"主要经济体"，不迟于2025年实现碳达峰，2050年实现碳中和，以满足《巴黎协定》中的1.5℃升温目标。针对清洁能源技术的制造，联合声明提出要采取协调行动，分散过于集中的供应链。

2023年

2021年

中美发表应对气候危机联合声明

2021年4月15—17日，中国气候变化事务特使解振华与美国总统气候问题特使约翰·克里在上海举行会谈，就合作应对气候变化、领导人气候峰会等议题进行了坦诚、深入、建设性的沟通交流，取得积极进展，达成应对气候危机联合声明，重启中美气候变化对话合作渠道。4月18日发表的中美应对气候危机联合声明指出，中美致力于相互合作并与其他国家一道解决气候危机，全面落实UNFCCC及其《巴黎协定》的原则和规定，为推进全球气候治理作出贡献。双方将继续保持沟通对话，在强化政策措施、推动绿色低碳转型、支持发展中国家能源低碳发展等领域进一步加强交流与合作。

2021年

中美达成强化气候行动联合宣言

2021年11月10日，中国和美国在联合国气候变化格拉斯哥大会（COP26）期间发布《中美关于在21世纪20年代强化气候行动的格拉斯哥联合宣言》。双方同意建立"21世纪20年代强化气候行动工作组"，推动两国气候变化合作和多边进程。

中美气候变化磋商团队柏林会谈

2022年5月26日，中美气候变化磋商团队在德国柏林举行会谈。中国气候变化事务特使解振华与美国总统气候问题特使约翰·克里回顾了《中美关于在21世纪20年代强化气候行动的格拉斯哥联合宣言》（以下简称《宣言》），就《宣言》中成立中美强化气候行动工作组相关议题广泛交换意见，同意继续推动中美气候变化合作机制化、具体化、务实化。

2022年

创新碳排（放）责任机制　共建全球生态文明

生态兴则文明兴，生态衰则文明衰。

可持续发展走过了由侧重环境保护到兼顾经济发展，最后统筹考虑社会包容的路径。发展中国家与发达国家的可持续发展应该是不同的，因为国家发展的阶段不同、基础不同、诉求不同，所以发展重点也不同。"生态文明"是中国政府自己的一套可持续发展的理念，已上升为中国的国家战略，旨在延续中国几千年来"天人合一""道法自然"的思想，把可持续发展的理念和实践与经济社会发展有机结合，将保护环境作为经济社会发展的前提和动力。

中国是全球生态文明建设的重要参与者、贡献者、引领者，正在实施积极应对气候变化国家战略，把碳达峰、碳中和纳入生态文明建设整体布局，构建和实施"双碳"政策体系。减少温室气体排放需要世界各国、国际组织、企业、部门以及个人的共同努力，实施碳排放责任分配是促进多方采取减排行动的重要手段，也是国家和地区制定碳减排政策的基础和依据。当前的生产者碳排放责任分配机制虽然被认为是天经地义的，但主要是围绕生产供给侧进行设计的，对于消费需求侧、生产需求侧的碳减排作用和责任承担的关注远远不够，无法发挥激励全社会参与的作用。

非常欣喜地看到本书为碳排放责任分配机制提供了全新的视角，既实现理论突破，又助力实践创新。本书提出了全新的消费者碳排放责任分配机制，确立了消费者担责，利用数字信息系统能力建立完整的碳足迹大数据，以及支持社会组织碳排存量抵消的负碳碳市场，通过整合定价方法，将碳排放社会成本逐步内部化，驱动全社会碳减排，激励绿色技术创新，实现全球碳中和，为全球碳中和提供了全新的第三条可选择路径。这可以更好地处理双碳目标与生态文明建设的关系、减排与发展的关系，真正将生态文明建设与经济建设进行有效融合。

　　具体地，本书提出了全球碳中和的"1+1"解决方案，即建立"全球碳减排体系+全球绿色能源供应体系"两大体系，以及两大体系下四个全球碳中和自运营系统：碳票管理系统（碳足迹管理）、负碳碳市场（组织碳抵消与金融支持）、全球能源互联网（全球绿色能源输送系统）、国际电力交易市场（全球能源交易系统）。在本方案中，消费者责任制并非只指最终消费者，任何生产者对前端产业链都是"消费者"，都要承担前端的碳排放量总责，从而形成产业链减排的自动倒逼机制。同时，本方案从微观层面所有市场经济主体自由交易与博弈出发，能有效解决当前碳减排体系碳排放核算成本和核算监管难题，以及全社会所有组织与个体的碳排放责任问题，其高效性与低成本性是传统方案难以比拟的。

　　自1992年的《联合国气候变化框架公约》出台以来，全球仍然没有迎来真正的合作或联合行动，尤其是发展中国家，仍面临减碳与发展的巨大矛盾。本书方案有助于发挥碳减排对宏观经济的正向效应，助力世界各国从被动应对变为主动参与碳减排，也有助于解决国家间贸易碳关税的难题，推动碳汇产业发展。

　　本书的出版，将极大确定我国在气候变化经济学理论和全球碳中和游戏规则制定中的制度性话语权，为全球生态文明建设提供中国智慧、中国方案。希望学界、管理者和技术开发者共同努力，进一步完善相关理论方法体系，并推动其落地实施。相信本书方案可以为全球碳中和进程与世界经济发展带来强大助力，推动共建全球生态文明。

章新胜

世界自然保护联盟（IUCN）总裁兼理事会主席、生态文明贵阳国际论坛秘书长、

中国碳中和50人论坛联席主席、教育部原副部长

序二
FOREWORD

以理论和制度创新推动实现碳中和目标

杨宝明博士与其研究团队历时三年的研究成果《新公共物品原理与全球碳中和解决方案》终于正式出版了。我相信这将为全球实现碳中和目标提供新的理论探索目标，开辟新的制度机制路径。

如果说气候变化问题在二十世纪还只是出现在科学家的论文和美国的科幻大片中，那么进入二十一世纪以来，世界各地极端天气频发，已经让全球公众对气候变化有许许多多切身感受了。今天早晨我正好看到一条中国新闻社消息：《自然-通讯》杂志最新发表的一篇关于气候变化的论文称，北格陵兰岛冰架正在快速消退，总体积从1978年到现在减少了30%以上。在未来三十到四十年间，人类社会必须解决过去两百多年来工业化快速发展和生活消费大幅增长所造成的环境和气候问题，给自己赖以生存的蓝色星球减负降温。围绕实现碳中和目标，人类历史上将第一次展开跨国、跨界、全球协作的能源革命和产业变革。这是一场空前广泛而深刻的人类生产方式和生活方式的自我革命，也是一场空前广泛的经济社会系统性变革。

围绕实现碳中和目标，将在全球范围兴起重大科技革命和产业变革。这意味着在能源、电力、材料、建筑以及生产制造、交通运输等诸多领域，将产生一系列革命性的创新成果，一大批新产业、新产品、新业态、新服务将应运而生。

在人类社会发展史上，往往是思想理论和制度机制创新成为科技革命和产业变革的先导，而后者又成为前者的助推器。实现碳中和目标，在全球科学家、政治家、企业家乃至社会公众人物中已经形成普遍共识，相关各方在技术和产业层面围绕实现碳中和目标跃跃欲试，而在思想理论和制度机制上，行之有效的创意和方法却乏善可陈。因此迫切需要在已经形成的碳中和总目标这个共识的基础上，实现理论制度创新与产业科技革命协同推进。

具体来说，就是要建立一套科学的完整有效的碳排放责任、核算、定价、监测机制，保证顺利如期实现《联合国气候变化框架公约》和《巴黎协定》的目标。这是围绕实现碳中和目标，推动思想理论和制度创新的重要组成部分。

目前各国对碳排放责任的界定和核算、碳定价和监测机制，尚存在许多争议，相应的实施方案也大都效率低而成本高，并且缺乏公平性，而碳排放责任的界定和核算是衡量能否如期实现碳减排目标的前提。就全球碳排放责任界定和核算来说，目前的理论大致有四种类型，分别是生产者原则、消费者原则、收益者原则和共担责任原则。北京理工大学的余晓泓与詹夏颜曾经在综合研究的基础上给出上述四种碳排放界定核算原则的数理计算公式，发表在2006年第5期的《科技与产业》杂志上。

生产者原则由生产地区承担区域内所有碳排放的核算责任；消费者原则是将最终商品作为碳排放量核算客体，最终商品在生产过程中产生的二氧化碳排放量都计入商品消费地区；收益者原则是计算最终消费品在生产过程中要素投入所产生的碳排放总量；共担责任原则是通过贸易地区间的进口与出口计算出各地区间的碳排放责任分担比例，进而配合计算系数得出分摊后的碳排放量。

综合考虑成本和可操作性两方面因素，目前的全球碳排放责任界定核算体系主要是基于生产者原则来构建的。联合国政府间气候变化专门委员会IPCC的核查原则就是基于生产者原则，但其弊端也显而易见，即在生产者原则下，产品生产者担负了消费者的碳排放责任。如果没有国与国之间的贸易往来，那么此原则尚可适用，但是我们现在所处的是一个经济全球化时代，巨额的国际贸易造成了巨额碳排放量的进出口，因此碳排放量进出口与各国碳中和责任目标值的关系迫切需要理清。

特别是在目前的全球化体系中，发展中国家承担了大部分生产制造，当然也产生了大量的碳排放。发展中国家向发达国家输出高碳、低附加值的产品，同时从发达国家进口低碳、高知识含量的商品和服务。比尔·盖茨在《气候经济与人类未来》（中信出版社，2021年）中明确写道，从1990年至今，美国、欧盟等发达经济体的排放量基本持平，甚至有所下降，但是很多发展中国家的增速却很快，部分原因是富裕国家将高排放制造业转移到了发展中国家。

因此，生产者责任原则实际上是不应该被公允的，也达不到碳减排和宏观经济的帕累托最优；如果长期实行下去，将会导致全球碳市场有效性失灵。但在当前欧美主导的国际气候经济语境下，"生产者责任机制"和"谁排放谁负责"的原则，掩盖了上述问题。

这就是本书强调采用消费者责任原则的重要原因。

古典经济学理论认为，市场交易自由的过程可以有效地调动和配置要素资源，从而使社会达到最大福利。据此原理，在促进碳减排问题上，消费者责任原则可能是比较有优势同时也有效的。而按照制度经济学理论，一个强有力的社会经济制度，是通过集体行动来协调人们之间的利益冲突，来决定何为合理、何为有效的。

关于消费者责任原则，很早就有研究者详细探讨过。为了解决生产责任原则存在的诸多问题，丹麦能源学者杰斯珀·蒙斯卡与克劳斯·阿尔斯泰德·彼得森在2001年就提出采用消费者责任原则来核算一国碳排放责任。消费者责任原则与碳排放足迹的理念相似，将消费者消费的最终产品在生产过程中产生的所有对生态环境的影响全部考虑在内。

但是，消费者责任原则也面临一个问题。举个例子来说，如果厂家生产了某种产品，因为市场需求变化等，没有进入消费渠道，成为库存，进而被销毁，那么这个碳排放责任应该归谁呢？从这个意义上来说，可能最理想的是共担责任原则。该原则可以通过合理的碳排放配比，让生产者与消费者双方承担各自相应的碳排放责任权重。但是在实践中，共担责任原则却难在如何计算出碳排放权重，特别是会面临计算烦琐的问题。

可以说，所有的碳排放责任原则和方法都各有利弊，可以一直讨论下去，但是人类如何有效地应对气候变化却刻不容缓。那么，立足于当下是否有可能找到一条更加便捷高效、科学公允的碳排放量承担机制，进而约束各个国家、组织、个体减少碳排放，同时又保证经济增长和生活质量呢？

目前来看，从公平合理性、可操作性综合来看，消费者责任原则较为合理，但需要有一系列各方共同认可的制度和机制来落实，而且其执行成本又不能太高。

正是从这个愿望出发，研究团队梳理了近20年来国内外关于碳减排的理论研究成果和实证分析，认为还是要从需求侧着手，建立消费者责任承担机制。为此，他们进行了大量周密细致的理论和实证研究。《新公共物品原理与全球碳中和解决方案》就是该项研究成果的具体体现。

本书认为，当前国际社会应对气候变化的基础理论都是基于外部性公共产品的经济学理论，政策工具设计理论主要依据庇古税原理和科斯的产权理论，演绎出碳税和碳排放权两种主要政策工具及其变种。从30多年来国际社会碳减排实践演进进程来看，现有政策工具效果不佳是一个不争的事实。照此下去，碳减排总量难以实现IPCC设定的控制升温1.5度内的目标。

这是本书的判断，更是许许多多人的担心。

本书提出，按IPCC目标实现碳中和，真正解决气候问题，国际社会必须达成以下七个共识。第一，建立人类命运共同体。人类共同拥有一个地球，所有国家和所有人要共同面对气候变化，国际社会需要群策群力、共同努力。第二，所有人的碳排放权是平等的。不能用碳排放权去限制一部分人的发展，每一份碳排放都应该合理支付成本。第三，消费者承担责任和成本。有需求，才有生产和碳排放。第四，消费者有知情权和选择权。可通过数字信息技术，理清全社会可信碳足迹，避免市场信息和价格信号失灵，保证市场有效。第五，发达国家、高耗碳人群要承担相应责任。无论是发达国家还是发展中国家，要为碳排放存量和增量承担责任，高碳排人群应该支付足够高的对价。第六，让"真负碳"成为标准商品，全球可自由交易。一吨"真负碳"就是从空气中拿掉一吨二氧化碳。第七，要充分发挥市场机制的力量。实现政府和市场的协同发力，双方边界设置要非常注重效率和公平。

秉持上述理念，本书综合诸多学科理论，进行周密而系统的集成研究，提出了应对气候变化的一种构想，即新碳排放责任机制CELM，设计了相应的碳定价理论策略即整合碳定价方案，在此基础上构建了基于CELM的"碳票管理系统CTST+"负碳"碳市场NCTM"1+1全球碳减排解决方案，试图为国际社会提供一条全新的碳中和目标实现路径。这种可贵的思想理论探索和操作方案的设计，无论是对各国政府和相关国际机构，还是对企业和消费者，都应该会有所启发。

本书在气候变化经济学理论、全球碳中和目标顶层设计和落地方案等方面力图实现突破创新的目标，并特别注重可操作性。至于具体内容，相信读者见仁见智、"成岭成峰"，恕我不在此一一进行介绍分析。

我在这里想强调的是，人类社会现在可能正在开启500年未有之大变局。500年前开启了大航海时代，地球在人类的地图上才真正画成圆，由此出现了一系列思想制度的创新和变革，产生了一系列重大的科学发现和技术发明，人类迈开了工业文明的步伐，机械化、电气化、信息化此起彼伏，人类的生产方式和生活方式发生翻天覆地的变化。但是工业化以来产生的温室气体也让地球不堪重负，使得人类生存环境不断恶化。如今，新的大变局已经开启，这个大变局就是人类将迎来一个大网络时代。这个大网络时代的特征是数字智能化、绿色低碳化、人性化，要满足人类更加安全、便捷、健康、舒适、新奇的物质和精神需求，同时还要实现人与自然和谐相处。在这个大网络时代下，必将催生新的思想和制度体系，以及新的科学发现和技术发明。仅就围绕实现碳中和目标来说，就将会有制度机制和科学技术领域的一系列集成创新。本书中专题论述的全球能源互联网，就是这样一个符合全球发展大势的新事物。因此，从这个意义上来说，不管这本书所阐述的思想和方案是否完全被相关国际组织接受和采纳，仅就其杨宝明博士及团队成员严谨的研究过程、勇敢的创新精神、主动的历史担当，我想也应该得到读者的赞许。

无论国际上确立使用怎样的全球碳排放责任划分原则，无论全球建立何种碳减排市场机制，中国作为一个负责任的大国，肯定要走资源节约型、环境友好型的低碳经济和生态文明发展道路，实现经济、社会、环境、资源、生态等方面的可持续发展。因此，围绕实现双碳目标，既要进行顶层设计、战略引领，又要构建科学的治理体系，实现上下联动、多方协作。特别是要在管理体制、市场机制、政策支持、创新环境、社会氛围和国际合作等方面综合发力，使立法行政系统、技术创新系统、市场交易系统、社会环境系统与国际规则之间实现高度耦合、高效运行。

中国是碳排放大国，是国际碳市场中不可或缺的力量。因此，中国除了履行向全世界作出的"3060"目标承诺，还要推动各国之间碳定价、碳减排机制的建立与协调，为人类有效应对气候变化问题贡献中国智慧和中国方案。

放眼未来，只有那些真正洞见"双碳"目标引发革命性变化和蕴藏巨大发展潜力的国家，才能在这个历史进程中行稳致远；只有那些主动顺应碳中和发展趋势，及时把握绿色、低碳和零碳转型机遇的工商业机构，才能获得发展先机；只有全球各国凝聚广泛共识，建立高效合理的减排机制，协调一致开展行动，才能给人类所寄居的这个蓝色星球创造充满希望的明天。

同济大学　刘兴华

同济大学特聘教授、中国国家创新与发展战略研究会中国经济研究中心主任、

中国碳中和50人论坛成员

2023年11月10日

前言
PREFACE

"我们正驶在前往气候地狱的高速公路上，而且还脚踩油门。"联合国秘书长古特雷斯在COP27开幕式发言中忧心忡忡。

作为全球规模最大、影响力最高的气候大会，COP27于2022年11月6日在埃及沙姆沙伊赫正式开幕，来自世界各地超过3.5万人参与本次峰会，包括各国政府代表、观察员和民间社会人士，以及70多位国家领导人，并产生了巨额的碳排放。

2022年以来，全球数千万人遭受着极端气候的影响：巴基斯坦的毁灭性洪水造成至少1700人死亡和800万人流离失所、欧洲多地的夏季酷暑造成超过1万人死亡、东非的极端干旱影响到3700万人的粮食安全……气候危机的警钟离我们越来越近。

"人类只有一个选择：合作或灭亡。它要么是气候团结公约，要么是集体自杀公约。"古特雷斯表示。

COP27在历经多轮艰难谈判后延期2天闭幕，一项名为"沙姆沙伊赫实施计划"的协议于闭幕式上发布。最大的亮点之一在于长期悬而未决的"损失与损害"资金被确立设定，但资金来源却有待协商，仍是一个未能执行的意向协议。

全球气候问题将如何被解决？国际社会全球碳中和道路通向何方？人类仍如茫茫大海中的一艘小舢板，且有多个船老大在艰难地讨价还价。

此前的2020年9月22日，中国国家主席习近平在第七十五届联合国大会上庄重宣布，中国力争2030年前实现碳达峰，努力争取2060年前实现碳中和目标。这意味着全球主要经济体碳减排自主贡献又大大推进了一步，成为应对全球气候问题的关键里程碑之一。

中国"3060"双碳战略从此拉开序幕，2021年成为中国碳中和元年。"双碳"将成为中国社会每个组织、企业和家庭今后40年经济生活的关键词。

随着全球气候问题的日益严重，碳排放已成为国际社会最重要的叙事，围绕碳排放的国际合作与国际博弈已持续近30年。在由发达国家主导制定碳排放游戏规则的气候问题大环境中，在共同利益的基础上，以中国为代表的发展中国家与欧美发达国家间的分歧也未减少。国际社会的碳中和进程缓慢，实现全球气候问题最优目标的时间窗口越来越小。国际社会如何既达成全球气候目标，让碳排放不仅是利益集团的博弈工具，同时还能兼顾发展中国家和所有群体的利益，达成共赢，这需要更高的智慧，也需要气候变化经济学理论和全球碳中和解决方案的更大突破。

国际可再生能源署（International Renewable Energy Agency，IRENA）在2021年3月发布的报告中指出，2050年之前，全球规划中的可再生能源投资必须增加30%至131万亿美元，按目前中国约占全球碳排量1/3和当前汇率计算，仅中国的可再生能源投资就需要283万亿元。中金公司提出，到2060年中国绿色投资需求总额是139万亿元。这样的投资体量超过中国任何一个行业的历史投资规模，不论对中国还是对全球其他政府来说，根据现有碳中和路线，依托财政和坐等资金来源，全球气候目标的实现将遥遥无期。国际社会必须依靠对气候问题本质认知的突破，进行科学智慧的顶层设计，找到一条更为高效公平的碳中和道路。

中国如何建立更有效的碳排放管理体系，如何运用更高效的政策工具来推动碳减排，是关乎中国今后40年发展、关乎国运的大问题。对国际社会同样如此，且刻不容缓。目前国际社会试图通过碳排放权配额、碳税两大政策工具来推动碳减排，实现碳中和目标；但理论和实践都证明了这两大政策工具有较大的局限性：整套体系设计复杂、效率低下、缺乏公平性、运营和监管成本高、覆盖不全面、标准建立困难、实际效果评估困难等，难以实现国际协调和达成国际社会共识。更为严重的是，近十年碳减排的经济发展代价过大，国际社会难以承受。所以，寻求更为科学、公平和高效的第三条道路已经十分紧迫。

各国政府在气候问题上面对的现实局面是，不仅碳减排体系设计的挑战巨大，在当前碳减排工作的操作层面，亦困难重重。仅碳排放核算一项工作，政府就投入巨大，需多重核查，数据问题仍层出不穷。经过20多年的努力，碳减排管理仍只能局限在煤电等少数几个行业中，与碳中和进程需求相差甚远，情势十分急迫，国际社会需要加快改变气候应对的工作现状。

本书通过对全球气候问题进行法学、社会学、经济学、数字化和科学技术的综合研究，创造性地提出全新的碳排放责任机制（Carbon Emission Liability Mechanism，CELM），建立了全新的碳排放责任体系，提出了全球碳中和的第三条道路——基于CELM的"1+1"

全球碳中和解决方案，即建立"全球碳减排体系＋全球绿色能源供应体系"两大体系，和两大体系下四个全球碳中和自运营系统：碳足迹管理系统——碳票管理系统（Carbon Ticket Management System，CTMS）、组织碳抵消与金融支持系统——负碳碳市场（Negative Carbon Trading Market，NCTM）、全球绿色能源输送系统——全球能源互联网（Global Energy Interconnection，GEI）和全球能源交易系统——国际电力交易市场（International Electricity Trading Market，IETM）。通过两大体系、四个系统的全球运营，旨在实现以下目标：

（1）建立全新的全球碳中和法理和应对气候变化经济学基础原则。建立新型更高效、更公平合理的气候变化经济学和法学底层逻辑，为建立可以达成IPCC温控目标的全球碳中和国际社会新秩序提供理论支撑。

（2）建立实时、准确、完整的全社会碳足迹大数据系统。全社会碳足迹数据被实时记录，且数据准确、完整，为每个商品和组织碳排放准确计算、为各种建设方案碳排放评估、为政府合理制定碳政策工具提供数据支撑和算力支撑。

（3）建立支持双向激励（碳排放负激励、低碳和碳汇正激励）的负碳碳市场。通过市场机制，对接双向激励，实现两个方向加速碳减排。

（4）建立"全球能源互联网＋国际电力交易市场"1+1全球绿色能源供应体系。克服当前零碳绿色能源的随机性、波动性和消纳困难的瓶颈，加快化石能源替代，为全球建立更稳定可持续的电力供应体系，为发展落后地区大幅增加电力能源供应。与碳减排体系相向而行，加速全球碳中和进程。

（5）大幅减少各国政府双碳目标的行政成本和难度。建立一套自运营、自驱动的国家级碳排放、碳中和管理系统，减少监测、报告与核查（Monitoring，Reporting，Verification，MRV）的难度和成本，加速全社会加入碳减排行动，加快中国和全球碳减排速度。

（6）助力国际社会提前实现IPCC提出的1.5℃控温目标。CELM体系助力全球2050年前实现IPCC提出的全球CO_2净零排放目标，确保全球新增碳排放总量在控制目标内，以保证地球升温在1.5℃以内，确保地球安全。

（7）将全球碳中和巨额投入和成本转为正向效应。在东西方脱钩和全球化停滞的大背景下，国际社会面临疫情后重启经济增长的巨大困境，CELM体系下的全球碳中和道路将使国际社会在当下推进全球碳中和进程不再需要支付巨大代价，且全面绿色转型能实现当前经济的正向效应，解决隔代算账的难题。

（8）解决国际贸易碳关税冲突难题。基于CELM体系的碳票管理系统能够提供可信碳足迹，在多边协调机制下的国际负碳价格定价机制，可化解当前诸多国际贸易中的碳泄漏争端，减少由美欧碳边境调节措施（类欧盟CBAM机制）引起的国际贸易冲突。

（9）为政府创造巨额财政收入新来源。资金短缺是各国政府推进碳中和进程中的难题之一。在CELM体系下，政府作为碳销项的第一手开出者，通过负碳碳市场可以获得较大的碳费收入，支撑绿色转型，优化社会分配。中国如果能成为全球最大的负碳交易市场和负碳输出市场，即可获得国际巨额负碳收入和交易市场结算收益。中国政府能够将更大的资金收入用于加大减碳技术、减碳项目和减碳企业的支持力度。

（10）助力中国实现气候雄心，成为应对全球气候问题的领导者。近30年来，西方一直站在气候问题的道德制高点打压中国。在绿色能源产业能力和特高压输电网（能源互联网）优势的加持下，如中国顺利推行CELM体系，可以展现更为激进的气候雄心，成为应对全球气候问题的领导者，在碳中和规则制定、碳定价和碳金融等领域有更大作为。

不仅如此，CELM体系原理可以升级成全新公共物品理论，为众多跨时空超大规模复杂公共物品问题提供强大的基础理论和解决方案，能够推广应用到更多国际社会大规模复杂公共物品问题上，为人类社会带来福音。

目录
CONTENTS

第12章
实施CELM体系的必要性、可行性和迫切性 / 301

第13章
双碳政策与行动建议 / 315

第1章

全球碳中和的目标、进展、问题和挑战

气候变化已经成为影响21世纪全球发展的主要挑战之一。气候变化在全球范围内造成了空前的影响，气候灾害频发、天气模式改变导致粮食生产危机、海平面上升，造成灾难性风险在无差别地影响全球各国。各国政府和社会组织都意识到必须为应对气候变化采取行动。

1992年，150多个国家和欧洲经济共和体签署《联合国气候变化框架公约》（*United Nations Framework Convention on Climate Change*，*UNFCCC*）以来，全球碳中和进程已行进了近30年时间，全球已有近百个经济体提出了不同程度的碳中和目标。由于各经济体的发展阶段不同、认知不同、体制不同等差距，碳中和行动力度与效果也各不相同。尤其是气候问题的政治化倾向，使得全球碳中和的进程缓慢。气候变化问题更显严峻与紧迫，人类只有一个地球，所有国家共处一个世界，必须树立人类命运共同体的观念，联合起来共同面对当前的气候变化问题，积极开展自救。

1.1 全球碳中和目标

当前在气候问题上最有影响力的国际组织是联合国气候变化大会和联合国政府间气候变化专门委员会。

联合国气候变化大会（United Nations Climate Change Conference）是全球规模最大、最重要的气候相关年度会议，也称缔约方大会（Conference of Parties，COP）。COP大会是在UNFCCC框架下每年举行的会议，旨在每年召集UNFCCC的缔约方国家，讨论如何共同应对气候变化问题。2015年12月12日，195个国家在巴黎召开的COP 21大会上通过了《巴黎协定》（*The Paris Agreement*），对2020年后全球应对气候变化的行动作出了统一安排。《巴黎协定》第二条明确提出，"把全球平均气温升幅控制在工业化前水平以上低于2℃之内，并努力将气温升幅限制在工业化前水平以上1.5℃之内，同时认识到这将大大减少气候变化的风险和影响"。《巴黎协定》第四条第一款中提出"为了实现第二条规定的长期气温目标……在平等的基础上，在本世纪下半叶实现温室气体源的人为排放与汇的清除之间的平衡"。

联合国政府间气候变化专门委员会（Intergovernmental Panel on Climate Change，IPCC）于1998年由世界气象组织（World Meteorological Organization，WMO）和联合国环境规划署（United Nations Environment Programme，UNEP）联合成立，旨在研究和评估气候变化问题，包括对气候变化科学知识的现状，气候变化对社会、经济的潜在影响以及如何适应和减缓气候变化的可能对策进行评估。

2018年10月，IPCC发布了《关于全球升温高于工业化前水平1.5℃的影响》（*Special Report：Global Warming of 1.5℃*）的特别报告。报告指出，21世纪末要将全球变暖限制在1.5℃之内，需要在社会的各个方面进行快速、深远和前所未有的变化。报告发现，与升温2℃相比，将全球变暖限制在1.5℃之内明显惠及人类和自然生态系统，减少长期或不可逆转的风险。报告称，要将全球变暖限制在1.5℃之内，需要在土地、能源、工业、建筑、交通和城市中实现"快速且具深远影响的"转型。到2030年，全球人为CO_2净排放量必须比2010年的水平减少约45%，到2050年前后实现净零排放。这意味着需要去除空气中的CO_2来平衡剩余的排放。同时，IPCC也强调了将气候变暖控制在1.5℃之内的挑战是前所未有的。1.5℃之内的温控目标以及与此相对的2050年实现净零排放，成为全球碳中和的目标。

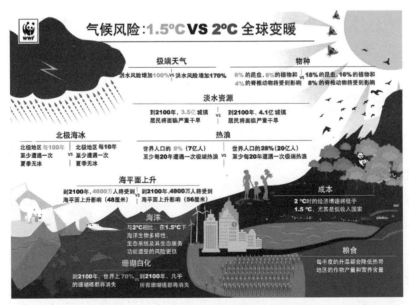

图1-1　1.5℃ VS 2℃ 全球变暖的气候影响

数据来源：IPCC，可视化制作：WWF

1.2　全球碳中和进展

1.2.1　《巴黎协定》缔约方的碳减排承诺

《巴黎协定》碳中和目标在 2015 年已经明确，但随后的进展并不理想。截至 2023 年 5 月 31 日，根据气候观察（Climate Watch）数据显示，198 个经济体（欧盟视同一个经济体）中有 195 个缔约方（194 个国家加上欧盟）签署了《巴黎协定》，并提交了初步的国家自主贡献（Nationally Determined Contributions，NDCs），覆盖全球温室气体排放总量的 94.3%；所有缔约方需提交长期温室气体低排放发展战略（Long-term Low Greenhouse Gas Emission Development Strategies，LT-LEDS），其中有 62 个缔约方提交了长期温室气体低排放发展战略，覆盖全球温室气体排放总量的 71.6%。109 个缔约方提及至 2030 年的温室气体总排放减少量的目标，覆盖全球温室气体排放总量的 80.5%；按照协定，每 5 年各缔约方需更新或提交 NDCs，现已有 176 个缔约方更新或提交第二版本 NDCs，覆盖全球温室气体排放总量的 92.4%（见图 1-2）。根据 UNEP 2022 年 10 月发布的《2022 排放差距报告》，其中 2021 年 10 月 COP26 会议召开后，只有澳大利亚、巴西、印度尼西亚和韩国等少数国家更新了 NDCs，承诺到 2030 年前合计降低 5 亿吨 CO_2 排放。

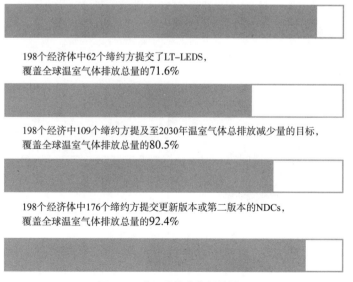

图 1-2　《巴黎协定》履约情况

数据来源：气候观察（Climate Watch）

此外，Climate Watch一直在跟踪世界各国的碳中和目标承诺情况。截至2023年5月31日，全球共有91个经济体（共95个国家）提出了零碳目标，覆盖了全球78.9%的温室气体排放。其中21个经济体为零碳立法，覆盖了全球15.5%的温室气体排放；49个经济体在国家政策文件中提出零碳目标，覆盖了全球57.5%的温室气体排放；19个经济体提出明确的零碳倡议，覆盖了全球4.4%的温室气体排放。另有106个经济体未提出零碳的规划，覆盖了全球22.7%的温室气体排放，主要集中在非洲、中亚和部分拉美国家（见图1-3）。

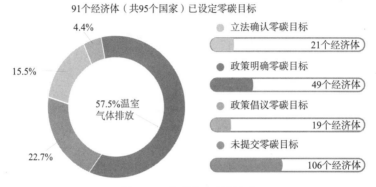

图1-3　全球零碳承诺情况

数据来源：气候观察（Climate Watch）

在提出零碳目标的91个经济体中，绝大部分（60个经济体）将目标定在了2050年，与《巴黎协定》的目标保持一致，覆盖了全球30.5%的温室气体排放；9个经济体提出在2050之前实现零碳目标，覆盖了全球1.8%的温室气体排放；15个经济体将零碳排放的目标放在了2050年之后，覆盖了全球44.9%的温室气体排放（见图1-4）。按《巴黎协定》目标在2050年及之前实现零碳排放承诺的经济体仅占全球1/3的温室气体排放量。

图1-4　全球零碳目标年份

数据来源：气候观察（Climate Watch）

距《巴黎协定》签订已有8年时间，履约落地依然困难重重。目前只是各国的零碳承诺，能否真正落实，还要看各国的机制设计、执行力度等。从《巴黎协定》的履约落地情况来看，在2050年之前实现零碳排放的压力很大，与实现全球碳中和的目标仍有非常大的差距。

1.2.2　全球气候变化与碳排情况

2023年4月，世界气象组织发布《2022年全球气候状况》报告。报告表明，由于温室气体浓度和累积热量不断上升，过去八年有望成为有记录以来最热的八年。2022年极端热浪、干旱和毁灭性洪水已影响数百万人，造成数十亿美元损失。气候变化的信号和影响越来越明显。1993年以来，海平面上升速度翻了一番。2020年1月以来，它已经上升了近10毫米，创下了历史新高。2022年，欧洲阿尔卑斯山的冰川遭受了异常严重的损失，初步迹象表明冰川融化又破新纪录。格陵兰冰盖连续26年大规模融化，9月出现了首次下雨（注意不是下雪）。2022年的全球平均气温比1850—1900年工业化前的平均水平高出1.15（1.02~1.28）℃。由于拉尼娜现象带来罕见的三次探底降温，使得2022年的平均气温可能"仅"是第五热或第六热。这并不能扭转长期趋势，再迎来一个有记录以来最热的年份只是时间问题。全球变暖仍在持续。

2023年3月7日，国际能源署（International Energy Agency，IEA）发布了《2022年二氧化碳排放》（*CO2 Emissions in 2022*）报告。报告表明，2022年全球与能源、工业有关的CO_2排放量增长了0.9%，即3.21亿吨，创下368亿吨的新高（见图1-5）。CO_2排放量的增长明显低于3.2%的全球经济增长，表明长达十年的碳排放增长趋势正在回归。尽管2022年全球出现了干旱和热浪等极端天气事件，以及异常的大量核电站停运导致碳排放量上升，但全球各国通过增加清洁能源技术的应用，避免了5.5亿吨的CO_2排放量。2022年，能源危机并未像最初担心的那样导致全球CO_2排放量大幅增加，这要归功于可再生能源、电动汽车、热泵和节能技术的显著增长。如果没有清洁能源，CO_2排放量的增长将达到现在的近3倍。

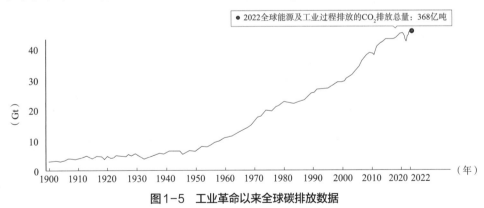

图1-5　工业革命以来全球碳排放数据

2023年3月20日，IPCC发布了第六次评估报告综合报告：《气候变化 2023》（*AR6 Synthesis Report：Climate Change 2023*）。报告指出，在过去的一个多世纪，化石燃料的燃烧以及不平等且不可持续的能源和土地使用导致全球气温持续上升，现在已经比工业化前水平高出了1.1℃。这导致极端天气事件的发生愈加频繁和强烈，使全球各个地区的自然和人口日益陷入危险之中。随着气候变暖加剧，粮食和水资源安全问题将日趋严峻；这些风险如果与大流行病或区域冲突等其他不利事件同时发生，将变得更加棘手。由于温室气体排放的持续增加，全球碳中和的挑战已变得更加严峻。迄今为止已开展工作的速度和规模，以及目前的计划，都不足以应对气候变化。面对日益严峻的气候挑战，报告指出，倘若要将全球气温上升幅度控制在工业化前水平的 1.5℃ 以内，所有部门都要在本个十年内全力、快速且持续地减少温室气体排放；如果要在 2030 年前将排放量减少近一半，那么温室气体的排放现在就需要减少。IPCC 提出的解决方案是"具有气候韧性的发展"，实现气候韧性的发展，需要将适应气候变化的措施与减少温室气体排放的行动结合起来。

近几年，虽然极端气候天气、俄乌冲突、疫情等原因导致了能源危机，但全球碳排强度有所下降；尽管如此，全球碳排量每年创新高，距离"2050 全球实现碳中和、全球 1.5℃ 温控"目标仍有较大差距。

1.2.3　全球碳定价机制现状

为应对不断增长的温室气体排放，各国探索对碳排放进行限制：对碳排放进行定价，以价格机制引导全社会降低碳排放。设计科学合理、成本可承受、相互协调的碳定价机制成为全球应对气候变化的重要议题。

碳定价机制是指对温室气体排放以吨 CO_2 当量为单位给予明确定价的机制，主要包括：碳税（Carbon Tax）、碳排放交易体系（Emission Trading System，ETS）、碳信用机制（Carbon Crediting Mechanism）、内部碳价格（Internal Carbon Price）等。

2023 年 5 月，世界银行发布《2023 年碳定价机制发展现状与未来趋势》（*State and Trends of Carbon Pricing 2023*）。世界银行跟踪监测碳市场发展已有二十年之久，每年发布的《碳定价机制发展现状与未来趋势报告》也已进入第十个年头，报告最初全球只有 7% 的温室气体排放量被纳入碳定价机制，2023 年这一比例增长至 23%，但近一年增长不超过 1%。截至 2023 年 4 月，全球共有 73 个碳定价机制（仅指碳税和碳排放交易体系）正在运行，世界各地不同国家和区域仍在积极引进碳定价工具，但进展依然缓慢。

目前引进碳税或碳排放交易体系的国家，主要是位于欧洲和北美的高收入国家，且碳价相比低收入国家会更高。绝大部分高收入国家的碳价高于 50 美元/吨，且基本上都超过 15 美元/吨，而中低收入国家的碳价基本上都低于 10 美元/吨。尽管如此，与支持全球碳中和目标的碳价相比依然有较大差距。2017 年，碳定价领导联盟（Carbon Pricing Leadership Coalition，CPLC）得出结论，为了控制《巴黎协定》2℃ 以内的升温上限，碳价在 2020 年需要达到 40~80 美元/吨，并在 2030 年达到 50~100 美元/吨。考虑通货膨胀调整，对比 2023 年的价格应该达到 61~122 美元/吨，高于绝大多数当前各地碳价格（见图 1-6）。

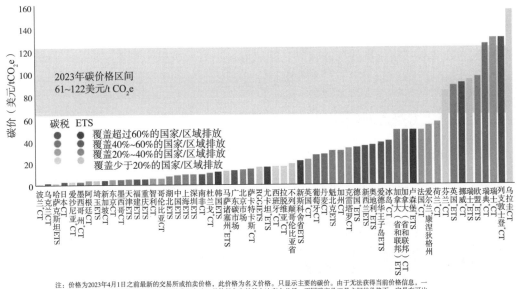

注：价格为2023年4月1日之前最新的交易所或拍卖价格，此价格为名义价格。只显示主要的碳价。由于无法获得当前价格信息，一些碳价未显示。因为所涵盖的部门和适用的分配方法、具体豁免和补偿方法存在差异，不同碳定价工具之间的价格不一定具有可比性。2023年碳价格区间是根据碳定价高级委员会报告中的建议考虑通胀调整后的碳价区间，一些区域对不同的行业或能源采用不同的碳税税率，则只反映了最高的税率或针对一次能源的税率。

*表示该区域拥有多个碳定价工具，因此这些区域的总排放量覆盖范围可能高于单个碳定价工具。

图1-6　全球碳价分布（仅含碳税及ETS）

数据来源：世界银行

碳定价机制成为实现气候目标的重要工具，距1990年芬兰在全球首次征收碳税也逾30年，但从其覆盖的国家和温室气体排放量，以及碳定价水平来看，与《巴黎协定》及IPCC的升温目标仍有较大差距。

1.3　全球碳中和面临的问题和挑战

全球气候问题在全球范围已形成普遍共识，各国政府也通过协议缔约、碳中和承诺、相关碳定价工具推行等方式纷纷加入全球碳中和的进程中，但目前取得的进展与为之付出的时间成本相比，从人类剩余的时间窗口来看远远不够。实现全球碳中和的目标，人类仍面临巨大挑战。

1.3.1　全球气候灾害越来越频繁与严重

全球变暖是不争的事实，它引发的极端天气正在不断突破纪录。中国气象局发布的《全球气候状况报告（2022）》显示，2022年，全球气象灾害多发频发，主要表现为北半球夏季高温干旱以及全球区域性暴雨洪涝灾害。欧洲、中国、美国、日本、巴基斯坦和印度等地遭遇创纪录的高温热浪，其中英国、法国、罗马尼亚和中国等国遭受干旱，巴基斯坦、巴西、澳大利亚东部、印度、孟加拉国和韩国等地遭受严重暴雨洪涝。

高温、干旱、洪涝等极端事件已经深远地影响到每位地球人的正常生活，同时也造成了数百亿美元的损失，并进一步造成能源危机，全球碳排放雪上加霜。这是地球给人类的提醒，唤醒公众对气候危机和气候临界点的认识，也进一步敲响警钟，留给人类的时间并不多了。

1.3.2 1.5℃控温时间窗口或已关闭

2022年10月27日，联合国环境规划署（United Nations Environment Programme，UNEP）携手哥本哈根气候中心（Copenhagen Climate Centre）等多家机构发表了《2022年排放差距

图1-7 《2022年排放差距报告：正在关闭的窗口期——气候危机急需社会快速转型》报告封面

报告：正在关闭的窗口期——气候危机急需社会快速转型》（Emissions Gap Report 2022：The Closing Window——Climate Crisis Calls for Rapid Transformation of Societies）（见图1-7）。报告发现，国际社会离巴黎目标仍有很大差距，没有可靠的途径实现1.5℃的目标。尽管所有国家在2021年COP26上决定加强国家自主贡献（NDCs）；但2022年提交的国家自主贡献（NDCs）只减少了5亿吨的CO_2当量，不到预计的2030年全球排放量的1%。"这份报告以冷酷的科学术语告诉我们，大自然整年都在通过致命的洪水、风暴和熊熊大火告诉我们：我们必须停止用温室气体填充我们的大气层，而且要迅速停止。"联合国环境署执行主任英格·安德森说，"我们曾有机会进行渐进式的改变，但这个时间窗口已经过去了。只有从根本上改变我们的经济社会，才能使我们免于加速的气候灾难"。

2023年3月，IPCC发布第六次评估报告综合报告：《气候变化2023》（AR6 Synthesis Report: Climate Change 2023）。据报告称，根据2021年10月前宣布的国家自主贡献，推算的2030年全球温室气体排放量可能使21世纪全球温升超过1.5℃，且很难将温升控制在2℃以内。已实施政策的预计碳排放量与国家自主贡献的预计碳排放量之间仍存在差距，资金流也远未达到所有部门和地区实现气候目标所需的水平。在纳入考虑的情境和模式路径中，全球温升的最佳估计值会在2021年至2040年内达到1.5℃。哥本哈根气候中心更是通过测算预计全球将在2034年8月达到1.5℃升温。

1.3.3　碳中和长期目标与各国发展短期目标间的矛盾

温室气体是最大的公共物品，碳中和是全球的中长期目标。而各国政府均需要面对不同的发展问题——经济、就业、能源安全等。尤其是当全球经济周期进入下行通道，在全球性的滞涨与衰退交织下，碳中和的议题或进程被不断押后。国际能源署首席能源经济学家蒂姆·古尔德（Tim Gould）曾表达担忧："《巴黎协定》之后，所有发达国家和中国的能源转型投资都在增加，而其他发展中国家和新兴市场的支出依然停留在2015年的水平，要共同解决能源和气候问题，如果新兴发展经济体不迎头赶上，是不可能成功的。"

当然，由于各国政府行动的"拖延症"，全球控温目标窗口正在加速流失，碳中和的长期目标也越来越紧迫。

1.3.4　碳中和议题政治化，气候谈判格局日趋复杂

能源的使用是碳排放最重要的来源，而人类经济发展、生活水平提高与能源利用是密切相关的。碳排放，本质上是一个发展问题。只有工业快速发展的时期，才会伴随着碳排放的巨量增加。因此，碳中和一经提出，便成为全球政治博弈的重要工具。作为全球公共物品，碳减排需要全球各国的合作才有意义，如何划分责任、筹集资金等都是政治博弈的焦点。随着国家利益的不断分化，国际气候谈判格局日趋复杂，从初期相对简单的发达国家与发展中国家两大谈判阵营，演变到如今非常复杂的南北阵营与基于不同利益成立的各种集团并存的谈判格局。因此，30年来国际气候谈判取得的成果与投入的时间相比，可谓微不足道。

1.3.5　气候变化经济学基础理论发展迟缓

威廉·诺德豪斯（William D. Nordhaus）1977年发表的论文《经济增长与气候：二氧化碳的问题》，开创性地将气候问题纳入经济分析，奠定了气候变化经济学作为经济学一个独立分支学科的基础。1992年，诺德豪斯提出了气候与经济动态综合模型（Dynamic Integrated Model of Climate and the Economy，DICE），用于估计资本积累与减少温室气体排放的最优路径；1996年，诺德豪斯与杨自力合作，发展了气候与经济区域综合模型（Reginal Integrated Model of Climate and the Economy，RICE），允许不同国家在考虑本国的经济权衡和自身利益时作出温室气候政策评估的选择。2018年10月8日，瑞典皇家科学院授予威廉·诺德豪斯"2018年诺贝尔经济学奖"，以表彰其将气候变化纳入长期宏观经济分析的贡献。

除诺德豪斯外，从事气候变化经济学领域研究的经济学家并不多，未提出有洞见性的经济学理论，未能为政策设计提供更多的理论支撑。

1.3.6　碳中和政策工具仍在探索中

目前各国在探索不同的政策组合来推进碳中和的进程，主要包括碳税、碳排放权、内部碳价、碳补贴等碳价工具以及一些非价格工具。哪类政策工具效率最高、成本最低？哪些政策组合效果最佳？国家间是否有通用的最优政策组合？由于各国碳政策工具的应用尚在起步中，且应用时间、应用领域存在一定的局限性，各国体制、发展现状、文化认知均存在较大差别，因此，关于碳中和政策工具的效果评估仍未能给出理想的答案。

1.4　全球碳中和的决定性因素：中国双碳目标的实现

2005年，中国超越美国成为全球碳排放最大的国家；2013年，中国人均碳排放超越欧盟；2021年，中国人均碳排放超过发达国家人均碳排量。中国碳排强度虽然在持续下降，但仍远远超过全球主要经济体。碳排总量与碳排强度使得我国碳中和的进程成为全球碳中和进程的关键因素。

我国于1992年11月7日经全国人大批准《联合国气候变化框架公约》，加入全球碳中和的国际协作，积极履行碳减排的责任。2020年，我国提出了"3060"的碳达峰碳中和目标。提出目标以来，我国科学有序扎实推进碳达峰碳中和目标承诺，成立双碳工作领导小组，基本建立碳达峰碳中和"1+N"政策体系，碳市场有序运行，能源绿色低碳转型持续推进，向国际社会发出了应对气候变化的积极信号，增强了国际社会对全球气候治理发展前景的信心。中国有望成为全球碳中和的决定性力量。

1.4.1　中国碳排放现状

根据IEA《2022年二氧化碳排放》（*CO₂ Emissions in 2022*）报告，2022年，全球能源与工业排放相关的CO_2排放量达到368亿吨，其中中国CO_2排放量减少了2300万吨，达到121亿吨（见图1-8），约占全球碳排放总量的1/3。根据IEA的《全球能源回顾：2021年二氧化碳排放》（*Global Energy Review：CO₂ Emissions in 2021*），2021年，我国人均碳排放量为8.4吨，超过发达国家水平，更远远超过其他新兴国家（见图1-9）；进入21世纪以来，我国的碳排放强度持续下降，至2021年单位GDP碳排放强度已降至0.45吨CO_2/千美元，但仍然是全球主要经济体中碳排放强度最高的国家（见图1-10）。

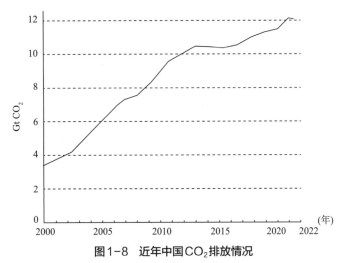

图1-8　近年中国CO$_2$排放情况

数据来源：IEA

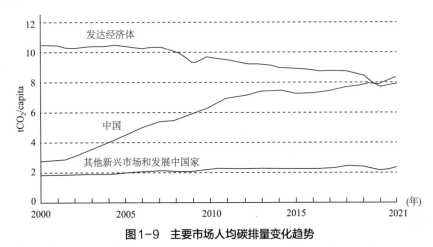

图1-9　主要市场人均碳排量变化趋势

数据来源：IEA

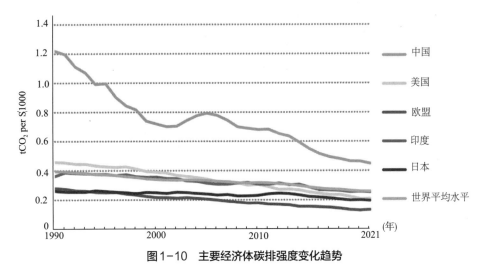

图1-10　主要经济体碳排强度变化趋势

数据来源：IEA

1.4.2 中国双碳政策进展

1992年，中国成为最早签署《联合国气候变化框架公约》（UNFCCC）的缔约方之一。之后，中国不仅成立了国家气候变化对策协调机构，而且根据国家可持续发展战略的要求，采取了一系列与应对气候变化相关的政策措施，为减缓和适应气候变化作出了积极贡献。在应对气候变化问题上，中国坚持共同但有区别的责任原则、公平原则和各自能力原则，坚决捍卫包括中国在内的广大发展中国家的权利。2002年，中国政府核准了《京都议定书》。2007年，中国政府制定了《中国应对气候变化国家方案》，明确到2010年应对气候变化的具体目标、基本原则、重点领域及政策措施，要求2010年单位GDP能耗比2005年下降20%。2007年，科技部、国家发展改革委等14个部门共同制定和发布了《中国应对气候变化科技专项行动》，提出到2020年应对气候变化领域科技发展和自主创新能力提升的目标、重点任务和保障措施。这是中国第一部应对气候变化的全面性政策文件，也是发展中国家颁布的第一部应对气候变化的国家方案。

2013年11月，中国发布第一部专门针对适应气候变化的战略规划《国家适应气候变化战略》，使应对气候变化的各项制度、政策更加系统化。2015年6月，中国向UNFCCC秘书处提交了《强化应对气候变化行动——中国国家自主贡献》文件，确定了到2030年的自主行动目标：CO_2排放2030年左右达到峰值并争取尽早达峰；单位国内生产总值CO_2排放比2005年下降60%~65%，非化石能源占一次能源消费比重达到20%左右，森林蓄积量比2005年增加45亿立方米左右。中国还将继续主动适应气候变化，在抵御风险、预测预警、防灾减灾等领域向更高水平迈进。作为世界上最大的发展中国家，中国为实现公约目标所能作出的最大努力得到了国际社会的认可，根据世界自然基金会等18个非政府组织发布的报告指出，中国的气候变化行动目标已超过其"公平份额"。

在中国的积极推动下，世界各国在2015年达成了应对气候变化的《巴黎协定》，中国在自主贡献、资金筹措、技术支持、透明度等方面为发展中国家争取了最大利益。2016年，中国率先签署《巴黎协定》并积极推动落实。到2019年底，中国提前超额完成2020年气候行动目标，树立了信守承诺的大国形象。通过积极发展绿色低碳能源，中国的风能、光伏和电动车产业迅速发展壮大，为全球提供了性价比最高的可再生能源产品，让人类看到可再生能源大规模应用的"未来已来"，从根本上提振了全球实现能源绿色低碳发展和应对气候变化的信心。

2020年9月，习近平主席在第七十五届联合国大会一般性辩论上阐明，应对气候变化《巴黎协定》代表了全球绿色低碳转型的大方向，是保护地球家园需要采取的最低限度行动，各国必须迈出决定性步伐。中国同时宣布，将提高国家自主贡献力度，采取更加有力的政策和措施，CO_2 排放力争于2030年前达到峰值，努力争取2060年前实现碳中和目标。中国的这一庄严承诺，在全球引起巨大反响，赢得国际社会的广泛积极评价。在此后的多个重大国际场合，习近平主席反复重申了中国的双碳目标，并强调要坚决落实。特别是在2020年12月举行的气候雄心峰会上，习近平主席进一步宣布，到2030年，中国单位国内生产总值 CO_2 排放将比2005年下降65%以上，非化石能源占一次能源消费比重将达到25%左右，森林蓄积量将比2005年增加60亿立方米，风电、太阳能发电总装机容量将达到12亿千瓦以上。习近平主席还强调，中国历来重信守诺，将以新发展理念为引领，在推动高质量发展中促进经济社会发展全面绿色转型，脚踏实地落实上述目标，为全球应对气候变化作出更大贡献。

2022 年 6 月，中国发布《国家适应气候变化战略2035》，提出新时期中国适应气候变化工作的指导思想、主要目标和基本原则，依据各领域、区域对气候变化的不利影响与风险的暴露度和脆弱性的不同，划分自然生态系统和经济社会系统两个维度，明确了水资源、陆地生态系统、海洋与海岸带、农业与粮食安全、健康与公共卫生、基础设施与重大工程、城市人居环境、敏感二三产业等重点领域，多层面构建适应气候变化区域格局，将适应气候变化与国土空间规划结合，提出覆盖全国八大区域和京津冀、长江经济带、粤港澳大湾区、长三角、黄河流域等重大战略区域的适应气候变化行动，并进一步健全保障措施，为适应气候变化工作提供了重要指导和依据。

截至2022年底，系列文件已构建起目标明确、分工合理、措施有力、衔接有序的碳达峰碳中和"1+N"政策体系（详见附录1），形成各方面共同推进的良好格局，为实现双碳目标提供源源不断的工作动能。

1：2021年10月，《中共中央　国务院关于完整准确全面贯彻新发展理念做好碳达峰碳中和工作的意见》《2030年前碳达峰行动方案》相继发布，为实现双碳目标作出顶层设计，在碳达峰碳中和"1+N"政策体系中发挥统领作用，明确了碳达峰碳中和工作的时间表、路线图、施工图。

N：国务院双碳工作意见中，明确了降碳路径与保障措施以及配套措施，此后，能源、工业、城乡建设、交通运输、农业农村等重点领域实施方案，煤炭、石油天然气、钢铁、有色金属、石化化工、建材等重点行业实施方案，科技支撑、财政支持、统计核算、人才培养等支撑保障方案，以及31个省区市碳达峰实施方案均已制定。

1.4.3　中国碳中和进程取得的成就

（1）中国碳排放强度不断下降。

根据IEA的报告，进入21世纪以来，我国的碳排强度持续下降，至2021年单位GDP碳排放强度已降至0.45吨CO$_2$/千美元，但在主要经济体中碳排放强度依然最高（见图1-10）。

根据中金公司研究测算，2020年中国的碳排放强度比2005年下降48.4%，累计少排放CO$_2$约58亿吨；2011年至2020年能耗强度累计下降28.7%；根据生态环境部《2021中国生态环境状况公报》，初步核算的全国万元国内生产总值CO$_2$排放比2020年下降3.8%；据《中华人民共和国2022年国民经济和社会发展统计公报》显示，2022年，全国万元国内生产总值CO$_2$排放（按2020年价格计算）比2021年下降0.8%。

中国能源结构中煤电占比高，大量工业基础设施标准还较低。作为制造业大国，中国承担了全球制造业供应链体系很重的生产部分。中国在碳减排方面取得的成绩来之不易，也付出了相当大的代价。

（2）生态环境建设和碳汇能力提升。

①中国40年：为全球贡献了四分之一的新增绿化面积。

中国秉持人与自然生命共同体理念，在森林和土地利用方面采取切实保护措施，取得了卓越的成效。2023年3月，全国绿化委员会办公室发布《2022年中国国土绿化状况公报》（以下简称《公报》），《公报》显示，2022年中国完成造林383万公顷，种草改良321.4万公顷、治理沙化石漠化土地184.73万公顷。《公报》显示，2022年，中国统筹推进山水林田湖草沙系统治理，科学开展大规模国土绿化行动，取得明显成效。全年发布"互联网+全民义务植树"各类尽责活动262个。目前，中国森林面积为2.31亿公顷，森林覆盖率达24.02%，草地面积为2.65亿公顷，草原综合植被覆盖度达50.32%。

②空气污染减排量：中国7年完成美国30年目标。

2022年6月14日，彭博社发布报道《中国7年空气污染减排量与美国30年减排量相当》（*China Reduced Air Pollution in 7 Years as Much as US Did in Three Decades*）。彭博社引用了芝加哥大学能源政策研究所的数据称，2013年至2020年，八年内，中国空气中有害颗粒物的数量下降了40%，几乎相当于美国自1970年颁布《清洁空气法案》之后30年污染程度下降44%的成就，这是一项相当了不起的成绩。中国在应对气候变化和减少空气污染领域取得的成就，越来越得到国际舆论的认可，殊为不易。

（3）绿色能源占比快速提升与绿色能源技术发展。

①绿色能源占比不断提升。

中国能源低碳转型持续深入，清洁能源生产较快增长，非化石能源消费占比不断提升。

2022年，全国风电、光伏发电新增装机达到1.25亿千瓦，全年可再生能源新增装机1.52亿千瓦，占全国新增发电装机的76.2%，已成为我国电力新增装机的主体。截至2022年底，可再生能源装机达12.13亿千瓦，占全国发电总装机的47.3%，较2021年提高2.5个百分点。其中，风电、光伏、水电、生物质发电装机规模多年稳居世界第一；在运在建核电机组 77 台、装机 8335 万千瓦，位居世界第二。2022 年，可再生能源发电量达 2.7 万亿千瓦时，占全社会用电量的 31.6%，较 2021 年提高 1.7 个百分点，可再生能源在保障能源供应方面发挥的作用越来越明显。2022 年我国可再生能源发电量相当于减少国内 CO_2 排放约 22.6 亿吨。

②绿色能源技术产业世界领先。

我国可再生能源继续保持全球领先地位。全球新能源产业重心进一步向中国转移，我国生产的光伏组件、风力发电机、齿轮箱等关键零部件占全球约 70% 的市场份额。2022 年，出口的风电光伏产品为其他国家减排 CO_2 约 5.73 亿吨。

我国光伏行业拥有全球最完整的产业供应链优势，产业配套完备、上下游形成联动效应，产能产量优势明显，这是支撑产品出口的基础。与此同时，我国光伏产业持续创新，技术优势领先全球，为抓住国际市场机遇奠定了基础。此外，数字化技术、智能化技术使制造业数字化转型升级加快，大幅提升了生产效率。2022 年光伏组件出口量达到 154.8 吉瓦，相较 2021 年增长 74%；出口额为 423.75 亿美元，同比增长 65.45%，为全球应对气候变化作出了重要贡献，为 20 多个国家实现光伏平价上网提供了支撑。

中国风电产业覆盖技术研发、开发建设、设备供应、检测认证、配套服务等方面，一条国际业务链已基本成型。据中国可再生能源学会风能专业委员会统计，2022 年，我国新增风电机组出口（发运）容量为 229 万千瓦，累计出口（发运）容量已达 1193 万千瓦，出口设备已遍布全球 5 大洲共 49 个国家。

根据 IEA 发布的《2023 年能源技术展望》，报告统计了截至 2021 年成熟的可再生能源技术的产能数据，包括海上风能、陆上风能、太阳能、电动汽车等产业链的各个环节，我国的产能占全球比重均超过 50%。海上风能产能全球占比 70%，细分至塔筒占比 53%，机舱占比 73%，叶片占比 84%；陆上风能产能全球占比 59%，细分至塔筒占比 55%，机舱占比 62%，叶片占比 61%；太阳能光伏产能全球占比 85%，细分至硅片占比 96%，电池占比 85%，组件占比 75%；电动汽车产能全球占比 71%，细分至阴极材料 68%，正极材料占比 86%，动力电车占比 75%，电动车占比 54%；燃料电池卡车产能全球占比 47%，细分至卡车占比 45%，电池系统占比 48%；热泵产能全球占比 39%；电解槽产能全球占比 41%（见图 1-11）。

（4）特高压输电网技术和世界能源互联网。

截至 2020 年底，中国已建成"14 交 16 直"，在建"2 交 3 直"共 35 个特高压工程，在运在建特高压线路总长度为 4.8 万公里；跨省跨区输电能力达 1.4 亿千瓦，累计送电量超过 2.5 万亿千瓦时。其中，中国建成了从新疆准东到安徽皖南 1150 千伏的工程线路，输送距离长达 3300 公里，是目前世界电压等级最高、输送容量最大、输送距离最远、技术水平最先进的"四项世界第一"（见图 1-12）。

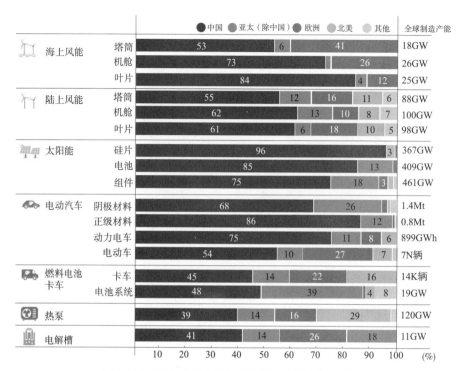

图1-11 2021年我国清洁能源技术产能的全球占比

数据来源：根据IEA报告绘制

图1-12 准东—皖南 ±1100千伏特高压直流输电工程新疆段线路实景

2022年5月，世界首条 ±800千伏特高压直流示范工程——云（南）广（东）特高压直流工程，累计向广东珠三角负荷中心输送云南清洁水电突破3000亿度，相当于节约标煤8640万吨，减少CO_2排放2.3亿吨，减少SO_2排放166万吨，减少氮氧化合物排放83万吨，减少粉尘排放4320万吨。这对优化东西部资源配置，实现东西部资源互补，助力国家实现双碳目标有着重要意义。

目前，我国已全面掌握了具有自主知识产权的特高压核心技术和全套装备制造能力，抢占了特高压战略、技术、装备、标准的制高点。国家电网公司先后组织数十家科研机构和高校、200多家装备制造企业、500多家建设单位、几十万人参与特高压研发建设相关工作，累计攻克了310项关键技术，主导编制国际标准75项、国家标准788项。我国在特高压技术方面有绝对领先的地位，这将在今后的能源互联网革命和全球碳中和进程中起到至关重要的作用。

（5）碳市场和绿色金融发展。

中国一直在努力探索碳市场机制对全国碳减排的关键作用，在全国八个省进行了长达八年的碳市场试点。2021年7月16日，全国碳排放权交易市场开市。第一个履约周期纳入发电行业重点排放单位2162家，覆盖约45亿吨CO_2排放量，是全球规模最大的碳市场。成交数据显示，2022年，全国碳市场碳排放配额总成交量为5088.95吨，总成交额为28.14亿元。其中，挂牌协议年成交量为621.90万吨，年成交额为3.58亿元，最高成交价为每吨61.60元，最低成交价为每吨50.54元，本年度最后一个交易日收盘价为每吨55.00元，较上年度最后一个交易日上涨1.44%。大宗协议年成交量为4467.05万吨，年成交额为24.56亿元。

截至2022年底，全国碳市场碳排放配额累计成交量为2.30亿吨，累计成交额为104.75亿元。2022年12月22日，全国碳市场累计成交额突破100亿元大关。

全国碳排放权交易　　　　　　　　　　　　　　　　　　2021年7月16日—12月31日

全国碳市场每年成交数据

交易品种	最高价（元/吨）	最低价（元/吨）	收盘价（元/吨）			成交量（吨）	成交额（元）	交易方式
			2021年12月31日	2022年12月30日	涨跌幅			
CEA	62.29	38.50	51.23	54.22	5.84%	30,774,596	1,451,471,161.73	挂牌协议交易
						148,014,754	6,209,758,861.26	大宗协议交易
						178,789,350	7,661,230,022.99	小计
截至2021年12月31日累计						30,774,596	1,451,471,161.73	挂牌协议交易
						148,014,754	6,209758,861.26	大宗协议交易
						178,789,350	7,661,230,022.99	合计

全国碳排放权交易　　　　　　　　　　　　　　　　　　2022年1月4日—12月30日

全国碳市场每年成交数据

交易品种	最高价（元/吨）	最低价（元/吨）	收盘价（元/吨）			成交量（吨）	成交额（元）	交易方式
			2021年12月31日	2022年12月30日	涨跌幅			
CEA	51.50	50.54	54.22	55.00	1.44%	6,218,972	357,855,798.67	挂牌协议交易
						44,670,521	2,456,148,895.61	大宗协议交易
						50,889,493	2,814,004,694.28	小计
截至2022年12月30日累计						36,993,568	1,809,326,960.40	挂牌协议交易
						192,685,275	8,665,907,756.87	大宗协议交易
						229,678,843	10,475,234,717.27	合计

图1-13　全国碳市场2021年、2022年交易数据

数据来源：上海市环境能源交易所

2022年全国碳市场的交易主要集中在年初和年末，1—2月、11—12月成交量分别占全年总成交量的19%、66%。

总体来看，全国碳市场基本框架初步建立，促进企业减排温室气体和加快绿色低碳转型的作用初步显现。

碳市场体系建设方面，通过进一步完善碳市场机制形成碳定价后，每个市场主体的行为模式都将受到影响，从而改变企业的利润观，使低碳技术转变为企业的核心竞争力。

（6）国际认可。

作为全球最大的碳排放国，中国在国际社会饱受压力。但中国对气候变化的积极应对，也收获了国际社会的广泛赞誉。尤其是习近平总书记在第七十五届联合国大会一般性辩论上正式提出"3060"目标后，包括美国知名经济学家杰弗里·萨克斯（Jeffrey Sachs），美国财政部原副部长蒂姆·亚当斯（Tim Adams），英国金融服务管理局原主席阿代尔·特纳勋爵（Lord Adair Turner），法国经济财政部前部长埃德蒙·阿尔潘德里（Edmond Alphandéry）在内的众多外方专家均表示，中国的碳中和承诺意义重大，显示了中国在应对全球气候变化方面走在世界前列，中国的负责任态度令人振奋与欣喜。

2023年2月21日，诺贝尔可持续发展基金会于瑞典斯德哥尔摩宣布中国气候变化事务特使解振华先生，由于其在全球合作及气候变化上的贡献，获颁"2022年诺贝尔可持续发展基金会年度特别奖"。解振华先生代表中国出席历届世界气候变化大会，在协调各方立场，达成共识与合作方面，展现了卓越的领导力。解振华表示，这既是他个人的荣誉，更是对中国在应对气候变化和可持续发展方面贡献的肯定。

1.4.4 中国双碳目标面临的挑战

中国20多年来，中国在应对气候变化和碳减排方面取得了巨大的成就，但作为全球最大的碳排放国，中国碳排量约占全球总碳排量的1/3，仍面临巨大的国内与国际挑战。

（1）全社会全部物料、产品和服务的碳足迹数据获取困难。

全社会物料、产品和服务种类多，按数十亿计，且各有自身特有的碳足迹数据。由于商品种类繁多，产业链冗长，所以收集和发布碳足迹数据成本高、难度大。

碳足迹基础数据是动态的。同一种产品各企业生产的碳排放量不一致，同一个企业因生产技术和工艺改进也是动态的，获得近期社会平均水平的碳排放量很困难。又因数量众多，数据采集是一个系统性难题。

缺乏各类物料、产品和服务的碳排放因子的准确值，缺乏各组织的碳足迹动态数据，将带来以下难题：

a）评估项目计划、工程设计方案、技术方案的碳排放情况困难。

　　b）顶层政策和行业政策工具设计困难。

　　c）绿色金融难以发挥更好的作用，选择项目和投资项目困难。

　　d）碳排放责任分解和碳减排任务分解困难。

（2）政策工具选择和推行困难。

　　政府希望通过征收碳税和碳排放配额制度来加快推进企业减排，由于缺乏碳足迹完整准确的基础数据，很难判断碳税和碳市场哪个更有效，推进缓慢。

　　a）政府碳定价（碳税税率和碳排放权价格）极为困难，对众多产品和行业合理定价面临挑战。

　　b）碳排放配额的分配方法很难设计，很难平衡各方利益。

　　c）运营过程的管控难度大。如何防止碳数据造假，管控成本（MRV）十分高昂；管控过程中公平性和廉政问题难以控制。

（3）如何建立面向碳中和目标的碳市场，顶层设计该如何升级。

　　当前碳市场发挥的作用还相当有限。自2012年3月28日，北京市正式启动碳排放权交易试点工作已10年有余，全国各地共建立8个省碳排放交易试点，截至2022年底，累计成交额仅为161.46亿元。2021年7月全国碳市场建立后，交易规模仍然较小，截至2022年底累计成交额为104.75亿元。目前的国内碳市场，在整个碳中和体系中起到的作用还很小。因为缺乏有效的学术理论指导，中国一直在效仿西方国家的碳市场方案。碳市场顶层设计没有指向碳中和终极目标，在碳排放权配额上面打转，所以难以做大规模，难以在碳减排上起到关键作用，也难以解决政府和集团、国家和地区之间碳减排的利益冲突，实现市场的统一。

（4）如何获得更多绿色金融投入。

　　中国实现"3060"目标需要约200万亿元的投资。资金从何而来？这样的巨额投入光靠财政投入是不现实的。如何不成为宏观经济的巨大负担，如何形成对绿色投资者的有效激励，需要一系列突破性设计，掌握碳的大数据、全面创新碳市场顶层设计是两大关键。

（5）如何更低成本、更快、更有效推动全社会减碳。

　　中国要实现"3060"目标，必须发动全社会加入碳减排，包括每一个有碳排放的社会组织和全体消费者。目前只能抓住少量的煤电企业等碳排放大户做工作，效能远没有发挥出来。当前的局面是前端的企业承受了碳减排成本的压力，后端产业链和消费者却对碳减排并不在意。前端企业的碳减排自身空间已不大，它的生产和碳排放在很大程度上是由整个产业链决定的。

　　每个组织、企业和个人只要有耗能，只要使用的前端供应商的物料、服务内含了碳排量，就都是碳排放者，都应承担碳减排的责任，并发挥碳减排的作用。碳排放产生的第一原因并不是投资和生产，投资和生产最终是为了消费。因此减碳的责任者应该是每个组织、每个企业、每个人，我们的碳减排管理应该尽快延伸到全社会的每个组织、企业和全体消费者。

为实现双碳目标，迫切需要加快全社会碳减排体系的建设，但目前的碳减排体系基本只覆盖了煤电行业，且面临较多问题，关键是缺乏理论思想的指导。

（6）气候问题可能成为影响我国国际关系的变量。

从2022年11月20日闭幕的联合国气候大会COP27情况来看，气候问题逐渐成为国际关系中的重大议题，出现了对中国不利的情况。欧美利用气候问题向中国问责，拉拢调唆气候问题受灾国家（多是发展中国家）向中国索赔，给中国施压。

（7）我国碳达峰、碳中和每年进展如何向全世界报告。

中国已超过美国成为第一大碳排放大国，也早已成为全球气候问题的关注焦点。我国碳达峰和碳中和的速度将被全世界实时紧盯。中国必须每年拿出减碳实际成效，成果数据要准确、翔实、可信，有说服力。这势必要求中国要有一套既成果可观，又有说服力的数据系统。

（8）碳关税应对和发展低碳经济。

欧盟碳边境调节机制CBAM已经启动，2023年开始试运行，我们要有明确的对策和方案。我们现在除了联合发展中国家据理力争外，并无系统化的应对举措，这可能使我们的出口贸易面临更多阻碍。

国际碳关税对我们的低碳经济质量提出了明确要求。今后的中国出口产品要有竞争力，不仅需要价格低质量好，还必须是低碳产品，甚至是零碳产品，并且能拿出可信的碳足迹数据，有权威性和说服力。

作为制造业大国，国际碳边境调节机制对我国的影响有利有弊，但在我国缺乏有效碳减排体系的情况下，目前我们看到的更多是负面影响。只要我们有足够的智慧，完全可以变被动为主动。

一是中国也是一个巨大的产品和资源进口市场，有巨额的化石能源进口总量，碳关税的影响是可以大量对冲掉的。

二是一旦中国构建好了自己的碳减排管理体系，可以提升气候问题国际话语权。如果我们能够成功建立碳足迹大数据系统，建立完善的碳市场体系，在消费者责任机制下，消费国反而应该承担碳减排的主要经济责任。

三是可以推动国内经济高质量发展。碳关税最终比的是经济质量，高碳排放的产品将受到压制，低碳经济将大行其道。中国的经济质量提升需要这样的倒逼机制，需要及早去利用国际贸易规则的变化，变被动为主动。

（9）如何应对国际绿色能源和碳中和技术产业链的竞争。

全球进入碳中和时代，绿色能源技术与碳中和相关技术市场将形成庞大的产业链，是全球新经济的制高点。中国当前在光伏、风能和特高压输电方面已经有显著的领先基础，如何在全球加快拓展市场，提升市场份额，对中国后续提升国际绿色能源产业地位相当关键。如何在碳存贮、CCUS等技术领域取得领先对中国碳中和进程非常重要。

（10）如何更好地转型能源结构，提升再生能源占比。

实现双碳目标，降低化石能源占比，大幅提升再生能源占比是关键。当前我国化石能源占比85%左右，2060年我国非化石能源要在整个能源消费体系里占到80%。

问题在于我们大量煤电投产时间不久，退出难度较大。再生能源的基础设施，包括输电网、储能设施建设有待时日，要尽快筹集资金，加快可再生能源的替代。

俄乌冲突让各国重新意识到能源安全问题的重要性。我国的化石能源对外依存度很高，中国原油对外依存度为70%左右，天然气对外依存度为50%左右。中国煤炭资源相对来说较为丰富，但是资源有限的问题也很突出。从资源安全角度出发，中国也要加快发展可再生能源。

在当前国际局势和气候问题的挑战下，若能平衡好传统能源投资退出，加快能源转型进程，不仅有利于加快碳中和进程，还能大幅提升能源战略安全度。可再生能源是本地资源，当考虑能源战略安全时，也应该把可再生能源纳入。可再生能源未来很大一部分是分布式的，分散安装。一个小型炸弹可以定点炸毁煤电厂，化石能源的运输安全度也不高，而分布式的可再生能源更有韧性。

（11）如何提升我国在国际绿色金融市场上的地位。

实现全球碳中和，全球相关投资将超过200万亿美元，这蕴含着巨大的全球绿色金融市场机遇，但同时也给我们带来巨大挑战。我们需要在游戏规则制定、市场主导权和定价权方面积极争取，才能获得更多主动权。这考验中国人的智慧。只有设计更好的行动路线图，才能转变当前被动应对的状况。

（12）如何尽快提升我国在气候问题上的全球地位。

在30多年的国际气候问题争斗史中，中国在学术上有影响力的成果并不多，在游戏规则制定上影响力一直较小。如何在应对气候变化的各条线的研究上，取得突破性的成果，提升中国的影响力，是非常迫切的课题。

第2章

全球气候问题的哲学、社会学和法学讨论

人类对气候变化的直接关注始于20世纪70年代。1979年，世界气象组织（World Meteorological Organization，WMO）召集了第一次世界气候会议，并确立开展WMO世界气候计划，旨在研究合理利用气候资源的途径，预测气候变化和预防气候灾害，以保护气候环境和气候资源。1988年，联合国环境规划署（UNEP）和WMO共同发起组建了联合国政府间气候变化专门委员会（IPCC），作为气候变化国际谈判和规制的科学咨询机构。在IPCC的推动下，1990年国际社会正式启动了《联合国气候变化框架公约》（UNFCCC）谈判，1992年达成协议，1994年正式生效。

这一公约提出所有国家均要应对气候变化，但在责任分担上应在"共同但有区别"的责任原则下进行，发达国家应该率先采取措施。随后每年举行一次缔约方大会，1995年第一次缔约方大会在德国柏林召开。1997年第三次缔约方大会通过了《京都议定书》。这两份文件(《联合国气候变化框架公约》和《京都议定书》)奠定了全球应对气候变化国际合作的法律基础。

全球气候问题本身过于复杂，在未看清问题本质、未找到最佳解决方案的情况下，大家看到的更多的是当下的代价。气候问题难堪的现实是，各个利益集团更多地以自己的利益为出发点，特别是以OECD为代表的发达国家，与以中国和G77集团为代表的发展中国家之间的南北矛盾至今仍没有大的改观，30年来国际谈判与合作成果进展不大。

近年来，随着新能源技术不断突破，世界各国人民对生活环境改善的意识不断提升，中国、美国、欧洲、日本、印度等大部分国家已自行制定出碳减排自主贡献的双碳时间表。虽然各利益团体仍矛盾重重，但全球气候问题的对立性已大为改善。如果国际社会在一些减碳机制和国际协同方面能寻找到最优方案，人类解决气候问题将大有希望。在此之前，我们还需要针对气候问题在哲学、社会学和法学层面进行深入探讨，找到国际社会最大公约数，确定关键共识，才能建立最优的全球协同机制，加速碳中和进程。

2.1　气候与环境：人类挑战与"公地悲剧"

人类越来越有共识，如再不同心协力解决气候和环境问题，地球可能在几代人的时间内就不再适合人类生存。气候灾难频发、海平面上升、大气污染威胁健康、病毒灾难持续不断，人类需要尽快行动。国际主流社会在努力通过减少碳排放和污染排放来改善环境，美国创业家马斯克则致力于发展火星殖民技术，寻找人类新生存空间。

根据 2023 年 IPCC 发布的《气候变化 2023》报告，面对日益严峻的气候挑战，倘若要将全球气温上升幅度控制在工业化前水平的 1.5℃以内，从 2020 年初开始测量，世界只能多排放 5000 亿吨 CO_2，按近年全球每年排放约 360 亿吨 CO_2 计，全球将在大约 12 年内，即 2034 年耗尽全部碳预算。因此，要实现控温 1.5℃，所有部门都要在本个十年内全力、快速且持续地减少温室气体排放；如果要在 2030 年前将排放量减少近一半，那么温室气体的排放现在就需要减少。

那这个有限的发展空间给谁呢？对于大气这种公共资源，作为全球性的公共物品，不可避免地会演变成"公地悲剧"：希望自己多占别人少占。如何使自己多占，则完全随情势而变。目前的办法是规则控制加谈判，赎买和战争也会成为选项。由于核大国力量的平衡，战争选项还被压在箱底，但区域局部冲突会变得严重，这将难以避免。

人们有理由悲观。无论从人类贪婪的本性还是"公地悲剧"的逻辑推演来看，全球变暖带来的气候灾难几乎不可避免。越来越频繁的极端天气告诉我们，气候灾难已经在敲打窗户，不知什么时候就会进入家门。

1992 年 154 个国家的代表在联合国总部签署《联合国气候变化框架公约》形成国际合作文件以来，国际间的气候问题已谈判和斗争了 30 年，至今实质性推进仍非常有限，发达国家承诺投给发展中国家的 1000 亿美元碳减排支持资金到位无几。一个意向性的损失与损害基金决议成了 COP27 的重要成果，该决议的通过标志着损失与损害资金安排首次被纳入 COP 会议的官方议程，呼吁包括金融机构在内的各种现有来源向特别容易受气候变化影响的发展中国家提供资金，以弥补其因气候灾害造成的"损失和损害"。但是，该决议并不涉及出资量、如何保证资金到位以及有关资金机制运行的时间线等具体运作细节问题。国际社会气候问题进展的困难可见一斑。

气候问题的关键标的是 CO_2，过程中就气候是否因 CO_2 变暖进行了长达 30 多年的争论。其实争论到现在，最大的成果不是形成国际协同去解决气候问题、共同努力实现碳减排，而是普遍地提高了全球民众的环境觉悟。气候影响对普通民众来说有些遥远，但空气质量、雾霾可以天天感知更让人焦虑；再加上经济的发展，解决环境问题、提升生活质量已是各国政府和大众都期待的事情。民众希望政府能有更大作为。气候问题与环境问题与人类息息相关，燃烧化石燃料，不仅排出 CO_2，同时排出大量污染物，极大地影响了人民百姓的生活质量，政府和民众都想极力改善现状。

因此，解决全球气候问题的群众基础和物质基础，在30年后的今天已具备条件；再加上清洁能源技术和全球能源互联网技术的突破，人类可以将气候问题的立场、争议放到一边，来共同探寻解决全球气候问题的方法。

有些事情，时间是解决问题的良药。在争议的这些年间，革命性技术的出现、认知的改变和新问题的出现，改变了原先的局面。但随着时间的推移，给政府带来更大压力的是，在气候问题上留给人类的时间窗口越来越小了。

2.2　气候共识起点：人类命运共同体

为什么争议30年难以达成共识？观察30年国际社会气候问题史，在发达国家的主导下，长久以来国际社会的解决方案，还是在碳排放权上将国家分等，将人分等，未能承认各国各民族共同发展的权力。气候问题的开端，甚至被认为是发达国家封印发展中国家的工具，特别是针对中国。利益与立场对立明显，广泛而持久，难以缓解。发展中国家长期对西方国家的出发点存疑：解决气候问题是辅因，想控制发展中国家的发展是主因。

好在由于技术的突破和人类对社会环境质量需求的提高，这个问题已经得到缓解，人类开始有能力找到更好的路径，在发生根本冲突前解决这一问题。

人类命运共同体，不仅体现在人类生活在同一个地球上，在气候问题上完全是共存亡的；同时，在发展上，发达国家要认可发展中国家的发展权，更不能用气候问题控制发展中国家的发展，强化西方发达国家的经济优势和控制地位。

中国政府提出人类命运共同体的理念是符合历史趋势的，引起了发展中国家的共鸣。如果中国政府能找到方法，在兼顾发展和减排的情况下，提前实现双碳目标，将极大地提升中国的国际地位。

2.3　碳排放权与人权

30年的气候问题争斗史表明，碳排放权和国家的人权、发展权是紧密相关的。人类要解决气候问题，如何分担碳排放责任、分配碳排放权是最关键的问题。但只要稍微走偏，就会走到无解的死胡同里。

在清洁能源成本比化石能源高很多，或清洁能源供应不足的情况下，碳排放权与地区的发展就密切相关了。西方发达国家在20多年间抛出了很多方案，几乎类同近代国家和民族的不平等条约，理所当然地遭到所有发展中国家的拒绝。在 2009 年 12 月的哥本哈根气候大会上，西方国家抛出的几个方案中，IPCC 的方案算是最公平的，但今后发达国家的人均碳排放量分配还要比发展中国家高 4 倍。要知道在过去的 100 年，发达国家的人均碳排放量比发展中国家高 7.5 倍。这无论如何都找不到法理依据，也看不到富国和强国的人文主义情怀，注定要遭到广大发展中国家的反对。

应对气候变化与兼顾公平，两种观念的冲突，在中国最典型的事件就是 2010 年央视某主持人与丁仲礼院士在这个问题上的 PK。

在电视对话节目过程中，主持人表示自己不理解为什么中国不接受西方国家的节能减排方案。

丁仲礼院士表示，西方发达国家有 11 亿人，要求分去全球碳排放权的 44% 的份额，地球上剩下的 55 亿人，却只能分去 56% 的碳排放权份额，这样不公平。过去的 100 年里，西方国

图 2-1　丁仲礼接受采访

家的人均碳排放量是中国的 7.5 倍，现在中国不要求是他们的 7.5 倍，只要求达到人均碳排放量相同就行了，甚至 80% 就可以了。

主持人表示，为什么要按人口算，就按国家算不行吗？

丁仲礼院士反问，中国人是不是人？为什么同样的一个中国人就应该比欧美人少排放？

人口数量差距数十倍，西方发达国家想以国家为单位分配。这样的方案，就是要利用碳排放权这样的"二相箔"将一些国家的发展封印在狭小的空间内。这样的方案，不经过战争是难以定局的。这样的角度，把气候问题放大了就是战争与和平的事。

2006 年，时任美国副总统艾伯特·戈尔推出了自己参与制作和演出的纪录片《难以忽视的真相》(An Inconvenient Truth) 和同名书籍，在西方国家引起了广大的回响。该片主要讲述了工业化对全球气候变暖和人类生存的影响，并获得第 79 届奥斯卡最佳纪录片奖。戈尔因其对环境事业的贡献获得 "2007 年诺贝尔和平奖"。诺贝尔委员会评价道："在唤醒公众和政府采取行动来应对气候挑战上，戈尔可能是唯一做出过最大努力的人。他是伟大的传播者！"

具有讽刺意味的是，戈尔的家庭碳排放量巨大。根据美国田纳西州政策研究中心给出的报告，戈尔在田纳西州有个住宅。从 2006 年 2 月 3 日到 2007 年 1 月 5 日，不到一年的时

间内，戈尔家一共用掉了19万度电，而该地区家庭每年平均用电只有1.56万度，全美国家庭平均一年用电1.07万度，戈尔家的用电量是一般家庭的10多倍。戈尔家一个月的电费，比当地一般家庭一年的电费还多。

戈尔家的豪宅有多个恒温泳池，为了保证随时都有合适的水温游泳，需要持续耗电给水加热，光是加热游泳池1年用掉的电，就够其他美国家庭用6年。2017年，根据美国田纳西州政策研究中心收集的资料，戈尔家的用电量不减反增，已经涨到了普通家庭的21倍。

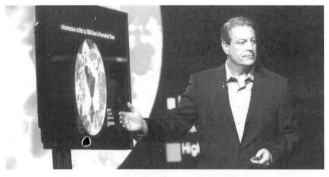

图2-2　戈尔在演示《难以忽视的真相》

不同国家、不同民族在碳排放权上如何被看待，是人权领域的一个重要问题。在气候问题上，一些西方国家人权观的虚伪性暴露无遗，并且想在联合国层面达成共识。这显然很难，西方国家却持续30多年仍没有放弃，直至这个问题自然淡化。30多年来，气候变化问题一直被各利益集团视作发展权、控制与反控制和利益博弈的载体，一些西方发达国家负有相当大的责任。

在碳排放权的人权认知上，发达国家需要改变观念，放弃高人一等的思维，承认人权的平等。用市场经济的方法赎买，发达国家支付更大的代价来获得更大的碳排放量，而不是通过碳排放权分配控制、碳关税边境措施来盘剥发展中国家的利益。

有中国专家总结30多年碳排放问题的争斗史认为，西方发达国家利用碳排放压制中国的发展，着力点在于：一是站在道德制高点上，陷中国于被动。中国是最大的碳排放国，西方国家非常容易拉拢许多国家针对中国。二是通过碳排放量总量控制，影响中国总产出。少排放就要少耗能，就是要少生产。三是发挥发达国家技术优势，在碳排放强度层面，影响产品竞争力。通过增加碳排放成本降低中国产品的竞争力，也可以给中国品牌打上高碳产品烙印，降低品牌竞争力。

中国作为当前的碳排放大国一定负有重任。中国要改变这一局面，不仅在国际气候问题的斗争中要据理力争，争取合理的权力利益，更要在行动上不落人后，才能逐步争取主动权。

2.4　减碳的责任谁承担：生产者还是消费者

学术界和政府研究了30多年气候问题，国与国之间碳减责任至今厘不清，组织之间如何分配碳减责任（碳排放权）、生产者责任还是消费者责任、富人与穷人之间如何分配责任，这些重大事项的解决都找不到令人信服的理论和逻辑。

不可思议的是，无论是生产者责任还是消费者责任，在30多年的国际气候史中，一直未被认真地讨论，大家一直接受生产者责任机制，认为这是天经地义的。本书研究后却发现，这是全球碳中和一直裹足不前的核心原因之一。现在，重新厘清、重新定义的时点到了！否则，生产者责任观念，还将继续影响着全球碳中和进程。

2.4.1　国际贸易的碳排放责任出口

根据测算，在国际贸易中，中国是"碳排放"的净输出国。中国2018年出口产品隐含CO_2排放15.3亿吨，进口货物隐含CO_2排放5.42亿吨，对外贸易隐含CO_2净出口约占全国总排放量的10.5%。其中，出口欧盟隐含CO_2排放2.7亿吨，占17.6%，出口美国隐含CO_2排放2.86亿吨，占18.7%；从欧盟和美国进口货物隐含CO_2排放分别为0.31亿吨和0.44亿吨，是隐含CO_2排放的净出口国。

中国进口的主要是软件芯片等高科技产品和服务，出口的主要是服装机电等中低端工业产品。作为制造业大国，中国的碳排放净出口量相当大。国际贸易产生的碳排放量的流转应由进口国还是出口国担责？欧美主张的谁排放谁担责（生产者责任）合理性有几何？

希望别人担责，自己享受良好的环境，这是常人的自然想法，是固有人性。学术界和管理层如找不到一种科学合理的理论、公平和效率兼具的系列政策工具，仅靠个人的自我觉悟来实现碳减排目标，将会是一个漫长的过程。因此学术界、政界有责任研究出从顶层到基层的合理担责机制。这要从人文、法学和经济学等多个维度去研究，才有可能找到最合理、最有利于解决问题的国际社会担责机制。

2.4.2　消费者担责的合理性

从经济学出发，对于有效市场，生产者责任和消费者责任两种机制，理论上最终结果差不多。最终，碳排放费用都会从前端流转到最终消费者，成为产品总成本的一部分。在碳排放问题上，能源电力供应市场和国际贸易是非有效市场。从效率的角度去研究，进行政策工具设计和管治方案设计，消费者责任更有利于减排体系的设计和推行，更容易理顺责任关系。经济学可以证明在当前的国际贸易和各国市场境况下，消费者责任机制有更高的管治效率，也更具公平性。消费者是产品生产流通的最终端，而生产过程和链条可以很长，消费者责任主体容易确定，机制就容易设计。

在人文道德上，从情理的维度考虑，消费者担责是合理的。生产者和中间服务商都产生了碳排放，但都是为了满足消费者的需求；反过来讲当消费者不需要相关产品和服务时，逻辑上相关的生产碳排放就不会产生。当社会有能力通过测算，将外部性社会成本并入产品内部化成本后，消费者担责是自然的。一般产品的所有材料、加工、运输和服务成本都是由消费者承担。当然对碳排放一事来说，并非生产者不需要担责任，而是因为消费者的知情权、选择权倒逼而担责，即通过市场机制自然担责。碳排放强度超过行业平均水平的生产者，在成本和品牌声誉上会处于竞争劣势。消费者主责下，生产者责任是明确的，也需要承担一大部分责任，高碳排放的落后生产者甚至会直接被淘汰。

在法理上，从公平的维度去思考，生产者责任和消费者责任都可以站住脚，当然在费用承担上，消费者应该是主责。市场一直按这样的逻辑在运行。从公平性看，产业的平均水平由消费者承担，超排放的量生产者将自行承担。

2.5　国家与地区的利益平衡：气候治理的不可能三角

全球气候治理存在一个大难题，即有些学者提出的不可能三角——治理全球化、治理效率与公平、国家主权。全球历届气候大会的争斗就是围绕着不可能三角寻求平衡。以《巴黎协定》为标志，将自上而下的碳排放权分配治理体系转换成自下而上的自愿减排承诺治理体系，对比新旧两个国际气候治理体系的特征，可以看出是关乎公平、效率和国家利益三方平衡的艰难演进。自上而下的治理模式如果有强制力，则在一定程度上保障了治理效率。而自下而上模式尊重了各国意愿和发展需求，但气候问题的跨时空外部性，并不能保障各国的利益和公平，也可能折损了效率。要真正解决全球气候问题，国际社会必须从三个维度展开工作。

（1）必须全球化协同。因历史原因和国家发展阶段的不同，国家和地区间建立"共同而有区别的责任"是必需的，但量化操作和落地上有相当大的难度。

一些国家少排，一些国家又多排了，则难以达成目标。不仅在排放量的分配上，国家间的技术、人才、项目建设、碳市场和金融的协同也是非常必要的，必须形成一个整体全局，效率才可能最优。

30年的国际社会碳减排史表明，碳中和的全球化协同，如果过于执着于责任分解、碳排放权分配，则无法找到解决方案。国际社会应着力寻找更多其他对全球碳中和有促进的共识点，如寻找更有效率的碳减排机制、技术的合作、全球能源互联网建设、国际碳市场建设等，这样反而更容易让政府接近目标。

（2）在相对公平的基础上需要达到较高的效率。全球气候问题既有总量要求，又有时间要求，必须达到较高的治理效率，才能实现IPCC提出的控制目标。效率机制要对各方提出较高约束和协同要求，需要各方担责和投入。要通过协议和立法，全球200个国家的签约何其艰难，所以要退到最基本的公理上找到国际社会的最大公约数。这个最大公约数应该不包含碳排放权的额度分配，才可能取得共识。理论上是存在高效路径的，难点在于需要找到几条大家愿意认可和遵从的最基础公理。

（3）各国承诺和行动。气候问题不仅是碳排放数量问题，还有产业协同、资金投入、经济发展和福利权利问题，都要在国家意志下行事，联合国还没有执法能力，协调行动有太多利益平衡和操作细节，难度极大。

这也说明国家主权在气候治理格局中需要扮演关键角色，气候议题的政治性在很大程度上影响着国际气候治理体系和治理效率。在野蛮强权时代，这样的问题会升级到战争来解决。现在的时代，想解决好这个问题就要在找到国际社会最大公约数的同时，还能找到更多的当下共同利益。如果各国都能够直接从碳减排中获得当下的宏观正向效应，问题将迎刃而解。

可惜的是，由于国际社会 30 年来，在碳排放公共物品方面的基础理论和顶层设计一直未能创新突破，一直局限在碳减排将支付巨大的当下成本、受益的是未来的观念中。这导致国际社会气候谈判一直把气候问题作为利益斗争的工具，这是国际社会近 30 年来的最大悲哀。殊不知，如果国际社会不被前人的思想局限，聚焦共同利益，聚焦创新，情况可以发生巨大的变化。

发展中国家认为，发达国家理论上承认气候变化问题的道德责任以及帮助发展中国家的义务，但实际行动却与承诺有着很大差距，既不愿意对国际机制进行大的改革，也不愿意在国内采取更多积极措施。发达国家则认为发展中国家不应当游离在减排强制义务范围之外。双方对问题性质的理解，仍存在较大差距。发达国家把气候变化看作一个技术问题，而发展中国家认为全球变暖是发达国家过度消费的后果。碳排放权就是发展权，碳排放权实质上是一个国际社会利益再分配的问题。

随着时间的推移和技术的突破，共同的利益会占上风。好的碳减排制度安排可以带来多赢的局面。现在的条件越来越好，重要的是发达国家要改变观念，建立人类命运共同体的理念，用更平等的思维来达到实现目标。

2.6　世界气候问题的解决之道

假定上帝想再给人类一条生路，造一条诺亚方舟，那么在气候问题上，上帝会如何设计解决方案？如何安排全球碳中和进程？

设定目标：按 IPCC 提出的温度上升控制目标安排碳减排进程。

上帝在给人类设计的解决方案中，很大可能会给定如下的一些基本原则：

（1）人类是命运共同体，每一个国家和人群是平等的。每个群体的生存状态受到其他所有群体的影响，每个国家和族群无法独立存在。任何一个群体不能只顾自己抛下其他群体，否则会发生反噬。人生而平等，不仅体现在政府过去关注很多的政治、民主、选举方面，碳排放权也将是重要的一种平等权利。

（2）生产者和消费者共同担责。生产者有责任控制碳污染，消费者有责任为碳排放社会成本付费。消费收益和消费者责任是对等的，生产者与消费者对于碳减排有共同的责任。

（3）消费者的选择是自由的。空气的流动在地球上是自由的，碳排放的权利和责任也要透明，且能自由流动。换言之，消费者对产品碳排放要有知情权、选择权。政府的重要工作之一是如何让全社会所有产品的碳足迹透明化。

（4）对生产组织实现优胜劣汰。气候目标要达到，生产就需要优化。地球资源极为有限，包括大气资源。通过低成本的市场机制，奖励优质低碳的产能，淘汰劣质高碳的产能。

（5）对所有提升碳汇能力的行动和组织进行足够的激励。让更多的组织和人加入提升碳汇能力的行动中，为解决气候问题作贡献。为此，政府需要设计足够的激励机制。

（6）对当下经济发展影响最小。在当前客观状态下解决问题，不回避现实的发展问题，增加当下的现实利益，动员全民碳减排才能成功。

（7）富国和富人承担更大责任。富国对历史排放存量要有责任感。富人可以多消费，但需要更多的担当。富国和富人应对落后地区进行经济援助、帮助脱贫，助力落后地区实现绿色转型。

上帝基于这些因素进行方案设计，一定是从全局、人权平等和共同发展的角度设计的。

2.7 全球气候问题的中国担当

30年来中国一直被西方国家推在风暴眼中，陷在由欧美主导设计的气候问题"道德"困境中。中国忍辱负重，付出了极大努力，非常不容易。事实上，西方国家也达到了一定的目的，好在中国已经熬到了大逆转。2020年，习近平主席在联合国大会上庄严宣布中国"3060"双碳目标，高度展现了中国的气候雄心和大国担当。气候问题的全球责任和中国高质量发展需求已经相融，政府可以当仁不让，阔步向前了。

按照当前在绿色转型所具备的技术能力和产业能力，中国在全球气候问题上可以有信心逐步走上世界领导地位。

一是中国提出的人类命运共同体理念，是当前解决全球气候问题的根本前提。西方国家更多的是站在所谓的道德制高点上，从自己的利益角度出发控制别国的发展，实现对全球气候问题上的利益盘剥，这注定很难成功。中国的理念站位高，顾及全局利益，展现负责任的大国风范，一定会争取到越来越多国家的支持，能积极引导气候问题的全面解决。

二是中国的清洁能源技术实力和产能规模已经大幅领先全球。中国光伏、风能产业的技术能力、产业链完备程度、生产规模和市场份额均处于世界绝对领先位置。我国的绿色能源产业能力，有助于中国更快速地实现绿色能源转型，甚至成为全球绿色能源转型的决定性力量。

三是中国领先的基于特高压输电技术的能源互联网逐步成熟和推行。世界能源互联网概念是非常伟大的创想，可能是继信息互联网后人类最伟大的发明之一。试想在 3 个 8 小时的片区[①]，覆盖一片沙漠的光伏电能，就能向全球不间断提供能源，是非常美好的技术蓝图。

四是有能力提出最公平高效的全球碳中和中国方案，如本书提出的 CELM 理论和全球碳中和解决方案，将为气候问题解决指引光明道路。CELM 理论和方案不仅可以让中国的"3060"双碳目标的实现大幅提前，在中国建成对全球双碳目标影响重大的国际碳市场。同时还将为全球碳中和提前实现，完全实现 IPCC 提出温度控制目标，提供最有效率的操作系统，为全球碳中和进程提供巨额资金来源，为全球气候问题全面解决作出极为重要的贡献，也将是中国人类命运共同体理念的最佳实践。

现有条件下，中国拥有足够的软硬实力，对全球气候问题进行积极跟进、积极进取、积极投入，更多地参与到规则制定，可以获得多方面成果，对中国经济发展、国际地位的提升将有决定性作用。

2.8　当前气候问题的重大变量

进入 2022 年，受到重新扩大的新冠疫情和旷日持久的俄乌冲突的影响，气候问题已逐步成为全球最关注的热点。由于欧盟对俄罗斯的经济制裁，重启煤电，欧盟碳价也一度大跌，似乎国际社会更关注如何重振经济，气候问题将被弱化和搁置。

事情的真相应该与此相反。

一是 2022 年全球气候暴击应该让人类更清醒。2022 年 5 月，极端的热浪席卷印度北部，德里的部分地区气温已达到创纪录的 49.2℃（见图 2-3）。5 月的平均最高气温已突破

---

① 全球 24 个时区，可划分为 3 个片区，每个片区覆盖 8 个时区。

图2-3　极端热浪侵袭印度，新德里高温下沥青路被晒化

印度122年以来的最高纪录。印度热带气象研究所的气候科学家罗克西·马修·科尔认为，尽管大气因素与热浪有关，但全球变暖问题是加剧印度极端天气的根本原因。

据美联社消息，世界天气归因组织（World Weather Attribution，WWA）分析了历史气象数据表明，长时间影响广大地理区域的热浪是极其罕见的，热浪侵袭下的德里事件可以说是百年一遇的。但是由于气候变化引起的全球变暖，致使这些热浪发生的可能性增加了30倍。

印度理工学院气候科学家阿皮塔·蒙达尔说，根据他的研究，如果全球变暖比工业化前水平高出2℃，那么像这样的热浪可能会最多每五年发生一次。蒙达尔说："这是现在发生的事情，也是未来气候变化的信号。"

而另一项研究结果表明，上面的数据可能还比较保守。英国气象局发表的一项分析称，气候变化使热浪发生的可能性增加了100倍，这种"炙热的气候现象"可能每三年就会出现一次。

当前新冠疫情和战争威胁压顶，但气候变化问题却从没有退去，仍是全人类最大最长期的威胁，也是当下和未来都在付出巨大代价的事件。气候问题无疑仍然是全人类需要积极应对的。新冠疫情会过去、战争会过去，气候问题却因空气中的CO_2浓度继续增加，会继续累积暴发，日益严重。认为气候问题可以放放的认知是流于表面和短视的。

二是俄乌冲突让大家看到能源战略安全问题的关键是去化石能源。俄乌冲突的关键点之一是对世界能源格局的影响。俄罗斯因有能源和农业的资源支撑，有底气进行持久战。因能源受制于俄罗斯，欧美对俄罗斯空前绝后的制裁举措黯然失色，欧盟甚至因能源问题出现分裂。同时，美国对欧盟火上浇油，在北溪油管被炸的情况下，数倍于市场价向欧盟出售石油和天然气，让欧盟付出惨痛的能源去俄化代价。如果前十年，欧盟清洁能源对化石能源的替代率已经很高，化石能源使用占比已经很低，俄乌冲突中的欧盟无论是对俄罗斯还是美国都将主动很多。

近年全球多地出现的能源危机更加显现了远离化石燃料的重要性。这一判断已被众多权威专家所认可，英国气候变化经济学权威斯特恩就强烈持有这样的观点。因此很多人看到欧盟各国最近大量增加煤电使用是放弃或延缓碳中和目标的猜想，这完全是误解。事情正好相反，暂时增加煤电使用是为了应对短期的能源危机，强化的正是要加快化石能源替代。中国从俄乌冲突中要吸取的最大的教训也是这一点，加快化石能源替代，大幅减少化石能源使用总量。

碳中和进程就是去化石能源，实现清洁再生能源替代。再生能源能实现国内供给，去化石能源与提升中国能源安全是息息相关的。我国70%的石油靠进口、50%的天然气要靠进口，煤炭储存量按中国当前的消耗量，能持续的年数也很有限。能源战略安全，是中国的达摩克利斯之剑。尽快实现化石能源替代，必须成为当前中国最重要的国策之一。把沙漠的光能利用起来、把海上的风能利用起来，通过跨时区的全球能源互联网，彻底实现化石能源替代，这是长久之道。

三是疫情后重启经济，最大的机会仍然是能源转型，发展低碳经济。疫情三年重塑了世俗社会的三观，社会消费理念大为转变，民众更为保守，降低收入预期，降低消费欲望。此等情形下，绿色经济转型是重启经济最有效、最大的经济引擎。

四是向清洁再生能源更新换代的能源革命不能停歇。人类高质量发展的需求是永恒的。特别是中国当前的发展到了经济追求发展质量，人民追求生活质量的阶段。化石能源问题不仅是气候问题，也是减少环境污染、提升环境质量的问题。当前的化石能源产品，不仅是能源产品，也是非常宝贵、非常广泛的化工产品原料；被当作能源燃料燃烧掉，是人类生产资源的极大损失。将化石能源更多甚至完全转移到化工产品原材料用途上，对人类社会才是利益最大化。

同时新能源革命带来产业升级新机遇，是经济转型、发展新产业的重大战略机遇，是不能错失的国家级战略性机会。

五是中国与西方合作发展的需要。俄乌冲突以来的美欧行动表明，西方国家与中国的各种脱钩是持续的、加快的，甚至有观点认为，今后双方的合作领域将锐减，最重要的合作领域可能就只剩气候问题碳排放领域了。如果碳中和进程中，中国表现优异，赢得大量发展中国家的认可和支持，欧美还得与中国合作。毕竟中国占全球碳排放量的1/3，是全球气候总量的决定性影响因素。

气候问题本来是一个大局。30多年来，欧美利用气候问题和碳减排，站在道德制高点上施压中国，可以预期后续还会持续利用气候议题施压，影响中国的经济发展和崛起速度。很多国家基于本国利益考虑，也乐于看到中国发展速度因碳减排减缓，全球订单转移。

经过近年的极大努力，中国现在有足够的实力和底气出牌，利用碳减排转型经济，转身变成气候问题领导者。改变认知，抓住机遇，中国完全有条件和机会改变格局。中国现在需要的是在顶层设计上提出更为公平高效的全球碳中和中国方案。

由此可见，中国实现碳中和，不只是被动应对国际社会利用气候问题打压中国的举措，也不仅仅是主动承担应对全球气候变化责任的大国担当，还是中国基于自身能源安全战略、经济转型高质量发展、抢占新能源产业高地、可持续发展、加快生态环境建设等综合因素的考量，并借机抢占新一轮经济转型的领先位置以推动中国的进一步崛起。

2.9　珍惜取得的成果，明确人类目标，加快行动

借助绿色能源技术的升级、信息化数字化能力的提升，国际社会可以在共同美好的基础上解决全球气候问题。发达国家不要抱着私心，发展中国家要积极进取，加快提升能源技术和化石能源替代。在联合国的协调下，开展国际协作，充分发挥全人类的智慧，突破以往的局限，承担该有的责任，国际社会完全可以提前实现IPCC设定的目标，让人类拥有更好的未来。

第 3 章

气候变化经济学发展现状与实践

全球变暖往往被视为一种生存挑战，随着各国政府陆续宣布进入"气候紧急状态"，需要紧急而强有力的气候政策来应对。虽然有些机构的说法具有误导性，并且经常错误地描述气候问题及其未来，但人类仍有共识要积极应对。虽然气候变化是真实的、人为的，并且将产生较大的负面影响，但我们要清楚地认知到，气候政策也将深刻地影响宏观经济和社会福利，可能利弊兼具。因此，我们必须考虑两者的影响，以找到能够实现最高福利收益的政策。

经过30多年的博弈，全球气候问题的约束条件是明确的、达成共识的。IPCC的研究结论基本得到世界公认，即在21世纪内升温控制在1.5℃内，且于2050年前后实现净零排放。气候问题的经济学研究就是要在此约束条件下寻找到最优途径。

但现实是，全球减碳路径和实施方案至今并不清晰，近30年来都还在碳税和碳排放权的方案上打转。全球碳减排的进展表明，这些方案的效率都太低，根本无法让国际社会实现IPCC提出的1.5℃最优升温控制目标。

3.1　全球气候问题的经济学定义

全球气候问题在经济学上是非常难解的全球性跨时空、超大规模复杂公共物品难题，致使30多年来没有出现促进碳减排的颠覆性创新理论。

碳排放外部性的跨时空特性是指，当前的碳排放影响到数十年后的人类生存（跨时间）；在南极的碳排放会影响到北极的冰融化和北极熊生存（跨空间）。这不像其他性质的污染，只是局部性的。任何一个地方排放一吨CO_2对全球各地的影响是相同的，波及所有的国家和人群。碳排放的影响有延时性，当前的碳排放对几十年甚至上百年后的气候仍会产生影响，当前排放的CO_2会让数十年后的后代承担气候暴击后果。目前大气中碳存量最多的是欧美发达工业国家100多年前产生的排放。碳排放带来的气候问题这一外部性特性，几乎是经济学面临的最为复杂的"公地悲剧"难题。跨时空的费用成本计算就存在非常多的技术问题。同时，碳排放的外部性也决定了人类是命运共同体，中国首倡人类命运共同体这一理念非常伟大。这一点也决定了最有效的碳市场一定是全球统一碳市场。国际贸易带来的碳排放责任流转和处理是无法回避的。

与普通公共物品不同，碳排放的外部性呈现大规模、巨系统的特性，这是指碳排放通过生产链的传导、全球化的贸易，对所有组织和所有的人都产生影响，且相互影响、流转和发生作用。一个组织的碳排放，其实不是由自己决定的，而是由下游的需求引发的。上游的碳排放产品会组装到下游的产品中，是下游产品的一部分，那么上下游如何分担责任呢？这就决定了一个单一行业的碳市场基本上是无效的。这一特性决定了"谁生产谁负责、谁排放谁负责"的责任机制，在碳排放问题上是值得怀疑的。这种责任机制恰恰是西方国家最坚持的，因为这是西方国家封印中国发展的主要抓手。

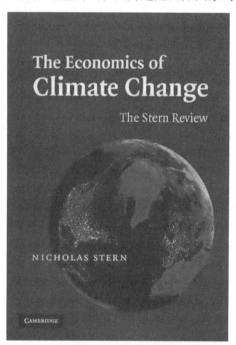

世界银行前首席经济学家、气候变化经济学领域知名学者尼古拉斯·斯特恩（Nicholas Stern）于2006年10月为英国政府发布了一份700页的报告——《气候变化经济学：斯特恩报告》（*The Economics of Climate Change：The Stern Review*）（以下简称《斯特恩报告》）（见图3-1），《斯特恩报告》指出气候变化是有史以来最大的、范围最广的市场失灵，给经济学带来了独特挑战。

碳排放跨时空的负外部性使得私人部门参与应对气候变化的动力尤其小，自由市场调节机制的作用很有限，所以，设计高效率政策工具纠正碳减排负外部性是解决气候问题的关键。与碳排放的负外部性相对应，绿色能源的技术进步、CCUS碳吸收利用技术有很强的应对气候问题的正

图3-1 《气候变化经济学：斯特恩报告》封面

外部性，迫切需要好的激励政策，以鼓励投资者加大技术投入力度。整体而言，政府需要进行系统的政策工具设计，降低碳排放的负外部性，同时扩展碳减排技术的正外部性。

政策工具设计者要面对的另一难题是，碳排放带来的气候问题参与博弈的主体层级多、数量大。博弈主体有国际利益集团、国家、管治部门、经济部门、企业、消费者个人等多个层级。数量上影响到所有国家、行业、企业和70亿人口。要找到一个能平衡多层级、多利益个体和大时间跨度的均衡博弈解，殊为不易。如何找到最有效率且能兼顾公平

的公共政策成为经济学术界最大的挑战。碳排放公共物品的大规模复杂性，不仅体现于此，还体现在气候灾难的影响是全球性的，对经济生活的影响是持续且复杂的。

当前经济学理论对于类似"公地悲剧"问题的解决方案主要有三条道路：

第一条道路是产权私有化。过去的 30 年，联合国 IPCC 组织和由西方主导的全球气候问题解决方案之一主要就是碳排放权分配。IPCC 和欧美的方案有意无意间将自己这块蛋糕切得大大的，让发展中国家感觉西方发达国家高人一等。实际上，近 200 个国家切分 5000 亿吨碳排放量蛋糕，是很难操作的事，往这个方向努力注定是要失败的。

30 年来非常失败的国际社会气候谈判，已表明这条道路的局限性。利益诉求不同，主导方 IPCC 和欧美等发达国家欠缺公正之心，更加大了操作的难度。

第二条道路是通过公约联盟制定法律规则实现公共管理来控制。这个方案要求有一个总控者，事实上联合国 IPCC 组织做了大量工作，但因无法找到公平有效、可落地的方案，而无法得到各国政府授权，无法建立起有法律执行力的国际组织。每年约四万人参会的联合国气候大会，无法制定出统一的、可执行的碳减排法律体系和可落地的运营体系。联合国气候大会因而成为成果最弱、碳排放量最大的气候行动，可以算是投入产出效益最差的人类改变气候问题的行动之一，颇具讽刺意味。

最有可能成功的是第三条道路，让社群进行自我组织和自我治理，通过集体协商，设计出一套分配公共资源的制度。联合国气候大会最大的成果是统一了人类面临全球气候风险的一些共识，大家开始有意愿解决问题，承担责任。越来越多的排放大户做出了减排承诺，甚至是碳中和目标承诺。这些就是自我组织和自我治理的成果。如果这些大户的碳减排承诺能兑现，实现全局的碳中和目标就大有希望。

如 1.2.1 节所述，截至 2023 年 5 月 31 日，全球已有 195 个缔约方（194 个国家加上欧盟）提交了初步的国家自主贡献（NDCs）。碳减排承诺已覆盖了全球 94.3% 的温室气体排放。这是近 10 年国际社会在解决气候问题上的最大成果。

气候问题是全球问题，是国家间的公地问题。国家间的利益博弈难题很难解决，30 年来全球气候博弈证明了这一点。但与碳排放类似的污染问题是局部性的，是国内的，甚至是一个村内的。目前从这点来看，反而给解决气候问题带来了极大的动力。先发展后治理，是各国工业化发展的普遍路径，这个路径影响范围小且一般限于一国之内，因此自我意愿、组织和管理实施不存在难题。

中国对碳排放从低调到高调，也有这方面的因素。我国社会主要矛盾已转化为人民日益增长的美好生活需要和不平衡不充分的发展之间的矛盾，其中环境质量的权重不断升高。前些年各大城市雾霾如此严重，即使口袋里钱再多，幸福感也不会强。有钱了自我治理环境的动力也会很强，客观上将大幅降低碳排放，发达国家和中国碳减排实践路径与碳减排战略的改变，事实上也都是这样过来的。

当前很多碳排放大国宣布碳中和进度表，一大部分原因是要解决自己的高质量发展问题，提升国内百姓的幸福指数。碳减排已然成为一种自觉行为，这为解决全球气候问题带来极大助力。这一点给我们的启示是，如果能找到一个碳中和解决方案对当下一个国家和民众的利益足够大，全球气候问题将迎刃而解。

国家间的切蛋糕难题解决后，一国之内的问题就容易解决了，因为有主持规则设计的权威，即国家政府。遗憾的是，由于西方利益集团的错误引导，包括中国在内的发展中国家在本国的碳减排机制上也一直未找到最有效的途径，一直在碳排放权议题上浪费时间，把国际难题复制到了国内，浪费了一二十年的宝贵时间。

3.2　气候变化经济学基础理论

长期以来，政府和经济学术界解决外部性公共物品的经济学基础理论，主要依赖庇古税原理和科斯产权理论。庇古税原理是政府通过征税把外部性产生的成本，内化为私人成本，或者说生产的成本里要把对社会造成损害的这一部分包括进去，从而达到社会资源的最优配置。科斯产权理论主要通过公共物品产权的确定，通过有效市场交易达到资源配置最优。

30多年的气候问题政策工具设计的基础理论就是这两大理论。

3.2.1　庇古税原理

庇古税最早由英国福利经济学家庇古（Arthur Pigou，1877—1959）于1928年提出（见图3-2）。按其观点，导致市场配置资源失效的原因是经济当事人的私人成本和社会成本不一致，从而私人最优导致社会的非最优。庇古认为，效率最大化的条件是私人成本等于社会成本。不管是私人还是社会，谁占了便宜都无法实现资源最优配置。如果社会成本小于私人成本，即社会占了私人的便宜，也不是好事。庇古税根据污染所造成的危害程度对排污者征税，用税收来弥补排污者产生的私人成本和社会成本之间的差距，使两者相等。庇古税对外部的不经济有矫正性功效，它通过税收的方式对生产和消费中的外部成本进行矫正，使企业提供产品的成本达到社会成本。

图3-2　庇古与其代表作

庇古税是一种从量税。税额等于边

际社会成本与边际私人成本的差额。

即：边际社会成本 = 边际私人成本 + 社会损失（外部成本）

庇古税理论上可以达到资源有效配置，使污染减少达到帕累托最优。

庇古税向谁征收是个技术问题，可以向生产者，其实也可以向消费者征收。市场运行的最后结果，都是由生产者和消费者二者共同承担的，生产者减少了利润，消费者降低消费者剩余。生产者和消费者的税收承担分配，则与需求弹性、供给弹性有关，哪一头弹性低，则承担的比例将更高。

能源市场的需求弹性很低，则税负以由消费者承担为主。因此碳税的征税环节无论是在生产环节还是在消费环节，没有太大区别。整体上可以理解为碳税（碳排放成本）是由消费者承担。

在一个统一理想化的市场中，碳税的生产者责任和消费者责任差异不大，其核心最终都是消费者责任。但在实操上，因为要处理跨国贸易关系问题和类似电价的非市场化计划定价问题，用消费者责任就大有优势，甚至是必需的。因为如果不在消费端征收，市场信号就不能顺畅传递而导致错乱，起不到真正的外部成本内部化。而处理好类似环境污染、碳排放类似的公共物品的外部性问题，本质是要将外部性社会成本能够真正加到产品内部成本中，这才是关键。

在碳排放问题上，欧美西方发达国家特别喜欢强调生产者责任，IPCC 的大量研究报告也是基于生产者责任提出的解决方案，都有些"阳谋"在里面，发展中国家学者对二者差异的研究还很不足。

3.2.2　科斯产权理论

科斯（Ronald Coase，1991 年诺贝尔经济学奖获得者）产权理论认为，解决公共物品外部性问题，只要外部性的产权清晰，利益相关方基于市场自由交易原则，若交易成本为零，则能实现市场资源的优化配置（见图 3-3）。科斯产权理论进一步指出，在上述情形下，无论怎么安排这个产权，通过市场交易都可以达到资源配置的最优化。

图 3-3　科斯

科斯非常反对政府过多地介入解决公共物品问题，希望在明确产权的前提下，通过市场交易自行解决，来代替政府通过征税解决公共物品的外部性问题。所以，科斯非常反感庇古税公共物品解决机制，认为庇古税方法政府干预得太多了，可操作性不强。科斯认为庇古税方案的案例缺乏对实际情况的调研，是"黑板经济学"。科斯认为庇古税对政府提出了很高的能力要求和廉政要求，但现实中难以操作，也难以达到最优的资源配置。

科斯产权理论让外部性问题尽量市场化解决，比如污染权交易这种机制。相对庇古税，它的好处就在于政府不需要掌握那么多信息，也不需要特别强的能力，因此也就减少了扭曲市场的风险。此外，外部性成本问题也不单纯是一方伤害另一方。处罚和禁止一方的行为，也可能会不合理地伤害到了这一方，光靠收一方的税也不见得是好的解决方案。

但是，以市场为根本的科斯产权理论也有非常大的局限，特别是针对气候问题这样一个跨时空外部性的大规模复杂体系，政府很难依据科斯产权理论设计出有效的具体方案。首先应用科斯产权理论解决问题，就要求产权明晰，国家间、地区间和企业间合理分配碳排放权难度很大，30多年国际气候史表明，这是一个不可能解，更不用说还存在很难测量或监测等问题；其次就是如果交易成本太高，比如在法规不健全的情况下，监测执行成本过高，则交易无法进行；最后，理论上当交易费用为零时，不管初始产权如何分配都可以达到社会的最优配置；而在碳排放权就是发展权这类根本利益问题上，公平分配碳排放权是无法回避的问题。这也是为什么到现在全球碳排放协议也没有进展的重要原因。

从目前各国碳市场实操上发现，各个国家、各个地区的碳排放权内涵其实是不同的，有免费的、有拍卖的；在时间维度上，同一个国家地区在不同时间段上的碳排放权概念也完全不同。因此碳排放权在一个国家之内，更不用说在全球范围，很难形成标准交易标的，就难以形成有效的交易市场。

问题出在后人对科斯产权理论的理解上。科斯产权理论的核心价值是提供了思想，并不在于提供方法。科斯在《社会成本的问题》一文中反复强调，具体的问题解决要到现场做调研，不可能用黑板上一个简单的模型去解决现实的社会问题。科斯产权理论的思想永放光芒，在解决当前气候变化问题上，仍然是最有价值的思想源泉。但应用解决方案需要政府针对气候问题的本质，在科斯的思想上进行创新。

特别是科斯当时阐述研究的案例还是简单的公共物品，政府面对的气候问题的跨时空外部性、规模和复杂度则远超前人当时面对的情景。科斯的伟大之处是，他早预料到这样的社会公共物品问题，一定是要具体情况具体分析，不能死板地套用同一个方案。但后人缺乏创新能力，生搬硬套，导致投入规模最大、研究队伍最为庞大的气候变化经济学成就寥寥，陷入尴尬境地。

3.2.3 威廉·诺德豪斯气候问题解决方案

因气候变化经济学研究获得2018年经济学诺贝尔奖的美国学者威廉·诺德豪斯，是最近数十年来气候经济学影响力最大的经济学家之一，他极力主张从排放许可制度转向征收碳排放税（见图3-4）。诺德豪斯是美国耶鲁大学经济系重量级教授之一，早年与萨缪尔森（Paul Samuelson）合著《经济学》而成名于世。他最有影响力的研究领域，始终集中在资源环境经济学，包括能源经济学、环境经济学、气候变化经济学等方向。

20世纪70年代以来，诺德豪斯就开始了这项学术研究。他发展了研究全球变暖的经济学方法，包括构建整合经济和科学的模型（DICE和RICE模型），试图为应对气候变化提供有效的集成解决方案。

在20世纪90年代中期，诺德豪斯首创了综合评估模型（Integrated Assessment Model），通过全局性的定量模型，描述经济与气候之间的相互作用。他花了超过15年的时间，将能源、环境、资源、气候、气象以及经济学等跨界学科纳入经济学的解释框架中，形成了一个可计

图3-4　诺德豪斯获得2018年诺贝尔经济学奖

算一般均衡分析的模型（DICE Model）。这个模型试图解析：经济系统在运转过程中产生CO_2，CO_2使得生态系统发生变化，这种变化再影响到经济系统，形成一个循环流。这个计算模型体系庞大、精巧复杂，但可应用性衡量很困难。

当时，人类经济活动对大气、生物的影响已初现端倪，诺德豪斯于1977年发表《经济增长与气候：二氧化碳问题》（*Economic Growth and Climate: The Carbon Dioxide Problem*），文章提出，人类经济活动对全球气候的影响，已经成为一个不可忽视的问题。这篇文章很短，却对CO_2的特性、减排的国际合作、政策手段、不确定性等相关问题，都有所论述。文中所表述的许多忧虑，近30年来逐渐在现实中一一呈现，比如国际合作的艰难性、分析研究中的不确定性等。

长期持续的努力下，诺德豪斯于2018年获得诺贝尔奖，影响力如日中天。如今，研究气候变化的主流工具——气候变化综合评估模型（Integrated Assessment Models，IAM），就是秉承了DICE模型的框架，并被广泛用于模拟经济和气候共同发展，用于测试碳税等相关气候政策干预经济的后果。

诺德豪斯的贡献在于方法论的提出，而在气候变化经济学思想上的创新并没有突破性的成就。尽管这位获奖者无法对问题给出确凿的答案，但这个理论模型，让大家感觉，人类离实现全球经济可持续发展的目标更近了一步。瑞典皇家科学院在诺贝尔颁奖词中写道：诺德豪斯和罗默均设计了新的研究方法以解决我们时代最基础、最紧迫的问题，探究如何创造长期持续而稳定的经济增长。

诺德豪斯还认为，人类在面临气候变化的影响时，应以渐进式的政策予以应对，这一观点显然是正确的。计算表明，较高的碳价对宏观影响不容小觑，尤其当政策工具简单粗暴时。这与英国伦敦经济学院教授斯特恩的激进结论迥然，其核心思想已为美国政府所采纳，是美国各届政府出台应对气候变化各项政策的理论基石，并对全球应对气候变化施加了深远的影响。

三届美国政府对碳定价的算法深受其研究成果的影响。吊诡的是，三届政府对碳价的计算结果大相径庭，并没有投入实施。至此，可以看出诺德豪斯方法论存在问题，其价值主要在学术上，而非实操上。

对于气候变化经济效应的不确定性，诺德豪斯给出了两点理由：

一方面，旨在减少温室气体排放的政策措施，必须经由经济系统才可起作用；另一方面，气候变化也会对经济系统的生产过程和最终产出产生影响，比如干旱导致粮食歉收。

实际上，提出这一论断，诺德豪斯和他的团队花了15年左右的时间。作为经济学家，他们需要了解生态系统运行方面的大量知识，并对如何取舍并放入模型作出判断。

后来的DICE模型，在接近现实的程度上更进一步。该模型将世界分为了10个区域，像美国、中国这样的碳排放大国为一个独立区域，其他的区域则包含了多个国家，它们在一定的博弈环境下做出选择，分别对应了完全不合作、有限合作、完全合作三种情形。

这是诺德豪斯团队研究工作方向偏误的关键所在，着力的方向错了。重点在试图建立可计算的容纳经济、环境和气候诸多系统的数学模型，算是非常偏激的研究。不难判断，即使这样的模型能实际计算，但一定很难拿出符合实际、可应用的结果。虽然模型建立考虑了很多系统、很多因素，但未能考虑到的更多。他的碳减排观点因为不那么激进，被气候激进分子找出很多漏洞就是必然。他极力抨击碳减排激进派英国的斯特恩，找出斯特恩算法系统中很多假设非常不合理处，而自己算法体系中的取舍、假设等很多不合理之处也被人家轻易地找出一大堆。因此诺德豪斯即使获得诺贝尔奖，近年受到的挑战也并不少。事实上，诺德豪斯研究的实用性和应用成果并不乐观。

诺德豪斯气候问题治理理论的核心思想，源于庇古税，企图通过碳税解决碳排放的社会外部性成本问题，其在经济学思想上并无太大创新和突破。诺德豪斯最有价值的工作，是在建立气候问题和宏观经济互动的算法模型上，试图量化计算控制与气候有关的所有问题，但对建立的数学模型过于乐观。从当前现实加以审视，其实用价值并不够大，应用成果并不值得称道。其十数年的气候变化经济学的研究方向显然主要是针对假定政策、经济、社会等各种情境下的效应分析，而不是针对解决方案设计本身，无法直接推导出最有效率的方案。碳税在碳减排问题上有许多固有局限和问题，诺德豪斯并未给予太多重视和研究，这些局限和问题使得碳税方案的应用大受限制，在国际社会中反而是碳排放权交易方案大占上风。

3.2.4　斯特恩报告

英国皇家经济学会前主席、世界银行前首席经济学家尼古拉斯·斯特恩于 2006 年发布了在气候变化领域影响力巨大、具有里程碑意义的《斯特恩报告》，分析了气候变化对财政、社会和环境方面的影响（见图 3-5）。该研究报告为评估气候变化的影响和丰富气候变化经济学内涵作出了重要贡献，对全球气候治理产生了深远影响。《斯特恩报告》的问世，让斯特恩获得了"全球气候变化政策奠基人"的美誉。难能可贵的是，斯特恩在长期的研究工作中一直关注中国，他认为中国在推动全球可持续发展议程和应对气候变化方面发挥了关键作用。

图3-5　尼古拉斯·斯特恩

《斯特恩报告》的内容包括：中长期视角下低碳化的全球经济学，应对气候变化行动时间表以及对政策和机构可能产生的影响；不同路径适应气候变化的潜力；英国现有应对气候变化目标具体行动的经验教训。

《斯特恩报告》的主要结论包括六个方面：① 气候变化可能对发展带来非常严重的影响；②如果政府现在采取有力行动，仍然有时间避免气候变化可能带来的最坏结果；③在应对气候变化方面无所作为，与现在采取行动以避免未来气候变化的灾难性后果相比，前者的经济成本可能是后者的 20 倍，拖延是非常危险的；④所有国家都需要采取应对气候变化的行动，而这并不会限制各国对发展的渴望；⑤减排路径是丰富的，需要采取强有力的、深思熟虑的政策以激励各方的参与；⑥应对气候变化要求国际社会共同认可一个长期目标并在行动框架达成一致的基础上做出反应，忽视这一点将最终破坏经济增长。

斯特恩大声疾呼，"如果在未来几十年内不能及时采取行动，那么全球变暖带来的经济和社会危机，将堪比世界性大战以及 20 世纪前半叶曾经出现过的经济大萧条。到下个世纪初，全球可能因为气候变暖而损失5%~20%的GDP"。斯特恩的政策建议非常激进，要求各国尽早地采取强烈行动，加大投入，对近期的宏观影响将是巨大的。

《斯特恩报告》发挥了极大的影响力，也取得了相当多政府、权威机构和权威学者的认可。但与此同时，也有一些学者对《斯特恩报告》的科学性和严谨性质疑，特别是受到了另一权威诺德豪斯的强烈抨击。当时在耶鲁大学任教的威廉·诺德豪斯认为，对气候变化的常规经济学分析显示，最优减排模式应该是初期小幅减排，中、后期待经济和技术进一步发展后再较大幅度削减，即"渐进式气候政策"，《斯特恩报告》过分夸大了风险，预设了过于极端的贴现率，使得各项参数严重偏离了现实情况。美国普林斯顿大学经济学家理查德·托尔（Richard Tol）认为，在评估全球气候变化对水供应、农业、健康以及保险等方面的影响时，斯特恩选择了最为悲观的研究结论。此外，在评估海平面上升带来的影响时，忽视了防波堤等设施所起的保护作用。"这是一份很好的报告，但其中却包含了太多的假设。"著名经济学家帕萨·达斯古普塔（Partha Sarathi Dasgupta）对《斯特恩报告》评价道："斯特恩得出的应对气候变化需立即大幅度减排的结论并非科学事实，关键在于模型参数设定了0.1%的极低贴现率，而0.1%的贴现率意味着当代人必须要把收入的97.5%用于储蓄留给子孙后代，这是根本不现实的。"因此，他批评该研究报告是一份政治报告而非学术报告。

毫无疑问，撇开《斯特恩报告》的量化经济分析科学性的争论，气候变化问题已经成为世界面临的最严重挑战之一。《斯特恩报告》在推动达成这一共识方面发挥了关键作用，而它的影响也随着其引发的讨论而不断扩大并日益深远。2008年4月，斯特恩领导的研究小组又推出了一份研究报告《气候变化全球政策制定的关键要素》。作为对《斯特恩报告》的补充和完善，这份报告再次呼吁需要全球立即行动，强调当下的拖延将给未来的治理带来难以估计的高昂成本，并提出气候变化全球政策的制定要遵循实用、高效和公平三大原则。

2009年，斯特恩在世界银行官网上发表了题为《低碳增长：克服世界贫困的唯一可持续方法》的文章。他认为21世纪的三大挑战是：如何战胜贫困、如何应对气候变化和如何抵御经济衰退。向低碳发展的过渡可以为当下带来新的工作岗位和经济增长，提升能源效率有助于提高收入。低碳技术可以开辟新的增长点和就业机会，甚至可以帮助最贫穷的国家直接跨越传统能源利用模式，节省一些建立大型电网的成本。更智能的电网既能提高能源效率，又能实现新技术应用，同时降低输电成本。新能源可能会帮助一些最贫穷但资源禀赋良好的国家拥有低碳发展的比较优势。

2021年10月26日，《斯特恩报告》发布15周年之际，担任全球经济和气候委员会联合主席的斯特恩对媒体表示，未来20年或30年内，世界各国为实现净零碳排放的努力将导致全球经济在和平时期发生最大和最根本的转型。

3.2.5　气候变化经济学相关基础理论的综合评述

前面介绍的几种公共物品的学术权威理论，都为当前和今后的气候变化经济学理论研究提供了重要基础，是政府和后人真正解决气候问题不可或缺的基础支撑。但遗憾的是，这几种理论在解决气候变化这一跨时空外部性、超大规模复杂系统问题面前，还远未拿出能真正解决问题的可行、可落地的方案。面对全球气候问题的现实挑战，我们需要在前人的基础上进行重大创新与突破。

庇古和科斯在当时还没有机会分析研究气候变化这样的议题，无法为政府提供现成的答案。诺德豪斯和斯特恩的研究，事实上是庇古税理论的延伸和发展，在基础理论上并没有什么大的突破，研究的重点主要投入在宏观经济模型的建立和计算上，放在了远期社会成本测算和通过折现率找到当前碳价的合理值。首先，这样的研究是有价值的，帮助政府和学术界建立了碳减排成本与宏观经济关系的量化认知，可惜的是，两者之间的研究结论差距甚大，让学术界和政府无所适从。诺德豪斯的模型和其他研究者利用模型给出了大致相同的结论，指出一个好的碳税定价方向：如果以宏观碳税来代表一国实施碳减排的力度，那么从近期到2100年，碳价应该从低到高，碳税的数额大致从每吨十几美元上升到100美元。他们并没有帮助政府确定一个理想的碳税定价执行方案，以实现理想的碳减排目标。而斯特恩方案过于激进，当下宏观成本更是高得吓人，一般政府不敢轻举妄动。

当下最权威的气候变化经济学者，并未能提出有效、可执行的全球碳中和解决方案。虽然拿出了很诱人或很吓人的数据，事实上，迄今为止并未见到哪国政府政策工具中采用。原因在于其依赖的基础理念和精心打造的经济模型，相对于气候变化这样的复杂公共物品问题，难以胜任指导碳减排机制的设计，更不用说直接获得可行方案。

庇古税方案面临的一大挑战是，在国际上无法协调统一定价以及定价并无权威算法和结论。当前学者对碳减排是"前人投入成本、后人获利（免受损害）"的思路，导致贴现率成为庇古税理论在气候问题上难以克服的难题。因外部性的跨时空特征，对远期的社会成本进行贴现计算，贴现率的取值不同对结果的影响会极大，对碳定价形成数十倍的差距。跨时空外部性带来的贴现率问题，无法得到共识方案，这就导致庇古税原理在碳减排上缺乏可行性。远期的社会成本计算成果因包含太多的假设条件，不可能取得共识。碳税方案总体上对政府的能力要求过高，对国际间协作要求过高，30年的气候大会史证明不能过多奢望政府。

科斯的公共物品理论在碳排放问题上也遭遇到不能解决的难题。碳排放权的分配是极具挑战的难题，超大数量规模的利益方和对宏观层面影响的复杂性，导致不可能找到好的产权界定方案，谈判成功的概率也几近为零。30年的联合国气候大会史给予了充分的证明。2005年欧盟碳排放权交易市场开放以来，全球有35个碳排权碳市场。从碳排权碳市场的运行来看不够成功，对碳减排发挥的作用非常有限。

诺德豪斯和斯特恩的研究方法与理论非常接近。斯特恩想采用激进的方案，在远期社会成本计算和折现率的采用，就有相当的倾向性，但对当前的宏观影响分析不足。这一点上，诺德豪斯更为务实，希望循序渐进。二者的差异还在战术层面，是尺度的不同，都未能真正地为国际社会提供可行的全球碳中和解决方案。

3.3 气候变化经济学关键挑战

对于碳排放公共物品，要给出一个在经济学上有效率的公地悲剧解决方案，需要厘清以下几个关系：

一是明确产权。碳排放权就是一种产权所有权的体现。产权所有权能明确，问题就解决了一大半，IPCC和欧美国家一直在做这种努力。问题是整个地球大气中未来5000亿吨碳的排放权，全球相通的公共资产，应该如何分配？该用什么理论方法分配？除非通过战争强权，否则无论如何是争执不下的。而相关的"负碳"资产的归属权是天然明确的，无论森林碳汇或是CCUS装置产生的碳汇，大家对产权归属不会有争议。气候问题的产权标的应该选择哪一种，会决定碳减排方案的成败。

二是明确碳排放外部性责任。谁应该承担碳排放的外部性责任，即碳排放社会成本，消费者？还是生产者？IPCC和欧美国家一直主张生产者责任。无论碳排放权分配还是碳关税，西方都是生产者责任思维。发展中国家气候变化经济学研究者，对这一问题非常不重视，一直局限在西方气候变化经济学学术思想中，这种状况必须改变。

在统一自由市场中，可以推导出生产者责任和消费者责任两种责任机制效果其实是统一的，最终结果都是共同承担责任，对二者的利益产生调整，两种责任机制差别并不大。不论是碳税方案还是碳排放权方案，在有效市场下，生产者责任机制也会将责任传导给消费者。但如果按计划经济形式的国家间、地区间和企业间碳排放权分配，却会导致市场信号的混乱，市场机制失效，消费者的知情权和选择权受到破坏阻断。同时，国际贸易中的关税壁垒，也使得国际贸易市场成为非有效市场，价格信号不能有效传递。

特别值得指出的是，在国际贸易中，特别是气候（碳排放）问题上，这两种责任机制执行效果有很大不同。在碳排放权分配和碳关税机制下、生产者责任制度安排下，产品生产和消费的责、权、利完整性分割，利益可能被操纵和盘剥。

因此，在碳排放问题上，政府之手和市场之手的关系特别值得关注，二者的界面和管辖尺度有很大的讲究。两种作用都需要充分发挥，但职责范围如果划分得不好，效果就会很差。当前碳排放权的问题体现得很明显，至今碳排权碳市场发展不理想，又不敢大力推行碳税。

三是设计出有效率的外部性成本定价机制。明确担责机制后，如何对碳排放外部性成本定价，是一个关键问题。既要有效促进碳减排，同时对宏观经济的冲击、消费者接受度又要在可承受范围内。

目前采用碳定价机制的国家，通行的做法是政府通过碳税或碳排放权交易体系或两者兼而有之进行碳定价，但都面临难题。目前有40个国家及地区采用碳税方案，也起到一定作用，但无法发挥根本性作用。我国至今未启用碳税工具。虽然政府利用计算模型一直在努力分析碳税定价与碳减排量、宏观经济的量化关系，但对于实际上三者会如何互动，却没有把握。技术条件、能源格局和宏观影响机理一直有较大变化，算法模式要跟进适应存在难度。碳税定价方案会面临更多的问题，后文有更多详细分析。碳排放权交易体系控制碳排放量，对碳排放权进行交易定价。近20年的碳排放权交易市场实践已证明，由于碳排放权分配方式的高度不确定性与覆盖行业的有限性，碳排放权方案无法准确反映碳排放成本，对促进碳减排效率提升也不足，对政府能力要求太高，还带来了很高的监管成本。

四是市场和产品的碳排放信息（碳足迹）实时、准确、完整。如能做到这一点，相对公平和有效率的政策和制度设计就不难。碳排放公共物品各利益方反复博弈，效果难以改进，原因之一就是碳足迹信息不够实时、准确、完整，即信息不对称。全社会已进入大数据、智能化云时代，这个问题有了数字化、信息化的解决方案。过去浪费了很多时间，直至本书CELM理论的提出。

五是协调好政府之手和市场之手的关系。实现全球碳净零排放（碳中和），政府的作用和市场的作用都要充分发挥，但更要重视发挥市场的作用。政府的作用和价值的重点在于安排好的制度，通过市场运用好的激励措施，带动更多的参与者为碳减排目标共同努力。政府的重要性，一定不在碳排放权的分配上，也不在碳定价的设计上。政府的能力和资源都是有限的，仅靠行政权力进行减排任务的分解是远远不够的。特别是长期大规模对市场主体进行行政操作，对宏观经济体系产生的负面影响很明显，拉闸限电更是对生产的直接破坏。我们真正需要的是社会福利的最大化，单位产量碳排放量低于行业平均水平的厂商的生产应该不受限制，高于行业平均水平的厂商要被严格控制，甚至取消经营牌照。通过市场化的机制，才能实现能耗和碳排放上的优胜劣汰、良币驱逐劣币。

六是充分发挥社会个体的力量。碳排放权是每个人的基本权利，碳减排也是每个人的责任。实现全球碳中和不仅需要政府的力量、能源企业的力量，还需要社会每个人都参与其中。很显然，全局减碳与社会的每一分子都相关，如果消费者厉行节约，不喜欢繁杂高碳的包装，就会减少很多奢侈浪费型的生产活动，减少很多碳排放。如果产业链中任何一个企业同样的产量，能耗更少，资源消耗更少，每个环节都在减少碳排放量，则整个社会的碳减排潜力是巨大的。

用数学模型计算碳价对宏观经济的影响很重要，但无法给政府带来直接可行的顶层碳减排体系，因此属第二层的问题，不是最核心的问题，顶层体系设计更重要。

我们需要用社会学、法学和经济学的综合视角，从更高维度、更多的人文情怀来研究碳中和问题。让方案兼具公平性、高效率和可行性虽然不易，但并非无解，我们需要挣脱30年来气候变化经济学学术的束缚和打破自己的思想局限。

3.4 气候变化经济学研究现状和主要成果

30年来，世界范围内气候变化经济学研究成果汗牛充栋，发表的论文、出版的研究报告不计其数，是学术史上最热门、产生最高碳排放的研究领域。各国政府、学术研究团体投入了巨大的资源做研究，奇怪的是成果很糟糕；每年一届的联合国气候大会，多数时间只是口舌之争，让人信服的学术见解、解决方案并不多。经济学家、研究机构的研究工作本身的碳排放量也很大，没有帮联合国、各国政府解决多少实际问题。这个现象非常令人遗憾，经费和直接碳排放是小事，耽误解决全球气候问题的进程是大事。

当前各国气候变化经济学者的研究工作，主要集中在以下几个方面。

3.4.1 气候变化经济学模型与气候科学模型集成研究

气候问题有增无减，治理成本也在不断增加，公共气候对话的重点是这些成本。然而，气候破坏的代价只是两个重要代价之一，气候政策也有实际成本，而且随着承诺和目标的逐步增加，成本会不断上升。从福利和成本效益分析的角度来看，关键问题是找到气候成本加上气候政策成本最低的点。

制定正确合理的气候政策需要经济学模型准确表示气候变化动态。近20年来，以诺贝尔奖获得者威廉·诺德豪斯为代表的一批经济学者，做了大量的研究工作，试图将经济学模型与气候科学模型进行集成，能够方便地测算气候变化和宏观经济对应情况，评估不同碳减排路径、不同政策策略组合情况下的气候变化和宏观经济反映情况。目前这方面有不少成果发表，有多个代表性的气候经济模型，尤以威廉·诺德豪斯的DICE模型影响力最大。

3.4.1.1 升温几度目标方案的选择

气候变化经济学领域著名的《斯特恩报告》得出一个耸人听闻的结论——气候变化的

损失可能相当于现在和未来人均消费金额的20%，威廉·诺德豪斯则指出这个结论夸大了全球变暖的风险，具有很大的误导性。

《斯特恩报告》给出了包括环境领域增加税收在内的全球应对气候变化问题的系统解决方案，并指出为避免气候变化带来的负面影响，人类需要每年投资全球GDP的1%来应对气候变化问题。

政府应该以多少成本、多快的速度、多高的代价来应对气候变化，答案仍然是开放的，《斯特恩报告》提供了许多基本的信息，但是没有能够很好地回答这个问题。威廉·诺德豪斯在2020年1月接受《新苏黎世报》采访时表示，实现《巴黎协定》中"将全球平均气温较前工业化时期上升幅度控制在2℃内"的目标是不可能的，并且指出他不是唯一一个作出此预测的人，一半的模拟结果显示同样的结论，他还表示制定"2℃目标"时没有考虑到实现目标的成本。

IPCC强烈要求全球各国选择控制升温"1.5℃目标"的方案，否则遭受严重灾害的人口将上升数亿。而威廉·诺德豪斯对"2℃目标"表示社会实现的成本过大，宏观经济和社会福利的代价难以承受。当然还有更多有争议的控制上升温度的方案，很多都做了大量数据量化分析，有计算理论，有分析结果，谁都很难说服谁。目前行进的路线是几个大国自行作出碳中和年份目标，若能实现，则有望实现IPCC的"2℃目标"。

3.4.1.2　碳价（碳社会成本）的测算

碳价（碳社会成本）的测算，在经济学家碳排放解决方案中是一个关键指标，花了非常多的精力和资源计算，不同方案结果相差很大，一吨CO_2成本从几美元到数百美元，有数十倍差距，引起巨大争议。碳排放引起的数十年后的社会成本的计算的客观性难以统一达成共识，需要当下的排放组织为未来的成本负责任。选择不同的折现率，与当下碳价会有数十倍的差距，这样的测算几乎没有价值。

3.4.1.3　气候变化经济模型工作的现实意义

诺德豪斯的目标非常理想化，如果能有效实现，则价值无穷。但理论很丰满，现实很骨感，经济学模型要走到能正确表示气候变化的实用阶段，还有相当距离。

这方面的研究工作主要有两大局限。一是气候科学模型和气候经济学模型面临非常多的假设和条件设定。这样的复杂系统实现量化分析，虽然是政府、人类解决问题努力的方向，但是否能量化准确反映现实情况，还存在相当大的差距。很多次要的因素被忽略，忽略的影响权重是多少，是否会产生蝴蝶效应？各种子系统的相互作用机理，是否能被准确还原建模？都需要足够的时间去验证，才会被认同。二是算法模型中有很多参数的取值非常主观。尤其是经济学模型中折现率的不同选择，激进还是温和？往往导致计算结果存在10倍以上的差距。以至于这方面的研究成果，距能达成共识和被政府采用还有很大差距。

气候问题发展至今，人类应对气候变化的境况有很大的差异，在减排目标基本明确的情况下，气候经济大模型计算的研究价值开始降低，升温几度目标方案的选择和碳价（碳社会成本）的测算，已不再是理论经济学家认为的那么重要了，基于远期社会成本的计算意义已经不大。对绿色能源技术和减碳技术的突破、实际升温造成的经济代价测算，都超出经济学家的专业能力，而跨学科的专业团队也很难精确估算，获得令人信服的结果。计算的目标已经从基于远期社会成本为当下进行碳定价，转变为：基于21世纪中叶碳中和目标，实现碳中和的最大投入产出效率。即当前更重要的问题是，找出在各国承诺目标下成本效益最合适的政策路径。这两个计算目标有很大不同，后者才是当下面临的实际问题，气候变化经济学的焦点应当转到这上面来。

3.4.2　价格协调机制：碳税与碳成本测算

碳税是最受推崇的两大政策工具之一，威廉·诺德豪斯就是力荐者之一。

芬兰最早于1990年启用碳税方案，距今已有30多年历史。碳税也发挥了减碳的重要作用，但作用效果与价值有限。碳税征收的方案主要有两种，一是直接对碳排放量或碳含量征税。这种模式能够直接反映排放主体的排放量，但对计量技术要求较高，实施成本较高，目前只有波兰、捷克等少数国家采用。二是根据燃料消耗总量或其含碳量计征，这种模式较为简便，为大多数国家采用，如芬兰、丹麦、英国、日本等，但这种方式不利于激励企业采用先进的碳减排技术。

碳税政策工具的基础理论源于庇古税原理，通过社会成本的内部化，实现资源的最优配置。在问题导向上，容易朝着社会成本测算这一方向去努力，将政府导向误区。因为碳排放外部性是一个跨时空影响的大规模复杂系统，这种数十年后远期的大规模复杂公共物品的社会成本估算确实难度较高，计算结果的可应用性十分可疑，导致政府的研究投入产出相当不划算。

国内外投入基于碳税的碳价研究非常多，研究论文也发表了不少。这方面国际国内学者主要研究了两个方向：一个方向是从社会成本的角度研究应该设置什么水平的碳税；另一个方向是碳税设置的大小对宏观经济的影响。从现实情况来看，这些研究都无法为政府导出一个可动态执行的碳税方案。

3.4.2.1　美国碳社会成本测算戏剧过程

为了确定碳税标准（碳价），我们需要测算远期的碳社会成本，美国经济学家威廉·诺德豪斯等所称的碳价就是碳的各期社会成本的折现值。美国总统拜登上任伊始就宣布开始测算碳成本。事实上，这不是美国第一次测算碳成本，美国新近的三任总统都计算了碳社会成本。奥巴马、特朗普、拜登三位总统共算了三次，足见碳成本测算的重要性。不过三位总统的测算出发点并不一致，奥巴马、拜登是为了推进碳税实施，特朗普是为了退出全球气候协议。同一个政策工具，政治家可以有不同的目的和不同的玩法。

奥巴马政府在 2010 年进行碳成本测算，当时的结果折算到 2020 年约为 26 美元/吨，2016 年更新计算后碳成本为 42 美元/吨。2017 年上任不久的特朗普重新计算碳成本，结果显示美国的碳成本为 7 美元/吨，差异在于特朗普仅计算美国的成本。而拜登政府执政一开始又重捡民主党前任奥巴马的估算，将碳成本定为 51 美元/吨。特朗普面对拜登政府的调整，又想动用法律手段来阻止拜登的碳价方案。

同济大学黄渝祥教授对美国三届政府行为分析认为：美国想用碳税减排。共和党主张低税率甚至不征税，民主党主张高税率。每吨碳成本从 42 美元到 7 美元又到 51 美元，为何相差如此之大？ 美国使用的方法应是传统的费用—效益分析法（Cost Benefit Analysis，CBA，亦称成本—收益分析），把碳排放造成的社会成本货币化，再用社会折现率折现，形成碳价；或作为减碳政策的效益，与减碳措施的费用相比作出决策的依据。这也难怪，美国的主流经济学是新古典主义，他们把碳排放仅仅看作市场资源配置的一种外部效果，货币化后来修正市场的均衡。CBA 作为一种分析框架无可非议，但是把它看作精密的工具来判断决策，则有可能出现极大的偏差甚至错误。特别是对碳排放这类影响全球经济社会发展的公共物品。首先社会成本货币化就难以形成一致的方法，而社会折现率的选择分歧更大。奥巴马政府选择的折现率是 3%，而特朗普可能主张 6%，这对现值的碳价影响就很大。须知，50 年后的 1 美元，3% 折现的现值是 0.23 美元，而用 6% 折现的现值只有 0.06 美元。长远利益的折现率体现的是代际公平，只有价值判断的争议，没有实证的一致。这些计算的安排都是基于当下的投入获得未来的收益，如果一种碳减排机制能够获得足够的当下收益，这种计算就显得多余。

关于碳价的估算在学术界也有很大差异。号称世界气候变化经济学之父的英国斯特恩估算的碳价是 266 美元/吨，而诺德豪斯用了较高的折现率得出的碳价仅为 37 美元/吨，这两位可算得上新古典经济学的大咖，得出差异如此大的碳价，CBA 作为方法，如何往下继续研究？

美国微软创始人比尔·盖茨看出了此路走不通，率先提出了"绿色溢价"（Green Premium）概念来代替这种用社会成本计算的碳价。其思路是，先定下净零碳排放的目标，反过来测算政府现在采取措施比不采取措施要增加多少费用，从而以最小的"溢价"来选择措施方案。这实际上就是 CBA 框架下的费用—效果分析（Cost Effectiveness Analysis，CEA，亦称成本—效果分析）。中金研究院基于绿色溢价测算的平价碳成本约为 377 元/吨（折 58 美元/吨）。

美国三届政府的行动表明，从政府政策工具设计套路来讲，类似碳排放这类公共物品，碳成本对于制定碳价非常重要，是整个碳中和政策工具设计的基础性工作。

本书认为，从公共物品外部性实现成本内部化的角度来看，碳税确实是一个值得研究的重要政策工具选项。事实上欧洲一些国家已经在应用，也取得了一定的效果。但这个老套路至少效率不会是最高的，特别是处理跨国的生产者和消费者责任不太容易，不应是政府解决碳中和的终极或是最重要的政策工具。碳排放是一个比较特殊的国际公共物品，美国三届政府的计算结果都不同，全球200个国家来认同一个碳成本数值不现实。且数值的形成不是通过市场形成的成本，而是过于学术化，很多参数的取值，如折现率、远期损失值、年数估算等，没有绝对正确，只能通过主观判断。过去要解决类似问题，只能依靠强权和战争，现在逐渐走向多极世界，就很难达成共识。另外，依据碳成本确定碳价（碳税）的逻辑，与政府要实现碳中和目标的关联并不明确，只是确定了收税的依据，这个问题值得考虑。

碳成本这个问题，就像国家之间如何分配碳排放量一样，争吵了30年，谁都拿不出可信服的理论依据和计算结论。因此，碳定价与碳排放量分配一样，方向上一定存在问题，该换换思路了。

3.4.2.2　碳税与经济发展、碳减排进程的协调

碳成本的测定并不仅仅是远期成本测算的问题。碳税的增加会引发整个宏观经济一定的通胀，政府十分关切当下的经济能否承受。由于对基于碳税的碳定价认知过于死板，碳排放要支付对应的远期社会成本，碳税容易执行成长期比较固定的税价政策。而从碳成本测算的结果来看，碳价往往不低。从当下的经济情形看，政府很难采纳执行。

学术界针对碳税对宏观经济的影响、对产业的影响和对消费端的影响方面都做了大量的研究，这是学术界的优势，往往通过大数学模型推演出大量数据成果。这些年这类研究成果最为丰富。研究结论表明，碳税对宏观经济的影响总体比较大，这也导致了政府对碳税方案整体上不够热心。特别是当前全球经济低迷，经济重启困难，各国显然不想压上最后一根稻草。

碳成本的测算至此还不够，还要考虑碳定价与碳减排进程的关系，气候科学的研究结论已将人类气候问题的碳排放总量限定、净零排放时间限定。碳税政策工具还要与碳减排进程配合起来，否则徒有代价，并不能实现政策工具的目标。碳税政策工具在这方面存在较大不足。作为税收政策，碳税需要稳定性。碳税碳定价与碳减排进程的关联困难，政策机制设计很难协调两者的关系，这也是各国政府慎用碳税政策工具的重要原因。

3.4.2.3　当前全球气候问题给全球经济发展的真约束条件

时至今日，碳税工具方案的制定已面临气候问题条件的巨大变化。全球气候问题给政

府经济发展套上的真约束条件已经变了，当前核心约束条件是 IPCC 提出的碳排放总量约束和时间约束，即自 2020 年后国际社会只有 5000 亿吨碳排放总量，且 2050 年前要实现碳净零排放。核心约束条件已不是碳排放远期社会成本价格，这个测算既不准，意义也已经不大了。当前我们最需要的是一个可灵活掌控的系统，通过少数几个变量甚至单变量的调节，既能实现 IPCC 提出的两个目标，又能对宏观经济友好，还能兼顾公平性问题。

这就是本书想要解决的难题与挑战。

3.4.2.4　碳排放消费者责任的基础数据难题

现在，国际社会包括中国之所以强调碳排放生产者责任，除了政治因素外，关键技术原因之一在于难以获取产品和组织的碳足迹基础数据。如果向消费者征税，却无法获得最终产品的碳含量，消费者责任就缺乏推行的可行性，只能在前端能源企业推行碳税或碳排放权。不能推行消费者责任机制，是西方发达国家喜闻乐见的，也应该是经济学术界要创新突破的。

现在已进入大数据、数字化智能时代，有了大道至简的跨领域顶层集成思维，技术问题完全可以被破解。

如果能获得准确碳足迹大数据，商品中的碳含量数据、企业碳排放强度数据等均可以随时随地高效获取，消费者责任机制即可启动起来。让消费者、让比行业碳排放强度平均值高的厂商先承担起责任，甚至可以针对相关指标设计行政管理措施，发挥重大的碳减作用。

只要有了信息数字技术手段的支持，基于消费者责任机制，国际和国内的碳责任分配就可以迎刃而解。

3.4.2.5　碳税政策工具的问题和局限性

碳税是基于国家主权的政策工具，从经济学原理和国际碳税的实践来看，在碳减排上可以发挥一定作用。

虽然碳税政策工具受到诺德豪斯权威气候经济学家的推崇，但也有明显的局限和较多问题，表现在以下几个方面：

（1）碳定价困难。碳税的定价源于碳社会成本，是远期社会成本，这个估算过程中的诸多假设无法达成共识。气候对经济、社会影响的机理太过复杂，需要做非常多的假设和省略。数十年折现，会导致折现率选择差之毫厘，最终结果会相差数十倍，因而碳税定价理论的实用性大打折扣。更关键的是，碳价的确定不仅与远期的碳排放社会成本有关，也与当下碳减排技术成本的变动、绿色能源的成本竞争力变动有关，因此通过传统的社会成本原理（庇古税）无法应用落地。碳定价还需要动态地去适应宏观经济效应和碳减排进程，仅仅依靠经济学家的计算能力和碳税立法操作运营仍难以推行。

（2）碳价传导机制不太畅通。电力是关系国计民生的重要基础产业。电力既是基本生活资料，也是基本生产资料，为保障安全、稳定、充足的电力供应，很多国家包括中国实行严格的电力价格管制。在中国，电价不是全面市场化，还是以计划定价为主。因此碳税加在产业链的前端，即电力生产环节，市场机制"肠梗阻"，所以不能向市场末端有效传递，消费者无感，就破坏了市场高效资源配置的作用，是典型的非有效市场。前端生产成本压力增大，甚至难以承受，对经济增长冲击较大。后端消费者却没有感知，无法有效调整消费结构、消费方式和消费文化。如果不能成功影响消费端参与碳减排，整体碳减排的效率不够高。国际贸易也是非有效市场，其关税壁垒也会对碳税价值起到"肠梗阻"的作用。

（3）与碳减排总量关系不清。虽然可以通过经济数学模型测算碳税定价与碳减排总量的关系，但社会普遍认为，碳税定价与碳减排总量难以形成直接对应关系。短周期内难以判定碳税对碳减排总量的影响，对碳中和进程的管控不太明显，作用不够。当政府发现碳减排速度过快或过慢的情况时，碳价需要动态调整以适应碳减排进程，但碳税作为需要立法程序的政策工具很难实现动态调整。

（4）碳税是国家主权政策，国际协同有困难。全球气候治理要实现全球协同。而碳税是国家主权政策，需要立法通过，各国都有相应的复杂立法机制和流程。碳税是一国之策，国家间的协调成本很高，难以形成国际统一减碳策略。类似CBAM的国际碳边境调节机制的推进落地，与WTO的政策体系也会有很大的冲突，引发各国争议，全球协同困难或存在极高的协调成本。

（5）碳税资金如何使用说不清。碳税收入一旦进入财政，资金的使用难以规范，如何使用比较难控制，会引发各部门对资金使用权的争议。特别是在当前各国财政困难的情况下，挪作它用的概率较高，对碳减排事业不利。一般来说，民众都希望碳税用于减碳事业的投入、相关技术发展的创新激励和补贴。

（6）地区利益平衡困难。国家间的利益平衡和一国之内的地区利益平衡，都会遇到较大困难。加碳税会给能源企业和所在地区增加成本，消费地区的责任如何承担，如何对能源省份进行补偿很难设计。

（7）行业碳税政策制定困难。每个行业的特点不同，碳减排效应不同，对产业成本结构影响不同，碳税该统一制定，还是分别制定？统一制定可能行不通，分别制定难度更大，成本高。有的行业加上较高碳税可能有致命性打击，影响宏观经济运营；有的行业加上过低碳税，对碳减排作用不大。

（8）立法困难，政策调整不灵活。碳中和的进程需要动态观察，对宏观经济的影响也需要不断观察，政策需要动态调整。碳税政策工具需要复杂的立法过程，周期长，执行系统的建设成本也相对较高。因此动态调整碳税税率很难操作，政策工具的灵活性不够。

（9）对GDP增长的影响很难测算。国内外研究团队做了大量的碳税对GDP增长影响的数学模型测算，但准确性均较差。因为变量太多，快速进步的技术因素很难给予合理的考虑，测算结果可信度有限。调控碳中和进程，政府需要一种掌控力更强、动态调整方便、对经济增长影响测算方便的政策工具。

（10）无法考虑碳汇组织的利益和激励。碳税主要针对碳排放者，给它增加社会外部性成本，在碳减排上只有单向的惩罚功能。为加快碳中和进程，单向激励功能显然还不够。其实在气候问题上，有碳排放，也有碳吸收。如何给碳汇组织建立利益机制或激励制度，通过碳税政策工具无法操作。而在碳中和进程中，碳吸收是不可或缺的，要大力发展的产业。因此，即使采用碳税，碳市场也不能放弃。相对来讲，碳市场更容易设计碳减排碳排放奖惩的双向激励功能。

综上，本书认为从理论和实证结果来看，碳税并非最优工具。当前中国尚未启用碳税政策工具，建议后续也不再考虑在中国应用。

3.4.3　定量减排机制1：碳排放配额分配方法

基于科斯产权理论解决公共物品问题，就要进行产权确定。气候问题中，迄今为止，大家的理解就是碳排放权分配。气候变化经济学众多学者在这个领域做了很多研究，提出了很多方法学。研究最多的几种主流方法如下。

（1）历史强度法。基于某一家企业的历史生产数据和排放量，计算其单位产品的排放情况，并以此为基数逐年下降。

优点：排放量可随着产品产量的变化而调整，通过逐步下降排放标准，督促企业进行节能减排。

缺点：存在鞭打快牛的情况。由于企业产品也会随着市场情况而变化，因此即使和自己比，也存在产品不一致而无法比较的情况。政府将自己的手伸到了经济最微观的地方。

（2）基准线法。参考行业整体排放数据水平，设置行业排放强度标准，并根据该基准发放配额。测算每年度行业的平均水平，强调了公平性。

优点：配额分配随着产品产量的变化而调整，有鼓励先进淘汰落后的作用。

缺点：生产流程差异较大的行业无法采用。确定行业平均水平的技术难度和工作量不小。

（3）历史排放法。直接根据历史排放额发放配额。一些行业很难进行横向对比，只能采用此方法。

优点：比较简单可行。

缺点：历史排放量的合理性无法判断，每年进行一定的降幅。

（4）拍卖法。通过市场化手段获取碳排放权配额，政府获得碳排放权拍卖收入。

优点：政策制定者通过一种不容易导致市场扭曲的方法，并为公共收入提供新来源点。拍卖是一种简单方便且行之有效的方式，能够使配额价高者得。拍卖方式不仅提供了灵活性，对消费者或社区的不利影响进行补偿，同时也奖励了先期减排行动者。

缺点：拍卖对防范碳泄漏效果甚微，且无法补偿因搁浅资产而导致的损失。

当前定量减排机制研究面临困境的根本原因是，前提条件有很大的问题。配额制本质是一种行政机制，计划经济色彩浓厚，有很多技术问题难以解决。另外执行复杂度较高、效率低、公平性欠缺，很难大规模、大范围推广。针对几个大型发电厂可以操作，而全社会所有组织都去操作这些方法则是巨大工程，这样的碳减排体系基本无效。正因如此，政府现在只能针对极少数的行业、企业开展工作。

科斯提出产权理论的目的，就是要让公共物品问题的解决方案尽量采用市场机制，政府少介入，才是好的方案。但国际社会用得最多的碳减排政策工具——碳排放权配额方法，政府的介入一上来就非常多、非常复杂。这对政府的能力要求和投入要求相当高，与科斯产权理论初衷非常相悖。后续的碳排放权交易安排已无法体现出科斯产权理论在碳排放问题上的政策优势，很显然是违背科斯本人意愿的不恰当应用。

我们必须要寻找新的方向，需要更大范围地推动碳减排，更有效率地碳减排，需要全新的思维探索新政策工具。

3.4.4　定量减排机制2：碳排放权交易市场与碳市场

气候变化经济学者坚信，碳市场是解决气候问题决定性的市场要素之一，与之相提并论的也只有碳税这一政策工具了。相比碳税，碳排放权的碳市场机制运行得更晚，但发展明显更快。在中国，碳排放权交易市场经历了多年的地方试点，并推出了全国碳市场，但碳税还未正式实施过。

政府通过碳排放权的分配，通过碳市场的调剂解决市场需求，试图减少碳减排总社会成本，实现市场资源的最优配置。基于碳排放权的碳交易市场，是气候变化经济学者做研究最多的一个领域。一直以来，大家对碳排权碳市场的作用寄予厚望，然而现实却很骨感。

基于碳排放权的碳市场经历了20多年的实践，世界范围内碳市场进展缓慢，并未取得好的战果。目前全球碳市场都是基于碳排放权的交易市场，同时增加一部分核证减排量的交易产品（类似CER）。从运营效果看，基于碳排放权的碳市场显然无法担当全球碳中和进程的重任。

中国碳市场也没有跳出国际通行做法的框架，相比欧洲碳市场进展得更为缓慢。从

2013年开始，中国七个省市开展碳市场试点，到2022年7月16日，全国碳市场正式启动。至2022年底，全国碳市场排放配额累计成交2.3亿吨，累计成交额为104.75亿元。当前的碳市场机制有很大的内在问题，完全无法支撑近200万亿元的投资需求和"3060"双碳目标的实现。

正因碳排权碳市场表现不佳，社会上对利用碳市场碳定价机制推进各国实现碳减排甚至碳中和的意义和作用，已有较大怀疑。

采用碳市场政策工具的理论基础是科斯公共物品理论。通过对公共物品产权的明晰，再交由市场机制实现资源的最优配置。对产权分配，政府部门是十分感兴趣的。国际社会二十年碳排权碳市场的实践表明，对于科斯产权理论，我们在大规模肤浅地甚至是错误地理解和应用。

当前国际和中国的碳市场都是基于碳排放权的碳市场，中国的全国统一碳交易市场直接命名为碳排放权交易市场。正因为当前碳市场研究对依托的理论和前提存在错误理解，碳市场在国际上、在中国都未能设计出好的顶层制度。正因为太纠结于碳排放权的确定和分配，导致碳排放权交易市场本身存在很多缺点。碳排放权分配方法学计划经济色彩深厚，找不到科学的分配方案，运营和核查成本高昂，容易滋生腐败，运营效率低下，减排效果也并不明显。事实上，科斯本人非常担心政府在解决公共物品外部性问题时过多地介入，对政策执行时政府的能力和正面影响抱有严重怀疑。在碳排放问题上，当前的国际碳排权碳市场现状，经济学家、政策制定者们正在利用科斯产权理论做科斯非常反对的事情。这看上去有些滑稽，却是普遍的现实。

由于前期碳市场试验效果不佳，中国国内有观点认为，碳达峰碳中和需要许许多多方面的支撑，中央把这些支撑条件划分为7大领域诸多细项，形成"1+N"政策体系。碳市场只是诸多支撑中的一个小项，或者说它只是一种补充。因为碳市场、碳配额要发挥真正的作用，必须和总量控制结合起来。到目前为止，它还没和总量控制结合起来。所以，它在整个碳达峰碳中和的过程中只能起到辅助作用，连支撑作用也谈不上，更发挥不了主导作用，全球范围内都是如此。

中国的市场机制发展还不是特别完善。在一个市场经济还未充分发育的经济体里面，通过碳排权碳市场来实现碳减排非常困难。我们可以尝试不断完善碳排权碳市场，但对它寄予厚望不太现实。好多业内人士言双碳必提碳排权碳市场，将它看成中国双碳目标实现的重要措施。其实，它只是起补充和调节的作用。通过碳排权碳市场交易来发现碳价格，并不现实。在市场经济条件下，市场主体往往对于价格不是发现，而是接受，因为价格是反映供求关系的晴雨表，供应紧张，价格就上涨；供应宽松，价格就下跌。

碳市场也是如此，它是由政府在主导，政府的配额紧张一点，价格就高一点；政府的配额宽松一点，价格就低一点，所有的交易都是接受这个价格，而不是发现这个价格，不可能通过交易发现价格。如果按这个交易发现的价格来组织生产，那必然会扭曲资源配置的效率。

通常普通商品市场的形成是市场自发的结果，不以政府强制力为基础，所以市场定价的交易成本低于行政定价。而碳排权碳市场交易的运行高度依赖行政等政府强制性力量的干预，其结果就是在碳排放的定价中，碳市场的交易成本远高于碳税。

上述观点对于当前的碳市场很有代表性。对计划经济过度干预、已经失灵的交易市场，这些评价并不为过，但对交易市场本身能发挥的作用，如此评价显然过于偏颇。此市场非彼市场，不同顶层设计的市场产生的效果完全不同。因当前的碳排权碳市场试验不成功，就低估市场机制的作用，这仍然是一种短视行为。就如同我们一定不能否认股票交易市场对科技创新的决定性作用，合适顶层设计的碳市场作用也将是如此。对于碳减排和减碳技术的市场作用仍然能实现，重要的是洞察事物本质，按规律办事，找到正确的方法。

本书研究发现，当前碳市场的理论依据存在严重问题，导致当前各国碳市场顶层设计有很大缺陷。一旦找到关键问题所在，并对方案进行变革改进，就能真正发挥出碳市场的关键性作用。

3.4.4.1 科斯定理失效

碳排权碳市场的设计思想，源于科斯的公共物品理论，学术界将其定义为科斯定理。科斯定理指出，社会公共物品问题，通过产权的界定和有效市场的作用，就可以解决好社会外部性问题。在气候问题上，实证证明科斯定理是失效的。

原因在于两个方面。

一方面产权界定无法做到理想程度。科斯利用一个简单公共物品模型证明了，只要产权明晰了，在一个交易成本较低的有效市场，通过交易可以实现社会资源的最优配置。并且进一步证明，不论初始产权如何分配，有效市场交易都能实现社会资源的最优配置。似乎初始产权分配不是太重要的事。事实上，在碳排放公共物品中，初始产权分配极为重要。在大家都知道碳排放权就是发展权的情况下，碳排放权的分配是各方利益的重大关切，是最难过的关。

30年的国际社会气候谈判史表明，无论是国际间的各国碳排放权分配，还是一国之内地区间、企业间的碳排放权分配，都未能真正实现产权的明晰。即在跨时空跨国界的气候问题上，产权界定无法做到彻底明晰。无法明晰产权，与科斯定理理想模型中的产权界定差距甚远。真正做到科斯定理产权界定的理想标准是，将IPCC确定的气候目标的总碳排量（5000亿吨）明确分配给各个国家，如各国能严格遵守，可测量可监管。然而，30多年的全球努力表明，这显然做不到。

另外，即使一国之内，碳排放权的分配显然也做不到科斯定理的标准。各国通行的每年对生产组织进行碳排放权分配，无论是哪种方法，都不是基于客观存在的产权做分配。进行产权确认，其实对企业授予的都是政府的一种配给权，这种权力是一种计划产物，并未锚定一个客观的存在。与科斯定理理想模型中的产权界定相差甚远。

另一方面，基于碳排放权的碳市场的有效性不足。

设定一个科斯定理下最简单的模型：一条河上游有生产排放企业，一家渔业公司拍卖获得了这条河的捕鱼权和排放权，生产排放企业与渔业公司间的交易协调一定是成功的。只要产权明晰标准，市场可以自然地协调确定价格，交易成本接近于零。这个例子体现了科斯定理的有效性，只要产权是简单明晰的，市场就可以有效发挥作用。

全球气候问题与科斯定理的理想模型差距甚大，产权不能简单界定明确。严重不标准的交易标的、数量庞大的交易对手，导致碳排放交易市场的交易成本实际很高，形成有效市场就没有可能。因此，直接套用科斯定理的思想解决气候问题也没有机会。

但我们不能忽视，更不能否定科斯产权理论思想的价值和重要性。科斯的思想仍是我们解决气候问题的最重要的基础理论之一，只不过在气候问题如此复杂的情境下，要有重大的应用创新。

3.4.4.2　碳排权碳市场的非市场因素

当前各国在操作的碳排放权分配机制，实质是一种政府权力的授予，是典型的计划经济模式，不是标准市场化产权，效率和公平性都严重不足。各国（包括中国）的碳市场实践都充分证明了这一点。特别是2021年中国各地出现了大量拉闸限电现象，直接破坏生产，严重地破坏了宏观经济正常运行，是政策效应的直接体现。

2021年中国发生拉闸限电的后果充分说明，通过行政方式将减排任务层层分解下达的方式来实现双碳目标成本很高。对几乎所有企业的用电量进行无规则限制，或仅按交税额配给用能权等简单规则，这类行政方式都无法实现资源的有效配置。对有些企业，限制用电的成本非常高。某个全球重要的手机生产企业，在其整个产业链中高度依赖某个部件，该部件的生产停电1分钟需要两到三天重新调试。因而去年一些地方每周两次拉闸限电，使其一周七天只能生产一天。而有些企业订单本就不足，每周生产三四天也够了。

政府应该通过价格机制方法，引导减排成本低的主体承担主要减排任务，从而降低全社会的减排总成本。这样的市场机制安排显然更为合理。

从经济学角度，高效的碳减排政策工具的核心功能应该是建立合理的责任机制，将社会成本明确化，将外部成本通过高效机制进入产品内部成本，相关碳减排机制就可以建立起来。碳排放权机制并不具备这样的功能。

碳排放权机制在国际利益关系处理上面临更大的困难。国际上碳排放权争斗了30年仍没有结果，足见其方向上的错误。直到《巴黎协定》建立自下而上的自主贡献减排机制，国际社会矛盾才得到缓和。在一国之内的碳排放权分配都不可能成功，大家如果还在为如何争取到更多碳排放量而奋斗是可悲的。大量的团队花费巨资研究了N种配额分配方法，基本上没有实用性，且本身产生了大量碳排。因此基于碳排放权的机制都是低效的，难以做到公平，方向要完全改变。

碳排放权的实质，起初是西方国家为了封印发展中国家特别是中国的发展，试图采用的一个工具而已。哥本哈根气候会议最考虑发展中国家利益的方案是由IPCC提出的。但该方案下，发达国家碳排存量是中国人均的7.5倍，今后的碳排放量配额还是中国的3.5倍，这相当缺乏公平。悲哀的是，我们一直在西方利益集团设定的框架里，不仅一直在与西方国家争斗这个数字，还在国内也搞碳排放权分配，碳减排效果必定不理想。

国际社会应该跳出西方国家设定的框框，用更科学、更市场化的方法来解决碳减排策略方法的问题。政府的政策工具，要相对完美地解决国家之间、地区之间、组织之间和人与人之间的公平和效率问题。

3.4.4.3 基于碳排放权的碳市场的问题和局限性

（1）免费配额下的碳排放权是非标准产品，市场化困难。

当前碳排放权配额的操作是由政府发放大量免费配额，少量公开拍卖授权，企业用不掉的配额在碳市场中卖出。免费授予的碳排放权配额是一种非市场化权力，是计划品，市场化就注定很困难。在市场中出售，它的价格形成机理完全不清楚，碳市场也注定很难发展起来。不同国家、地区政府发放的碳排放权难以统一起来，难以标准化。同一个国家不同年份发放的碳排放权配额的内涵和实质也大不相同，非常不适合当作资产标的来运作和管理。

（2）碳价信号难以发现。

当前各国碳排放权的配额制掩盖了大量的市场信号和成本信号，导致碳价的决定因素是非市场化的。目前碳价与减碳的社会价值、碳汇的实际成本都没有太大关系，难以成为碳中和进程中重要的市场工具。

2023年5月18日，中国碳市场的碳价是56元/吨，中国碳市场交易量约为全国总碳排放量的2%。该时点的中国碳价就是56元/吨吗？如果按中国碳排放总量与全年的交易总额相比，中国碳价不到1元/吨。

中国的碳市场太分散，一个省搞一个，人为地造成了更多问题。标准化程度更低，市场交易成本更高，市场有效性相当低。2022年4月，中国政府提出建设全国统一大市场，建立全国统一的市场制度规则和监管管理体制，促进要素流动畅通，包括统一的碳交易市场。

（3）碳排放权交易国际化困难。

正因为碳排放权是一个国家、一个地区的政府授权，由各个政府制定权力，其内在价值非常不标准，很难成为一个国际交易品，国际碳市场就更难以建立。2022 年 3 月，海南国际碳市场开建，以什么为交易标的呢？国内发展多年，交易规模做不大的交易标的，何以能推广到国际？这是首先要考虑的问题。

（4）难以助力发展绿色金融，发挥金融在绿色转型中的关键作用。

绿色金融可以引导资金流向低碳绿色、资源节约型技术产业和生态环保产业。绿色金融发展需要良好的投资产品和投入产出预期。

试点了七八年的国内碳市场，由于机制问题和规模太小，交易标的产品问题，社会投资人、金融机构和个人投资者至今都无法入场，绿色金融市场无法发展。绿色金融的发展一定需要好的产品、好的交易标的，显然碳排放权难以胜任。

（5）无法有效激励碳汇产业的发展。

碳排权碳市场未能给予碳汇产业有效激励，甚至严重阻碍了碳汇组织的发展。碳排放权和碳汇二者产品的本质完全不同。一个政府免费配额，一个实际从空气中吸碳，二者的本质差距太大。如果我们的碳市场焦点是碳排放权，碳汇产业就难以发展起来，打击了政府真正需要发展的产业。

根据规定，用于配额清缴抵消的 CCER 应同时满足两个条件：①抵消比例不超过清缴碳排放配额的 5%；②不得来自纳入全国碳配额管理的减排项目。

可惜的是，2021 年建设的全国碳市场，直接定义为"碳排放权交易市场"，政府现在需要尽快从顶层重新设计碳市场。

3.4.5　碳边境调节机制

碳边境调节机制的提出，有着极其深刻的背景。30 多年来，作为气候问题的主要推动者，欧盟一直指责发展中国家，特别是中国，碳排放量快速增长，且没有有效的碳减排政策，想要利用碳工具制约发展中国家的经济发展。

正因为气候问题的国际性，治理需要全球协同，小国、经济落后国"搭便车"现象是普遍的。发达国家想减排提高空气质量和气候安全性，"搭便车"就成了学术界和政府急于解决的问题。为了避免碳泄漏，欧洲的碳边境调节机制 CBAM 已经完成了全部立法程序，进入实施阶段。

目前国际碳市场交易标的主要是碳排放权，由于各国政策力度不一致，碳价差距巨大。如，2023 年中国国内综合碳交易价约为 56 元/吨，而欧盟碳价普遍超过 60 欧元/吨，甚至超过 100 欧元/吨（见图 1-6）。考虑免费配额比例的不一致，这种碳价的差距可能更大。因为这个差距，西方国家提出引起了"碳泄漏"，即碳价引起的不公平问题，很多发达国家资本和企业流向碳价低的国家，损害资本输出国的经济利益。欧盟以此为由，要设置国际间"碳边境调节机制"（CBAM）。CBAM就是在这样的背景下出台的。

为应对气候变化，2020年1月15日，欧盟通过了《欧洲绿色协议》，就更高的减排目标达成一致，并共同承诺2030年温室气体排放要比1990年减少50%~55%，到2050年实现碳中和。2021年7月，欧盟委员会推出碳关税提案——碳边境调节机制，以落实欧盟气候目标。2022年3月15日，在欧盟理事会经济与金融事务委员会（ECOFIN）会议上，欧盟27国财政部长采纳了欧盟理事会轮值主席国法国提出的欧盟碳关税提案。法国总统马克龙在其个人社交账号上也第一时间公布了此消息。2023年4月25日，欧盟理事会投票通过了CBAM。2023年5月17日，CBAM正式生效。首批纳入的行业包括钢铁、水泥、铝、化肥、电力及氢，主要针对生产过程中的直接排放与水泥、电力和化肥这三个大类的间接排放（即在生产过程中使用外购电力、蒸汽、热力或冷力产生的碳排放）以及少量的下游产品。这些产品的进口商，必须支付生产国碳价格与欧盟碳排放交易体系中碳配额价格之间的差价。

欧盟虽然声称该机制旨在保护欧盟境内产业面临的碳泄漏风险，以提升境内企业在欧盟碳税下的竞争力，结果就是向碳排放较高的国家进口产品进行征税，对中国出口将有较大影响。据德勤分析，从受碳关税影响的贸易量来看，俄罗斯排名第一，中国位列第二。中国受影响的贸易额等同于2019年欧盟出口额的约2%，约为65亿欧元。

与CBAM类似，2018年的诺贝尔经济学奖得主威廉·诺德豪斯提出了"气候俱乐部"的构想。其设计了两条规则：一是参与国协调一致的减排协议，二是不履行义务的国家受到相应惩罚。其中，减排协议的核心条款是价格机制，即形成各国商定的国际碳排放目标价格。而对非参与国的惩罚，最简单有效的措施便是对从非参与国进口至俱乐部成员国的产品征收关税。气候俱乐部以统一碳关税作为惩罚机制，最终目的是促进各国主动采取行动，加强碳减排。欧盟CBAM已在路上，G7气候俱乐部的建立也已进入实质性阶段。2022年12月，七国集团（G7）发布气候俱乐部的目标及职权文件，计划建立以"国际目标碳价"为核心的气候同盟，并对非参与国的进口商品征收统一碳关税。EU-CBAM、G7气候俱乐部一旦施行，中国出口企业有几大类产品如钢铁、铝等将增加30%的成本，竞争力将大为下降，政府必须及早应对。

目前类CBAM方案的施行还有多个障碍要解决：一是形成全球统一的碳排放目标价格困难重重，统一的碳关税应以怎样的标准和方式来实施？解决这个问题牵涉到多个方面，国家和地区的历史问题、穷国和富国的责任问题、国家碳价政策的不一致问题等。二是资金谁来掌握和如何使用问题，争议较多。三是碳足迹数据的确认还有相当大的技术难度。四是与WTO协议的规则冲突如何协调，碳关税壁垒的合法性还需要再闯关。

更进一步，碳关税还会牵涉到发达国家和发展中国家的碳排放历史问题，生产者消费者责任分配问题。碳排放权延伸到社会学、法学的领域中，远超出了经济学家的研究范围。

碳关税只要能施行，肯定能带动碳减排，但碳关税施行的障碍还需要进一步推动解决，否则无法落地。类似G7气候俱乐部和CBAM这样的单边机制，利益站位上还是西方俱乐部的角度，国际协调不充分，会受到不少国家的反对，只会激化各方博弈。航空领域的碳关税是欧盟最早尝试碳关税的领域，遭到包括美国、俄罗斯、中国、印度等大量国家的反对，最终难以实施。西方俱乐部想推行好自己的方案，也需要转换思维。

3.4.6　碳减排地区责任和经济影响

碳减排责任机制，对一国之内省际地区间利益对立问题有重大影响，这方面学者们也做了大量的研究。目前一般的分析方法都是基于生产者责任，对很多地区间的影响进行了定量分析，但难以找到让各方都认可的好方案。因为基于生产者责任角度，研究的假设前提条件有问题，往往得不到好的分析结果。

能源资源地区和碳汇省份的绿色转型投资，碳减排的投入难以落实，这是理论上首先要突破解决的。

各地区资源禀赋不同，原来的产业链分工不同，有的地区能源是主要产业，有的地区以使用能源为主。碳减排有很大的成本，落在谁的头上是个问题。在市场有效的情况下，能源省份和消费省份在共同担责，问题不是太大，但当前的市场价格信号传递不畅，省际地区间利益对立问题较明显。

很显然，消费者责任机制对宏观经济、公允性、碳减排都有更大的好处，操作性也更好。

3.4.7　碳减排技术产业补贴政策

整个碳中和技术产业体系中，很多技术领域需要大量的技术创新和风险投资，政府需要在绿色能源技术、绿色能源储存、智能电网建设、CCUS技术、碳管理信息系统等很多领域提供较强的激励机制。

碳减排技术有正外部性，应该给予很强的激励，这无疑是必要的。

如何激励最有效？政府财政资金和碳中和基金如何能有最好的投入产出？学术上和政策设计上的研究都很重要。具体的操作方法大有讲究。中国政府素来有集中力量办大事的优势，财政补贴是一个重要手段。政府在光伏、风电和新能源汽车上做了大量补贴，都存在一定的问题，各种骗补的新闻屡见不鲜，引起了社会严重诟病。2016年财政部等四部委对93家主要新能源车企的专项调查发现，骗补车辆涉及金额92.707亿元。

一个技术产品该不该补贴？该如何补贴？按产量申报直接补贴？还是提供税收优惠？还是出台金融政策支持？或是其他方案？各类政策工具的激励效率、涉及的行政成本差别很大。一个产品的政策补贴额能否超过生产成本？如何减少造假申报补贴，控制不存在的产品或未到达消费者的产品无法获得补贴？补贴额度的设计，补贴的流程设计、政策设计、执行系统设计都非常重要。我们一定要先研究清楚原理，再设计落地方案，否则管理决策层直接设计政策方案，在政策效率和管理上一定会出问题。

这方面的研究课题项目不多，学术界严谨的争论不多，财政补贴中存在的问题一直未能有效解决。因补贴规模巨大，历史上已出现的骗补规模和腐败问题严重，我们应给予充分重视，在学术上应进行深入的研究、论证、论争。

上海的新能源车免费车牌的激励，效果就很好。这种方案直接补贴的是消费者，消费者可以节约上海新车拍牌的费用，一般在10万元左右，并且可以节约等待拍牌成功的巨大时间成本。

现行的有些补贴政策对产业技术进步的作用可能是负激励的。一个新技术激励政策，如果被激励者的生产动机主要是奔着补贴来的，那么在按数量补贴机制下，企业研发投入的力度越低，产品品质越低，成本越低，企业收益可能是最大的。这样的负激励情况必须要在政策设计、执行方案上都加以避免。

政府应该持续对外部性正效应的先进技术、产品进行政策激励，但具体的激励举措与方式可以进一步优化。关键在于能否将政策补贴真正做到产品成本的内部化，将产品、消费者和市场紧密地结合在一起。

什么样的激励机制对碳中和的各个重要技术产业都是合适的？这方面的研究也非常关键。政府需要政策设计的理论支撑和数据分析，这也是学术界的重要工作和价值体现。可惜的是，学术界对这些方面研究得很少。

从实证上看，无论从其他行业的实践还是新能源行业的补贴政策实践效果看，一般的补贴政策效率都不高，问题有很多，包括廉政难题。总体上，政府应该尽量少用直接的补贴政策，而是更多地考虑如何有效地实现负外部性成本的内部化。基于市场机制的内部化，正外部性的技术优势能在市场竞争中得到体现，效果将是最优的。

3.4.8　总结

气候变化经济学的复杂性、特殊性带来了超高的研究难度。气候变化经济学家做了大量工作，但研究成果的实质作用还远远不够，无论碳税还是碳市场成果都寥寥无几。社会各界甚至质疑，气候变化经济学家做了这么多理论分析，其成果是不是"真空中的球形鸡"。

气候问题的复杂性对新古典经济学研究提出了挑战。理论模型的理想化和简化，难以适应气候问题的复杂度。但我们不能忽视经济学解决公共物品的思想和理论对解决当前问题的重要价值。只是我们要在前人的肩膀上站得更高，看得更远。在前人打造好的基础上添砖加瓦，建好整个大厦。因此，在气候问题上，经济学者并不需要悲观。

3.5 国际碳税实践

碳税是以含碳燃料（如煤炭、汽油、柴油）为征税对象，向化石燃料生产者或使用者征收，或者直接对 CO_2 或其他温室气体排放量进行征收的一种环境税。碳税是减少碳排放的重要政策工具，很多经济学家建议通过征收碳税实现碳减排，认为碳税是最有效的减排手段。

3.5.1 国际碳税发展状况

碳税概念的提出和实践最早都出现在欧洲。碳税的提出，极大地推动了欧洲的环境税改革。以此为契机，欧洲各国纷纷开始了以"碳税—能源税"为核心的环境税改革。芬兰最早于 1990 年开征碳税，挪威、瑞典、丹麦等其他北欧国家于 20 世纪 90 年代先后实施碳税，随后瑞士等欧洲国家也开征了碳税。近年来，一些亚洲、非洲国家也相继实施碳税。南非成为首个开征碳税的非洲国家。新加坡政府宣布计划从 2019 年起征收碳排放税，成为亚洲地区开征碳税的起点，目前新加坡的碳税覆盖行业达到了当地 80% 的温室气体排放。

根据世界银行的统计，截至 2023 年 4 月，全球共有 40 个国家/地区开征碳税，覆盖全球 5.5% 的温室气体排放。2022 年，全球碳税国家共获得约 290 亿美元的碳税收入，占全球碳定价收益的 31%，在 2021 年 280 亿美元的水平上略有增长。

3.5.1.1 税率水平

各国碳税税率差异较大，从波兰的 0.08 美元/吨 CO_2e 到乌拉圭的 155.86 美元/吨 CO_2e 不等。乌拉圭于 2022 年 1 月开始征收碳税，但碳税税率一枝独秀，2022 年、2023 年分别为 137.29 美元/吨 CO_2e 和 155.86 美元/吨 CO_2e。碳税税率水平总体较低，近一半国家碳税税率低于 25 美元/吨 CO_2e，除了乌拉圭外，只有北欧发达国家的碳税税率超过 50 美元/吨 CO_2e。亚洲仅日本和新加坡建立了碳税制度，碳税税率维持在较低水平。

部分国家针对不同征税对象设置了差异税率。如冰岛、丹麦对含氟温室气体设置了低于一般化石燃料的税率，芬兰和卢森堡分别针对交通燃料和柴油制定了高于其他化石燃料的税率。

碳税实施的初期，各国通常制定较低的税率水平，以减少对本国产品竞争力的不利影响，然后分阶段逐步提高税率，以保证减排效果。例如，日本为了避免税负急剧增加，在三年半内分三个阶段提高碳税税率。

3.5.1.2 计税依据

碳税的计税依据主要存在两种模式：一是直接对碳排放量或碳含量征税。这种模式能够直接反映排放主体的排放量，但对计量技术要求较高，实施成本较高，目前只有波兰、捷克等少数国家采用。二是根据燃料消耗总量或其含碳量计征，这种模式较为简便，为大多数国家采用，如芬兰、丹麦、英国、日本等，但这种模式不利于激励企业采用先进的碳减排技术。

3.5.1.3　征税环节

碳税在征税环节上，目前主要有三种模式。一是仅在化石燃料生产端征税，如冰岛、日本、加拿大各省；二是仅在化石燃料的消费端征税，如波兰、英国；三是同时对化石燃料的生产端和消费端征税，如荷兰将化石燃料生产商、进口商、经销商和化石燃料消费者均设定为纳税义务人。生产端征税便于征管，能够减少社会阻力，但价格信号难以有效传导给消费者，限制了碳税的调节作用。消费端征税符合税收公平原则，也有利于唤起企业和消费者节能减排的意识，但纳税人较为分散，不便于管控。目前大多数国家在生产端征收碳税。

3.5.1.4　税收优惠

由于对燃料消耗量（含碳量）或者生产过程碳排放量征税，碳税可能与其他税种形成重复征税，或者与碳交易形成双重管控；同时，由于各国环境政策规制的强度不同，征收碳税还可能削弱能源密集型企业和出口贸易型行业的国际竞争力。因此，几乎各个国家都实施了工业特殊税收条款（Special Tax Provisions for Industry），即对工业实施了不同程度的补贴和优惠，以维持各国工业的国际竞争力。如欧洲国家针对欧盟碳交易市场内的企业设置碳税免除条款，加拿大各省对航空、运输等能源密集型行业有部分豁免；丹麦企业根据其 CO_2 净税负（包括返还）占销售额的不同比例享受不同的税率优惠，同时对于参加自愿减排协议的企业可享受税收减免优惠；荷兰的社会组织、教育组织和非营利组织可得到最高为应纳税金50%的税收返还优惠；瑞典的一些能源密集型企业可享受税收减免优惠，且随着税率逐渐上调，税收减免比例也相应上调，以抵消企业因税率上调增加的税收负担。

3.5.1.5　收入使用

2022年，各国政府碳税收入约为290亿美元，近两年来都维持着较低的增长水平。为保持碳税税收的中立，多个国家将碳税收入纳入一般预算，并再向全民开展税收返还。如芬兰对能源密集型行业实施税收返还；丹麦将碳税收入的一部分用于补贴居民天然气、电力使用，一部分用于向缴纳增值税的企业实施碳税税收返还，或补贴企业节能投资；英国通过减少企业为雇员缴纳的国民保险金、提高节能环保技术投资补贴、成立碳基金三种途径实现税收再返还。从部分调研来看，税收返还的效果并不理想。美国记者调查了加拿大和瑞士的公民，这两个国家已经实施了接近于收入中立的碳价格。在加拿大，一些省份的居民收到一次性的碳退税，作为他们年度纳税的一部分；所有瑞士居民将退税视为他们的医疗保险费的折扣。

3.5.1.6　碳税效果

征收碳税只能确保碳排放比不征收碳税的情形下要低，但最终是否能够实现碳排放量的绝对下降，却有较大不确定性。Haites对1981—2007年瑞典、挪威等北欧国家减排的实证分析也印证了这一点，与不征收碳税的基准情况相比，征收碳税降低了2.8%~4.9%的碳排放量。同时芬兰、丹麦、瑞典、挪威这四个国家施行碳税后的碳排放绝对量并未呈现出明显的下降态势，或者下降的幅度明显小于加入碳市场之后的降幅。澳大利亚于2012年通过碳税，但2014年澳大利亚联邦议会参议院以39票赞成、32票反对通过废除碳税的系列法案，宣告了自2012年起实行的碳税法案在澳大利亚正式被废止。澳大利亚总理托尼·阿博特认为碳税每年给澳大利亚企业造成90亿澳元的损失，但对减少CO_2排放的作用微乎其微，废除碳税后，企业市场成本将减少，竞争力将提高。

3.5.2　中国碳税进展

早在2002年，中国国家统计局和挪威统计局就曾联合做过一个课题，测算征收碳税对中国经济与温室气体排放的影响。该课题建立中国的可计算一般均衡（CNAGE）模型，定量分析了征收碳税对中国经济与温室气体排放的影响。研究表明，征收碳税将导致CO_2的排放量显著下降，同时将使中国经济状况恶化，短期成本相当高。从长远看，征收碳税的负面影响将会不断弱化。对中国这样一个发展中国家，通过征收碳税实施温室气体减排，经济代价十分高昂。

2008年7月，能源基金会立项《中国开征碳税问题研究》，财政部财政科学研究所组建课题组，在碳税方面做了大量研究，从理论、政策、技术层面上全面探讨中国开征碳税的可行性与实施路径，并公开发表了一系列论文。

2010年5月，国家发展改革委有关专家在行业会议中透露，国家发展改革委和财政部有关课题组形成了"中国碳税税制框架设计"的专题报告。在这份"中国碳税税制框架设计"中，提出了我国碳税制度的实施框架，包括碳税与相关税种的功能定位、我国开征碳税的实施路线图，以及相关的配套措施建议。报告给出结论，我国碳税比较合适的推出时间是2012年前后，且应先征企业暂不征个人。课题组表示，由于采用CO_2排放量作为计税依据，需要采用从量计征的方式，所以适合采用定额税率形式；在税收的转移支付上，应利用碳税重点对节能环保行业和企业进行补贴；如果采用碳排放量作为计税依据，大致有两种税率方案，一是"2012年10元/吨，2020年达到40元/吨"，二是"2012年征收碳税税率为20元/吨，2020年提高到50元/吨，2030年再提高到100元/吨"。新闻一经发酵，引发了社会的广泛关注。

在 2008 年、2009 年以及 2010 年的两会上，均有有关开征碳税的提案产生。

2013 年，为贯彻落实党中央、国务院决策部署，财政部、税务总局、环境保护部在调查研究的基础上，起草了《中华人民共和国环境保护税法（送审稿）》，作为取代现行排污收费的新税种，环保税首次将 CO_2 排放税（简称"碳税"）纳入其中。

此举引发了强烈的社会反响。妨碍碳税实施的阻力主要来自一些用传统经济方式算账的经济学家。根据他们的分析，开征碳税，在一定程度上难免会使普通老百姓利益受损。他们担心在碳税开征的过程中，传统能源企业会把碳税税赋向老百姓身上转嫁，尤其是让低收入群体的整体社会福利下降。

上海市一课题组根据我国经济发展水平、税收负担等多项指标，得出了一项重要的调查结论，征收碳税必然引发社会福利水平变化，城市的社会福利下降了约 2%，而农村下降了约 1.7%。

最终，原国务院法制办在反复征求行业专家和社会公众意见后，最终形成《中华人民共和国环境保护税法（草案）》，删除了 CO_2 排放税。草案说明中表示"各方面争议比较大的 CO_2 征收环境保护税问题，暂时不纳入征收范围"。对此，全国人大环资委法案室副主任王凤春接受采访时表示，"国家现在强调下一步要建立全国碳交易市场，如果将碳税纳入环保税法会与其在功能上有一定交叉，这也是未把碳税纳入征求意见稿的主要原因"。2018 年 1 月 1 日，《中华人民共和国环境保护税法》正式实施，并未有碳税的身影。

在财政部积极研究碳税税制框架的同时，2011 年，中国在北京、天津、上海、重庆、湖北、广东、深圳等七个省（市）开展了碳排放权交易试点，由此拉开了一场漫长的探索之路。最终碳排权碳市场在中国取得了"胜利"。

2023 年 1 月，中国台湾地区通过"气候变迁因应法"，计划对碳排大户征收碳税，并且对碳含量多的进口产品征收类 CBAM 的碳关税，但两类碳税的具体机制仍未确定。

3.6 国际碳市场实践

目前从全球碳市场实践来看，碳市场特指碳排放权交易体系。碳排放权交易体系（Emission Trade System，ETS），又称碳市场，是鼓励减少温室气体排放的一项有效政策。碳排放权指大气或大气容量的使用权，即向大气中排放 CO_2 等温室气体的权利。

3.6.1 全球碳市场发展现状

碳市场指将碳排放权作为资产标的进行交易的市场，而碳排放权交易体系构建的好坏对碳市场能否有效反映碳排放权的价值有直接影响，对最终减排目标的实现效果有重要影响。

2005年，欧盟正式采用排放总量"限额与交易"（cap-and-trade）的模式建立了第一个区域碳排放权交易系统：EU ETS，并允许各国使用核证减排量（Certification Emission Reduction，CER）。此后，其他区域的碳排放权交易市场逐步兴起。

2023年3月，国际碳行动合伙伙伴（International Carbon Action Partnership，ICAP）发布《全球碳排放交易市场：2023 ICAP状态报告》（Emissions trading worldwide：2023 ICAP status report）。报告表明，至2023年1月，全球有28个在运行的碳排放权交易市场，覆盖了17%的全球温室气体排放，约90亿吨排放量；另有20个地区在考虑建设碳排放权交易市场，主要在拉丁美洲和亚太地区。

碳排放权交易市场开建近20年来，虽然各国的ETS建设缓慢（见图3-6），但碳交易收入发展得特别快。得益于配额价格的持续增长、拍卖机制的引入、配额拍卖比例的日益增长以及碳市场的不断扩展，2022年全球碳排权碳市场收入创下历史新高，达到630亿美元。2008年以来，全球碳排放权交易体系已筹集超过2240亿美元资金，其中一半以上为2021年、2022年两年创造。作为全球成交量及成交额最大的碳交易体系，欧盟碳市场碳配额收入占据全球领先地位，全球碳配额收入的近65%均从欧盟碳市场产生（见图3-7）。

2022年，俄乌冲突引发的全球能源危机导致能源价格飙升，并增加了更广泛的通胀压力，但全球碳排放权交易体系基本上未受到广泛的经济冲击的影响，年底的配额价格与2021年底基本持平。

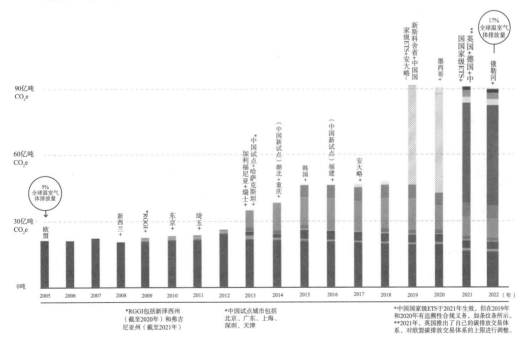

图3-6 全球ETS市场进展

数据来源：ICAP

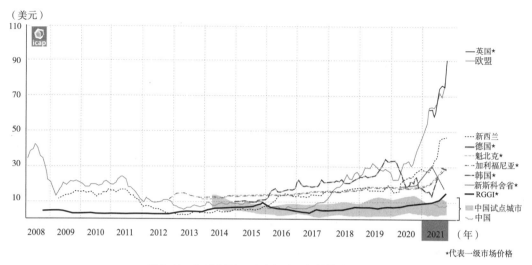

图3-7　全球主要ETS市场碳配额价格变化趋势

数据来源：ICAP

中长期内，预计全球碳市场呈现出广度、深度持续加强以及国际合作发展的稳中向好形势。首先，国家、地区层面的碳市场建设和规划工作将稳步推进，在地域范围内持续扩大影响范围和程度。其次，各碳市场不断优化自身机制，表现在覆盖行业持续扩大、温室气体覆盖范围逐渐全面、免费配额比例分阶段降低、拍卖份额适时增加等方面。

此外，ETS为政府创收不断突破纪录，可用于进一步减少温室气体并减轻低收入社区和家庭的负担，无论是以直接或间接的方式，例如资助国家住房的能源效率改善。

2005年第一个碳交易市场运营以来，至今已有近20年的时间，虽然碳交易市场数量、覆盖排放量、交易额都在不断地增长，但从绝对额度来看，仍处于较低的水平。

本书以欧盟碳排放权交易体系（EU ETS）为例，介绍其碳市场运行机制。

3.6.1.1　总量控制与分配机制

EU ETS是依据《欧盟2003年87号指令》于2005年1月1日正式成立的，其目的是将环境"成本化"，借助市场的力量将环境转化为一种有偿使用的生产要素，通过建立排放配额（EUA）交易市场，有效地配置环境资源、鼓励节能减排技术发展，实现在气候环境受到保障下的企业经营成本最小化。

EU ETS是世界上首个和最大的多国参与的碳排放权交易体系，也是全球最成熟的碳市场。该体系覆盖所有欧盟国家，外加冰岛、列支敦士登和挪威；有约10000个电力、制造业和航空业的企业参与；覆盖欧盟温室气体排放量的约40%。

EU ETS采取"限额与交易"（cap-and-trade）机制（见图3-8），提供了一种有效的财政激励，促使企业尽可能地将碳排放量降至限额以下。

总量控制Cap：由欧盟制定碳排放总量目标，对纳入限排名单的企业的碳排放总量设定上限，并且逐年下降。尤其在第三阶段采用引入线性减量因子（Linear Reduction Factor, LRF），使得每年碳排放总量线性下降。

分配机制 Allowance：确定纳入限排名单的企业根据一定标准免费获得，或通过拍卖获得相关的碳排放配额。启动之初，绝大部分是免费分配，分配比例逐年下降，需通过拍卖机制有偿获得。免费的分配方式也从历史排放法过渡到基线法。

交易 Trade：超过了排放配额的碳市场参与者，必须向有多余配额的参与者购买 EUA，排放量低于配额的公司可以在碳市场出售 EUA 以获得收益。

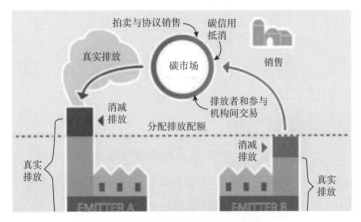

图3-8　限额与交易机制示意图

3.6.1.2　配额储存与预留机制

为了减少市场上过剩的碳配额，使供需更加平衡，稳定碳市场信心，EU ETS 于 2019 年引入了市场稳定储备机制（Market Stability Reserve, MSR）。MSR 是欧盟为了应对需求侧冲击和配额过剩引入的机制。即欧盟每年发布截至上一年底碳市场的累积过剩配额总数，然后将过剩配额总数的 24% 转存入 MSR。同时，当市场配额低于 4 亿，或者虽不低于 4 亿，但连续六个月以上的配额价格比前两年的平均价格高出 3 倍，则从储备中取出 1 亿配额注入拍卖市场，从而有效应对不可预料的需求侧冲击。如果市场流通中的碳配额超过 8.33 亿，MSR 会将配额吸纳入储备，而如果流通中的碳配额小于 4 亿，MSR 将会释放储备的配额。此外，在 MSR 设立当年，欧盟直接将 2014—2016 年未拍卖的 9 亿配额纳入了 MSR，而这些配额原计划是推迟至 2019—2020 年拍卖。这帮助缓解了 2008 年金融危机后，配额需求不振和国际碳信用供给增加造成的碳配额供大于求的局面。

3.6.1.3　监测、报告与核查制度（MRV）

该制度是 EU ETS 中获取配额数据的重要来源，也是维持整个体系有效运作的基础与支撑。其遵循的基本原则包括：

完整性：排放源和源流的完整性是 EU ETS 监测的核心。每个运营商需要在监测计划中提出一个完整的、针对现场的监测方法。

一致性和可比性：监测计划是一份实时文件，需要在监测方法发生变化时定期更新。为了保持时间上的一致性，禁止任意改变监测方法。

透明性：所有数据的收集、编译和计算都必须透明。即数据及获取和使用这些数据的方法必须以透明的方式记录，所有相关信息必须安全地储存和保留，以便授权的第三方能够充分查阅。

准确性：操作人员必须注意数据的准确性。运营商需力求达到最高的准确性，且监测工作必须在技术上可行，并避免产生不合理的费用。

方法完整性：运营商应在年度排放报告中采用其批准的监测计划中的方法确定排放量，以保证报告数据的完整性。年度排放报告需要由一个独立的、经认可的核查机构进行核查。

3.6.1.4 严格履约及处罚机制

欧盟要求各成员国对在EU ETS内的企业履约情况实施年度考核，规定履约企业每年须在规定时间内提交上年度第三方机构核实的排放量及等额的排放配额总量，否则视为未完成，将面临成员国政府处罚。处罚主要包括：

①经济处罚，对每吨超额排放量罚款100欧元。

②公布违约者姓名。

③要求违约企业在下一年度补足本年度超量的碳排放配额。即违约企业缴纳罚款后，其超出且未能对冲的碳配额将会持续遗留到下一年度补交而不能豁免，且需补交超额排放量的1.08倍配额量。

④持续改进：操作人员必须建立适当的监控程序。如有可能做出改善，例如达至较高层次，运营商须定期提交改善潜力的报告。此外，运营商必须对验证方的建议作出回应。

3.6.1.5 碳金融机制

EU ETS有很强的金融属性，从启动之初就是期货现货同步推出的一体化市场。依据欧盟的《金融工具市场指令Ⅱ》，碳排放权是一种金融工具，排放权及其衍生品每日和每周的头寸情况都要上报。欧盟碳配额期货主要在洲际交易所（ICE）交易；早在EU ETS运行的第二阶段末，碳期货的交易量就已占全部碳配额交易量的近九成。大量金融机构参与EU ETS，并作为受管控企业的对手方，对市场的顺利运转起到重要作用。

3.6.1.6 分步实施机制

为了碳市场的稳健发展，EU ETS的发展共经历了四个阶段（见表3-1，图3-9），过程中不断优化和完善市场体系。

第一阶段（2005—2007年）属于试点期，EU ETS 只覆盖了电力和高耗能行业，排放配额基本免费发放，超额排放的罚款为40欧元/吨。这一阶段的总排放限额2096 MtCO$_2$e是一个估算值；因为发放的碳排放配额总量超过了实际的排放量，2007年碳排放权价格跌至0元。

表3-1　EU ETS四个发展阶段特征

	目标	温室气体	覆盖范围	覆盖行业	总量控制	配额方法	市场调节
第一阶段 2005—2007 年	试验阶段、建立基础设施和碳市场	CO$_2$	欧盟成员国	20MW 以上电厂、炼油、钢铁、水泥、玻璃、石灰、制砖、制陶、造纸业	20.58 亿吨 CO$_2$	95% 配额免费分配	联合履约机制（JI）、清洁发展机制（CDM）
第二阶段 2008—2012 年	在 1990 年基础上减少 8% 的排放	CO$_2$	新增挪威、冰岛和列支敦士登	新增航空业	18.59 亿吨 CO$_2$	90% 配额免费分配	限制 JI、CDM 项目质量，并限制抵消数量
第三阶段 2013—2020 年	2020 年排放较 2005 年降低 21%	CO$_2$、N$_2$O、PFC	同第二阶段	新增制铝、石油化工、制氨、硝酸、乙二酸、乙醛酸生产、碳捕获、管理输送、CO$_2$ 地下储存	2013 年 20.84 亿吨 CO$_2$，每年线性减少 1.74%	电力 100% 拍卖，制造业 2013 年免费分配 80%，逐年下降，至 2020 年降至 30%	进一步限制 JI、CDM 项目质量，建立市场稳定储备机制（MSR）
第四阶段 2021—2030 年	2030 年排放较 2005 年降低 43%	同第三阶段	同第二阶段	同第三阶段	每年线性减少 2.2%	电力 100% 拍卖；总配额的 43% 免费分配，至 2026 年降至 0	不允许抵消

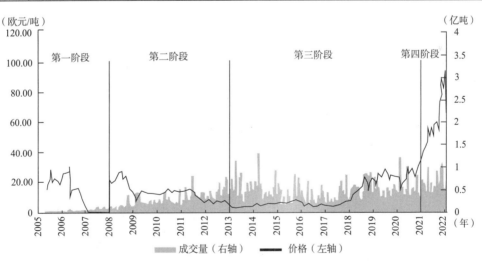

图3-9　欧盟碳排放配额期货价及成交量

数据来源：中金研究院

第二阶段（2008—2012年）是《京都议定书》的第一个履约期，EU ETS 的排放限额小幅下降至2049 MtCO$_2$e，配额免费发放的比例降到了90%，航空业被纳入了覆盖范围。不过，2008年的国际金融危机导致温室气体排放量大幅下降，使得碳排放配额过剩，碳价持续走低。

第三阶段（2013—2020年）是EU ETS的重大调整期，引入了欧盟范围的单一排放限额，纳入了更多的行业，包括石油化工、氨、黑色和有色金属、石膏及制铝，以及温室气体种类，并将配额的默认分配方式从免费分配改为有偿拍卖，拍卖比例达57%。此外，引入线性减量因子（Linear Reduction Factor，LRF），排放限额以1.74%的速率按年下降（见图3-10）。

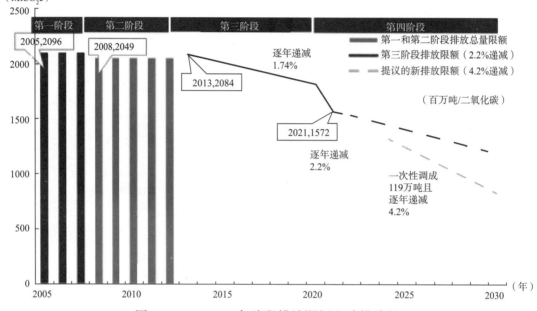

图3-10　EU ETS各阶段排放限额和减排路径

数据来源：中金研究院

第四阶段（2021—2030年）。为达成欧洲绿色新政（European Green Deal）提出的，在2030年前将温室气体排放量在1990年的水平基础上削减55%的目标，EU ETS的排放限额进一步降低至1572 MtCO₂e，LRF也从1.74%调整为2.2%以加快减排节奏，也即碳配额每年减少4300万吨。MSR机制也进一步强化，2019—2023年，MSR的吸纳率（纳入MSR的配额占总流通配额的比例）从12%提高至24%，并且从2023年起储备中高于前一年拍卖量的部分将作废。此外，按照欧盟议会正在审议的提案，为了加快达成减排目标，LRF可能在2024年被进一步调整为4.2%，并将限额一次性调减119万吨，而MSR的24%吸纳率可能被延长至2030年。在欧盟减排力度不断增强的现实和预期下，碳配额价格在第四阶段快速升高。虽然2021年下半年的价格走势在很大程度上反映了欧洲天然气供给短缺的冲击，但减排力度的不断强化、排放限额的不断降低以及随之而来的市场预期的收紧，是推动碳价上升趋势的基本力量。

碳排放权交易体系首先对碳排放总量进行了限制，因此，市场呈现比较确定的碳排放量下降路线，但碳市场在增强了减排量确定性的同时，代价是碳价的不确定性。

3.6.2　中国碳市场实践：热情高涨、现实骨感

中国国内的碳市场 2011 年启动区域试点以来，一直在省级分散市场试运营，规模很小。2011 年以来，我国先后在北京、上海、广东、深圳、湖北、重庆、天津、福建等 8 个省市进行了碳排放权交易试点，涵盖了电力、钢铁、化工、金属冶炼等行业。截至 2022 年 12 月 31 日，国内 8 个试点碳市场累计完成线上配额交易总量约为 44857 万吨，达成交易额约为 122.12 亿元。各区域碳市场的交易数据见表 3-2。

表 3-2　截至 2022 年 12 月 31 日，各区域碳市场的交易数据

试点	开市日期	成交总量（万吨）	成交总额（亿元）
北京	2013.11.28	1817.02	12.28
天津	2013.12.26	2411.68	5.97
上海	2013.11.26	1944.83	6.38
深圳	2013.6.18	5545.11	14.22
广东	2013.12.19	21414.05	56.39
湖北	2014.4.2	8543.66	21.35
重庆	2014.6.19	1056.72	0.99
福建	2016.12.22	2124.01	4.54

2021 年 7 月 16 日，全国碳市场在上海成立，首笔碳排放权交易撮合成功。2022 年，全国碳市场碳排放配额（Chinese Emission Allowances，CEA）总成交量为 5088.95 吨，总成交额为 28.14 亿元。截至 2022 年底，全国碳市场碳排放配额累计成交量为 2.30 亿吨，累计成交额为 104.75 亿元。作为全球最大的碳排放国家，碳市场的成交量和成交额数据都非常小。各界普遍认为，目前的碳市场规模太小、覆盖范围有限、缺乏总量控制等，对企业减排约束甚小，对全局碳中和进程贡献不大。

另外，当前的碳市场价格不是真实的市场价格信号。中国约 120 亿吨总碳排量中，总交易量不超过 10 亿吨，绝大部分碳配额是免费的。120 亿吨的总量中，只有几亿吨需要支付成本，完全不能体现真实的碳市场价格信号。即现在碳市场上的交易价，与真实的碳排放社会成本概念相差甚远。免费碳配额发得少，碳价就会很高；免费碳配额发得很多，碳价就到地板。碳价对应的是总量的很小一部分，这不是市场机制，不可能很好地驱动整个社会碳减排。同时，对宏观经济的冲击已相当大。

实证已经很清晰，当前的碳排权碳市场需要根本性的变革。

碳市场推进缓慢，主要原因是陷在西方国家的经验局限中没有跳出来，也没有先进的气候变化经济基础理论指导。CELM 理论的问世，有机会改变这一局面，中国有极大的机会建成领导全球的国际碳市场。

事件回顾：各地争建碳市场

（1）广州碳期货市场加快建设。2021年9月14日，广东发布《广东省深入推进资本要素市场化配置改革行动方案》，提出"推进基于广东碳排放权交易市场的基础，研究建设粤港澳大湾区碳排放权交易市场，推动港澳投资者参与广东碳市场交易，建立碳排放权跨境交易机制"。依托这一跨境交易平台，符合条件的境外投资者能够以外汇或人民币的方式参与中国内地碳排放权交易。不仅如此，2021年11月5日工信部等四部门发布《四部门关于加强产融合作推动工业绿色发展的指导意见》，支持广州期货交易所在中国证监会的指导下建设碳期货市场，积极稳妥推进碳排放权期货研发工作，规范发展碳金融服务。

（2）海南国际碳交易中心建设。2018年4月14日，在《中共中央 国务院关于支持海南全面深化改革开放的指导意见》中，首次提出"支持依法合规在海南设立国际能源、航运、大宗商品、产权、股权、碳排放权等交易场所"。自此，海南建设国际碳交易场所计划提上日程。

2019年7月，海南召开了国际碳排放权交易场所设立方案论证会，明确该交易场所将紧紧围绕中央对海南碳排放权交易场所"国际化"的定位，探索引入境外投资者。

2022年2月7日，经海南省政府同意，海南省金融局印发《关于设立海南国际碳排放权交易中心有限公司的批复》，同意设立海碳中心，并开始筹建，海碳中心拟注册在三亚。

（3）2021年7月16日，全国碳排放权交易市场启动线上交易。发电行业成为首个纳入全国碳市场的行业，纳入重点排放单位超过2000家。上午9点30分，上海环境能源交易所碳排放交易系统显示，碳交易开盘价为每吨48元。上午9点30分，首笔全国碳交易已经撮合成功，价格为每吨52.78元，总共成交16万吨，交易额为790万元。截至2022年底，全国碳市场碳排放配额累计成交量为2.30亿吨，累计成交额为104.75亿元。2022年12月22日，全国碳市场累计成交额突破100亿元大关。

图3-11 全国碳市场上线交易启动仪式

3.6.3　当前碳市场主要问题和变革的迫切性，以中国为例

目前中国国内碳市场主要是碳排放权交易，且碳排放权的配额绝大部分是免费配额，还没有能力体现双碳的目标。政府授予碳排放企业免费配额，企业用不完可卖出，不够的企业需要购进配额维持和增加生产。碳排放权配额方法计划经济色彩过于浓厚，各国各有一套体系，我国基本按省市发布，存在政策不统一，区域之间不平衡的问题，很难做到科学和合理。

当前碳排放权交易是作为一种基于市场机制的碳减排政策工具，意图实现碳排放权的有效配置，达到控制全社会碳排放总量和降低全社会减排成本的目的。碳排放权交易是一种市场机制的说法并不准确。这其实是计划经济主导下的市场经济补丁，这种机制的内部问题非常严重。碳排放权配额总量确定和分配方式都是计划性质的，各组织剩余或缺少的碳排放权可以自由交易，这部分是市场性质的，整体看有些不伦不类。然而，碳排放权交易能在多大程度上发挥作用，与全国碳市场机制设计有着密切关系，其中碳排放配额总量大小、初始碳排放配额的分配方式，以及行业覆盖范围，对碳交易价格和市场规模、减排成本及减排效果都有着重要影响。

国际社会碳排权碳市场的研究现状和发展情况在3.4.5节中已有较详细的评述。下面就几个重要问题再作深入讨论。

3.6.3.1　配额总量的影响

碳排放配额总量是指碳市场中可供交易的碳排放配额量，其值越大代表碳市场总量设定越宽松，则碳价越低、减排成本越小，但减排效果越弱；反之，其值越小，则表明碳市场总量设定越严格、碳价越高、减排成本越大，但减排效果越强。这种简单的逻辑表达很多情况下并不合适，因为当前的机制对宏观的冲击影响较大，碳配额的总量制定往往缺乏科学的算法依据。气候经济学者耗费巨大，研发大量的算法模型，试图将所有的宏观经济、气候物理和碳价影响综合在一个模型中精准计算，但因对宏观经济、气候物理和减排技术影响等假定太多，以及太多因素没有能力考虑，无法为决策部门提供良好的决策支持。

配额总量与碳中和进程直接关联难度较大。

3.6.3.2　配额分配方式的影响

对于初始碳排放配额分配方式而言，通常有三种方式：基于历史排放免费分配的"祖父法则"、基于碳排放强度基准免费分配的"标杆法则"和有偿拍卖方式。

美国的区域温室气体行动计划（Regional Greenhouse Gas Initiative，RGGI）一直以拍卖为主要的配额分配手段，欧盟碳排放权交易体系从第三阶段开始主要采取拍卖的有偿分配方式，有偿分配促进公平。欧盟碳排放权交易体系在2009—2013年以免费分配为主，常

常因为免费分配环节价格信号缺失，出现免费配额发放过度的问题，导致碳价一度大幅下跌，影响了市场活跃度。中国这几年碳市场也出现了类似情况。

当前的碳市场交易标的是"碳排放权"，碳排放权如何分配是大问题，应该找不到完善的方法。科斯定理称，在存在交易成本的市场机制中，初期的产权分配直接关系到最终市场的交易效率，因此碳配额的合理分配，是整个碳市场有效运行的基础。问题是政府权力是最不标准的，各国政府、各地区政府的情况千差万别，碳排放权在各个国家之间、一国之内各地区之间都很难统一，因此操作复杂性高，难以形成全球统一市场。一国之内都统一不起来，作为市场交易的商品非常不合适，更难以有效驱动减碳。可以预期，基于碳排放权的碳市场的发展已完成阶段性使命。

3.6.3.3 配额分配覆盖范围的影响

研究表明，碳排放权交易市场的性质和作用，与其能覆盖的行业和范围影响关联也相当大。当前国内外碳排权碳市场都还只能覆盖少数行业，特别是国内碳排权碳市场，因碳数据能力问题，还只能覆盖煤电一个行业，带来严重的问题，理论和实践都可以论证碳排权碳市场的正面效应很小，负面效应较大。

一个行业或少数几个行业的碳排放权交易，对全社会资源配置效率的影响是相当有限的，甚至是负面的。一个可观察的样本证据是中国碳排放权交易市场。

中国碳排放权交易市场当前仅限于煤电行业，共2000余家煤电企业，因控碳煤电企业每度电成本有较大上升，亏损加剧，这种碳排放成本又不能有效通过市场机制向下传导，导致煤电企业发电积极性不高，全国很多地区发生拉闸限电的现象，严重冲击了宏观经济。

这个案例说明，仅煤电企业参与的碳排放权交易是一种高成本资源配置。如果碳市场能针对全社会实现资源配置，让碳减排边际成本最低的组织节点来承担碳排放成本，才是最优的。当前的碳排放市场导致的结果是，在全社会碳减排边际成本最高的环节减碳，所以我们看到的效果与政府的愿望是完全相反的。

3.6.3.4 当前碳排放权碳交易市场的问题

碳排权碳市场的学术普遍性问题，在3.4.4节中已有分析。综合本节和3.4.4节的分析，中国碳排权碳市场面临的问题还较多。

（1）配额的设定和分配有较高的政策成本。对政府的高能力要求和高投入要求，使得碳减排推进的广度和深度进展得非常缓慢。

（2）执行和监管成本（MRV）高。数据准确性差，MRV监管成本高，数据造假事件频发。未能设计出较好的类增值税自监控机制。

（3）列入管控和交易的企业数量很少，碳减排速度太慢。列入管控行业的企业碳减排空间已经很小，而99%以上的社会组织却对碳减排没有感知。

（4）列入管控的行业和企业太少，未能优化资源配置。碳市场如果不能面向全社会，只是少数行业仅数千家企业进入交易，碳减排导致的宏观代价太大，资源优化配置价值却很小。

（5）调节政策的市场化程度不高，良币驱逐劣币效应还不明显。碳排放权配额很可能限制优质企业的发展。任何一种分配方法都不能确定一定对优质产能有利。

（6）不能成功建设有规模的碳金融市场。国际社会绿色经济转型的资金短缺非常严重，都非常期待碳金融市场能支持到绿色经济。但目前的碳金融市场个别交易日只有几千元的交易额，与想象差距太大，难担此重任。

（7）无法满足碳减排和碳吸收的正反向双向激励。基于碳排放权的碳市场碳定价机理不清，碳价波动方向不明，且长期处于低位，造成减碳创新激励不足，政府只能用补充手段调剂，但都很难做到科学和合理。基于"负碳"标的的碳交易市场将大幅减少这类问题，因为它直指碳中和目标。

（8）省际间的配额公平问题没有好的办法解决。基于配额的碳排权碳市场，可能使中国存在的省际碳排放空间分配不公平的现象加剧，即省际碳公平问题。当前生产者责任机制下，中国省际碳排放空间分配不公平相较消费者责任机制严重得多。由于各省在经济发展水平、产业结构和能源结构等方面存在差异，且全国碳市场的运行将导致资本和劳动等生产要素在省际之间流动，因此不同省份在全国碳市场中所交易的配额量、所处交易地位（卖方或买方）以及受到的经济影响会存在较大差异，即省际分配效应。

中国当前的碳排放权碳市场所面对的问题远不止上述几项，且长期找不到出路，这意味着要有根本性的变革。

"碳排放权"和"碳中和责任"（负碳、碳吸收、捕碳）是两个概念。当前的碳交易市场是碳排放权的交易市场，而不是基于碳中和责任（负碳）的交易，并未指向碳中和的终极目标。碳市场顶层设计的变革急需推进，从碳排放权交易转型到碳中和责任——"负碳"交易。

这一变革将对全球碳中和进程产生重要影响。基于"3060"碳中和条件下，以终为始，碳排放等于碳吸收，是要完全对等的。因此基于碳中和目标的碳市场交易标的应该是"负碳"指标。

当前的碳排放权交易可看作第一阶段的政策工具。基于碳中和目标，每个企业都应该有碳平衡的责任，逐步淡化"碳排放权"的概念，代之以"碳中和"责任，有"碳排放存量"就需要购买"负碳"中和抵消，形成全局闭环。

今后的碳交易所应该是碳中和——"负碳"的交易场所，排碳的企业和负碳、减碳的企业进行交易，交易的标的是"负碳"产品，而不是"碳排放权"。有碳排放责任的企业在碳交易所购入"负碳"，减碳、吸碳企业卖出"负碳"，市场均衡时供给和需求两端平衡。

综上，我们必须打破局限，实现创新，基于CELM理论的负碳碳市场能很好地应对解决上述问题。

3.7　碳中和之路：碳税还是碳市场

推动碳减排，就要解决好碳排放外部性成本内部化的问题，是大家的共识。至于用什么方法解决，仁者见仁，智者见智。当前国际最常见的碳政策工具是碳税和碳排权碳市场。碳税和碳市场，哪个选择更优？还是两种组合更优？争论持续了30多年。财政领域的人更喜欢碳税工具，因为其增加了税源和可支配的财政收入。金融领域的人偏爱碳市场，因为其创造了体量巨大的绿色金融碳市场，是金融市场可以大有作为的新领域。中国政府2011年开始试点碳市场，未启动碳税工具，最主要的考虑是对宏观经济的冲击影响，这种影响可能被高估了。

不论选用哪种政策工具，具体的政策方案设计都会对结果产生很大的影响。如碳税税率的选择，先紧后松还是先松后紧，是加在生产端还是消费端，都很有讲究，并会产生极为不同的效果。当前的碳市场是基于碳排放权的市场，很有局限性。

碳市场不一定就是现在的碳排权碳市场。除了碳排放权，碳市场的交易标的还可以设计为其他交易标的物。另外，现行的碳排权碳市场，如何分配碳排放权？有多少免费配额？分配给生产端还是消费端？这些都大有讲究。

因此，一国政府选择什么样的政策工具，不仅与其对宏观影响有关，也与两方学术力量博弈的结果有很大关系。

碳税作为一种价格协调机制，碳价由政府决定，减排量由市场决定。碳市场作为一种定量机制正好相反，它的减排量由政府决定，碳价则由市场决定。两种机制根据具体政策设计的不同，对碳中和进程和经济增长的影响机理非常不同。

中国碳排放权交易体系总体设计技术专家组负责人、清华大学能源环境经济研究所所长张希良认为，碳市场更符合市场化的特点。碳税的不确定性在于减排量，而碳市场的不确定性在于价格。如果从碳排放总量控制的角度看，碳交易市场是更可靠的工具。

诺贝尔奖获得者威廉·诺德豪斯通过对比认为，碳税价格协调机制比《京都议定书》中的碳排放权定量机制更有效。首先，价格协调机制可以更容易、更灵活地整合减排的经济成本和收益，但《京都议定书》中的方法与最终的环境或经济目标没有明显的联系。其次，面对巨大的不确定性，碳税更有效，因为与成本相比，收益呈相对线性。与此相关的一点是，在排放目标方法下，定量控制将导致碳市场价格的高度波动。同时，税收比定量更容易获得收入，并且可能减少现有税收造成的扭曲。最后，因为使用碳税并不会通过人为产生的稀缺性来促进寻租行为，所以它还减少了贪污腐败与金融诈骗的可能性。

本书 3.4 节、3.5 节、3.6 节中对目前在应用的价格协调机制（碳税）和定量机制（碳排放权）作过详细分析，两者都有比较严重的缺陷，在应对碳减排问题的复杂性上，都有诸多无法克服的困难，无论如何修补都不能全面解决我们面临的气候难题。事实上，各国现行的碳税和碳排权碳市场方案，无论是碳税政策工具的定价，还是碳排放碳市场方案的控制碳排放量，在量和价上政府都难以有能力掌控好一头，这是由碳减排治理的复杂性决定的。一头都没有能力掌控好，效果可想而知。

针对碳税政策工具，诺德豪斯分析的重点还仅是国际协调的部分，实际情况中，碳定价政策工具都要面临国际、国内两个层面问题的挑战。一个国家和地区之内的政策工具设计，当前常用的碳税策略还有很多麻烦。国际层面的问题就更难解了，近 30 年全球碳关税的国际协调实践证明了这一点。同样，基于碳排放权的碳市场进展也十分不理想，业内人士不认可当前的碳市场在整体碳中和进程上起到了关键作用。

因此，当前在试行的碳减排政策工具，无论是定量控制机制还是价格协调机制，都有重大缺陷。我们必须寻找更为有效的第三条道路。我们要跳出现有的思想局限，要集成更强大的技术工具，并在方案上有重大创新，规避掉现有的问题，设计出比传统的碳税、碳排权碳市场两大机制更强大的体系。当然，这样的方案一定是简单可执行、公平有效率、国际协调能成功的。

相信前路光明。

3.8　全球气候问题的真命题

综上分析，由于全球气候问题的复杂性、特殊性，从各国政府、专业机构到各个专业领域的专家的观点和见解都非常难以统一。立场不一致，视角不相同，很难就问题和方案等达成共识。这造成当下我们迷失了解决问题的目标，在某些局部利益点形成持续争议，却鲜有人走到最顶层真正解决问题。正如联合国秘书长古特雷斯在 COP27 开幕式上所言，"我们正驶在前往气候地狱的高速公路上，而且还脚踩油门"。这就是 30 年来全球气候问题演进的真实写照，尤其是每年气候大会的表现。

在总结人类 30 多年有关气候问题研究的基础上，是时候开始收敛聚焦关键问题。在气候变化经济学视角下，从人类命运共同体的高度上，总结出气候问题的真命题是什么，并取得广泛的共识。

本书提出，当前全球气候问题真正的经济学命题为：在明确的碳减排目标下，即按IPCC设定的2020年后全球5000亿吨碳排放总量限额、在2050年内实现净零排放时间的目标为约束条件，以各国承诺的双碳目标，寻求公平、高效的碳减排路径，实现整体并兼顾局部的碳减排投资成本最小化。

这样的气候变化经济学命题将帮助我们脱离研究困境，聚焦于解决真问题，达成更多共识，实现大国政府承诺的目标。命题找对了，学术上的求解和解决方案的寻找就相对容易了。

在这个命题下，我们回看两种主流的政策工具的适用性。第一种方法基于庇古税原理的碳税政策工具，很长一段时间国际社会很重视，通过将远期社会成本加到商品中，解决外部性的问题。很明显通过远期社会成本来计算碳价（碳税）的方法已经不适用，因为远期成本的计算中社会折现率的选择见仁见智，导致结果差距巨大，且远期成本的计算与碳中和的目标关联度不高。我们需要将基于远期社会成本的碳价转向基于碳减排或碳中和目标的碳价。第二种方法基于科斯产权理论的碳排放权政策工具，通过碳排放权的确权来处理外部性的问题，在国家主权的碳排放权分配、碳关税和对宏观经济影响方面很难有好的效率。

在全球气候问题上，国家主权色彩太浓的政策工具都有较大局限，包括基于价格调节的碳税工具和基于数量调节的碳排权碳市场。核心原因在于要想解决好全球气候问题的不可能三角"全球协同、公平与效率、国家主权"，就必须放弃国家主权意味太浓的政策工具——碳税和碳排放权配额，最优的全球碳中和路径可以逃出这个不可能三角。

迄今为止，国际社会对气候变化经济学的研究是不满意的。大家在实践表现和理论上都有怀疑，经济学家过于理想化、理论化，并不能真正解决气候问题。气候变化经济学家非常强调碳定价，是否在做"托儿所试验"？理论是正确的，但没有效果，或者政策成本远大于收益。

3.9　第三条道路：消费者责任为主视角的全球碳中和解决方案

要破解气候问题的真命题，本书提出要采用市场化程度更高的政策工具，即全球气候问题的第三条道路：确立消费者担责机制，利用数字化、信息化能力建立完整的碳足迹大数据，建立支持社会组织碳排放存量抵消的负碳碳市场，通过整合定价方法，将碳排放社会成本逐步内部化，驱动全社会碳减排，激励绿色技术创新，实现全球碳中和。这是本书提出的碳排放责任机制的核心思想。

只有更市场化的消费者担责机制，加上基于负碳的碳市场，在信息技术大数据能力的加持下，在全球范围内碳足迹信息完全清楚的情况下，国际化的碳减排协同完全可以协调成功。国际贸易碳关税问题，只需要谈判分阶段执行的国际负碳定价，只要各利益集团有解决气候问题的真心，就肯定能谈判成功。本书的碳排放责任机制旨在将问题最简化，以找到全球气候问题的最大公约数，高效率解决国际贸易和国内碳减排的利益和责任机制安排的问题，有效应对不可能三角的挑战。

在第三条道路的引领下，以往政策工具面临的众多难以解决的问题都可以得到改善，甚至彻底解决，包括国际的和国内的问题。

（1）道德制高点问题。生产大国承受污染，要被征收碳税，还要被道德指责，无法导向解决问题。在目前碳排放国际话语权格局下，现行的碳减排方案无法让欧、美、中走到一起，无法让西方俱乐部与发展中国家走到一起。

碳排放的外部性问题，到底是生产者排放影响消费者福利需要担责？还是消费者需求带动了生产排放需要担责？道德上的判断似乎并不复杂，为什么过去一直一边倒？国际社会在生产者责任机制上付出巨大的资源和时间成本，终于让大家意识到需要重新反思这个问题了。

消费者责任机制让责任体系更为合理，消费者要对生产碳排放担责，要付出成本抵消碳排放，消费者和生产者同样应受道德审视。

（2）市场失灵之一：碳关税的问题。西方发达国家作为收税方，对碳排放责任机制包括权力、定价、所有权与使用权解释不清，就是一种不合理贸易壁垒，是对WTO规则的一种侵害。被收税方（发展中国家）对碳排放责任机制搞不清楚，就不知道如何应对，成为冤大头。

（3）市场失灵之二：能源市场计划经济。许多国家（如中国）能源市场计划性很强，油价是计划定价的，电价是统一的，这都导致前端政策工具的价格信号难以有效传导，政策就会失灵。以往的碳减排政策工具往往在碰到这类难题时难以处理好。消费者责任机制通过市场倒逼反而将责任分担和减排效果安排得更好。

（4）政府失灵之一：碳配额的分配。这基本上是无解的难题，所有的社会组织都是碳排放组织，这么多利益相关方，让政府通过碳排放权分配来解决碳减排问题，实在是为难政府，这样是无法达到最优资源配置的。政府的能力是有限的，工作量成本是社会无法承担的，政府廉政难题无法解决。必须建立有效市场来实现，才可能实现社会资源配置的帕累托最优。

（5）政府失灵之二：宏观经济影响测算。责任机制如果设计得不对，价格传导机制失灵，很多宏观市场均衡计算可能是多余的。不仅对利率、技术快速变化和政策影响无法考虑，更严重的是因价格信号市场失效而算不准。当前政府面对的最大难题是，无法了解碳减排对宏观的影响机理，担心对宏观经济影响太大。

（6）全社会动员减碳。从目前碳税和基于碳排放权的碳市场政策工具的实践情况来看，都还只能对小部分企业组织发挥影响，无法满足气候目标需要全社会所有组织和个体参与碳减排的政策需求。这一点是政府寻找最有效碳减排途径时必须考虑到的。

如果政府仅能对二三千家碳排放大户开展工作，动员不了全社会所有组织和成员参与减碳，碳减排的影响面就太小。必须采用高效率的机制全面动员社会力量参与碳减排，只靠宣传远远不够。

（7）加快减碳速度。如果全社会没有动员起来，当下的碳市场筹不到资金，发展中国家还要给发达国家缴碳关税，缺乏资金对减碳技术形成有效激励，减碳速度就无法加快。

基于上述诸多原因，我们一定要找到除了碳税和基于碳排放权的碳市场理论外，更有效的第三条全球碳中和的途径。

中国气候变化经济学者要多从顶层思想研究做起，更多地从消费者责任视角下研究国内国际气候变化经济学理论。本书研究发现，如果全社会碳足迹信息完整，充分发挥信息数据价值和作用，在市场局部失灵、国家主权政策障碍下，仍能找到非常理想的、高效率政策工具，这就是"消费者承担碳排放成本、产业链后端对前端碳排放总量负责机制"。新的框架将解决当下碳中和进程中的诸多问题，更快实现全球碳中和。

通过政府和市场之手，将全球公共物品的外部社会成本顺滑地进行产品成本内部化，在全球范围内流通，就可以解决诸多难题。

过去，气候治理全球协同困难重重，各国的碳中和进程推进也极为不易。这有点像皇帝的新衣无人戳破，在国际上因为各国利益不同，各国气候变化经济学研究者都习惯站在本国立场上，发展中国家气候专家又找不到世界气候问题的根本原因，无法指出痛点，无法得到全球最大公约数。各国政治博弈延伸到气候问题，欧洲想用碳市场发展欧元对抗美元，欧美想用碳工具封印中国发展，东南亚和印度也很想承接中国制造业产业转移，等等。现在中国在绿色能源转型几大领域取得突破，拥有了更高的站位。如果中国学术界顶层理论取得领先，中国解决方案将更为有效。

消费者主责的理念下，责任体系可以轻松理顺。国际间的责权利关系、地区间的责权利关系、产业链间的责权利关系、排碳和吸碳间的责权利关系都比较客观，容易建立起市场化处理机制。这就为整体的碳减排管理体系设计打下了很好的理论基础，很快便可以推进到实践应用阶段。

值得强调的是，在最终消费者买单的机制下，在相对有效的市场，并不影响全社会承担合理的责任。整个社会成员都会合理地承担责任，不会对消费者不公平。这与科斯产权理论也是相符的。

在有效市场中，生产者担责和消费者担责，结果是一样的。成本会分摊到二者头上，弹性低的一方承担得更多，即消费者更多。各国税制操作上有差异，在前端生产收费、后端消费者收费或分段收费都有，总体结果并无大的不同。我国增值税是分段收，美日等国家在消费端收税，生产环节不收。

消费者承担产品生产所有过程中的总成本，逻辑上没有问题。消费者担责机制，可以更好地解决国家间责任分担问题（碳关税问题），地区间的责任安排、前端电力市场的市场失灵等问题，还有降低政府的操作难度和操作成本，能更好地解决好所有关系和问题。

第 4 章

全球气候问题原点

通过对全球气候问题和前人在气候变化经济学领域工作的全面梳理，有助于我们对人类最重大的议题进行更准确的定义，为寻求解决问题的理论和解决方案奠定基础。

若想真正解决全球气候问题，人类要用第一性原理思维方法去寻求解决路径。即找到全球气候问题最公平、高效的解决方案的前提，是先定义出这个问题的最基础的公设和公理。只有学术界和国际社会敢于直面全球气候问题的最底层本质时，才能通过跨学科的集成研究，进行推理演绎，实现突破性创新，大幅提升气候变化经济学这门学科的学术水平，政策工具设计才有坚实的理论基础。这种基于全球气候问题的底层逻辑进行真问题研究分析并导出解决方案的研究，在国际社会 30 多年的气候研究史中是非常欠缺的。

30 多年的气候问题学术史几乎是一部悲剧史。长期以来国家利益集团利用气候问题，从不同的立场去解读指引人类前行的道路，并未真正去求解气候问题的解决之道。同时，气候问题研究领域中太多的组织和个体钻营气候问题市场的学术商机、官场商机、市场商机，未从问题的本质出发去解决问题，而是着力借题创造对人类社会应对气候挑战无用的学术需求与供给、权力需求与供给、商业需求与供给、金融需求与供给。这些工作和资源投入，除了增加碳排放，对解决气候问题并无太大益处。他们惧怕颠覆性创新，担心失去已经经营起来的领地。气候问题演进史展现的，不仅是人类社会经济学上的公地悲剧，也是人性悲剧。

气候问题留给人类社会的时间窗口已相当有限，现在到了必须正本清源，加快寻求新道路，解决真问题的时候了。

4.1 全球气候问题的两个公设

若要解决全球气候问题，实现国际社会升温 1.5℃ 的期望目标，根据 IPCC 的研究报告和历次联合国气候大会上的共识，可以认为国际社会已经在气候问题上认可了以下两项公设，即解决气候问题，国际社会必须达到这两项目标。这两项目标的实现是解决气候问题的前提。

公设1：2020年起全球净增碳排放总量约束为5000亿吨

全球大气中净增加的碳总量不能超过一定的量。

IPCC报告指出，要实现全球升温幅度控制在1.5℃以内，从2020年初开始测算，世界只能净增排放总量5000亿吨CO_2，而当前全球每年排放约360亿吨CO_2。如果我们以这种速度继续，我们将在未来12年内耗尽全球的全部碳预算。

净增碳排放量与总碳排放量、吸碳量（类CCUS、林业碳汇）有关。

$$净增碳排放量 = 总碳排放量 - 吸碳量$$

政府实现控碳目标要从两方面做工作，一是降低碳排放量，设计双向激励机制加快碳减排；二是增加碳汇数量，激励发展碳汇技术和碳汇产业。一旦低成本吸碳技术取得突破，CO_2高利用价值不断被研发出来，碳汇产业未来可期，这样可以大幅减少政府碳减排的压力。

公设2：在2050年前实现全球碳净零排放

大气中的CO_2总量达到某个总量后，全球必须在某时点前实现碳净零排放或负排放。IPCC研究报告给国际社会设定的全球碳净零排放的时点是2050年前。

这个时点的确认，建立在大量研究基础上，国际社会已形成共识。

在联合国的主导下，国际社会围绕这两大目标努力。解决气候问题全球行动最重要、最具标志性的事件是一年一度的联合国气候变化大会，至2022年底已举办了27届（COP27）。每届大会来自全球约200个国家的近4万名国家官员、技术专家主要围绕这两个目标的责任分配、执行机制进行无休止的争论和妥协，达成了一些有价值的协议，但离实现这两个目标的要求还有巨大差距。

中国的"3060"双碳目标也是实现两个全球碳中和目标的重要组成部分。中国实现"3060"目标的路径尚在探索之中，目前的机制效率低下，对宏观经济的冲击过大，我们对实现中国双碳目标和全球气候目标尚不能持乐观态度。

4.2 全球气候问题的七个公理

本书提出七个国际社会为解决全球气候问题应达成共识的最基本观点，这七大观点本身是不言而喻的，可以称为"公理"。这是解决全球气候问题的起点，也是实现全球碳中和的基础。从理性和科学的角度出发，国际社会就这七大观点达成共识应该毫无问题。而事实上，由于利益和立场问题，国际社会在 30 年间并未就此七大观点真正达成共识。30多年的碳排放斗争史说明，我们依然需要不断努力，推动国际社会达成以下七个共识，否则在全球气候问题上，人类将难有作为。

公理 1：人类命运共同体

人类生活在同一个地球上，应对气候变化是人类面临的共同挑战，没有谁能在气候危机中独善其身，也不能扔下谁不管，携手应对气候变化才是大势所趋。以下几个方面的影响对任何国家、任何人都是一样的：

（1）如果地球不再适合人类生存，对人类的影响将不分彼此；

（2）任何一个地方增加或减少一吨 CO_2，对地球气候的影响效果相等；

（3）每个国家、每个组织、每个人需要携手共同应对世界气候问题。

公理 2：地球上每一个人的碳排放权是平等的

每一个国家、每一个种族都有相同的发展权利。不应该存在这样的不公平规则：有些人可以排放得更多，有些人只允许有较少的排放。从历史总量和当前人均排放量看，穷国穷人比富国富人排放得少得多。在当前的国际形势下，不公平的规则，无法达成共识，无法落地解决问题。

有钱人可以排得更多，但应该付出更高的代价，以承担相应的责任。

公理 3：消费者承担责任

消费者要承担商品生产和服务的碳排放主要责任，即消费者要承担因此产生的吸碳的经济责任（成本费用）。生产不是目的，生产产品是为了响应消费者的需求。任何因生产产品需要的材料、能源、生产制造、运输和服务的成本都是产品成本，所有的产品成本都由消费者承担。消除环境污染、空气碳污染和吸碳产生的成本，同样将由消费者承担。

消费者担主责并不排除生产者责任。消费者的选择可以传导生产者责任，形成优胜劣汰。基于此，产业链后端将对前端的碳排放担当总责。因此强调消费者担责机制，并不会排除生产者责任，而是将碳排放责任通过市场机制传导，更合理地分布到整个产业链。责任分配得更科学合理，全社会担责的承受能力就更强了。

公理 4：富国和富人承担更大的责任

根据 Global Carbon Project 的数据，G7 集团至 2020 年的历史碳排放量占全球已发生碳排放总量的 44%。Chancel 的研究报告指出，1990—2019 年，全球最富有的 1% 人群产生了全球 23% 的碳排放；2019 年，全球最富有的 1% 人群的人均碳排放量达到 101 吨，是收入最低的 20% 人群的 144 倍。

富国在历史碳排放总量中占比高很多，富人的年人均碳排放量如此之大，减碳责任就应该承担更大份额。

因全球碳中和进程需要巨额的投入，绿色转型资金落实一直是个大难题。富国富人为减碳增加的投入占收入的比重应高于穷人。

解决全球气候问题、保护地球安全，让人类有更好的生存环境，从投入的边际效益看，对富国和富人利益更大。

1992年，154个国家的代表在联合国总部签署了《联合国气候变化框架公约》。这一公约提出所有国家均要应对气候变化，但在责任分担上应在"共同但有区别"的责任原则下进行，发达国家应该率先采取措施和承担更大的责任。

公理5：消费者有知情权和选择权

消费者有权利知道产品的碳排放量，有权利选择购买低碳量产品。不难推断出，消费者对产品碳排放量的知情权和选择权，对全社会碳减排有非常巨大的作用，一些国家强制产品贴上碳标签的制度已发挥出很好的效果。

但如果消费者没有能力获得产品碳排放量信息，这两个权利就没有价值。现在的碳责任机制未能很好地建立起来，很大一个原因就卡在这里，因为全社会碳足迹系统未能高效建立起来。如果通过技术手段可以有效获知所有产品的碳足迹数据以保障消费者的知情能力，则消费者通过知情权和选择权将碳排放责任沿着产业链倒推，当前很多的难题就可以迎刃而解。

公理6："真负碳"是全球标准商品，可以全球自由交易

一吨"真负碳"就是从地球大气中吸掉一吨CO_2，可以通过森林、湿地碳汇等，也可以通过碳捕集、封存和再利用技术（CCUS）。

从地球上任何一个角落吸掉一吨CO_2和减排的效果，对全球气候效应是一样的。"真负碳"可以成为碳减排机制的标准化资产标的，成为可存续的碳资产。需要抵消碳排放责任、实现碳中和的组织可以从任何地方购入经国际认证的"真负碳"。

找到碳减排正负向激励的标的物非常关键，这是高效率碳减排机制的关键所在。当前的核证减排量（CCER）、碳排放权都无法承担支撑全球碳中和的重大职责。

公理7：应充分发挥市场的力量

正因碳减排是跨时空、超大规模和超复杂公共物品，政府参与越多，最大公约数就越难找到，越难实现全球协同。政府参与越少、越简单的机制，才能寻求到国际社会最大公约数，显然市场机制将占有主导地位。

政府应设计出公平高效的政策，要让实现碳中和的市场力量充分发挥作用。当前各

国碳排放权的设定和国内各企业碳排放权的配给，标准难以统一，难以市场化。碳税也是国家主权政策，标准也难以统一，市场化困难。我们需要找到更高效的市场机制和最优途径，让全球市场机制、国际多边政策和政府政策实现更好的协同。

全球气候问题（碳中和）的两大公设和七大公理，是本书建构碳排放责任机制（CELM）和全球碳市场的基石，是本书全球碳中和解决方案系统推导和设计的基础。

第5章

新碳排放责任机制

基于第4章全球气候问题的两大公设和七大公理，本书以全球碳中和为目标，以人类命运共同体为出发点，推导和寻求在当前国际共识条件下的最有效的全球碳中和途径，提出了全新的碳排放责任机制（Carbon Emission Liability Mechanism，CELM）。碳排放责任机制基于全球视角提出两大基本假设和三大基本原则，进而推进到建立新型全球碳中和体系，形成国际社会碳减排新秩序。

5.1 两个假设

假设1：各国政府必须实现向国际社会承诺的碳中和目标

按IPCC报告，2020年后全球有5000亿吨碳排放总预算，我们必须控制住碳排放总量，地球升温才有可能在1.5℃安全边际内。

截至2023年5月31日，根据气候观察（Climate Watch）数据显示，全球有195个经济体签署了《巴黎协定》，并提交了初步的国家自主贡献（Nationally Determined Contributions，NDCs），覆盖了94.3%的全球温室气体排放。

UNFCCC报告称，各国目前的减排承诺（NDCs）即使完全兑现，也无法实现各国在《巴黎协定》中一致同意的，将全球平均升温幅度控制在工业化前水平2℃以内，更不用说控制在1.5℃以内的理想目标了。相反，据报告估计，按当前全球碳中和实际进程，到2100年全球平均气温将上升2.4~2.6℃。据UNFCCC估算，发展中国家到2030年累计需要5.8万亿~5.9万亿美元才能完成目前的NDCs目标。

据以上研究报告，实现理想的全球碳中和目标将面临非常大的困难。但至少各国政府对自己的NDCs承诺目标是认真的，愿意信守承诺。缺少资金和技术，在国际社会的帮助下都是可以解决的。

中国承诺"3060"双碳目标，到2060年实现碳净零排放。从目前的进展来看，这一目标具有极大的挑战。作为全球最大的碳排放国家、世界第二大经济体，中国实现碳中和目标对全球目标的实现具有决定性作用。完成这一目标任重道远，但中国政府一定会实现，否则将削弱中国在所有国际事务中的影响力。为实现这一宏伟目标，中国全社会每个组织、每个人都应承担碳减排责任，甚至是碳中和责任。

事实上，中国已具备很好的技术条件和产业条件，来实现这一目标。当前最困难的是找到最有效率的碳中和路径，即公平和效率兼具的碳减排顶层设计，在不影响经济增长的前提下尽早实现碳中和。这就是本书想要破解的难题。

假设2：各国政府致力于建立公平有效率的碳减排政策体系

30多年的气候问题发展史表明，在国际社会中，整个气候问题进程利益博弈大于责任承担，立场冲突大于共赢合作。在一国之内，碳减排进程利益集团间的利益分配大于目标推进，创造商业利益大于解决问题。在人类命运生死面前，团结尚且如此艰难，这是人类的集体悲哀。

真正解决全球气候问题，国际社会需要涌现一批出于公心真正愿意为全球居民担责的全球性组织。中国提出"人类命运共同体"堪担大任，欧美能否被国际社会信任，成为全球碳中和的领导者，尚待观察。如欧盟的CBAM脱离了国际贸易和全球碳中和的多边机制，独自走得很远，造成国际社会更多的对抗和博弈。

真正实现一个国家的NDCs目标，需要一个对国际社会负责、对国家忠心的执政集团，愿意在巨大的利益分配面前大公无私，秉公立法，能够吸取最先进的治理思想，采纳最先进的政策方案。这对每个国家都是极大的挑战。经济利益集团和学术利益集团都可能成为国家碳中和目标的阻碍者，这一点社会各阶层需要密切关注。美国几届政府进进出出气候协定，测算碳价，每届政府的计算结果相差甚大，都是利益集团影响的结果。

一个有效率的碳减排政策需要有人买单，需要收集每个组织的生产和碳排放数据，确定社会组织和家庭的责任分配。这些举措都需要法律支撑和各利益集团之间进行利益平衡，对每个政府都是真正的考验。

在联合国的带领下，在国际社会的影响下，假定政府能够应对这些挑战，达成妥协，能够在国际社会中建立公平原则进行国际协同。

中国政府2020年9月在联合国大会上庄严承诺"3060"目标，我们相信必然会准时甚至提前实现。中国政府在决策效率上有强大的优势，有集中力量办大事的丰富经验，碳中和进程亦不会例外。

5.2　三个基本原则

根据第 3、4 章的研讨结论，基于对气候问题本质的认知、实现全球碳中和我们必须认可的公理和成功实现全球碳中和的假设前提，本书提出了寻找全球碳中和最佳路径的全新碳排放责任机制（CELM）三大基本原则。

原则 1：消费者承担碳排放成本，产业链后端对前端总碳排放量承担责任

这一原则的确立，将构建起全社会高效碳减排系统。

谁应该对碳排放负责任、经济上买单，这是碳减排机制设计的首要问题，将决定碳减排机制的效率和价值。

明确了碳排放责任主体和责任分配原则，解决方案设计将容易得多。

一个产品的生产经过产业链很多个环节，经过数个企业甚至是几十家、成百上千家企业的合作，最终才到消费者手中。每个产品的碳排放量理论上可精确计算，但一个产品的生产过程可能有高达上千个合作者，影响所有利益相关方的碳排放责任界定就成了碳减排体系中的一个关键难题。

碳排放责任，谁排放谁负责（生产者负责）还是谁消费谁买单（消费者负责）？

产业链下游是否应对上游负总责？

我们最容易想到的是谁排放谁负责，当前的碳减排机制设计就基于此原则，但效果不显著。在有效市场中，这样的方案是可行的。但问题在于全球的生产和贸易链条中，并非有效市场。国际贸易中有重大的关税壁垒，国内市场也并非统一大市场，产业链条政府计划控制介入很多。生产者责任机制面临市场失灵。

本书认为，对于碳排放公共物品，谁受益（谁消费）谁担责是一个更有效率的市场原则，在碳减排体系中将发挥更好的作用。最终消费者担责，在法理和经济学上的支持度最高，只要在碳足迹数据获取上有好的解决方案的支撑，消费者担责机制解决整体问题最有效率。

生产者要担责是必须的。它是基于消费者主责原则的基础之上的，后端生产者对前端而言就是消费者角色。产业链中任一组织的产品碳排放强度超过社会平均水平，将直接担责。我们只要能建立一套有效的碳足迹大数据系统，就容易实现有效管控和高效减碳，把责任合理地落实到全体社会成员上。

消费者担责的原则下，消费者有知情权和选择权（第 4 章公理 5）。知情能力势必造成一个结果，消费者从成本和保护环境道德责任两点，选择对自己和对社会有利的商品，产业链后端对前端负总责的秩序就能建立起来。

消费者碳排放担责机制一旦确立，就能重新正确建构减碳责任体系，一个自驱动、自制约的减碳体系就能形成。全社会能通过一个高效责任机制和传递机制，达到责任清晰、公平合理、系统驱动、自愿减碳的效果。

碳排放消费者担责机制下，商品售价的构成将增加碳费一项。

即：商品最终售价=产品价格+税+碳费（产品中碳责任量 × 碳价）

终端零售商负责向消费者收取商品的碳费，并进行最终的碳排放量抵消清缴，完成整个产业链的碳排放责任闭环。今后零售商给消费者的购物结算小票上，会增加碳费一项，标明本商品中的碳责任量和需收取的碳费额。越来越多的国家会实现商品的碳标签管理，法律规定每个商品包装上需标明碳含量，保障消费者的知情权和选择权。

原则2：碳排放强度超过社会平均水平的组织要即时承担责任，即所有组织碳票进项、销项要平衡，有碳排放存量要负责抵消

每个组织的生产销售过程，都是通过购进上游提供的各种生产资料、设备和服务，通过雇用劳动力，完成一种产品的生产，并将产品销售出去。一个组织的生产销售活动过程中，也包含了碳排放活动的过程。上游的供应商向它提供了生产资料、设备或服务，都在生产、运输和服务的过程中消耗了能源，产生了碳排放。因此，CELM理论认为，一个组织购进上游供应商的生产资料、设备和服务，不仅购进了这些资源本身，也带进了这些资源本身包含的成本以及这些资源包含的碳排放责任量。将产品销售出去时，也输出了产品中包含的碳排放责任量。这就是一个全社会碳足迹过程。可以看出碳足迹数据是一个巨大流转过程，发生在每一个生产交易环节。如果我们有一个强大的全社会共用的碳足迹数据记录系统，就可以将每一个最终产品的碳责任量搞清楚，也可以将每个组织的碳排放责任分解清楚。

为便于记录和分解全社会所有组织、消费者的碳排放责任，根据CELM理论，设计出一种登记每一个产品、服务的碳排放责任数量的凭证——"碳责任票"，简称"碳票"（Carbon Ticket）或"红票"，详细登记每笔市场交易的碳排放责任量的流转数值（碳足迹）。同时设计一个国家级的碳票数据管理系统，将每次交易的碳票数据登记到系统，形成完整的全社会碳足迹大数据。

"碳票"上载明产品交易双方的组织名称、组织代码、产品名称、编码、交易量、碳责任量和碳总量。类似于国家税务部门用的增值税发票，但它是一张独立的票据，只记录和确认某笔交易的碳排放责任量流转情况。碳票上不记录碳排放费用的总金额，只记录产品中的碳责任量。

供货方开出的碳票属于销项票，采购方收到的碳票属于进项票，碳票的样式是一样的。对一个组织来说，供货方开出的销项票是采购方的进项票。一个组织通过碳票进项和

销项的计算来确定量化的碳排放责任。一个时间段内，一个组织会收到很多进项票，形成一个碳进项票总量。也会开出很多销项票，形成碳销项票总量。由于上下游交易谈判的结果，碳进项票总量和碳销项票总量不会完全相等，会形成一个差值。这个差值将形成一个组织碳排放成本责任承担的大小。

国家碳票管理系统（Carbon Ticket Management System，CTMS）对全社会每一笔交易采供双方之间发生的碳排放量的流转进行了记录（碳足迹），国家通过立法规定，全社会所有交易的碳票流转都必须在国家统一的碳票管理系统中进行。每个组织的生产经营活动就会累积完整的碳排放量进项和销项的数据。

国家通过立法明确：

组织应担责的碳排放量＝碳票进项总量－碳票销项总量

负值即形成组织的"负碳"资产，是一种正资产，可进入碳交易市场卖出"负碳"资产，获得经济收益，是政府给予的一种对低碳产品的正向激励。

正值即形成组织的碳排放责任数量，是一种负资产。组织要承担碳平衡责任，从碳交易市场中购买"负碳"进行中和抵消。

原则 2 是在原则 1——消费者对碳排放担主责的基础上，明确整个产业链各节点组织的碳排放责任数量和责任承担方法，将原则 1 落地。产业链中的生产者要努力降低企业的碳排放强度（单位产量的碳排放量），低于社会平均水平时不需要承担碳责任成本。如果明显低于社会平均水平，反而可以卖出负碳，得到市场的双重奖励，即现金奖励和增加承担社会责任的品牌溢价。

通常，每个行业同一类产品不同生产者的碳排放强度会呈正态分布，存在一个碳排放强度的行业均值（或称碳排放强度中位数）。碳排放强度超过均值的生产者，开给下游的销项碳票量，被下游的客户接受的碳排放数量一般不会超过社会均值，除非生产者降低原产品售价，保持总价的竞争力。因此，只要建立起有效的碳定价机制，一个产品的碳排放量就可有效地进行货币价格化，并有效地进入产品总成本中，即碳排放成本内部化。

一个产品对下游客户和消费者来讲，总售价就是原先的产品价格加碳费。

对生产者来说，为社会提供的产品总成本就是原产品成本加上碳费。生产者努力提升生产技术减少碳排放有两方面的利益，即降低碳排放成本和提升社会责任的品牌价值。

这样的机制会使所有组织（企业）努力减少碳排放，降低碳费带来的总成本增加，提升市场价格竞争力。这使产业链中每个组织对上游组织（供应侧）施加碳减排压力，以应对下游组织（需求侧）对本组织的碳减排压力，这样整个产业链会形成碳减排环环紧扣、相互制约的效应，完成整个产业链的碳减排驱动闭环。

什么是碳中和组织？碳票进、销项平衡是成为碳中和组织的第一步，即碳排放强度不高于社会平均水平，不平衡会即时担责。第二步是不输出，自行中和，向社会提供"零碳"产品和服务。碳票系统为政府各相关部门、所有组织和个人提供了非常简单的量化碳足迹管理工具，全社会的碳足迹记录将十分清楚，准确、实时、完整，将碳排放责任量化到每个组织和个人，所有组织和个人的减碳目标十分明确。CTMS系统的运营必将极大地推动全社会减碳，国家投入的成本将很小，特别是大大减少全社会碳排放管理中的廉政问题。

这一原则事实上将碳排放成本的外部性放入产品成本之中，大大加快市场经济主体在能耗和碳排方面的优胜劣汰，良币驱逐劣币。技术条件弱、能耗高、碳排放量高的组织将增加一个较高的碳成本，同时所有产品的碳足迹的量化将为企业建立社会责任感和企业伦理的评判标准。于是企业在碳中和上有了经济和道德层面的双重压力，将快速推进自身的减碳举措。这无疑将大大加快全社会减碳进程。

我们发现，CELM的方法论解决了当前各行业碳排放量核算十分困难的难题。当前各行业的碳排放量核算工作要设计一套很复杂的算法和指标，需要靠很多的专业咨询机构来完成，费时费力，也不能保证科学性和准确度。而今后一个财务或出纳就能完成自己组织的碳排放量核算，就是进项和销项的加加减减，非常容易和方便。

原则3：碳交易市场提供组织碳排放责任抵消品"负碳"交易，由市场机制确定"负碳"价格

有碳排放存量的组织需要定期（按季度）从碳市场中购进负碳进行抵消，碳交易市场在整个社会碳减排体系中具有重要作用。碳票管理系统解决碳足迹数据和一个组织应该承担责任的碳排放量。碳交易市场的核心功能是，提供社会组织碳排放责任的抵消品来源（即负碳）和以什么样的成本承担责任（即碳定价）。碳交易市场是承担碳市场化定价的最重要载体。这样，整个全社会减碳体系的核心，就是基于CELM的"碳票管理系统+负碳碳市场"的1+1体系。需要特别强调的是，CELM负碳碳市场的核心交易标的是"负碳"，而不是碳排放权，也不是CCER这类自愿核证减排量之类的产品。

所有组织按季度进行定期抵消清缴是比较合适的，这既考虑了企业管理碳资产的工作量与便利性，也考虑到了产业链交易的结算周期。

通过碳交易市场确定市场化的碳排放（碳中和）成本价，十分科学合理。这样才能高效抑制碳排放，激励碳汇项目（如森林建设等）投资和减碳吸碳技术（CCUS技术）的研发及应用。

当前的碳交易市场的交易标的是碳排放权，应尽快调整为"负碳"标的物交易，直接对接排碳（碳源）和减碳（碳汇）双边市场（见图5-1）。

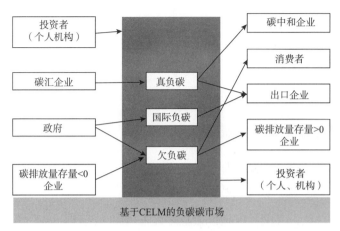

图5-1　基于CELM的负碳碳市场交易逻辑图

"负碳"产品在碳市场交易中的优势有以下几点：

（1）标准化产品。容易建立国内统一市场，也容易建立国际化市场。容易建立国际社会共同认可的核证体系，标准容易推广到整个国际社会。碳产品能否建设国际化碳市场，标准化的碳产品是决定性的因素。

（2）及时性好。价格发现及时、动态实时。负碳（碳中和）成本是动态的，快速响应市场动态供求关系的，可以形成高效的价格发现机制。

（3）公平性好。市场机制比行政机制更高效。碳税和碳排放权配额制更易产生技术、不公平和廉政难题，对政府的能力要求和资源投入要求太高。

（4）价格信号准确。中国国内试运营了七八年的碳排放权交易市场中，2022年平均碳价在56元/吨，与欧盟价格差10倍左右，原因在于碳排放权本身是非市场化产品，碳价与免费配额发放量有很大关系，是非市场化价格。当前碳排放权交易价格，无法被认为当前实际每吨碳排放成本，价格信号是不准确的。负碳碳市场交易价格是每吨碳排放实际成本，价格信号稳定而明确。

（5）定价成本低。政府制定操作碳税、碳配额的成本十分高昂，征收成本和监管成本MRV也十分高昂，且市场传导价格信号效果不佳。政府根据宏观经济状况和碳中和进程，运用类似货币利率定价的方法，负碳碳市场模式下调控难度低、成本低。

（6）对碳减排和相关技术发展激励效果强。负碳碳市场直接对接"碳排"与"碳汇"，直接实现正反向激励。减碳成本和收益行情实时准确，企业决策经济杠杆明确，激励效果量化。特别是最终消费者为碳排放买单的钱，全部通过碳交易市场直接投入减碳企业和项目，减少了资金管理中间环节的问题。

要在全社会建立减碳责任体系，通过负碳交易来确定碳价比碳税或碳排权碳市场定价的优势更大。CELM负碳碳市场的顶层设计具体将在第8章详述。

5.3 新碳排放责任机制下碳排放责任的确认与现有方案的对比

5.3.1 现有方案的碳排放核算机制

碳排放核算标准是全球碳减排体系的重要组成部分，碳排放核算是碳税实施和碳排放权配额碳市场交易的基础。国家/区域、省市、园区、企业、项目和产品是不同等级的碳排放核算主要计算对象，各个国家地区核算过程采用的方法和标准不尽相同。

5.3.1.1 国际碳排放核算标准

目前国际权威组织已发布的相关碳排放核算标准涵盖了国家、企业（组织）、产品和服务、个人等层面（见表5-1）。

表5-1 国际碳排放核算标准及规范

核算层面	标准或规范名称	发布时间	适用范围	制定组织	核算方法
终端消耗碳排放	《IPCC国家温室气体清单》	2006年，2019年	国家	IPCC	标准方式为排放因子法
	ISO 14064	2006年	企业、项目	ISO	对企业或项目现有终端排放源的监测和审计
	GHG Protocol	2004年	企业、项目	WRI/WBCSD	
全生命周期碳排放	PAS 2050	2008年	产品	BSI	建立数据库和模型，对产品/服务全生命周期碳排放进行核算
	ISO 14040/14044	2006年	产品	ISO	
	Product and Supply Chain GHG Protocol		产品	WRI/WBCSD	
	ISO 14067	2013年	产品	ISO	

IPCC公布的《IPCC国家温室气体清单》是迄今为止接受度最高、应用范围最广的国家层面温室气体排放清单指南，其中包括六大类温室气体，主要是CO_2。当前使用的版本是2006年发布的《2006年IPCC国家温室气体清单指南》（以下简称IPCC指南），并于2019年发布《2006年IPCC国家温室气体清单指南2019年细化报告》。IPCC指南中提供的排放因子法是目前应用得最为广泛的温室气体排放核算方法，即把有关人类活动发生程度的信息（称为"活动数据"；Activity Data，AD）与量化单位活动的排放量或清除量系数（即排放因子；Emission Factor，EF）结合起来。

其中，IPCC方法可以简单地用公式表示为：

温室气体排放量（千克温室气体）=活动水平（太焦）× 排放因子（千克温室气体/太焦）

其中，活动水平为人类活动造成能源消耗的程度；排放因子为产生单位热量排放的温室气体量。

假如针对的是能源消费过程中的 CO_2 排放量计算，上述公式可进一步具体化：

CO_2 排放量（千克 CO_2）=活动水平（太焦）×排放因子（千克 CO_2/太焦）=燃料消耗量（千克）×低位发热量（太焦/千克）×潜在排放因子（千克碳/太焦）×碳氧化因子×44/12

其中，燃料消耗量为实物能源消耗量，固态和液态能源以质量单位计量，气态能源以体积单位计量；低位发热量为单位质量的试样在恒容条件下，在过量氧气中燃烧，其燃烧产物组成为氧气、氮气、CO_2、二氧化硫、气态水和固态灰时释放出的热量；潜在排放因子为单位热值的含碳量；碳氧化因子为能源中的碳被氧化为 CO_2 的百分比；44/12 为碳（原子量为 12）转化为 CO_2（分子量为 44）的系数。

排放因子也称碳排放因子，或碳排放系数，一般燃料品种碳排放因子的选取可以考虑 IPCC 指南的建议，称为缺省值。

2006 年 3 月，国际标准化组织（ISO）公布了 ISO 14064 系列温室气体核查验证标准，规定了统一的温室气体资料和数据管理、汇报及验证模式。通过此标准化的方法、计算和验证排放量数据，可确保组织、项目层面温室气体排放量化、监测、报告及审定与核查的一致性、透明度和可信度，指导政府和企业测量与控制温室气体排放。

GHG Protocol 也称"温室气体议定书"或"温室气体核算体系"，是一项由世界资源研究所（World Resource Institute，WRI）和世界可持续发展工商理事会（World Business Council for Sustainable Development，WBCSD）经过 10 余年合作，集合全世界商界、政界、环保团体共 170 余个跨国组织的力量，创建的一个权威的、有影响力的温室气体排放核算项目。

GHG Protocol 主要由四个相互独立但又相互关联的标准组成，并不是一个单一的核算体系，是由一系列为企业、组织、项目等量化和报告温室气体排放情况服务的标准、指南和计算工具构成，这些标准、指南、计算工具相互独立又相辅相成，是企业、组织、项目等核算与报告温室气体排放量的基础，以帮助全球发展低碳经济。该系列能为企业或者减排项目提供温室气体核算的标准化的方法，从而进一步降低核算成本；同时也为企业和组织参与自愿性或者强制性的碳减排项目提供基础数据以及核算方法。

体系组成中最主要的是以下三大标准：《温室气体核算体系：企业核算与报告标准（2011）》（《企业标准》）、《温室气体核算体系：产品寿命周期核算和报告标准（2011）》（《产品标准》）、《温室气体核算体系：企业价值链（范围三）核算与报告标准（2011）》（《范围三标准》）。

为便于描述直接与间接排放源，提高透明度，以及为不同类型的机构和不同类型的气候政策与商业目标服务，《企业标准》针对温室气体核算与报告设定了三个"范围"（范围一、范围二和范围三）。

范围一：直接温室气体排放。直接温室气体排放产生自一家公司拥有或控制的排放源，例如公司拥有或控制的锅炉、熔炉、车辆等产生的燃烧排放；拥有或控制的工艺设备进行化工生产所产生的排放。

范围二：电力和热力产生的间接温室气体排放。范围二核算一家企业所消耗的外购二次能源（包括电力，蒸汽，加热和制冷等）产生的温室气体排放。一般企业所使用的主要是外购电力，外购电力是指通过采购或其他方式进入该企业组织边界内的电力。范围二的排放实际上主要产生于发电设备。

范围三：其他间接温室气体排放。范围三的排放是一家公司活动的结果，但并不是产生于该公司拥有或控制的排放源。因城市、企业生产经营产生的所有其他排放，如上游产品生产、员工通勤排放等。

简单地说，范围一是企业自己生产经营时的直接排放；范围二是公司购买的能源产生的温室气体排放，主要是指外购电力部门；范围三是除这两者以外公司产生的所有排放。

5.3.1.2　我国碳排放核算标准

为完善温室气体统计核算制度，构建国家、地方、企业三级温室气体排放核算工作体系，实行重点企业直接报送温室气体排放数据制度的工作任务，国家发展改革委组织制定了重点行业企业温室气体排放核算方法与报告指南，是开展碳排放权交易、建立企业温室气体排放报告制度、完善温室气体排放统计核算体系等相关工作的重要依据。

2010年，国家发展改革委组织有关部门和研究单位以IPCC指南为基础，编制了《省级温室气体排放清单编制指南（试行）》，该指南被广泛地应用于省级和地方层面温室气体清单的计算，为地方制定温室气体控制方案和达峰路径设计提供了技术支持。

2013年，国家发展改革委出台了首批十个行业的企业温室气体排放核算方法与报告指南，并开始试行。之后又于2014年尾以及2015年中分别出台了第二批共四个行业和第三批共十个行业的企业温室气体排放核算方法与报告指南。

2013年第一批指南：

1.《中国发电企业温室气体排放核算方法与报告指南（试行）》

2.《中国电网企业温室气体排放核算方法与报告指南（试行）》

3.《中国钢铁生产企业温室气体排放核算方法与报告指南（试行）》

4.《中国化工生产企业温室气体排放核算方法与报告指南（试行）》

5.《中国电解铝生产企业温室气体排放核算方法与报告指南（试行）》

6.《中国镁冶炼企业温室气体排放核算方法与报告指南（试行）》

7.《中国平板玻璃生产企业温室气体排放核算方法与报告指南（试行）》

8.《中国水泥生产企业温室气体排放核算方法与报告指南（试行）》

9.《中国陶瓷生产企业温室气体排放核算方法与报告指南（试行）》

10.《中国民航企业温室气体排放核算方法与报告指南（试行）》

2014年第二批指南：

1.《中国石油和天然气生产企业温室气体排放核算方法与报告指南（试行）》

2.《中国石油化工企业温室气体排放核算方法与报告指南（试行）》

3.《中国独立焦化企业温室气体排放核算方法与报告指南（试行）》

4.《中国煤炭生产企业温室气体排放核算方法与报告指南（试行）》

2015年第三批指南：

1.《造纸和纸制品生产企业温室气体排放核算方法与报告指南（试行）》

2.《其他有色金属冶炼和压延加工业企业温室气体排放核算方法与报告指南（试行）》

3.《电子设备制造企业温室气体排放核算方法与报告指南（试行）》

4.《机械设备制造企业温室气体排放核算方法与报告指南（试行）》

5.《矿山企业温室气体排放核算方法与报告指南（试行）》

6.《食品、烟草及酒、饮料和精制茶企业温室气体排放核算方法与报告指南（试行）》

7.《公共建筑运营单位（企业）温室气体排放核算方法和报告指南（试行）》

8.《陆上交通运输企业温室气体排放核算方法与报告指南（试行）》

9.《氟化工企业温室气体排放核算方法与报告指南（试行）》

10.《工业其他行业企业温室气体排放核算方法与报告指南（试行）》

此外，国家发展改革委2013年以来共发布了12批200个温室气体自愿排放方法学，是中国核证碳减排（CCER）温室气体减排量核算的依据，主要参与了清洁发展机制（CDM）方法学。但目前的方法仍无法满足当前行业、企业的需求，生态环境部及各地协会、学会仍在向全社会征集方法学。

由此可见，这么多行业的核算方法学的运营和维护成本很高，科学性、合理性难以跟上技术更新和管理需求。

5.3.1.3　现在碳排放核算的问题与难点

（1）核算标准不清晰。

企业实际碳排放量的核算需要综合企业的原材料、生产工艺、用电量等全流程的信息和数据。但行业不同，生产工艺不同，过程中碳排放的数据也不同。比如，钢铁生产涉及六七道工序，需要将每个工序的排放计算清楚；化工行业生产同一种产品，往往需要截然不同的原材料、工艺流程，碳排放量也就不同；水泥行业需要每天监测熟料中氧化镁和氧化钙的含量，不仅测量过程复杂，数据量也较为庞大。国家已出台多个行业的温室气体核算办法，但远远无法覆盖所有行业和日新月异的技术发展。行业碳排放的核算标准不太明确，给数据核算工作造成了困难。

（2）碳排放因子缺失严重。

从现有碳核算的标准体系来看，碳核算可以分为基于核算和基于测量两种方式，主要可以概括为三种：排放因子法、质量平衡法、实测法，其中排放因子法是适用范围最广、应用得最为普遍的一种碳核算办法。但目前国内碳排放因子缺乏严重、管理分散、更新滞后，从国际到国内，目前的碳排放管理体系无法建立一套完整、准确、实时动态的碳排放因子数据库。

以建筑行业为例，2021年9月8日，住房和城乡建设部发布关于国家标准《建筑节能与可再生能源利用通用规范》（以下简称《规范》），于2022年4月1日起实施。《规范》首次明确建筑碳排放计算成为建筑设计文件中的强制性要求。今后每个工程建设项目要进行三大阶段的碳排放计算：材料生产和运输、建造和拆除、运营。困难主要在于建筑工程行业上万种材料设备的碳排放含量数据库是缺位空白的，信息和数据不全。现在市面上各个行业已公布了一些碳排放因子数据，但对工程行业来讲，数据全面性、实时性和准确性远远不够。

（3）核算能力不足。

当前碳排放核算标准不够清晰、碳排放因子库缺失严重、碳排放方法学差别巨大，行业碳核算人员、核查人员严重不足。按照目前全国碳市场的碳排放履约相关规定，企业应自行核算并完成碳排放报告，再由政府委托的核查机构进行核实。但绝大多数企业还不具备核算能力，不能自主完成碳排放报告，很多企业一般请第三方机构核算。而由第三方机构来核算，则面临碳核算成本高昂的局面，社会难以承受。

（4）碳核算成本全社会难以承受。

当前中国碳排权碳市场的年交易额仅为40亿~50亿元。而随着行业纳入碳市场，有专家估算需要20万专业从业人员来进行碳核算，这是难以想象的。20万碳核算人员的劳动力成本每年就要400亿元左右，去支撑百亿元左右的市场，经济性是社会不能承受的。

（5）数据核查监管难度大。

整个碳排放权配额碳市场是建立在碳排放数据的基础上的，数据的真实性是这个金字塔市场体系稳定、坚固的基础。碳核算精确度的重要性不言而喻，却几乎难以实现。核查指南等规范性文件与行业、企业生产特性紧密相关，专业性较强，而跨行业也会有较大差异，致使深入企业一线的基层生态环境部门管理人员根本无法在短时间内快速、全面地掌握检查要点，成为碳排放数据质量监管过程中的一大难点。含碳量数据无法实现连续监测且数据间隔过长，因此过程监管始终是个难题，核查机构、主管部门不可能24小时全程监管。且在当下制度下，碳排放权意味着碳排放成本，企业有一定的数据造假动机，数据的监管难度非常大。

5.3.2　当前碳排放核算与新碳排放责任机制下碳排放责任核定的区别

当前国际社会碳减排管理面临的一大难题是缺乏完整、准确、动态的全产品碳排放因子库，而排放组织的碳数据盘查成本高、数据质量差、造假难以杜绝，因此导致碳排放数据获取难度大，碳减排管理范围难以扩展。碳排放数据获取难、质量差、核查周期长，也是其他高排放行业纳入全国碳市场的进程一拖再拖的重要原因之一。

碳排放核算是碳税实施和开展碳排放权交易的基础工作。在当前碳排放管理体系下，明确组织应承担的碳排放责任，就必须精确核算、科学计算某个组织、产品的实际全生命周期碳足迹。当前的碳核算策略、方法学对应的核算工作将成为重要的阻碍与瓶颈。皮之不存，毛将焉附。事实上，当前中国一个煤电行业的碳排放数据已搞得焦头烂额，扩展碳排放管理行业到钢铁、水泥、铝等行业，在碳排放核算的工作量、成本、数据监管等诸多方面，都存在几乎难以逾越的困难。

碳核算的目的是明确各个组织、各个产品的碳排放责任，而明确各个组织、产品的碳排放责任却不一定要通过碳核算，还可以通过市场交易机制，产生更合理准确的全社会碳排放责任核定，这是本文的一个重要洞察。当然，当前国际社会在走的两条碳减排道路，即碳税和碳排权碳市场，却不得不进行各个组织、产品的精确计算、科学计算，而前面所述的困难却难以解决。

在新碳排放责任机制（CELM）下，可以建立全新的、基于市场机制的、更科学合理有效的碳排放责任核定机制。简而言之，CELM是一种总量控制，经济体系内部责任由市场机制形成责任核定方式。

在国家层面的CO_2排放/碳源的核定可直接依据现在的国家温室气体核算，总量是完全一样的。

碳源进入经济生产系统后，各组织在进行交易时，不仅产生物流、资金流、税款的流转，还包括了碳排放责任的流转，碳排放责任的流转通过碳票在CTMS里流转。产业链上每个组织为满足客户期望，在市场提供低碳产品和服务，与同行竞争在生产活动中减排，而且必须采取供应链碳足迹管理，选择低碳原材料的供应商。每个经济活动（交易）具体碳排放责任的分担是由交易各方谈判确认的，而不是通过方法学计算和测量的，政府无须介入，由市场机制自行配置碳排放责任的效率是最高的。最终组织碳排放责任的核定是碳票的进项总量与销项总量的差值，简单易算，且能通过智能化数字系统进行管理、统计、分析。

新碳排放责任机制放弃了科学的实际碳排放量的核算机制，回避了在单个组织层面的碳盘查、碳核查的数据获取难的问题；只需厘清碳源总量，碳排放总量进入经济体系后，利用市场机制配置碳排放责任，通过信息系统进行数字化、智能化的管理，更合理、高效（见表5-2）。

表5-2　当前方案与CELM机制下碳排放责任确定对比

对比项	当前方案	新碳排放责任机制 CELM
碳责任的认定	以科学测量的碳排放数据为依据	由市场机制自行配置确认组织的碳排放责任
国家层面 CO_2 排放总量	通过源头数据测算	通过碳源数据测算，总量与当前方案一致
组织层面 CO_2 排放数据获取	主要参考 IPCC 的温室气体核算方法，国家发展改革委出台了 24 个行业的温室气体核算方法，进行科学计算和测量	碳源总量数据进入经济体系后，所有社会组织通过产业链的交易进行市场化的责任分配，确定每个组织的责任数量
组织 CO_2 排放责任数据值	除碳汇组织外，通常组织的 CO_2 排放量为正值	碳排放责任是碳票进项与销项的差值，可正亦可负
碳排放数据获取的优势	有严格的方法学，但几乎不存在纯科学性的实操，且实操成本高，远超社会承受能力。无任何优势	通过市场交易进行责任数量的分配，合理、成本低，可操作性强。碳核算成本和监管成本几乎为零。优势巨大
碳排放数据获取难点	碳盘查成本极高，方法学、人才均不支撑全社会全行业的碳排放数据获取	所有交易数据进入碳管理数据系统
	无法获取所有组织的碳排放数据；且所有组织的碳排放数据总和与国家的碳排放数据总和不一致	无任何难点。所有组织的碳排放责任数据总和与国家的碳排放数据总和一致，不会重叠或碳泄漏

第6章

基于 CELM 的国家碳减排体系与实施方案建设

当前整个国际社会碳减排体系效率低下，全球碳中和推进速度缓慢，除缺乏合适的气候变化经济学基础理论指引外，在方案层面也存在两大核心问题：一是缺乏一个高效率的自运营、自驱动的全社会碳足迹大数据系统，全社会碳中和信息不透明，造成了政府制定政策的困难和消费者选择困难。二是缺乏高效率的"碳排"和"碳汇"的正反双向激励，当前的碳排权碳市场的关注重点在碳排放权分配，CCER体系也只是相对碳减排量，未能真正指向真实的碳排和碳汇。因此，当前国际社会碳减排体系低效就无可避免，20多年来一直在打补丁，并无太好的效果。

基于新碳排放责任机制（CELM），本书建立起一套覆盖全国的"碳票管理系统+负碳碳市场"的"1+1"碳减排体系（见图6-1），该体系落地实施更容易，可推动全社会共同减碳。

图6-1 基于CELM的"1+1"碳减排体系

基于CELM的国家级碳票管理系统（Carbon Ticket Management System，CTMS），以较低成本高效获得实时、量化、准确和完整的全社会碳足迹大数据，大幅提升全社会碳减排管理效率。30年低效的碳减排实践表明，国际社会非常需要一套根据有效机制和方法论高效运营的碳足迹全数据系统，利用数据和系统，实现数据定义标准和明确责任。在现有的信息技术和数字化技术条件下，在类似中国增值税"金税工程"成功经验的基础上，完全可以做到。重要的是敢于突破前面30年的思想框架局限，有创新的勇气和智慧。

建立基于CELM的负碳碳市场（Negative Carbon Trading Market，NCTM），创建一套"碳

排"与"碳汇"双向激励机制，形成真正有效的碳定价机制。它将完全克服当前碳排权碳市场的弱点，让政府摆脱靠各级政府部门分配碳排放权量，来控制全社会总碳量的低效局面，而是依靠数据的力量、系统的力量和市场的力量，助力全社会高效碳减排。

本章将重点介绍基于CELM的"1+1"碳减排体系的内容和实施方案。

6.1　基于 CELM 的"1+1"碳减排体系

基于碳排放责任机制（CELM）的国家级"碳票管理系统+负碳碳市场"的"1+1"碳减排体系，由两大子系统构成：国家级"碳票管理系统"和国家统一"负碳碳市场"。二者互相联结协同运作，形成完整的国家级碳减排体系。

国家碳票管理系统，最重要的功能是完整记录全社会碳足迹数据，厘清每一个产品的碳责任量，确认每个组织的碳排放责任。这是一个不会产生碳泄漏的碳足迹记录系统。碳源数量一旦被录入系统，流转过程必将碳排放责任确认到每一个组织。

国家统一负碳碳市场，最重要的功能是为每个组织碳排放存量的抵消提供了抵消品——"负碳"。政府在获得碳费收入的同时，为低碳排组织和碳汇组织提供了高效变现收益的交易场所，助力全社会碳减排体系完成闭环。

6.1.1　国家金碳工程：碳票管理系统

国家级碳票管理系统与增值税票系统（金税工程）有相似之处：国家通过碳票管理系统管理全社会组织甚至每个家庭的碳足迹数据，每个组织的每笔交易都要进行碳票进项、销项的流转记录处理。

我们可以称这个数据系统为"金碳工程"或"金碳系统"。

组织有进项和销项碳票，可参考企业增值税的进项税和销项税。事实上碳票管理系统的设计原理借鉴了增值税体系，国家政府只要抓住源头，整个产业链无数层的交易过程就不会产生税泄漏。同理，有了碳票管理系统，国家碳排放管理只要抓好了源头，就无须担心碳账本漏记（国内范围的碳泄漏），责任一定会落到某个产业链节点的某个组织上。进项/销项碳票记录的碳责任数量通过交易双方谈判确认。通过市场竞争交易谈判确定的碳足迹数据是最准确、公平合理的。原因之一是碳足迹数据真实性高，在整个产业链上下游是互相咬合的、客观的，不可以篡改。二是全社会范围的碳排放责任数量不变，在系统控制下不会出错。碳排放责任数量通过市场交易可以转移，但总量不会变化，准确性和可靠度高。

国家级的碳票管理系统管理每个组织的碳账本。碳票系统数据有必要与税务系统关联，实现两个系统数据打通共享，有能力对每一笔交易数据进行校核。当前很多创业团队、研究团队在研究和实践利用区块链跟进碳足迹，把简单的事情搞复杂了，没有抓住碳足迹数据运行的本质。

6.1.2　组织碳存量抵消：国家统一负碳碳市场

政府部门、碳汇组织（包括林业部门、CCUS组织等）通过负碳碳市场向全社会提供组织碳排放存量的抵消品——负碳，碳排放组织根据市场自由竞价原则从负碳碳市场获得负碳产品进行碳存量的抵消，从而形成一个高效的"碳排""碳汇"对接的双边市场，也就是碳中和的双边市场。碳汇组织从负碳碳市场直接获得收入，碳排组织在负碳碳市场直接支付碳排放成本。

负碳碳市场与当前国际主流碳排权碳市场的性质非常不同，功能与作用也就大相径庭。一个是权力的分配与交易，给排放权定价；一个是负碳的交易，给碳排放成本有效定价。一个是实现了碳排放权的转让，一个是实现了碳的中和。

负碳碳市场的碳定价，是通过市场机制对全社会每一吨CO_2的排放成本动态定价，客观反映了当下的碳排放成本。这个碳排放成本不是对未来社会成本的折现，而是基于碳中和进程目标和经济增长目标相结合的碳排放成本价格。这与中国碳排放权交易碳价性质完全不同，当前的碳排权碳市场中，绝大部分配额是免费分配，只有极低比例的碳排放权需要通过交易获得。这样，整个社会的实际平均碳排放成本需要另行测算，远远低于当前全国碳市场的实际交易价约55元/吨。碳价信号非常不明确、不准确。

在CELM碳减排体系下，原则上任何一个组织的碳排放量不受限，只要愿意就可出资购买负碳中和抵消相应碳排放责任。这样，经济运行的正常状态不会被行政干扰，社会组织有更强的经营计划自主权。

6.2　CELM 碳减排体系实施与运行方案

为保障"碳票管理系统＋负碳碳市场"构建的国家级"1+1"碳减排体系公平、高效、低成本地运营，有必要建立一整套实施方案，以彰显一个创新体系的生命力。当前国际社会，各种碳减排机制满天飞，学术界和各国政府开发了无数的方法学、机制，造成了巨大的沉没成本，形成了众多的利益集团。推进变革殊为不易。

CELM碳减排体系是立足于全球气候问题本质的理论，有望建立起一个高效的碳减排体系实施方案。

6.2.1　国家立法制定碳排放责任体系

通过国家立法，制定《国家碳减排管理体系制度》《碳票管理法》《负碳碳市场运营管理办法》等一系列法规，建立全社会碳排放责任体系，明确社会组织在碳票系统运营中的职责、体系运营的基本原则和各项需要注意的法律事项。立法的主要目的是建立以下核心原则：

（1）最终消费者对碳排放承担成本，产业链后端对前端的总碳排放量担责。

这是碳减排体系设计的基础，明确了全社会的碳排放责任体系，由生产者责任体系全面向消费者责任体系过渡。

（2）碳排放强度高于社会平均水平的组织需即时承担碳排放责任。一个组织的碳票进项、销项要平衡，有碳排放存量的要负责中和，从碳市场购进负碳清缴。

建立每个碳排放组织的定期汇算（如按季）清缴机制。一个组织的碳票进项若能全部向下游流转出去，则该组织实现碳责任平衡，不需要额外承担碳排放成本。如碳票进项减销项是正值，即组织有碳排放责任存量，则需要从碳市场购进负碳进行抵消，承担碳排放责任。如碳票进项减销项是负值，表示该组织碳排放强度低于行业平均值，有负碳结余，则组织可以直接到碳市场出售负碳，获得低碳奖励收益。

（3）所有交易的碳排放量流转数据进入CTMS系统。

所有交易通过国家碳票系统进行碳票进销项的碳足迹大数据管理，形成的全社会全物品碳足迹大数据，将有力支撑政府碳减排管理政策执行，支撑全社会碳减排体系运营。

6.2.2 建立一个覆盖全社会的"碳票管理系统"平台，实现碳足迹全数据管理

国家研发建立类似增值税票系统（金税工程）的国家碳票管理系统：国家碳票管理系统管理全社会组织甚至每个家庭的碳足迹数据，每个组织每笔交易要进行碳票进、销项的流转记录处理。

政府授予每个组织唯一的碳账户，建议直接采用当前政府推行的组织信用代码作为组织碳账户代码，便于与其他几大社会管理系统打通数据。

政府通过这样的"金碳工程"或"金碳系统"获得动态、准确、完整的国家碳排放碳中和大数据，形成高质量的国家级碳排放因子库，利用这个大数据系统支撑各项碳减排管理工作。

从运营能力与合理性看，碳票管理系统归财税系统运营管理比较合适。一是碳费的收入理应由财政部门来管理；二是碳票系统与增值税系统会有较多的系统对接、数据共享、数据校核的应用。增值税执行体系是现成的，组织体系和人才体系完整，运营非常高效。

政府部门根据碳源数量输出"欠负碳"到负碳碳市场，供碳排放组织购买，用于碳排放存量的抵消清缴，并因此获得负碳出售收入。政府出售负碳收入进入财政系统，收支两条线，统筹使用，在财税系统里执行最为方便。

6.2.3　碳源数据核定和系统输入

在 CTMS 管理下，政府主管部门只需要对碳源相关组织进行单位产量碳排放量核定、总排放量监管，就掌控住了全社会的碳源总量。碳源的种类不多，单位产量的碳含量也较恒定。碳源的最大头是煤矿、油田和天然气公司，政府核定碳源数量的工作难度不大，成本也不高。

第 7 章将详细讨论政府碳源组织与碳源数据的管理方案。

对碳源组织核定单位产量碳排放指标和碳源总量后，政府主管部门在 CTMS 系统中向碳源组织开出碳销项票，将碳源数据输入系统。

CTMS 系统的一个强大之处是，政府主管部门将碳源数据输入系统后，不需要投入监管成本，依据市场自由交易原则，系统将国家碳排放总量合理分配到整个经济体系中。整个体系的碳排放总量数据始终恒定，不会出错，不会产生碳泄漏，也不会发生重复计算，碳源数据总量一直自恰。不会产生当前碳减排体系设计中最头疼的数据核查难、成本高的问题。

6.2.4　碳票系统自运营

碳票进销项的流转，记录了全社会组织的全部交易活动。组织间交易产品和服务双方会主动进行碳票的处理，成为交易合约的重要部分。所有交易的碳票流转过程，并不需要政府部门介入。碳排放量不论如何流转，产业链中总有组织承担责任，政府不必担心碳泄漏。理论上不难证明，政府控住碳源，产业链中间环节通过市场机制自由交易，由交易谈判博弈出来的碳足迹数据是最可行的。对监管部门来说，当前每个组织的碳排放量核查工作相当繁重。正因为如此，碳市场试点了 10 年也只能覆盖到煤电极少数企业。

可以看出，CTMS 系统能高效自运营，政府管理部门投入的运营、监管和核查（MRV）成本很低。而当前基于配额的碳排放权交易市场 MRV 成本相当高。底层的运营逻辑不同，运营难度和效果完全不同。

6.2.5　建立基于 CELM 的国家级统一负碳碳市场

社会组织定期按季度通过碳票系统进行汇算清缴，需要一个国家级负碳碳市场来供应抵消品"负碳"。碳排放责任存量为正值的组织从碳市场购进"负碳"进行抵消，完成自己的碳排放平衡责任。碳排放责任存量为负值的可以在碳市场出售"负碳"获得收益。政府只开出碳销项票，没有碳进项票，是碳市场最大的"负碳"供应者，政府由此获得巨额的碳费收入。森林组织和 CCUS 组织等碳汇部门可以在碳市场出售"负碳"产品以获得投资收益。

因此有必要建设基于 CELM 的负碳市场，让社会组织可从碳市场购进"负碳"平衡自己的碳账户，对自己碳账户中的碳存量进行抵消清缴。CELM负碳碳市场，与当前的基于碳排放权的碳市场有很大不同，CELM负碳碳市场的主要交易产品是"负碳"，将在第8章进行详述。

在碳市场向机构和个人投资者开放前，政府输入碳市场的"负碳"总量为：

$$欠负碳数量 = 碳源总量 - 碳汇总量$$

政府会让碳汇组织的"碳汇"量优先用于碳排放存量抵消。

碳市场向机构和个人投资者开放后，政府按碳资产投资需求增加投入"负碳"产品，政府可以根据经济增长需求、碳资产投资需求和碳中和进程控制调节碳价。在基于CELM的碳市场中，政府的角色和地位类似于政府和人民币的关系，可以通过货币利率影响整个宏观经济。

建设好基于CELM的"碳票管理系统+负碳碳市场"的"1+1"全社会碳管理系统，将构建起全社会碳减排的核心管理体系。

国家应通过立法建立国家统一的负碳碳交易大市场，停止其他零散试点的碳排权碳市场和CCER市场，避免资源分散和减排体系混乱。

政府应对负碳碳市场的顶层设计原则、主要运营管理条例进行立法，以确认其法律地位。碳市场对所有市场主体开放，包括碳资产经营者，可自由交易，形成真实碳定价。国家作为负责运营碳中和的主体，是碳市场"欠负碳"的法定输入者，作为碳源销项的开出者，在碳市场中是对应碳源的负碳输入者，对碳市场的碳价拥有极强的控制力。

6.2.6 每个组织按季进行汇算清缴

每个社会组织定期通过碳票管理系统和负碳碳市场进行碳排放责任量的汇算清缴。碳存量为正值的组织要从碳市场购进"负碳"进行抵消，承担碳排放责任。碳存量为负值的可卖出"负碳"，获得低碳的收益（奖励）。这个跟增值税定期汇算清缴原理类似，不同的是增值税只能抵扣、不能退，除非是特殊行业政策，如出口、软件产品。

汇算清缴周期按季度比较合适，不需要像增值税按月汇算清缴。产品销售、合同结算、碳票进销项运营有一个时间周期，要考虑组织汇算清缴的便利性和社会运营成本。

对出现负值的，政府运营部门要进行一定的监管，避免其伪造套利。这种情况一般不会严重，比增值税系统运营初期会好很多。因碳排放成本进入交易总价中，单个组织伪造动力并不强烈，与下游组织伪造套利是可能的。当然碳票系统因数据完整可以研发出极强的审计核查子系统，通过与增值税系统的数据校核，系统自身拥有较强的核查能力，可以识别和预警套利行为。

对有碳排放责任存量但不按时汇算清缴的组织，政府可设计罚则进行处罚，以提升按期清缴规则的严肃性。例如，一定次数内不按时清缴，按应清缴抵消的量计算罚息。超过一定次数后，要联合工商管理部门，升级处罚力度，直至取消营业执照。

6.2.7　终端销售组织出售产品时代收碳费

产品生产的全部环节完成后，再经流通环节最终到终端销售组织，出售给消费者。这时产品中碳票无法再继续流转，市场终端销售组织出售产品给消费者，同时向消费者代为收取产品中的碳费。终端零售组织向消费者收取产品中碳费额度的计算方法为：

商品最终售价＝产品价格＋税＋碳费＝产品价格＋税＋产品中的碳责任含量 × 碳价

今后，零售组织向消费者提供的购物结算小票中，会增加碳费这一项，其中会标明产品碳责任含量和收取碳费总额。消费者有充分的知情权和选择权，消费者的选择将是碳减排的重要驱动力。越来越多的国家开始建立商品碳标签管理制度，在商品包装和说明书中强制标注受政府监管核查的商品碳含量。

组织出售产品和服务给终端消费者，消费者直接为商品和服务的碳排放责任量支付碳费，出售产品和服务的组织向最终消费者收取碳费，代收的组织通过碳市场购进"负碳"抵消组织的碳排放存量，在碳票管理系统中按季定期进行汇算清缴。

终端销售组织向消费者收取碳费，需要制定一些规则条例来规范行为，避免其趁机哄抬物价，如应遵循含碳责任量透明、计费标准统一的原则。

为防止终端销售商家搭便车乱收费，防止市场消费争端和混乱，组织出售产品时的代收碳费行为，需要通过国家制定规则进行规范。特别是销售组织向消费者收取碳费的单价，取费规则要立法规定。可规定按上个月的全国碳市场收盘价均价来定价，每个月的商品碳费的碳价标准由政府公布唯一的全国通行价格。

终端消费碳费收取的具体做法，政府已有一些成功经验可以借鉴，如上海市公共事业收费方法——代征污水处理费的方法（详见6.7节案例）。

6.2.8　组织碳账户的会计处理

碳票在市场交易的流转，可视作与货物或服务的市场交易流转。只是有待抵消和转移的"负值物品"，构成社会组织需分担的成本。在会计系统中体现出来，增加会计科目"碳票"，实物单位为公斤，价值单位为元（负值），列入成本。这样，将促使组织努力降低成本，减少或中和碳排放。

碳票管理系统与增值税系统是连通的，便于组织处理账务数据，也方便政府管理部门核查。

组织碳账户的对象，包括有投入和产出的所有社会单元（企业、机关、农户和家庭），应该覆盖整个社会的所有组织细胞。碳减排是全社会的事，只有每个组织、每个人动员起来，并真实承担碳排放费用责任时，全社会碳减排才能达到最高效率。

6.3 建立家庭碳账户、推动全民减碳

全社会推进碳中和进程中，仅依赖社会组织和政府承担责任远远不够。实现碳减排不仅需要政府端的机制创新和生产端的持续技术创新，还需要强化消费端的减排责任和消费模式变革，推动居民碳减排是非常关键的环节。正因为如此，中国各省市政府都在积极推进居民碳减排，主要通过碳普惠机制来落地，各地投入不少资源和精力发展推广。但从各地实施情况来看，普遍效果不佳。发动全社会家庭参与碳减排的真正关键在哪里？

6.3.1 推动全民减碳的必要性

家庭碳排放是社会碳排放的重要源头。根据《应对气候变化报告（2020）：提升气候新动力》的研究结果，中国家庭生活消费所引发的CO_2等温室气体排放，占到中国温室气体排放总量的52%。这一比例甚至超出了工业排放。随着中国家庭生活水平的不断提高，这个数字还会持续上升，其中新购买消费品的碳排放是家庭碳排放的主要来源之一。从家庭碳排放的全社会占比来看，实现碳中和必须让全社会所有家庭参与进来。

家庭碳排放是由居民日常生活消费引起的，包括直接的能源消费和消费的产品与服务在生产过程中的碳排放。日常生活中居民为获得热水、照明、电器、汽车燃料等服务，购买和消费的能源载体（煤炭、石油、天然气、电）以及私人交通产生的碳排放属于直接碳排放；消费的食品、服装、住房、休闲娱乐、交通通信等非能源商品与服务属于间接碳排放。

不同消费层级的家庭，不仅碳排放总量相差极大，碳排放的构成比例也相差极大。《碳排放不平等：地球最富有者在气候变化中的角色》（ *Carbon Inequality: the Role of the Richest in Climate Change* ）一书的作者肯纳（Dario Kenner）发明了"污染精英"（Polluter Elite）这个词，用来指大量消费化石燃料，或采用高碳生活方式对气候产生巨大影响的最富有社会阶层。虽然"污染精英"的人数很少，但对气候的影响却很大。

2022年5月，G7的科学院联合发布《脱碳：国际紧急行动的理由》（ *Decarbonization: the Case for Urgent International Action* ）声明，指出七国集团的碳排放量占全球累计碳排放量近一半，目前约占全球CO_2排放量的25%。法国经济学家Lucas Chancel的研究报告指出，全球1%最富有群体贡献的碳排放量占比从1990年的13.7%增长至2019年的16.9%，这一比例比全球50%最贫穷群体的碳排放比例高出5.4个百分点；2019年，全球1%最富有群体的人均碳排放量达到101吨，是50%中低层收入群体的72倍（见图6-2）；2019年，中国

人均碳排放量为 8.0 吨，其中 10% 高收入群体的人均碳排放量为 38.0 吨，是 50% 中低层收入群体的 13.6 倍（见图 6-3）。

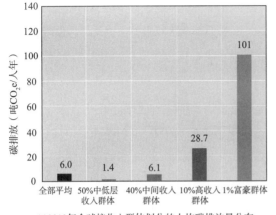

(a)2019年全球按收入群体划分的人均碳排放量分布

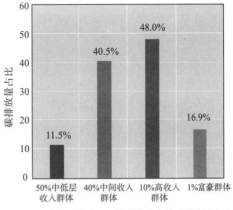

(b)2019年全球按收入群体划分的人均碳排放量占比

图6-2　全球按收入群体划分的人均碳排放量与碳排放量占比

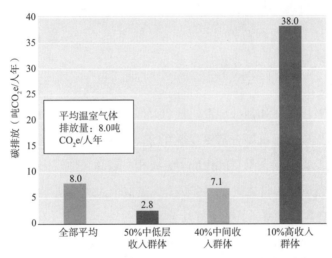

图6-3　2019年中国按收入群体划分的人均碳排放量分布

Chancel 曾估算称，"如果将间接排放计算在内，一次 11 分钟的太空旅行每位乘客的碳排放量不会少于 75 吨（更有可能是 250~1000 吨）。大约有 10 亿人每人每年的碳排放量不会超过 1 吨。这 10 亿人中的许多人，终其一生碳排放量可能都不会超过 75 吨。换言之，在太空旅行短短几分钟所排放的碳，甚至相当于底层这 10 亿个体一生的碳排放量"。

"污染精英"生活的标配即意味着高碳排放量：多地豪宅、多辆豪车、豪华游艇、私人飞机、频繁旅行……占有世界大部分资源的"污染精英"，如果不集体改变或至少推动改变高碳排的消费和生活方式，整个人类社会的碳中和目标将难以实现。IPCC 的报告显示，在终端消费者层面，通过落实正确的政策、基础设施和技术，改变人们的生活方式和行为，到 2050 年可以使温室气体排放量减少 40%~70%。

家庭碳减排机制必须在考量全社会整体效率的基础上，对公平性有很好的安排，要非常重视政策的累进性。

6.3.2 居民碳减排机制设计原则

居民碳减排机制的设计必须重视以下几个原则。

（1）减排高效率和制度执行高效率。

居民碳减排机制影响到每一户家庭，制度效率要考虑到多个方面：

一是碳减排效率要高。运用市场机制和数字化系统能力，提升全社会居民对碳排放的关注度，对家庭的支出成本增减要有实质性的影响。各地居民调查中发现一个现象，大家很关注气候问题的进展，但没有调整自己的生活与消费习惯，并认为自己做得够多，碳减排的责任不在自己。出现这种现象的根本原因是没有一个体系来量化个人和家庭的碳排放责任，也没有高效市场化的机制达到一定的强度来落实这种责任。

二是居民碳减排机制有极高的制度执行成本，制度执行效率要高。居民碳减排机制与全社会每户家庭有关，不仅利益相关，操作和实施不能给居民带来太大的麻烦和工作量，否则难以得到大众的支持。

（2）公平性、累进性。

碳排放社会成本巨大，如何分担责任是个大事。制度设计的好坏，正反两方面的社会效益都会很大。居民碳减排机制一定要有很好的公平性，不能让低收入群体的生活压力更大，而是因此得到改善；富人承受的代价一定要相对较高，体现出政策的累进性。实施政策的碳排放人均总量碳费单价累进制很有必要，类似个人所得税率的分级制。

（3）有利于实现共同富裕，共建美好社会。

当前的共同富裕理念容易被曲解成对存量资产的再分配，这种思维非常危险，容易造成富人群体、企业家群体对财产安全的担忧，对稳定经济发展非常不利。在全社会绿色经济转型过程中，通过对增量资产分配机制的调节、责任分配机制的优化，将全社会不同阶层的群体引导到"共建美好社会"的共赢道路上来，会是非常成功的制度设计。碳中和目标的实施，影响到经济和生活的方方面面，如碳减排机制设计得当，可以成为效果极佳的政策工具，为"共建美好社会"作出极大贡献。全社会的碳费总支出总量较大，政府可以利用这笔财政收入进行收入再分配，改善社会分配，这非常值得政府重视。

6.3.3 当前碳普惠机制方案、进展和局限

在中国现行的碳减排体系中，碳普惠机制承担了促进消费端消费模式和消费文化转型的重任，各地政府给予了高度重视。碳普惠旨在鼓励个人和中小微企业的低碳行为，倡导

绿色消费，推动形成绿色低碳的生活方式，进而推动企业生产低碳转型升级，提高整个社会低碳发展水平。

6.3.3.1　碳普惠的概念

碳普惠的基本逻辑就是利用移动互联网、大数据、区块链等数字技术，依据碳普惠标准或方法学，对公众、社区、中小微企业，包括衣、食、住、用、行、游等在内的各种绿色低碳行为进行量化、记录和核证，生成个人减排量汇总到碳账本里，并通过减排量交易、政策鼓励、市场化激励等，为减排行为赋值绿色生活回馈机制。碳普惠机制意在调动、激发起公众积极参与碳中和行动的意志，可视化所有群体和个体对双碳目标的贡献，是生态文明思想、全民行动观的重要体现。

6.3.3.2　碳普惠机制的进展

在国家层面，《中国应对气候变化的政策与行动 2022 年度报告》和《中国落实国家自主贡献目标进展报告（2022）》中，均提出要探索开展创新性自愿减排机制——碳普惠，激励全社会参与碳减排。

目前，我国碳普惠机制可分为由政府主导的碳普惠机制和由企业主导的碳普惠机制两种。由政府主导的碳普惠机制主要由各地方政府推动建立，由企业主导的碳普惠机制主要由金融机构、电商平台发起设立。各类碳普惠机制的运行方式差异不大，基本上是依托于碳普惠平台，通过与公共机构或电商平台数据对接，按照相应的方法学计算出低碳场景下公众低碳行为的减排量，并按照一定的规则给予相应的碳积分，公众使用碳积分可在碳普惠平台上换取商业优惠、兑换公共服务，甚至可进行碳抵消或进入碳交易市场抵消控排企业碳排放配额。

武汉市是全国最早探索碳普惠机制的城市。2013 年，武汉发布《武汉市低碳试点工作实施方案》，在实施方案的基础上，2014 年武汉启动"碳积分体系"工作，旨在利用"碳币兑换机制"引导全民践行低碳生活，推动低碳消费。这是国内最早的城市碳普惠项目之一，为碳普惠的机制发展提供了早期实践经验。随后，广东、河北、陕西、天津、浙江、江苏、江西、山东等各省市纷纷推出碳普惠机制的试点工作。

广东省是最早将碳普惠机制与碳市场交易结合的省份。2017 年 4 月，广东省发展改革委发布《关于碳普惠制核证减排量管理的暂行办法》，指出允许将纳入广东省碳普惠制试点地区的相关企业或个人自愿参与实施的减少温室气体排放和增加绿色碳汇等低碳行为所产生的核证自愿减排量（PHCER）接入碳交易市场。

2022 年 12 月，上海市生态环境局等八部门联合印发《上海市碳普惠体系建设工作方案》，并明确提出"制定抵消规则，引导碳普惠减排量通过抵消机制进入本市碳排放交易市场，支持与鼓励本市纳入碳排放配额管理单位购买碳普惠减排量并通过抵消机制完成碳排放交易的清缴履约"。2023 年 5 月，上海市生态环境局印发的《上海市 2022 年碳排放配额分配方案》中明确提出，上海市碳普惠减排量（SHCER）已纳入抵消范围。

碳普惠制增加了公众参与绿色低碳生活的积极性，有助于带动实现全民参与碳减排，促进公民从低碳意识到低碳行为的转变，人人参与减排助力双碳目标实现。

6.3.3.3 碳普惠机制的问题与局限

无论哪类碳普惠机制，基本上都是围绕个人消费，设立个人碳账户，存在一定的局限性。

（1）个人消费不只围绕个体的消费，还体现家庭分工角色消费的特征。家庭是社会的细胞，家庭角色有不同的分工，消费具有明显的家庭分工特点。而且家庭结构不同，相应角色的消费内容差异大。例如，家里的水、电、煤账单是由同一人支付，可能是妻子也可能是丈夫；采购日用品通常是由妻子来支付账单；采购电子产品通常由丈夫支付账单。因此，可能出现个人碳排量数据小，而家庭整体碳排量数据大的情况，此时的个人并不是适宜激励的对象。能源消费方面是家庭碳排放的重要源头，但能源消费在绝大部分情况下是以家庭为单位的，与家庭人数、家庭结构等密切相关，个人碳账户无法承载这方面的统计与分析。

（2）碳普惠的相对减排量科学性不够、执行成本过高，持续性差。碳普惠定义了一些低碳消费场景和绿色低碳行为，并制定相关低碳行为的核算方法，与碳普惠机制个人绿色低碳行为的积分挂钩。而低碳行为的核算，通常是在消费场景中设立一个基线行为得出基线碳排放量，再计算绿色低碳行为的碳排放量，得到绿色低碳行为相对基线碳排放的减排量，是一个相对概念。从碳减排理论分析和历史实践来看，相对减排量机制都是不成功的，原因在于科学性不足，执行成本太高。

每个个体因家庭环境、家庭结构、地区习俗、生活习惯等差异，消费习惯本身有差别，很难设立标准的基线行为，因此绿色低碳行为的碳减排量的科学性很有问题，更不适宜拿到碳市场进行交易。

跟进记录一个人的碳消费行为非常困难，执行成本也很高，机制可持续性不强。

（3）难以客观反映真实的碳排放总量情况。目前的碳普惠机制，只是通过识别特定消费场景的具体消费行为是否低碳并给予积分激励，并不能统计所有消费行为，不能完整准确地反映个人碳消费总量情况。例如，富人有更多的消费场景，反而能积累更多的碳减排数据；真正的低碳人士节约型消费，消费场景少，碳减排数据反而低。这种个人碳账户的数据并不能真实反映个人碳排放情况。

6.3.4 家庭碳账户的应用基础

本书提出全社会居民减碳更适宜采用家庭碳账户机制，而非个人碳账户。根据调研，我国家庭碳账户已经有较好的应用基础。

2022年上海市教委、上海市发展改革委等十部委联合发文，举办《2022年上海市青少年双碳方案提案大赛》，同济大学第一附属中学4人小团队成立双碳课题组，以"建立家庭碳账户，动员全民减碳"为主题，进行了社会调查，并给出了相关提案建议。课题组通过问卷星App进行社会调查，涉及22个问题，回收了648份有效问卷，通过对问卷数据的分析得出结论：93.06%的调研对象认为应对气候变化是每个人的责任，每个人都能发挥作用；83.33%的调研对象愿意为降低碳排放而降低生活质量，一半以上的调研对象愿意适当降低生活质量；80%的调研对象认为不知道自己的消费习惯产生的碳排放量数据是造成生活中高碳排放行为的主要原因；62.04%的调研对象表示愿意为减少碳排放而支付额外碳费；52.47%的调研对象表示应该按家庭人均碳排放量设计居民碳减排机制。

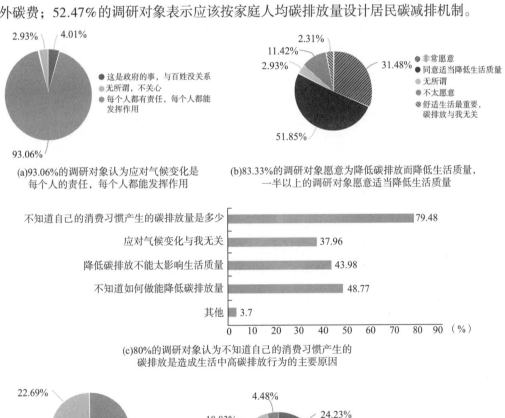

(a)93.06%的调研对象认为应对气候变化是每个人的责任，每个人都能发挥作用

(b)83.33%的调研对象愿意为降低碳排放而降低生活质量，一半以上的调研对象愿意适当降低生活质量

(c)80%的调研对象认为不知道自己的消费习惯产生的碳排放是造成生活中高碳排放行为的主要原因

(d)62.04%的调研对象表示愿意为减少碳排放而支付额外碳费

(e)52.47%的调研对象表示应该按家庭人均碳排放量设计居民碳减排机制

图6-4　课题组相关调研结论

6.3.5　家庭碳账户机制的设计和实施

碳普惠机制的本义是将个人和家庭纳入碳减排体系。目前我国并未建立全国统一的碳普惠机制，各地、各主体也在探索自己的碳普惠机制，基本上地方政府、互联网平台、银行等都在各自推出自己的碳账本。但目前的碳账户都是围绕个人碳账户而非家庭碳账户，统计的原则、标准、行为数据等，不统一、不连贯、不全面、不符合生活消费的特点，无法有效激发公众碳减排的动力与消费倒逼的潜力。家庭是社会的基本细胞，是人们生活的基础。个人消费理念和消费需求千差万别，而因家庭作为社会的基本细胞，很多消费是以家庭为单位，如家庭能源消耗、食品采购、日用品采购、交通工具采购等，家庭消费有更强的普遍性与共同性，家庭碳账户的记录、统计、分析更有统计学意义。家庭碳账本的设计更有实操性与实践价值。

（1）终端消费者以家庭为单位建立碳账户。

CTMS中以家庭为单位建立碳账户，统计家庭的消费数据，包括以家庭为单位的直接能源消耗数据以及家庭成员个人消费带来的间接碳排放数据。

（2）打通户口数据与消费数据。

通过打通公安户籍管理系统与人口数据，CTMS可以直接生成家庭碳账户，并将家庭成员自动归集至统一的碳账户下。

间接碳排放可以以家庭为单位，自动统计各种能源消费数据，水、电、煤等，自动计算出家庭的碳排放数据。

直接碳排放可以与家庭成员的线上支付数据打通，任何一笔消费都可以自动获取该产品或服务的碳排放数据，并归集至家庭碳账户下。

（3）家庭碳账本的统计、分析。

家庭碳账本记录、统计家庭的碳消费行为与碳减排数据，将碳消费数据可视化，并实现可统计、可分析、可追溯。家庭成员可以随时查询自己家庭的碳账本（碳足迹）。这对提升全民减碳意识、了解碳排放的来源有重要价值，帮助家庭建立低碳生活方式。

（4）鼓励家庭成为碳汇主体。

家庭不仅仅是碳排放的主体，也可以成为碳汇的来源。特别是广大的农村地区，很多家庭经营土地、树林、果园、水塘等，这些都有碳汇能力。国家碳汇核证体系完善后，对家庭所经营的碳汇资源进行碳汇核定，核定完成后这些碳汇量就可以用来在负碳碳市场销售获得收益。

（5）家庭人均碳排放量累进碳价梯级管理，实现年度汇算清缴与二次分配。

类似个人所得税每年度的综合所得年度汇算清缴，家庭碳账户也会在每个年度结束后开展家庭碳排放的汇算清缴。基于公平性原则，政府设立全国统一的人均碳排放量，设计出基于人均碳排放量的累进碳价梯级管理政策，如二级阶梯的累进制。假设，以 2019 年全国人均排放 8.0 吨 CO_2 作为国家人均碳排放基数。每年度结束后，家庭碳账户自动汇总出家庭的碳排放量，得出家庭的人均碳排放量。对家庭人均碳排放量超过 8.0 吨的家庭，再进行分阶梯定价。如高于 8.0 吨但低于一级阶梯，则超出设定人均碳排放标准值部分之上的碳排总量，按第一级阶梯对应的价格收取额外的碳费。一级阶梯的碳价很便宜，对家庭负担的增加也比较小。如果超出一级阶梯，则超出部分需按二级阶梯的价格收取额外的碳费；二级阶梯的碳价是在一级阶梯的碳价的基础上成倍增加。还可以设立二级阶梯、三级阶梯，阶梯越高，碳价成倍增长。即在 CELM 碳排放责任机制下，富人可以多消费、产生更多的碳排放，但必须承担相应的碳排放责任，而且是累进制的责任。如果年度家庭人均碳排放量低于 8.0 吨，则政府给予一定补贴，这意味着中低收入人群不仅不需要支付额外碳费，反而可以因低碳排放获得额外的补贴。这些补贴就来自富人们支付的超额累进的碳排放费用。根据 Chancel 的数据（见图 6-3），如果在人均碳排放量不增长的情况下，只有 10% 的高收入群体需要缴纳超额的碳费，而 90% 的人群都可以获得补贴，以贴补消费者机制下的家庭消费中额外的碳费支出。

此外，基于家庭人均碳排放还可以设计更多的激励机制，如对零碳家庭、绿色家庭等给予一定的奖励，或者对碳中和模范家庭，进行榜样示范作用，进一步向全国推广低碳家庭的消费方式和生活方式。

6.3.6　家庭碳账户机制的优点

家庭碳账户机制与当前碳普惠机制相比，具有非常大的优势。

（1）合理性、科学性更好。

家庭碳账户机制更符合生活碳排放的实际情况。以家庭为单位设定碳账户，统计、分析、监督碳排放行为与数据，符合生活中多种消费是以家庭为单位的实际情况，可操作性、可行性更强，统计、分析也更有意义。

（2）全民碳减排效果强。

将碳减排的主体扩大至家庭、每位家庭成员，推动全民参与碳减排实际行动，形成全民碳减排的行动与习惯，加速碳减排。

（3）通过消费者选择倒逼生产商生产低碳产品。

通过消费者选择，形成低碳消费文化，通过价格机制、低碳消费文化倒逼产业链环节上的厂商生产低碳产品，市场机制自动运行，效率更高。

（4）低碳排放可获得收益，形成正向反馈。

低碳排放可通过减少家庭碳支出获取补贴，将低碳排放与经济利益、社会价值进行绑定，形成正向反馈，吸引更多的家庭与个人加入低碳的行动大军。

（5）形成低碳节约型消费文化。

通过家庭碳账本的分析，家庭碳排放的消费数据来源等，引导形成低碳节约型的消费文化。

（6）制度执行效率高、执行成本低。

家庭碳账户机制在政府CTMS系统的支持下，与政府相关系统、银行各大支付系统打通，数据归集处理、费用计算与家庭碳账户年度汇算清缴，都可以自动化处理，十分便捷，比较容易获得全体居民的支持。

（7）对实行共同富裕、共建美好社会有重要作用。

贫困家庭消费少，人均碳排放量少；富裕家庭消费多，人均碳排放量自然也高，而碳排放成本需要由全社会共同承担。通过人均碳排放的设计，可以让富人家庭、碳排放量大的家庭承担更多的碳排放责任。

（8）为国家低碳政策提供借鉴。

家庭碳账本数据，可以用于分析家庭消费结构、消费发展趋势、消费结构影响因素等，并为我国低碳政策制定提供数据支撑。

综上分析，国际社会应大力推进基于CELM的家庭碳账户机制，可停止当前低效高成本的碳普惠机制。

6.4 碳源组织的进销项处理方案

碳源组织最重要的类型就是几大类化石能源企业。煤炭、石油、天然气等能源资源属于国家所有，经济学意义上最大的碳源输出者是国家政府。国内的能源生产企业和能源进口企业可归入碳源组织进行管理。

碳源组织有两部分碳输出给社会：一是自己生产和经营耗能产生的碳排放量，二是生产和销售的能源产品中包含的碳。

碳源组织的碳票进项中能源产品包含的碳，由国家作为销项输出者，由资源总量和单位碳排放量相乘所得。能源资源属国家所有，符合实际情况。

国家作为最主要的碳源实际输出者，拥有巨大的碳销项，而没有进项，所以有巨额的负碳数量可以输入负碳碳市场，就产生了巨额的碳中和收入权（类似收税权）。碳排放责任机制可以为国家创造巨大的收入源（类似碳税税源），并且完全由市场交易确定，公平性、可操作性极强。该收入可用于绿色能源项目投入、减碳项目投入、补贴和碳交易市场中操作"负碳"的碳基金投入，成为类似经营森林、固碳项目的"负碳"购买者，为减碳项目投入资金等，本书13.5节将详述政府碳排放费收入的使用安排建议。政府碳排放费收入的资金管理，包括收入和支出，国家需要立法，专款专用。

政府对碳源组织的管理非常重要，应抓大放小，逐步深入扩大碳源组织的管理范围，提升碳源管理的精细度。不仅将煤矿、油田、天然气等能源企业，也包括化肥、水泥、牧场养殖场等碳源组织，以及一些利用物资生产燃料的企业（如生产木炭）都逐步全面纳入管理，测定每种燃料的单位碳排放量，抓好源头，减少碳泄漏。相对于现在的MRV，基于CELM的碳源组织管理和碳源数据的处理，面对的企业数量和数据核算的难度都要小很多，方法更简单，核查难度更小，准确度更高。

6.5　CELM 体系下进出口碳排放数据处理与碳关税

一个负责任国家的碳减排管理体系，应该包含进出口商品中的碳排放管理。当前各国碳减排体系的运行还各自为战，非常难以同步，缺乏统一标准，碳足迹数据的打通和共享还很遥远，必须建立合适的进出口商品碳减排管理方案。

在全球碳中和日益趋紧的大背景下，欧盟经过多年的争论和博弈，CBAM已经生效。国际社会如何应对国际贸易间的碳争端，是当前持续全球化、国际贸易可持续发展面临的严峻挑战。当前的类CBAM机制显然难以服众，连美国也大力反对。基于CELM理论和方案最有可能处理好当前国际贸易碳关税问题。

碳排放的影响是全球性的，碳减也应该国际化、全球行动。CTMS实现国际化运营、各国之间打通，完全值得期待。谁的减碳吸碳成本低，谁承担更多的减碳任务，将得到更多的负碳收入。这样的激励机制，有助于减碳、吸碳技术的国际化竞争，从而加快技术进步，加快全球减碳。

6.5.1　进口商品的碳数据处理

CTMS全面启动后，进口商品的碳数据处理按不同阶段不同方案处理。

国家之间未联通产品碳足迹数据系统。此种情形下，一般按国内碳排放因子库的数据标准为进口商品确定碳排放含量，由政府管理部门在CTMS系统的支持下，给进口组织开具碳销项票。对国家来说，这些进口组织属于碳源组织，进口商品的含碳量就是国家整体碳源数据的一部分。

另一种情形是，国外出口商能提供权威准确的商品碳含量数据，或两国之间有商品碳含量互认协议，则按国家统一的进口商品碳含量核查程序和互认协议执行。

国家之间已联通标准统一的碳足迹数据系统。如果与出口国有统一碳足迹数据管理系统，双方进行过系统打通与互认，实现了数据共享，则出口国的商品碳足迹数据可直接进入进口国的CTMS。

6.5.2 出口商品的碳数据处理

中国的出口企业的出口商品若不能继续向进口国转移碳排放责任票，则视同终端销售组织，必须在国内完成碳排放责任的抵消清缴，这是承担气候问题国际责任的需要，也是提升中国高质量发展水平的需要。

出口到欧盟的中国商品，应按欧盟的碳价标准在国内完成抵消清缴，一定要将碳费交在国内，向欧盟交付相对"零碳商品"，这将是非常重要的中国商品出口碳排放管理原则。若不在国内进行碳费清缴，根据CBAM原则，需要向欧盟国家缴纳碳关税，造成国家碳费收入的损失。今后出口到执行碳关税国家的出口商品都按此方案处理。

6.5.3 应对出口类CBAM碳边境调节机制

基于CELM的"碳票管理系统+负碳碳市场"的"1+1"体系国际化后，还可轻松解决国际贸易碳关税问题。双方的数据标准统一，碳价统一后，双方间就不存在碳关税。如果一方先行，如当前的欧盟CBAM，就会衍生很多复杂问题。国际贸易碳边境调节机制收取碳关税的流程、碳关税的归属、用途等，将在第10章相关章节中详述。如果中国率先推动国际负碳碳市场，虽然进口商品时也会面临同样的问题，但碳排放费用缴纳在中国国内，主动权就在中国方面。目前中国在欧盟CBAM机制上极其被动，只能提出要求在WTO框架下讨论CBAM的关税壁垒问题。

世界各国尽快建立标准的国际化的基于CELM的"1+1"体系，面对类似欧盟CBAM碳关税问题，就可以妥善解决。各国只需要谈判"国际负碳"的分阶段价格水平，互相锚定认同即可，大大降低了谈判难度，较易达成共识。

6.5.4 中国的进口碳关税

如果中国加快建设和发展基于CELM体系的负碳碳市场后，对国内所有产品全面加上碳排放成本（碳价），对进口产品的应对处理主要有两种情况。

第一种情况，进口产品在出口国国内已通过碳税或负碳碳市场抵消执行了碳价，如欧盟的碳价超出中国较多，可直接进入市场，只要是提供可信的碳足迹数据和碳费交纳依据的，即可免于碳关税的处理。

第二种情况，进口产品在出口国国内没有执行碳税或负碳碳市场等碳定价机制，或碳价明显低于中国，中国建立完善的碳市场后，考虑向进口产品收取碳关税。但中国应明确，向进口商品收取的碳关税收入，应用于投资该出口国的绿色能源和碳减排项目等，意味着将碳关税收入通过投资方式流回原出口国，可以实现更多的共同利益。碳关税收入用于投资出口国，对我国的利益主要体现在两方面：

一是项目建设的投融资、建设全过程项目管理由投资国（中国）来负责，设计、施工总承包和设备提供由中国来主导。

二是有利于提升中国产品的竞争力。防止因中国加快发展碳市场，提升碳价造成中国境内碳泄漏，即因此影响中国企业产品在国内市场和国际市场的竞争力。这是中国版碳关税落地前必须提前考虑、反复推敲的问题，和欧盟收取碳关税是类似的。

6.6　CELM 碳减排体系试运行与落地

一般来讲，CELM体系是国家级的碳减排体系，需要政府统筹国家级"碳票管理系统"和"负碳碳市场"协同运营，才能完整地将CELM体系运营起来，形成真正的加速减排效应。

但理论与实践落地仍有距离。大家对新制度的变革往往充满疑虑，通常通过小范围试点再分阶段扩展实施范围。如先进行局部试点，以验证系统理论和软件系统的可靠性。由于 CELM理论是通过完整供应链互相驱动的，局部试点易造成数据不全的问题。当前我国多省市试点碳市场 10 余年，因为没取得好的结果，一直在试点，减排效应难以有效发挥，误导了整个碳减排体系的进程。CO_2 的流动性，供应链的广泛性，原碳市场试点的不成功，均表明碳减排体系包括碳市场，不适合这样的局部试点。

当前的碳市场试点不成功，主要原因有两方面。一是顶层设计有严重问题，这意味着无论试点范围大或小，都不可能成功。二是试点范围太小引出的很多问题，并不能总结对应到大体系，容易形成认知错误。

因此CELM国家碳减排体系应由中央确定责任部门来开发运营，全国范围内同时启动运营是更好的实施路径。试运行阶段，可假定碳价为零，先将碳票流转起来，这样就不会有大的试点风险与阻力。

6.6.1　CELM 碳减排体系试运营

CELM碳减排体系有两种可行的试运营方案。

6.6.1.1　试运行方案一：电力产业链试运行

政府部门建立"1+1"碳减排两大系统后，政府将煤炭的碳源数据作为销项输出给煤炭企业。煤炭企业供煤给电力企业时，输出碳销项票给电力企业。电力企业供电给电网公司时，再输出碳销项票给电网公司。而绿电能源如光电、风电供电给电网公司时，是不带碳票的（或极低含碳量）。电网公司供电给售电公司时，输出碳销项票给售电公司。售电公司售电给电力用户时，按综合含碳量收取碳费，在试运行阶段，碳费可按极低价格试行。

整个电力系统的碳票运行循环起来，试运行阶段可以再检查，发现问题并及时改善，系统测试可以达到效果。

此方案中，负碳碳市场的试运行可以借鉴当前的碳排权碳市场的一些经验，如交易规则设计和交易系统研发等。鉴于负碳产品的标准化，CELM的负碳碳市场完全不需要各省搞试点，可直接建设全国统一的碳市场。

6.6.1.2 试运行方案二：全国范围的零碳价试运行

在试运行阶段，碳价可以先设置为零，只保留纯碳票数据的流转，CELM碳减排体系的运营风险很小。碳价为零，不会形成价格信号对产业链交易环节、对宏观经济造成影响，只留下碳足迹数据在系统中先运行起来。但纯数据的运营可以形成各行业及企业的碳足迹数据，行业及企业的碳排放相关指标等，碳排放数据的透明化、数字化即可起到较好的碳减排驱动作用。所以CELM体系的运营可以做到无风险。不像当前的碳排权碳市场体系，基本上只覆盖了电力行业，已经碰到非常多的难题，同时造成较大宏观经济冲击，多处要拉闸限电。

基于以上分析，我国可以直接启动CELM碳减排系统在全国范围内试运行，风险可控，且较快全面发挥效用。全国试运行第一阶段，只做碳进销数据流转运行，碳价从零元开始。试运营阶段积累经验和数据，如未出现大的问题，审慎评估后可随时启动全面的"1+1"体系运行。

6.6.1.3 单个城市、单个行业试行的可行性

CELM "1+1"碳减排体系在单个城市、单个行业试运行效果不会太好，因为CELM体系是面向全社会所有组织所有物品的碳减排体系。因为任何产业都不是封闭的、孤立的，通过交易一定会关联到其他产业、其他区域，因此单一区域、单个行业的运行就会缺失太多数据。本行业、本区域内企业的碳排放数据是真实可收集的，而收集外省市输入的产品和服务数据有难度。因为数据的不完整和不准确，反而导致处理工作量大、数据准确度降低，运行效果将大幅降低。因此，CELM体系不适合单行业、单个区域试点。

6.6.1.4 CELM体系运营初期策略和方案

理论上，CELM体系的运营对整个宏观系统的直接影响较小。因为CELM体系将碳排放成本均匀地分布到整个经济体，对单个组织的影响很小，对整个宏观影响也将很小，反而可以利用CELM体系改善宏观运营，提升经济质量。

实际运营中，考虑到运营初期对经济的冲击和影响的不确定性，第一阶段负碳价格可以从较低甚至从零开始；试运营一段时间后，逐步提升到碳中和实际成本。碳价提升过程是一个较长的周期，需要综合考虑国内宏观经济承受力、国际产品竞争力和双碳目标的实现进程。通过一个专家委员会和一个专门的研究设计部门来宏观调控碳价，避免出现系统性冲击。

6.6.2   控制虚开碳票非法获利

CTMS 有较强的异常情况预警能力，数据是层层耦合的，但不能完全排除违法组织虚开碳票套利情况的发生。这方面增值税系统有很多经验可以借鉴，一段时间内虚开增值税的违法事件有很多，现在基本上已经很少了。通过"制度＋科技"的手段可以较好地控制虚开增值税套利的违法行为。CTMS 的运营也是如此。一方面需要立法，对虚开碳票有一定的监管力度，加大违法成本；另一方面依靠技术手段解决，减少人为监管，如与增值税系统连通进行数据校核将会非常有效。

6.6.3   与增值税系统的连通

中国的增值税系统应该是全世界最强大的税收系统。碳票系统的数据与增值税系统连通，可以交叉校验碳票数据，设计出高效简洁的审计校核系统。考虑到体系执行效率，建议 CELM 体系的运营归财政系统安排，管理规则的设计制订由生态环境部牵头，碳票业务系统的运营由财政部门执行。

6.7   上海市污水处理费征收的案例研究及对碳费征收的借鉴意义

6.7.1   上海市污水处理费征收的发展历程

1976 年，上海市成立上海市城市排水管理处，作为独立建制的事业单位，负责中心城的生活污水收集输送、污水处理、防汛排水的运行管理等工作。

1978 年改革开放以来，为了加快基础设施建设和水环境的治理、确保城市防汛安全的需要，上海市排水行业管理体制与经营机制不断调整。

1986 年 11 月 4 日，上海市政府通过《上海市征收城市排水设施使用费暂行办法》，从 1986 年 12 月 1 日起，向市区机关、团体、部队、企业事业单位及个体工商户征收排水设施使用费（简称"排水费"），但居民、普通中小学校（不包括校办工厂）、幼儿园、托儿所、敬老院等除外。排水费按0.12元/m³计征。标志着排水管理费用从全部由政府支出，到由国家、集体、个人适度分担的转变。

1987年，为治理苏州河，上海市启动合流污水治理一期工程建设，总投资16亿元人民币，其中世界银行贷款1.6亿美元，这是当时我国规模最大的污水治理工程，也是第一个利用世界银行贷款的重大市政工程。作为贷款条件，世界银行除了要求工程建设采用菲迪克条款（FIDIC）方式进行国际招标采购外，还提出应由一家排水企业而不是由事业性质的单位负责建成后的污水运营，同时应建立排水收费制度，以保证工程建成后稳定运行与维护。合流污水治理一期工程于1988年8月正式开工，1993年12月29日主体工程建成。

1995年12月，上海市原排水管理处和合流建设处合并成立"上海市城市排水有限公司"，这是全国城市排水体制事改企并实质运转的排水专业企业，上海排水收费从事业性质收费变为经营性收费，这也是全国大型城市中第一个明确排水费为经营性质收费的城市。排水收费的方式也从排水收费所员工挨门逐户走访收缴改变为委托与自收并举，即凡自来水管网到达区域用户的排水费，委托自来水公司代为征收；对于自来水管网未到达的区域以及使用地下水、自备水等水源的非居民用户的排水费，由排水公司排水收费所自行征收。

1995年12月7日，上海市人民政府发布《上海市排水设施使用费征收管理办法》（以下简称《办法》），自1996年1月起，向上海市范围内的单位和居民征收排水设施使用费（以下简称排水费）。根据本办法，上海市在全国率先征收居民排水费。《办法》明确上海市市政工程管理局是排水费征收的行政主管部门，上海市排水公司负责排水费的征收和管理。上海市物价局发布《关于同意调整和开征排水设施使用费的复函》，明确具体的排水费收费标准，从1996年1月31日起，居民排水费为0.12元/m³；非居民由0.14元/m³调整为0.34元/m³；熟水店为0.12元/m³，给水站为0.10元/m³，菜篮子工程为0.12元/m³，托、幼、敬、部队为0.17元/m³。

1996年12月，上海市人大常委会发布《上海市排水管理条例》，以地方立法形式明确上海排水管理的企业经营、政府监管的管理方式，同时重新设立"上海市排水管理处"，明确了监管与经营主体的分离。2004年，水务局将排水企业的行政管理关系移交城投总公司，排水企业的资产、行政、人事关系与政府脱钩，实现了排水管理与经营分离。

2016年2月6日，根据财政部、国家发展改革委、住建部联合公布的《污水处理费征收使用管理办法》等国家相关法规政策，上海市财政局、市水务局和市改委等部门联合发布《上海市污水处理费征收使用管理实施办法》，自2016年3月1日开征"非税收入"性质的污水处理费，停止征收经营性的排水设施使用费，污水处理费转变为行政事业型收费。

《上海市污水处理费征收使用管理实施办法》明确了污水处理费的征收标准及计费方式，其中居民用水为1.7元/m³，行政事业用水为2.24元/m³，工商业和特种用水为2.34元/m³，应缴纳污水处理费=用水量 × 0.9 × 征收标准。如果因大量蒸发、蒸腾造成排水量明显低于用水量，且排水口已安装自动在线监测设施等计量设备的，可提出申请，经主管部门或委托第三方机构认定并公示后，按实际排水量计征污水处理费。对产品为以水为主要原料的企业，按用水量计征污水处理费；施工临时排水且安装排水计量设备的，按计量设备显示的量值计征污水处理费，未安装排水计量设备的，按施工规模定额征收污水处理费。

污水处理费属于政府非税收入，由上海市水务局委托各大水务公司向上海市所有用户代收，全额上缴国库，纳入市政府基金预算管理，收支两条线，专款专用。

从一张普通的上海居民水费的缴费通知单上可以一窥水费的组成：

图6-5　上海市居民水费缴费通知单

收费由两部分组成：供水费和代征污水处理费，计算方式为：

供水费=用水量（m^3）× 单价（2.25元/m^3）；

代征污水处理费=用水量（m^3）× 0.9 × 单价（2.0元/m^3）。

其中，0.9为国际通行的排水量系数，污水量是供水量的90%。

总收费为两项合计相加。

6.7.2　排水费/污水处理费的调价行政程序

因物价上涨、处理标准提升和投入增大，污水处理费用单价也多年数次调价，居民排水费从0.12元/m³逐步上调到2元/m³。

根据财政部、国家发展改革委、住建部联合公布的《污水处理费征收使用管理办法》，污水处理费的征收标准，按照覆盖污水处理设施正常运营和污泥处理处置成本并合理盈利的原则制定，由县级以上地方价格、财政和排水主管部门提出意见，报同级人民政府批准后执行。城镇排水主管部门应当将污水处理费的征收依据、征收主体、征收标准、征收程序、法律责任等进行公示。

在上海，居民污水处理费列入《上海市定价听证目录》，污水处理费的定价和调整必须履行定价听证程序，经召开听证会等形式听取各方面意见和建议后，并经市政府同意，才能调整污水处理费征收标准。这个行政程序比增加税收项目和税收调整的立法程序要简易很多，操作难度大大降低，对频繁动态调整公用事业的项目是比较合适的。

如2004年7月1日起居民用水从2000年8月起的0.70元/m³调价到0.90元/m³；2021年11月1日起，实施新的调价方案，供水价格按照第一阶梯、第二阶梯、第三阶梯年用水量不同而价格不同；不论哪个阶梯，居民污水处理费（排水费）均为每立方米2元，9折后为每立方米1.80元。

6.7.3 上海市污水处理费的征收情况

从2016年3月1日起，上海市级污水处理设施服务范围内单位和个人缴纳的污水处理费由上海市水务局委托公共供水企业征收，全额缴入市级国库，并实行专款专用。每年度上海市水务局公开市级污水处理费的收支情况。2021年，全市共征收入库污水处理费26.73亿元，支付污水处理服务费40.08亿元。

污水处理费支出远远大于收入。后续年份调价的目的是进行污水治理工程建设与水环境治理，补充污水处理设施建设和运行维护资金的不足。

截至2021年，上海市共有污水处理厂42座，处理能力为840.3万立方米/天，尾水排放标准全部在《城镇污水处理厂污染物排放标准》（GB 18918—2002）一级A及以上排放标准，到2035年再规划建造8座污水处理厂，污水治理基本形成石洞口、竹园、白龙港、杭州湾、嘉定及黄浦江上游、崇明三岛六大污水治理区域。

6.7.4 消费端碳费收取的借鉴

上海市公共事业费——污水处理费（排水费）的收取历史经验和做法，对于政府在消费端碳费的收取方法和机制的设计，有很好的借鉴价值。其在终端的收取方案、行政管理机制和定价程序等做法都可以参考。

碳排放费用的终端收取，比排水费范围要大很多，关联到每个商品和每一项消费。政府在吸收现在公共事业费的经验基础上，还需要多做一些创新。政府在费制设计时要考虑提升效率，减少行政管理成本，减少社会居民的执行阻力，等等。

碳费的终端收取，应由每个销售终端组织执行，在现在的售货收据上做小改进，加上独立的碳费这一项。单独立项的好处包括，一是消费者不认为产品涨价了，而是增加了每个消费者都要承担的一项费用。降低碳排、改善环境与每个消费者的切身利益都是相关的。二是对推动普及大众的碳减排意识有极大的好处，每次消费都看到本次消费产生的碳排放量与碳费，一定会提升碳减排的意识。当前，大量的中高端商品过度包装，商品包装的碳排放量及其成本甚至超过商品本身。碳排放成本单独列项进入商品总成本后，通过市场调节和消费意识的提升，这种状况会得到极大的改善。

当前在线支付的普及率已较高，通过将消费者个人电子支付账户与家庭碳账户进行关联，家庭碳账户的数据将越来越完整和准确，为实现以家庭为单位，以人均碳排放量为标准的家庭阶梯收费政策打下良好基础，这样碳费政策将更趋完善。

当前我国电价中也含有由国务院批准的通过电价征收的非税收入，包括大中型水库移民后期扶持基金、可再生能源基金及农网还贷资金等，以前还有三峡水利建设基金，上海每度电加 1.5 分。因此，销售电价主要由上网电价、输配电价、输配电损耗、政府性基金组成，即：销售电价＝上网电价＋输配电价＋输配电损耗＋政府性基金及附加。当前政府性基金含在价格内，没有单独立项，很不透明，社会改革要求很强烈。污水处理费收取已经有多年的经验了，像在水费中单列污水处理费一样，在电价中单独列出碳排放费，相信用户也是完全可以接受的。

第 7 章

碳票管理系统

碳票管理系统（CTMS）是CELM"1+1"碳减排体系中两个核心系统之一，是管理全社会全物品碳足迹的大数据系统。它明确全社会所有组织和个体的碳排放责任，将为全社会碳减排体系提供非常关键的数据支撑。研究表明，过去30年全球气候问题举步维艰，关键原因之一是碳足迹数据难题难以破解，在一个信息不全不准、规模最大最复杂的黑箱中解决问题，比瞎子摸象的难度更大。基于CELM的CTMS的提出，无疑释放了巨大的潜力。

做好CTMS的运营，碳源组织和碳源的管理、碳汇组织和碳汇管理及CTMS的设计运营是最重要的工作，本章将重点讨论。

7.1 碳源组织和碳源管理

基于CELM理论，政府只要将碳源组织管好，同时将碳源组织的碳源数据管好，在CTMS系统中输入准确的碳源碳责任量后，后续的全社会碳排放管理工作就可以伴随市场交易自运营起来。CTMS可以轻松地将全社会每个产品端到端的碳足迹记录下来，数据实时、准确、完整。在碳源基础数据可靠的前提下，CTMS可以助力碳减排管理工作效率更高、能力更强，大大简化现在的碳管理体系，节约巨额的碳数据管理社会成本。

因此，碳源组织管理和碳源管理工作非常重要。建立公正、高效的碳源组织和碳源管理体系，是保证CTMS系统数据准确性的前提。

7.1.1 碳源组织的类型

碳源组织的种类比较多，要全面管理起来，可以分步实施，先抓大放小，逐步扩大受控范围，实现更全面的碳源组织管理。

7.1.1.1 主要的碳源组织类型

（1）能源资源类组织。

煤矿、石油、天然气等能源生产企业，木炭等可燃物生产企业都是碳源企业。政府要对全国境内的碳源企业统一管理，对它们的产量、每单位产量的碳含量进行测定并向社会公布。

能源进口企业。中国煤炭、石油、天然气的进口量巨大，第一阶段这些企业在国内不仅是进口贸易商，也是碳源组织。政府根据进口量给它们开具碳销项。如果形成国际统一CTMS数据标准，各国CTMS数据形成对接和共享，情况就更简化了，可直接采用出口国CTMS系统中的碳责任量。但过程中仍需要抽检核查碳数据，这将成为未来海关的重要工作内容。

化石能源供应企业是最重要的一类碳源组织，根据国际科学合作组织"全球碳计划"（GCP）发布的《2022年全球碳预算》，2022年全球碳排放量为405亿吨，90%来自化石能源，管理好这类组织碳源数据是全社会碳数据管理的第一道关卡。

（2）中间产品排放类组织。

化肥行业。化肥厂等企业虽不是能源企业，但其产品在使用过程中在农田里产生化学反应产生CO_2，也需要纳入管理。农业化肥的发明和使用能够大幅度提高作物产量，改善农产品质量，农业化肥生产和使用的过程中会产生大量的温室气体，包括CO_2、氨气、氮氧化物等，其中CO_2占化肥生产排放量的70%以上。

由国家组织测定每种化肥产品在生产和使用过程中产生的单位产品碳排放量，向社会发布统一标准值，根据具体产品的生产量和单位产品碳排放量进行碳源总量的统计，进入CTMS系统。

水泥行业。水泥行业是中间产品碳排放最大的行业之一。2020年我国水泥行业碳排放量约为14.66亿吨，占当前全国碳排放总量的14.3%，在工业行业中仅次于钢铁（钢铁碳排放量约占全国碳排放总量的15%），因此水泥行业是重点碳减排行业。

水泥行业生产过程碳排放主要来自两方面，一是水泥原材料中80%~85%是石灰石，生产窑中的原材料碳酸盐分解产生CO_2，占全过程碳排放量的55%~70%，二是燃烧需要消耗大量燃料。经测算，当前生产整整一吨水泥、一吨水泥熟料产生的CO_2分别为617千克和866千克。在生熟料碾磨过程中也消耗了大量的二级能源。

中间产品排放类组织的碳源数据是这类组织整体碳排放中的重要部分，政府主管部门管好这部分数据，开出碳销项票，进入CTMS系统。需要说明的是，外购能源材料、电力等外部资料的碳含量是流转进组织的碳进项票，是承接上游的碳排放责任量，按CELM体系自由交易流转，政府不用特别去管理。

（3）畜牧业类组织。

根据联合国粮农组织（FAO）统计，畜牧业CO_2排放量占全球总碳排放量的9%，温室气体排放量占全球温室气体排放总量的18%，因此是重要的碳源行业。畜牧业碳排放主要来源于畜禽养殖所产生的大量粪尿的碳排放、畜禽呼吸产生的CO_2及肠道气体的排放、畜禽养殖过程中各类废弃物和污染物产生的碳排放等直接碳排放。

国家组织制定每头猪、牛、羊等畜禽的碳排放量标准，养猪场、养羊牧场、奶牛牧场中每头动物的碳排放量可用标准值，碳源总量只需要根据出栏的头数乘以碳排放量标准即可。

（4）一般性进口企业。

进口产品都有碳含量，需要作为碳源组织来考虑。政府有两种方案进行处理，参见6.5节。如果进口产品在出口国已承担了中国认可的碳排放成本，则政府不开销项票给进口企业。反之，我国相关管理部门开销项票给进口企业。

进口企业应该提供可信的进口商品碳含量证明。不能认定的，按中国政府规定的此类产品碳含量标准值处理。

（5）废弃物部门。

废弃物部门主要包括固体废弃物填埋处理、生物处理、焚烧和露天燃烧、废水处理等。根据《中华人民共和国气候变化第三次国家信息通报》，2010年废弃物处理产生的碳排放量为800吨，占当年CO_2排放总量的0.09%。

（6）其他类。

森林也有较大的碳排放，森林中可能也会发生火灾，这些在碳汇管理中扣减掉更合适方便。

随着碳管理精细化深入，政府可以逐步加深加宽管理范围，促进更快减碳。

7.1.1.2　火电厂是碳源组织吗

火电厂是当前政府碳排放管控的第一重点对象，在CELM理论下，情况则完全不同。

在CELM理论下，电厂不是碳源组织。它是负责能源转换的，将化石能源（一次能源）转换成了电力能源（二次能源），是能源中间生产商。因此它反而不是最重要的碳源企业。但煤电厂确实是碳排放大户，仍然是重要的减碳管理对象。但视角不一样，能源的利用率、吸碳技术的应用则成了关键。

对火电厂这类企业减碳，CELM体系在市场中在以下两个方面进行正反双向激励：

一是提升能源利用效率，将度电碳含量降低。提升能源利用率可以降低产品的总成本，输出给电网公司的度电碳销项就小，单位产值利润高，会产生价格竞争力和品牌竞争力（更绿色的企业），可以提升产品的竞争力。

二是应用吸碳技术生产碳汇按"真负碳"核定。在CELM体系下，电厂已经承担正常的碳进项，额外的吸碳装置的效用要单独给予奖励。通过碳汇核证机构核定授予负碳碳资产数量，可以用于企业碳账户的碳抵消，或在碳市场出售获益。

7.1.1.3　CTMS的碳源数据管理效率

在当前政府碳排放权管理机制下MRV成本很高，且容易出问题。

在CELM体系下，碳源组织较少，大大降低了政府的管理工作量和管理难度，政府相对更容易掌握准确的碳源数据。CELM体系相比于CTMS系统的优势是，在碳足迹大数据系统的支持下，只要碳源管理好，能准确输入碳源数据，就能及时、完整、准确地收集到全社会的碳足迹数据，效率非常高。

7.1.2　碳源组织的碳源量核定

核定碳源组织的碳源总量，是全社会碳足迹数据建立的关键基础工作。

政府给碳源组织开出的碳销项数量算式为：

碳源量=碳源产品产量 × 单位碳源产品碳含量

碳源产品产量通过增值税系统比较容易核定，与企业自报量进行校验，准确性会较高，审核工作量也很小。

单位碳源产品的碳含量测定、核定也相对容易，主要由化学公式决定，这个值相对恒定，可通过政府认证的检测机构检验测定。检测报告管理要严格，2021年国内已出现多起造假事件，管控难度虽然不大，但体系要逐步加强完善，防止漏洞。

事件回顾

2022年4月8日，国家双碳领导小组召开严厉打击碳排放数据造假在线会议，通报碳市场数据造假有关问题，部署严厉打击碳排放数据造假行为、推进碳市场健康有序发展工作。

图7-1　双碳领导小组严厉打击碳排放数据造假在线会议

会议指出，实现碳达峰碳中和，是以习近平同志为核心的党中央经过深思熟虑作出的重大战略决策。碳市场是推进双碳工作的重要市场化机制，碳排放数据是开展交易的基础，数据质量是碳市场的生命线。个别中介服务机构发生的数据造假行为，破坏了市场公平、扰乱了市场秩序、影响了市场信心，严重危害碳市场健康发展，严重影响双碳工作有序推进，影响极为恶劣，必须予以严厉打击。

会议强调，各地区各有关部门要高度重视碳排放数据造假问题，坚持问题导向，坚持"零容忍"，采取强有力措施，严查严处造假行为，形成强大震慑，坚决杜绝数据造假问题再次发生。要强化检查督导，切实推进问题整改，严肃追究有关单位和人员责任，举一反三开展自查自纠，适时开展专项检查"回头看"。要以整改落实为契机，建立问题发现机制，完善日常监管，强化责任追究，压实各方责任，推动我国碳市场健康发展、行稳致远。

基于CTMS的碳数据管理，强化了"制度+科技"的管理优势，可以大量减少问题，大幅降低管理成本。

7.1.3　碳源量的核减

有些企业，如煤电厂，利用先进技术降低每单位碳源碳排量，在不考虑吸碳装置的情况下，每单位碳源的碳排放量比行业标准值低，即比初始核定能源资源组织的单位碳源碳含量更低。这意味着，上游能源资源企业进来的碳进项比企业的实际单位碳源碳排放量大。政府应该设置核证程序进行核减，以鼓励产业链进行减碳技术改造和采用能源利用新技术。

核减量的核查要建立一套严格的程序和体系。

7.1.4　管理策略：抓大放小、逐步深化和扩大

CELM体系下，只要CTMS系统中的碳源数据是准确的、完整的，全社会的碳减排体系就能自动运营起来，且十分有效。因此，碳源组织和碳源数据的管理工作非常重要。

碳源组织要全面管理起来，类别还是比较多的。具体实施过程中建议分步走，抓大放小，逐步扩大受控范围，实现更全面的碳源组织管理，使碳源数据总量逐步接近100%。碳源的全面管理是一个渐进过程，不需要操之过急。尤其是将煤炭、石油、天然气几个主要的化石能源类碳源管理好，就能控制住90%的碳源总量。这与当前碳减排重点抓煤电行业的性质完全不同，基于CELM的碳减排方案才能真正做到抓大放小。

不同类别的碳源组织和碳源数据管理方案区别会较大。在总结化石能源碳源管理体系的基础上，逐步建立和完善各类碳源的管理体系，技术难度和执行难度都不会有太大的挑战。

建立不同类别的碳源管理体系，要注意不重叠、不漏项，才能做到科学合理、数据准确、执行高效。

7.1.5　监管系统的设计和能力提升

随着碳价的提升，碳责任量对应的碳成本实质上将进入产品的成本范畴，这样就会产生巨大的利益关系。近两年中国爆出多起碳排数据造假事件，多个知名咨询公司卷入其中，严重影响中国双碳目标的推进。所以，完善监管系统十分重要。

一是完善核查程序和体系。核查制度要根据出现的情况和问题进行修正，逐步完善升级。

二是核证单位的资质管理和考评要更加严格。出台更为严厉的核证单位管理条例，尤其对出现造假的第三方机构，要加大惩治力度，从罚款到取消资质，甚至追究刑事责任，增加其违规成本。

三是利用好CTMS系统大数据，公开透明，加强公众监督。CTMS系统中沉淀了全社会组织的碳足迹大数据，可向公众开放CTMS系统形成的碳排放因子库，数据透明化，加强公众监督，同时系统可以增加数据智能分析预警功能。

7.2　碳汇组织和碳汇管理

碳中和（Carbon Neutrality）不是没有碳排放，而是实现净零排放。有排放有吸收，实现抵消，即实现了净零排放。因此碳汇组织（企业）的作用非常重要，碳捕获、利用与封存（CCUS）技术应用在今后的碳中和进程中将发挥关键作用。

中国需要通过碳市场来及时激励碳汇组织的减碳贡献，激励减碳技术的研发和应用，同时要加强碳汇组织和碳汇核证的管理，要尽快将中国碳汇核证（Chinese Certified Carbon Sink，CCCS）体系提上议事日程。

7.2.1　碳汇组织类型

碳汇组织类型有多种，下面对主要碳汇组织进行介绍和分析。

（1）林业组织。

新建森林和存量森林都应该列入碳汇组织，进行碳汇量核证，经核证的"真负碳"量可进入碳市场交易，让森林经营者直接获得收益。

森林经营者要花大量的资源和成本，进行存量森林的维护、保养、防火和防止偷伐等工作。存量森林要保护得更好，必须建立更强的激励机制，它起到的实质吸碳价值应该被确认。存量森林的碳汇价值被承认，并且获得即时收益，对于存量森林的保护并使其持续发挥吸碳作用非常重要。

同时，存量森林的碳汇资产价值获得确认，有利于解决地区间的转移支付问题，也是碳中和全国一盘棋必要的政策措施。很多森林资源丰富的地方，省市政府在积极自行组织核证和交易，国家层面应该尽快统筹起来。不再由各地分散建设，而是加快建设国家级全国统一碳市场，统一标准，在一个更大的市场提升碳汇资产的流动性与价值变现。

存量森林的存量固碳量，一般不给予核证，而是核证每年的固碳增量。

森林不仅有很好的固碳作用，在防止水土流失、改善环境、保护生态等很多方面也有很大的作用。政府应建立即时激励机制，积极鼓励植树造林。

被核证了一定碳汇量的森林如果到一定的年份后，被砍伐、开发或被山火等自然灾害毁坏，其固碳量将释放，回到大气中，此时客观准确地持续核证管理就非常有必要。这里也面临管理上的挑战，如管理某片森林的企业组织会破产、消亡或被并购，持续经营存在不确定性。因此从机制有效性角度出发，森林碳汇核定授予对象最好是政府管理部门。根据该区域森林总固碳量评估授予当前碳汇数量。这样，如果一个区域当年的森林数量是减少的话，核定部门授予的是碳排放量，而不是碳汇数量，这样可以正反向激励地方政府保护森林进行固碳。

当地政府主管部门根据当年的碳汇量分解到当地碳汇组织，进行奖励和惩罚，实现动态的地方管理。

森林碳汇核定机制应该由国家统筹建设，建立统一标准，并能取得国际认可，才有长期可持续开发价值。当前各大省市在征集开发碳汇方法学，但其科学性、一致性、效率等都存在很大的问题。

（2）CCUS组织。

利用技术设备进行碳捕集碳吸收的企业，是今后要重点发展的碳汇组织。目前利用吸碳设备技术装置吸碳的成本还比较高，每吨接近千元。今后生产"真负碳"是一个巨大产业。国际社会需要在CCUS投入大量的研发资源，以提升技术、扩大规模，大幅降低吸碳成本。

国际社会不仅需要先实现碳中和，按气候治理需求，甚至有必要吸掉大气中工业时代以来排放的1.74万亿吨碳存量。如果CO_2作为生产资源的更多价值被开发出来，今后的吸碳产业将会有更大的发展。

中国一定要将CCUS作为一个未来战略产业来发展，技术、生产规模要快速取得全球领先。较大规模的CCUS产业，不仅可以帮助中国加快推进碳中和进程，还可以将"真负碳"在碳市场向全球出售，由此带来多方面的收益。

一是助力中国建设国际碳市场。今后中、美、欧由谁来主导全球气候问题？谁能建成影响力最大的国际碳市场？有大量的"真负碳"供出售交易是全球碳市场繁荣发展的关键之一。如果中国的"真负碳"产量大，建立有影响力的碳市场就水到渠成。2022年3月海南开始建设国际碳市场，用什么做抓手呢？CCUS获得的"真负碳"产品一定是关键，在碳排放权交易上很难做出大的花样，碳排权碳市场会逐渐消亡。

二是助力发展国际碳金融。后续40年全球投入气候问题的资金量将达200多万亿美金。建成国际最大的碳市场，树立国际碳金融的影响力，开发出更多碳金融衍生金融产品，获得更大的市场份额和主导权是中国的重要机遇。

三是增加外汇收入。在碳市场向全球销售"真负碳"，获取大量外汇收入。

在碳中和背景下，CCUS的综合价格就是碳排放的成本。CCUS成本的降低，在碳中和进程中非常关键。专家分析CCUS成本下降的空间巨大，可以从三个方面着手：一是不断加大技术创新，升级技术；二是提升生产规模，扩大规模效应；三是不断研发出CO_2的利用技术，增加CO_2的生产资料应用价值。

（3）湿地、海洋红树林等其他有吸碳作用的生物质运营组织。

有吸碳能力的组织、有吸碳贡献的组织都应该纳入管理，给予核定，授以"真负碳"数量，让其获得激励。这对碳中和全局十分有利。

这类碳汇核证与森林碳汇一样，都有可持续有效管理的问题。

7.2.2　碳汇组织碳汇量的核证

全球碳中和进程需要大力发展碳汇产业，碳汇企业的产品——"真负碳"能够被全面、准确、及时地核证就很重要。

"真负碳"标准单位是从大气中吸掉1吨CO_2，可以写成：$-1\ tCO_2e$。它的定义是清晰明确的，1吨CO_2的产物、质量是标准的，即"真负碳"是标准产品。

碳汇管理的核心是"真负碳"的产量核证。经权威核证机构核证"真负碳"数量，应向"真负碳"资产所有者发放碳汇核证证明文件，或称"绿票"，与碳责任的"红票"相对应。"绿票"与"红票"存在着对冲抵消的关系。

"真负碳"核证应面向全部存量资产，对能生产"真负碳"的存量资产都要一视同仁，对碳汇企业要进行全面覆盖，扩大激励面。

存量碳汇资产的碳汇核证应该明确几项原则：

额外性原则。即需要每年进行管理维护投入的碳汇资源，如森林资源。一些自然资源，如海洋和黄土高原固碳的作用，如果不需要额外投入去管理维护，即使有很大的固碳作用，也不宜为某个组织作核证。这部分的碳汇利益属于国家政府，不进入碳市场交易。

避免产权确权和核证难题，避免市场化困难，与谁投入谁受益的原则保持一致。

增量原则。以前已生成碳汇资源的固碳不予以核证，而是核证每年新增加的碳汇数量。如存量森林的存量固碳量，一般不给予核证，而是核证每年固碳增量。这是维护碳管理体系一性、推进负碳市场化所需要的。

凭目前的技术手段，基于CELM的碳汇核证体系比CCER体系更简单容易，核证难度小，客观性、标准化程度更高。CELM碳汇核证对象是绝对减排量，CCER是相对减排量，性质有很大不同，当然二者也有重合的地方，CELM碳汇核证显然做了相当大的简化，客观性、准确性会高很多。

林业项目基础信息核证好后，可以结合卫星图像数据、无人机倾斜摄影等高科技手段，每年核查，客观准确。要注意的是，森林面积可以增加，也可能因多种原因减少，对一个区域来讲，对社会碳减排发挥碳汇作用的一定是碳汇的净增量。这里会有复杂的数据处理问题，要建立公正有效率的核证体系。

装置型CCUS项目，通过物联网（IoT）等技术手段也可以准确掌控设备运营状态，数据比较客观、准确。这类项目碳汇数量的核证，也需要建立严密的体系，防止数据作弊和造假，支持产业的可持续发展。

项目碳汇核证的立项、核证、过程监管要形成体系，做到高效率、低成本且不易出问题，因此，建立一套科学严谨的碳汇核证体系就非常有必要。

7.2.3 中国碳汇核证体系建设

中国的碳汇核证体系建设目标应该非常明确，是朝国际化认同去推进，为建设最重要的国际碳市场目标而推进，为提升中国在全球气候治理地位的目标去推进，不仅仅是为了国家内部的碳中和进程和碳市场。

对数据造假者要有严厉的惩处规则，因为这方面的事件已有出现。为完善健全核证体系，要加大当事人、顾问单位、认证机构的责任，建立交叉验证的体系，减少整套制度和体系的漏洞，提升公正性，也兼顾到效率。中国在CCER方面积累了不少方法学经验，已经有很好的基础。基于CELM的CTMS系统天然具有数据能力优势，但要建立国际化高水平的基于CELM理论的核证体系，还需要作出更大的努力。

中国的碳汇核证量要走向国际，需要中国及早建立国际认可的"真负碳"核证体系，积极推动国际碳汇核证体系的建设，不断完善核证标准，全力推动国际社会建立具有国际权威性的各国"真负碳"核证体系，培育一批得到国际认可的核证咨询顾问机构，培养核证队伍和核证工程流程体系，达到较高的可信度，获得话语权，为国际碳市场的建立打下基础。

碳汇核证量的登记系统。碳汇数量（真负碳）经过一定程序核证后，碳汇数据要登记录入碳汇核证登记系统。该系统与碳票管理系统、负碳碳市场交易系统对接，支持整个碳减排体系的闭环操作。

碳汇核证登记系统是国家统筹建立管理的碳汇资产管理系统。它要支持登记新生产的碳汇资产、支持碳市场碳汇资产交易流转、支持碳票管理系统的碳抵消汇算清缴的数据处理。该系统可以归属当前的碳排放主管部门生态环境部来建设和管理。同时，系统数据还要与国外碳市场数据、碳管理系统对接。

7.2.4　推动国际碳汇核证体系建设

中国碳汇核证体系在取得国内成功实践的基础上应积极推进国际化进程。中国的负碳碳市场的目标应该是国际化市场，核心交易标的"真负碳"的核证就一定要达到国际标准。无论是森林碳汇还是CCUS装置吸碳，中国都有机会做成全球最大的产业规模，追求国际化市场是必需的。

推进"真负碳"核证建立统一国际体系，"真负碳"的输出量核证需要取得国际认可。"真负碳"就是从空气中拿掉1吨CO_2，可以成为国际通行的标准产品。

国内负碳核证体系要实现三个目标：

一是经国内认证的"真负碳"产品能得到国际认可。这是建设国际碳市场的核心基础，也是中国应对国际碳关税（类似CBAM）重要的基础性工程。

二是中国的碳汇核证体系资源能输出到国际，为更多合作国家服务。特别是可以成为"一带一路"的配合体系，不仅能输出服务业，还能扩大全球气候治理的影响力。

三是推动中国成为国际气候治理规则制定的重要一极。近30年的全球气候论坛上，中国在学术和标准规则制定方面的地位较低，话语权极小，必须努力改变。

因此中国政府主管部门牵头，统筹气候问题领域学术界力量，加快把精力和资源从CCER领域转向建立国际标准的碳汇核证体系，是非常有必要的。

7.2.5　CCER 不应再重启：核证减排量机制讨论

中国国内碳市场低迷，作为碳市场在碳排放配额之外可选的另一个碳市场交易标的——中国核证自愿减排量（Chinese Certified Emission Reduction，CCER），是当前最热的双碳细分领域之一。2017年，国家发展改革委暂停CCER备案后，国内重启CCER市场交易的呼声极高，这样很多低碳项目业主可以从中获利，广大双碳行业人士也有生意可做。近三年成立的上万家碳咨询公司看中的最大的一块市场蛋糕就是CCER核证和交易，那么他们的愿望能成真吗？

CCER是中国版的碳信用（Carbon Credit）。2021年7月16日全国碳市场开市以来，碳排放权的交易已经完成了首个履约周期。而市场各方对CCER的重启正怀揣强烈期待，等待"另一只靴子"落地的氛围，已经在市场中弥漫了两年。

从2021年到2022年，有多位领导暗示，CCER在2022年就将重启，甚至有消息声称，专业的CCER交易系统将开发完成，专业的CCER交易市场将开市。

直至2023年3月30日，生态环境部办公厅公布《关于公开征集温室气体自愿减排项目方法学建议的函》，表示为高质量建设好全国统一的温室气体自愿减排交易市场，生态环境部将建立完善温室气体自愿减排项目方法学体系，全面提升方法学的科学性、适用性和合理性，并向全社会公开征集温室气体自愿减排项目方法学建议。这意味着，CCER距离重启更近一步。生态环境部这一政策信息的发布仿佛为CCER市场注入一针兴奋剂。

然而，研究表明，从今后碳市场整体变革方向看，因为CCER缺乏客观标准、可持续发展不强、执行技术难度高、执行成本高、不可国际化和不符合碳市场发展方向等原因，所以投入产出不高，衍生出的问题很多，不应再重启。

7.2.5.1 CCER发展历史与现状

根据《碳排放权交易管理办法（试行）》（生态环境部部令第19号），中国国家核证自愿减排量，是指对中国境内可再生能源、林业碳汇、甲烷利用等项目的温室气体减排效果进行量化核证，并在中国国家温室气体自愿减排交易注册登记系统中登记的温室气体减排量。

基于温室气体影响的全球性、不同国家的减排潜力和成本不同、全球合作与减排的经济成本不同，《京都议定书》引进了温室气体减排的三种灵活机制：清洁发展机制（Clean Development Mechanism，CDM）、联合履行（Joint Implementation，JI）、排放贸易（Emissions Trading，ET）。其中，JI和ET为发达国家之间的合作，CDM为发达国家和发展中国家的合作。

清洁发展机制（CDM）：发达国家通过向发展中国家提供资金和技术展开项目级别的合作，从而获得经过核证的减排量（CER），用于发达国家缔约方完成在《京都议定书》上承诺的减排量。

按照世界银行的统计，2002年至2020年末，全球碳信用注册项目共18000多个，覆盖约43亿吨CO_2。其中一半左右由CDM签发，另一半来自其余的国际标准体系。

中国CCER交易始于2012年，国家发展改革委印发了《温室气体自愿减排交易管理暂行办法》（以下简称《暂行办法》）和《温室气体自愿减排项目审定与核证指南》，确定了自愿减排项目的工作流程，中国就开始签发CCER中国版碳信用。2015年，国家自愿减排交易信息平台正式上线，CCER交易正式开启。

中国CCER的获得就是主要依托清洁发展机制CDM项目。中国第一个CDM项目是位于内蒙古的辉腾锡勒风电场，注册于2005年6月。在2017年6月北京上庄燃气热电公司的区域能源中心项目完成注册后，中国迄今未再有CDM项目注册。CCER高速发展期，优厚的价格刺激了CDM项目交易的繁荣，12年间共有1478个中国项目得到签发，累计开发9亿吨碳资产，交易额为数百亿美元。

经过一段短暂的繁荣期，2017年CCER的闸门突然被关闭。

2017年3月17日，国家发展改革委发布公告《暂缓受理温室气体自愿减排交易方法学、项目、减排量、审定与核证机构、交易机构备案申请》，并指出，"在《暂行办法》施行中存在着温室气体自愿减排交易量小、个别项目不够规范等问题"；但已备案的CCER项目仍然可以交易。

与此同时，国家发展改革委将对原有的《温室气体自愿减排交易管理暂行办法》相关条款进行修订。

专家分析指出，《暂行办法》施行中存在着温室气体自愿减排交易量小、个别项目不够规范等问题。一是存量CCER项目的供需失衡，地方碳市场及企业自愿减排的需求无法消化已注册的CCER项目减排量；二是个别项目的数据质量存在问题。

2017年《暂行办法》启动修订以来，CCER已暂停6年。虽然相关备案签发工作暂停了，但存量核证自愿减排量的市场交易并未停止。

主管部门主动控制CCER的发展，一定是发现了较多问题。若现在重启CCER核证和交易，这些问题解决好了吗？

7.2.5.2　CCER运营机制与问题

CCER在发展初期有其历史的必然性，对国际社会碳减排在早期的推动起到了重要的作用，但低碳技术产业发展和碳减排体制的进化，需要核证减排激励体系的版本重大升级。业界研究人士和管理层需要认识到，在原有体系上简单地小修小改，将无法延长其生命力和可持续发展能力。

（1）CCER核证机制是历史阶段性产物。

目前我国CCER管理仍遵循2012年出台的《暂行办法》。根据《暂行办法》，CCER应基于具体项目且具备真实性、可测量性和"额外性"。

其中"额外性"的国际通行定义为：CCER项目所带来的减排量相对于"基准线"是额外的，即这种项目及其减排量在没有外来CCER支持的情况下，存在具体财务效益指标、融资渠道、技术风险、市场普及和资源条件方面的障碍因素，单靠项目自身难以克服。同时，根据《暂行办法》，CCER项目的"基准线""额外性"，应采用经国家主管部门备案的方法学（方法指南）予以确定及论证。方法学是指经国家发展改革委备案认可的用以确定项目基准线、论证额外性、计算减排量、制定监测计划等的指南。这里的"基准线"和"额外性"，需要依赖一套复杂的知识体系和核证流程，导致CCER项目核证有较大复杂性和较高成本。

不同方法学的CCER额外性论证一般都包括"首个同类项目认证、障碍分析、投资分析和普遍性分析"四个维度（步骤）。经过这些举证、调查、论证，政府要分别确认、判断拟议项目的"基准线"，其是否存在商业化的障碍，投资收益是否低于相关标准以及是否具有商业化前景。一般来说，CCER额外性论证要求发电行业的基准收益率不高于8%，而大部分风电、光伏项目的内部收益率（IRR）都能超过8%。即使是那些IRR低于8%的项目，它们或者得到过各种形式的补贴，或者实现了发电侧平价，即实质上都不存在商业化障碍（收益率已被市场认可），因此不符合CCER的初衷，也不具有额外性。

类似风电、光伏项目这些原CCER主力领域，由于技术突破和产业规模大幅提升，单位生产成本大幅下降，甚至相比传统煤电已有很大的价格竞争力，CCER机制已经非常不适用。而CCER体系中类森林、沼泽和海洋红树林等类型的减排量，完全是碳汇量，可以纳入碳汇核证体系CCCS。

（2）CCER与碳排放量的抵消机制。

当前全国各地试点市场的CCER抵消机制都各自在运营，冲抵配额时的政策要求、种类限制、时段限制、比例限制等各地政策各不相同，抵消比例在2%~10%。预计全国碳排放权交易市场将会择机引入CCER体系作为抵消机制，重启时间和冲抵配额时的政策要求、种类限制、时段限制、比例限制等尚不确定。

按当前主管部门规定，CCER重启后，企业通过购买相应凭证，最多能够抵消自身5%的减排量。这一规定对于CCER的发展有相当大的局限，意味着CCER的市场需求空间被极度压缩，会形成鸡肋效应。数百个方法学形成的庞大核证体系的管理维护是维持现有核证体系的不可承受之重。

（3）CCER机制存在的问题。

一是基准线、额外性、减排量的核算标准客观性差、过程复杂和操作性低，难以形成国际标准，运营效率低，投入产出低。

CCER的额外性的认证复杂度较高，缺乏标准，很难被国际公认。减排量的基准线也很难确定，是一项复杂的技术操作，尺度标准不好掌握。很多专家研究出来、共同认定的方案和标准，时效性将很短，因为产业和技术以及宏观政策变化得很快。这些都导致CCER体系复杂且实操性极低。

从运营难度和效率看，由于 CCER 没有市场生命力和难以国际化，发展规模潜力和推广价值不大。CCER 与碳排放权一样，标准化难题延伸出的国家间互认问题非常难以解决。如仅在一国之内应用，投入产出又很不合理。

CCER 整个体系需要太多的方法学支撑、核证流程成本和监管成本投入，再加上抵消机制 5% 的局限，所以 CCER 发展的空间极具受限，投入产出无论如何都不划算。我们不应该再在 CCER 上面动脑筋，应对气候变化可以有更多的创新。

目前我国备案的自愿减排方法学共计 200 多项，同领域内方法学众多，同类源项目缺乏统一、权威的方法学。例如，仅林业的项目方法学就有 9 个（包括正在申请的）地方标准。

这样复杂的体系不可能做大，更不可能得到国际认同，无法形成国际市场。

二是 CCER 的激励对象是相对减排量，不是绝对吸碳量。很多项目并没有实际从空气中吸碳，已不是现阶段碳减排激励的重点。CCER 的发展缘起于激励和补贴早期一些绿色低碳项目，弥补这些项目回报不足的问题。其在国际社会推动碳减排的早期阶段作用价值比较大，在当下实际意义已经比较小了。光伏、风电的度电成本已经低于煤电了，CCER 类政策价值大幅降低。碳减排激励机制政策必须开始直接面向吸碳，面向真正从空气中吸掉碳的行动和技术。

三是与其他减排工具机制重叠与冲突严重。当前，由于碳交易机制与绿色电力市场化交易、绿色电力证书认购交易的机制政策协同规则不明确，导致建设风电、光伏等可再生能源发电项目的企业，凭借同一项目理论上可获得 CCER 交易与绿电交易的双重收益。如何使绿电、绿证、碳配额、CCER、用能权等政策工具减少重叠和矛盾，最大限度发挥节能降碳协同效果，已是当前管理层面临的新的重要任务。

重启 CCER，会给政府带来更多复杂体系性事项。当前的碳减排工作方向，不应该增加更多的政策工具，而应对现有的政策工具进行梳理、简化和统一。

四是随着碳减排机制的完善，碳排放成本内部化制度日益成熟，一些阶段性激励机制需要清理，以保证整个市场竞争的公平性，节约财政支出。随着碳税、碳排放权交易机制的应用扩展，特别是基于 CELM 的"1+1"体系一旦运营起来后，所有商品的碳排放社会成本将逐步显现在商品的实际成本中，即碳排放的外部性代价成本将内部化。碳排放成本内部化工作不断到位后，从市场竞争公平性和市场资源配置效率讲，低碳排放项目就不能获得其他额外的激励，否则容易造成价格体系的混乱。低碳项目和产品已能通过较低的总成本获得一定的市场竞争优势，并且通过透明的碳标签和成本构成，获得品牌和用户选择优势。

总之，CCER 相关项目的价值今后应该在商品总成本中体现出来。CCER 补贴的法理难以从经济学解析方面找到理由，多种政策重复和叠加，机理不清，投入产出效率会降低。如果激励仍然不足，最多增加一些财政政策（减税、低息融资）进行阶段性的支持，而不能做核证减排量进入碳市场获益。

7.2.5.3　CCER与CCCS的区别

CCER与中国碳汇核证（CCCS）体系的不同在于，"负碳"这个产品是全球统一标准的，在全球任何地方从空气中吸掉1吨CO_2对全球的意义和价值是相等的。基于"负碳"指标的碳市场才容易形成全球统一市场，有利于加快全球碳减排整体推进。

现在市场上将核证减排量与碳汇核证混同在CCER概念中，当下已非常不适合碳中和进程的需求，是时候该将二者区别开来。这二者其实性质完全不同，碳汇企业生产的"负碳"将成为碳中和的关键，生产"负碳"的"碳汇"产业才越来越重要，CCER应较快退出历史舞台。

碳汇（Carbon Sink）是指从空气中清除CO_2的过程、活动和机制，主要是通过森林、湿地、海洋、土壤和越来越重要的CCUS技术等吸收并储存CO_2的能力。研究数据表明，我国的碳汇能力逐步提升。根据中科院收支项目的研究，我国目前地表碳储量相当于363亿吨CO_2，每年的固碳速率是10亿~40亿吨CO_2，占人工排放碳源的10%~40%，作用不可低估。估计森林在2060年以前将会达到固碳的峰值，之后固碳速率就会降低。可见林业碳汇等生态系统在碳中和愿景中扮演着重要角色，碳汇项目将助力我国实现碳中和目标。

从物理性质维度分析，碳汇指的是从空气中拿掉CO_2，CCER指的是与什么相比较减排了多少CO_2。碳汇是碳的负排放，直接抵消正的碳排放，是直接指向碳中和的。CCER的碳减排是少排放，是相对减排量，与从大气中拿掉CO_2在物理学意义上有很大的不同。

从碳市场交易标的维度分析，碳汇（负碳）是客观标准，是合适的交易标的。CCER的相对碳减排数量，是非客观标准，需要通过一整套复杂的方法学和投入大量的人力物力进行测算核证。负碳概念和标准可以全球统一，市场定价将会符合全局利益。

因此，"负碳"才可能是今后碳市场的主力产品，我们必须集中并加大力量建设负碳核证体系，这才是正确方向。

"真负碳"核证体系与CCER相比有以下特点。

（1）不是核证减排量，全是真实的吸碳，只核证从空气中减碳的项目和数量。

（2）没有额外性要求。有投入资源、成本维护和发展的碳汇项目都是有效的负碳产业，都应给予激励。

（3）只对增量核证，不对存量核证。森林组织、海洋红树林类型的负碳，只核证今后每年的吸碳量。整体上"真负碳"核证体系将比现在的CCER体系简单很多，价值要大很多。它不用去考虑投资的基准线、额外性等抓不住、摸不着的东西，标准也不会快速变化。

（4）数量越多越好，不受抵消比例限制。全部"真负碳"都可以进入碳市场出售，任何碳排放组织购进负碳，都可以用来抵消100%范围的碳排量。

7.2.5.4 CCER变革：从自愿减排量CCER到碳汇核证CCCS

不考虑CCER中的相对碳减排量，将CCER中与"负碳""碳汇"生产的核证体系加强，是我们当前急需要做的工作。

当前，全社会减碳已形成共识。今后大量的减排技术涌现，每个企业都可以在减碳方面进行技术创新和管理创新。这类减排技术依靠国家来认证来激励，社会成本会过大，已不现实。另外，碳减排已是一种社会责任要求，不是直接奖励对象。一个理想的、可持续的新技术补贴政策要明补不要暗补，操作难度要小，减少弄虚作假的骗补漏洞。碳排放社会成本内部化机制日益成熟后，这些问题将得到妥善解决，不应该保留原有低效、引起混乱的类CCER机制。

今后国际社会碳减排制度建设的两个重点方向，一是完善碳排放成本内部化制度，让制度更客观公平、更高效低成本，引导发展低碳经济，加速碳减排；二是直接激励吸碳，明确针对绝对吸碳，而不是相对减碳。两种机制相向而行，加快国际社会的碳中和进程。这两种制度不重合、不矛盾，并且考虑到所有相关方的正反向激励需求，是高效公平的。

很显然，我们更应该加大力度发展直接面向碳中和、可高效率执行的碳汇核证体系。CCER的认证体系应予以取消，将资源和精力转向加强"真负碳"认证体系的建设。CCER机制重启和继续运营，会造成全社会碳减排体系的混乱，重合、冲突、不合理就会日趋严重。

当然在CCER相关项目中，能生产出"真负碳"的项目，可以纳入新的碳汇核证体系中核证，给予积极认证，相关组织可直接在负碳碳市场中出售获益。

7.2.5.5 CCER交易市场不应重启

综上分析，CCER因其自身的特性不适合作为资本市场的交易标的，与国际社会主流碳市场很难对接，政府部门不宜再耗费资源建设其他分散的碳市场和专业CCER交易市场，否则，很容易再成为一个败笔。

分割市场、分散资源。短期内，中国碳市场规模本身不是太大。碳排权碳市场现在年交易规模仅为数十亿元。而按CELM理论的负碳碳市场方案，交易规模能达到1万亿~5万亿元，如果能成功发展出国际碳市场，规模可达10万亿~20万亿元。目前中国碳市场与股市规模差距很大，这样的市场体量再分割成无数小的主体，是很糟糕的事情，整体碳市场价值将损失很大。

现在我国碳市场建设迫切需要撤掉各个省级市场，建成唯一的全国统一负碳碳市场，朝国际碳市场目标去努力，而不是去新建一个CCER交易市场及其他分散的市场。目前的做法是对顶层设计理论缺乏信心，所以不断实践尝试，代价巨大。现在有了CELM体系和解决方案，CCER已经完全没有必要重启。

破坏市场机制资源配置效率。碳交易市场最重要的目的不是资本炒作，而是高效率的市场资源配置，以有利于宏观经济和社会福利的增加。政府的碳市场建设目的一定是降低碳减排的社会总成本。市场分割将严重破坏碳市场建设的主旨，煤电企业之间的碳排放权交易对市场资源的配置效率价值微乎其微。政府的目标是将全社会所有存在碳排放碳吸收的组织、个体全部纳入进来，进行资源有效配置。只有将全社会的"碳排"和"碳汇"直接对接起来，资源配置效率才是最高的。

单独的CCER交易市场做不大规模。CCER的局限性，导致其抵消碳配额的比例存在5%的上限，这决定了CCER体量不可能做大。目前全国碳排权碳市场年交易额仅为数十亿元，这决定了CCER独立市场的规模就不会超过5亿元，显然意义不大。政府应该着力找到更好的碳资产标的：简单、标准、体量大不受限，这个资产标的就是"负碳"。

作为相对减排量，CCER很难形成国际标准，不可能国际化，发展空间有限，投入产出不合理。碳中和最终追求的是国际协调，不能形成国际标准的机制，终究不会有大的作为。

方法学太多，甚至数百种，管理和运营相当困难，廉政和寻租问题难以解决。因为是相对减排量，不同行业、领域就需要开发不同的方法来核查、认证，计算方式不同，管理成本过高，过程中的管理问题层出不穷，得不偿失。有的机构提出要培养20万名CCER核查顾问，要大力发展培训产业，逻辑严重不通。一年碳市场只有数十亿元，在5%的抵消机制下，CCER的规模仅数亿元，而20万核查人员的年人工成本大致是400亿元。这是严重脱离现实的臆想市场。碳中和行业是为了解决对人类生存威胁的气候问题，不是为了创造人为的商业市场。

7.2.5.6　CCER政策趋势展望

CCER因国际社会需要启动大量碳减排项目而起，因其局限性和越来越多的问题而衰落，它的阶段性历史使命已完成。随着国际社会碳减排体系的完善，特别是应对气候变化新理论体系——CELM理论和全球碳中和方案的提出，CCER概念已完成历史使命，没有重启的必要。

很多原CCER项目是低碳产品，对全社会碳减排是非常有利的，其正向外部性非常值得激励。随着全社会的碳排放成本内部化制度越来越完善，低碳产品的市场竞争力和发展能力会越来越依靠自身的市场竞争力发展得更好，而不是依靠类似现在要耗费巨额社会成本的CCER机制来补贴。

国际社会碳减排、碳中和的工作重点是，面向全社会建立并完善碳排放社会成本内部化体系，将各种技术产业放在相对公平的机制下进行市场选择，才能对宏观经济影响最小，对社会福利的增加最大。

综上，CCER市场不宜再重启，中国应该将更多资源投入碳汇核证体系建设上，才能有更好的发展与前景。

若当下，CCER低碳项目的正向外部性还需要补充激励机制，宜采用财政和金融政策工具作补充更合适，简单易执行，执行难度和成本更低。如：

（1）给予税收优惠。可包括增值税、所得税。基于产出，不需要复杂的核证过程，行政成本和效率会比较理想。

（2）给予绿色金融低息优惠。通过绿色金融基金提供政策性低息融资，支持项目发展。

（3）其他高效率补充机制。如上海的电动车不用支付高达10万元的上牌费，这是力度十分大的补贴政策，直接补贴到终端用户，效果非常好。

以上政策针对具体项目，甚至直接补贴到终端用户，效率高，会减少骗补、寻租等问题，行政成本低，并且对产业的正向作用效果更好。中国新能源市场出现的骗补和寻租问题已不少，是制度不合理造成的。

7.3　碳票管理系统设计

为加速全局减碳，方便各项政策工具精准制定实施，为各行业碳减排管理提供数据支撑，政府部门有必要尽早掌握全社会碳足迹大数据，需要加快建设和运营基于CELM设计的碳票管理系统CTMS。

一个覆盖全社会的CTMS系统平台的架构和功能设计要点如下。

7.3.1　国家级碳票管理系统

碳票管理系统（CTMS）是一个中央政府政策部门管理全国所有组织、物料、商品和服务碳足迹数据与碳减排的管控系统，是一个中心化的国家级碳减排管理数字化大数据平台，各级政府具有分中心系统；CTMS对全国碳减排管理具有关键性作用。

全社会所有商品和服务交易的碳排放量进项、销项数据全部在这个系统记录流转。一旦CTMS运营起来，系统能汇聚每一个组织、每一个物料商品和服务的碳足迹数据，产业链生产过程不同颗粒细度的碳排放数据都可以进行分析统计。

每个组织有一个碳账户作为国家碳数据管理的唯一ID，建议引用统一社会信用代码，基于碳账户建立每个组织的完整碳账本。

CTMS系统与国家金税系统有类似之处，都通过进项与销项数据来确定一个组织的碳排放责任。我们也可以将CTMS称为"金碳系统""金碳工程"。可以预见，金碳工程的建设将彻底改变我国"3060"目标的进程。

7.3.2　碳票及碳票的管理

7.3.2.1　碳票的定义

碳票是记录一个产品或服务交易流通过程中，由交易双方谈判确定的产品或服务内部碳排放责任流转数据的记录凭证。碳票是全社会碳足迹数据的载体，在国家的CTMS系统中保存完整数据链。

销项票：供货方供货后，不仅给采购方开出收款用的增值税发票，还将给采购方开出碳票，碳票记录了产品或服务内的碳排放责任流转的数量，在供货方的碳账户中记为销项票。意味着供货方将销项票的碳排放量抵消责任转移给采购方。

进项票：采购方在收到供货方的付款凭证——增值税票外，还将收到供货方的碳票，在采购方碳账户中记为进项票。意味着采购方承接了产品和服务对应碳排放量的抵消责任。

对一个组织来说，上游供应商开给自己的碳票就是进项票，自己给采购方（客户、用户）开出的碳票就是销项票。

除了碳源的销项票由政府开给碳源组织外，无论哪个交易环节，销项票或进项票的数量开具，按市场平等原则，由交易双方协商谈判确定。不是根据某个方法学的算法算出来，也不是简单的前端汇总统计，而是完全由自由交易的原则确定。只要下游采购方认可，组织可以开出多于自身进项的销项票，这种情景下，通常组织的产品碳排放强度低于行业平均水平。组织也可能开出低于进项的销项票，这种情景下，通常组织的产品碳排放强度高于行业平均水平。

一个组织对碳排放应担责的量为：一个阶段的进项票总量减去销项票的总量，按季度汇算清缴，保证组织的碳责任存量清零。如果是负值，可作为"负碳"，在碳市场中卖出获得收入。如果是正值，则需要从碳市场购进"负碳"进行抵消。因此从一个组织承担碳排放抵消责任的角度看，都希望少收进碳进项票，多开出碳销项票。

7.3.2.2　碳票内容和样式

碳票的内容和样式，由国家管理部门统一定制。碳票的所有操作和管理在CTMS系统中进行，全部为电子票，不存在纸质票。

碳票中记录的内容有：碳票编号、销售方信息、购买方信息、商品编码、商品名称、规格型号、商品数量、单位碳排责任量、碳排责任总量等。同时还有制单信息：复核人、开票人等信息。

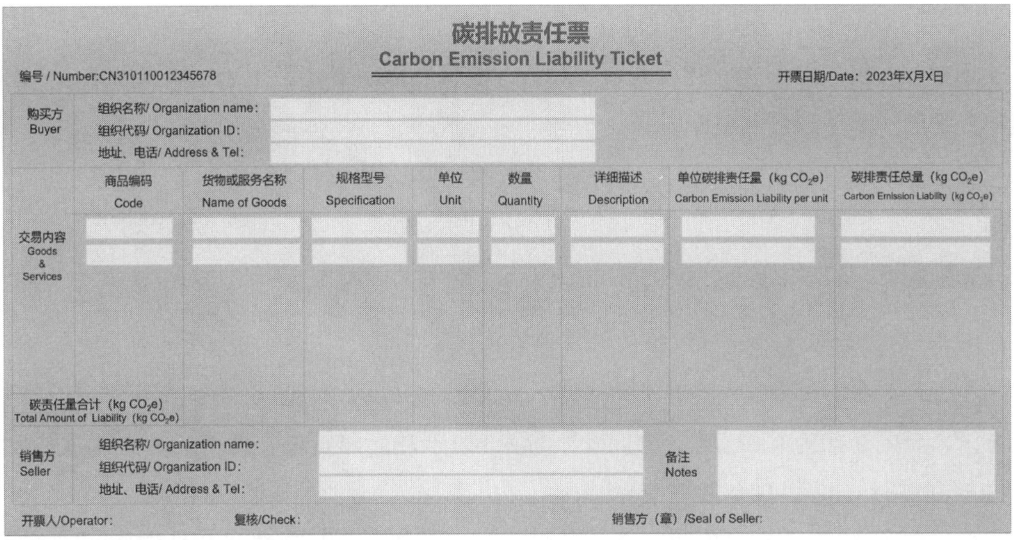

碳排放责任票
Carbon Emission Liability Ticket
编号 / Number:CN310110012345678
开票日期/Date：2023年X月X日
购买方 Buyer
组织名称/ Organization name：
组织代码/ Organization ID：
地址、电话/ Address & Tel：
交易内容 Goods & Services
商品编码 Code
货物或服务名称 Name of Goods
规格型号 Specification
单位 Unit
数量 Quantity
详细描述 Description
单位碳排责任量（kg CO_2e）Carbon Emission Liability per unit
碳排责任总量（kg CO_2e）Carbon Emission Liability（kg CO_2e）
碳责任量合计（kg CO_2e）Total Amount of Liability（kg CO_2e）
销售方 Seller
组织名称/ Organization name：
组织代码/ Organization ID：
地址、电话/ Address & Tel：
备注 Notes
开票人/Operator：
复核/Check：
销售方（章）/Seal of Seller：

图7-2　碳票样张

销售方开票人在CTMS系统中开票，购买方在CTMS系统中确认收票。

7.3.2.3　碳票开具规则

碳票的开具流转要保障全社会碳足迹数据管理的实时、准确和完整性，防止不法组织套利。政府管理部门将制定一些制度条例来保障碳票流转的合规和正常运转。以下几点规则应该予以明确。

（1）碳票的开具流转应基于真实交易。

碳票的流转跟着交易走，并不是跟着实际物品走。实际物品有碳责任量，任何服务中也都有碳责任量。碳票与平常的税票有关联，但不是同一张票据，要独立开具碳票。碳票上要注明因什么产品或服务交易产生碳排放量的流转，且要提供产品和服务的数量。产品或服务的数量以交易合同为准，与碳票流转的碳排放责任量有对应的关系。

碳票不允许虚开、空转。以套利为目的的碳票虚开，将和虚开增值税票一样，被视为严重的违法行为。政府管理部门和司法部门将联合制定相关法律制度。

（2）对应性、准确性保障。

一个交易合同可以按交付进度分多次开，但每张碳票的产品数量和碳责任量应该对应。目的是形成全社会可使用的准确碳足迹数据和碳排放因子，为全社会碳排放管理提供数据支撑。

（3）内容信息完整、准确。

碳票所有填报项必须完整、准确，CTMS通过智能审核系统对提交的碳票进行合理性核查，反馈给用户。对开错重开的可以给予一定的罚款，提升碳票运营质量，减少数据差错。

（4）生效原则。

销售方开票人向采购方开出碳票，购买人确认后，碳票才会生效，该张碳票进入组织碳账户汇算清缴的碳票数据库。

碳票系统运营后，一定会发现很多问题。通过实践，可以不断完善碳票系统运营的规则。

7.3.2.4 碳票进销项处理举例

例1：建筑公司承包项目碳票的进销项的处理

A建工集团B项目部承接了SH市城投公司的SH中心工程建设合同，建筑面积为50万平方米，合同总额为100亿元，合同碳票量为100万吨，即发包方接受100万吨碳进项票。经过5年的项目建设，项目竣工交付。

5年建设期间，A建工集团从众多材料设备供应商和分包商接收共2万张碳票，共90万吨碳进项票。其间第1年收到10万吨碳进项票，第2年收到15万吨，第3年收到15万吨，第4年收到20万吨，第5年收到30万吨。

A建工集团一直与SH市城投公司进行过程进度结算和最终项目结算。

A建工集团B项目部如何处理SH中心工程的进项碳票？

在CELM体系下，交易双方的碳票流转量是交易谈判的结果，还可在合同中明确。本项目，SH城投公司会在招标书中列明碳排放责任量的招标项。可以有两种招标方案：一种是标书中确定本项目的允许碳排放责任量，是固定值，各投标方均按固定值投标。此情景下，业主按建安造价最低原则选择中标方。另一种是碳排放量放开，作为各投标方竞争项。此情景下，招标方按工程建安和碳费总价最低原则选择中标方。按招标结果在合同中明确碳排放量，招标方只接受合同中约定的碳进项票。双方合同中还将约定，承包方销项票在进度过程中开出的条件和数量确定原则。这些条款将是全社会碳减排情景下必列的合同条款，碳票的处理条款将成为合同条款的重要组成部分。

在CELM体系下，总包方在选择供应商时，也采用几乎同样的方式，在产品和服务技术指标满足招标要求的情况下，以碳费和产品价格总价最低原则选择供应商。

项目工期较长，共5年，因此工程项目都要进行过程结算。鉴于政府要求所有组织的碳账户都按季度汇算清缴，以减少公司在碳费上的资金占用。A建工集团B项目部在集团公司财务部的协助下，会将每季收到的碳进项票进行汇总分析，按照工程进度和合同上的碳票处理条款，尽可能早、尽可能多地开出碳销项票，阶段性开出的碳销项票大于进项票，B项目部在碳票上产生"负碳"，即经营盈余，有净现金流，公司财务部门将这部分盈余归为项目部收益。如果开出的碳销项票只能小于进项票，则项目部产生碳排放存量，即经营亏损，则有负现金流，公司财务部门将这部分碳费亏损归为项目部的碳费损失。

发包方（SH市城投公司）的项目部会根据工程进度和合同条款控制接受碳进项票的数量。

双方流转的各阶段的碳票中，承包方（A建工集团）开出的每张碳销项票中，都会载明工程项目名称、本次票碳总量、本次碳量对应的建筑面积（不是合同建筑总面积）。工程总结算后，所有碳票中碳排放责任总量相加是合同约定的总量，本项目合同约定碳排放责任量为100万吨，因此A建工集团会开出总量为100万吨的碳销项票。所有碳票中建筑面积相加是合同中的总建筑面积100万平方米。特别需要强调的是，在CELM碳票中，工程承包商交付的产品是建筑工程，交付产品的单位是建筑面积，所以建筑公司开出碳销项票的产品单位是建筑面积。

B项目部实际收到供应商分包商的碳进项票总量是90万吨，产生了10万吨"负碳"。说明该项目公司在材料设备采购、分包商选择中碳排放量控制工作出色，低于合同碳排放量，有10万吨"负碳"可通过碳市场出售增加项目利润。按当前中国碳市场碳价约60元1吨，可增加项目利润600万元。实际操作中，A建工集团公司财务部对所有项目的碳票进销项在集团公司一个碳账户中操作，集团公司划拨"负碳"市场价值600万元归入B项目部利润总额中，10吨"负碳"资产归公司所有。以上工作由公司财务部统一处理。

例2：大学科研团队研究课题的碳票进销项处理

TJ大学的教授博士团队为SH市政府做了一个"如何实现共同富裕"的专项课题，课题费为100万元，历时一年成功交付验收。

其间，课题组交通费花了10万元，打印费花了5万元，办公室电费消费3万元，计算机用坏了5台，支出5万元，组织会议费用支出5万元，专家费为3万元等。这个项目共收到了上游供应商开出的碳进项票共200张，合计100吨碳。

课题组和学校该如何处理这个项目的进项碳票？

这个案例的碳票处理有两种情形：

第一种情形，如果SH市政府课题招标时，招标书标明课题费中包含碳费，课题采购方（SH市政府）不接受碳票。那么TJ大学课题组就要在课题费中包含课题组需要中和的碳费，花费6000元（按"负碳"价60元/吨计算）从碳市场中购得100吨"负碳"进行抵消。实际操作中，可能是学校财务将课题组6000元碳费扣下，学校财务处来统一操作存量碳的汇算清缴。

第二种情形，如果课题费不包含碳费，招标书明确SH市政府可接受100吨碳进项票。则TJ大学课题组开100吨销项碳票给SH市政府，同时给SH市政府开100万元课题增值税发票，进行收款。

这种情景下，如TJ大学课题组收到的碳票数量超过服务合同中约定的量，总量达到120吨，则课题组需承担多余的20吨碳排放责任成本，花1200元从碳市场购得20吨"负碳"，在碳账户中进行抵消。实际操作中由学校财务从课题组经费中扣除1200元碳费，并统一操作存量碳的汇算清缴的抵消操作。

如果本课题期间上游供应商收到进项总共为80吨碳票，课题组开给政府的碳票销项为100吨，则课题组产生了20吨的"负碳"。实际操作中，学校将给课题组额外20吨碳费1200元的补贴，学校来统一操作存量碳的汇算清缴，包括碳抵消和"负碳"出售、碳资产投资和管理。

综上两个碳票进销项处理案例，需要强调的是，碳票在产业链中数量确定，是一个交易谈判确定的数量，是今后合同商务条款中的重要一项。不是按规定方法学计算核算的结果，也不是用设备仪器全过程实测的结果。只有这样的体系可以面向全社会进行运作，将全社会纳入碳减排体系，驱动全社会减碳。

7.3.3 CTMS系统主要功能

7.3.3.1 对社会组织（企业）

（1）组织碳账户碳票进销项数据流转记录。

接收查看上游供应商开过来的碳进项票。如无问题给予确认，接收碳进项票。

给下游客户开出碳销项票。

汇总统计分析碳进项销项情况，实时查看碳存量数据。

（2）输出本组织各种产品的碳足迹数据。

为本组织各种产品分配碳责任量，与碳排放责任量进项总量进行对应。

一个企业组织的产品种类可能有很多，甚至上千种，使用的能源种类也可能有很多，系统可以方便地进行匹配对应分解。

多维度统计分析能力：按时间段、物料、产品和服务种类统计分析功能。

（3）按季进行组织碳存量汇算清缴。

按季对组织碳存量进行汇算清缴。有碳存量的，从负碳碳市场购进"负碳"，系统能进行碳存量和"负碳"的对冲核销（碳抵消），更新碳存量和负碳持有数据。

产生"负碳"的碳账户，即碳销项多于碳进项，可以到碳市场售出"负碳"。

（4）直接通过CTMS购买碳市场"负碳"或售出"负碳"。

CTMS与碳市场交易系统直接连通，打通两个系统的数据。组织碳账户碳存量为正值或负值时，方便对接碳市场购进"负碳"进行汇算清缴，或售出"负碳"进行碳资产变现。售出"负碳"是对低碳组织的一种重要激励方式。

（5）统计分析各种材料、产品的社会中准值，形成社会碳排放因子库。

从CTMS可查询到当前各种产品碳排放量的社会中准值，即当前所谓的碳排放因子，用于评估项目方案、工程设计方案碳排放情况。

（6）碳汇管理。

企业投资了碳汇项目，经过政府认可的核证部门核证通过后，获得政府授予的"负碳"数量证书，这些"负碳"数量可用于抵消组织的碳排放量。

与国家碳资产登记系统进行数据连通，进行碳资产登记、碳资产核销。

（7）碳资产管理。

组织可以进行碳资产的筹划，在碳市场预先购进或售出碳资产，根据价格波动和预判，购进碳产品期货和其他碳产品。组织通过碳资产管理，降低碳排放成本，甚至投资套利。碳金融市场是国际社会都想做大的新兴金融市场，但现在的工具和顶层设计存在问题，还未能很好地发展起来。基于CELM的负碳碳市场能当此重任。

CTMS系统可获取一些碳市场价格曲线、趋势分析结果。

（8）碳管理指挥中心。

CTMS可将组织管理层关心的主要数据汇总并可视化呈现，形成图表化数据，方便管理层决策指挥组织碳管理。

7.3.3.2　对社会家庭

（1）与人口数据库对接，形成家庭碳账户。

CTMS系统与人口数据库数据对接，形成家庭碳账户。将一个家庭中的全部人口的碳消费汇集到家庭碳账户中，为家庭碳排放管理创造条件，也为政府的消费端碳减排政策的执行建立系统工具。

（2）查看家庭账户碳排放总量、碳汇量、碳存量。

CTMS可查看一个家庭的碳排放汇总数据，包括家庭碳排放总量、家庭碳汇总量和碳存量，分析家庭各类别的碳排放量，如食品、出行、服装等，形成可视化图表，让家庭碳数据一目了然。

（3）家庭碳汇管理。

农村大量农户承包了山林，产生碳汇，今后可以是家庭的重要收入来源之一，因此要进行家庭碳汇数据管理。碳汇量通过政府认可的核证机构认证，政府授予"负碳"数量证书，即成为家庭资产，可以择机售出变现。

（4）碳资产投资：购进和售出"负碳"、立志成为零碳家庭。

立志成为零碳家庭的家庭，即愿意作出碳中和贡献的家庭，可以自行通过CTMS系统从碳市场购入"负碳"，对自己家庭的碳排放量进行中和，成为碳中和家庭（零碳家庭），为社会作出贡献。

家庭也可以通过CTMS系统进行碳资产投资，择时购进和售出并赚取差价，可成为家庭抗货币通胀的重要资产选项。

7.3.3.3 对政府碳管理部门

（1）查看任何碳账户碳票进销项数据流转记录。

政府碳排放管理部门可以对某个碳账户汇总统计分析进项销项情况，实时查看碳存量数据。

CTMS支持反查跟踪某个组织、某个产品前序和后序所有碳足迹情况。

（2）碳源基础数据输入、汇总分析。

政府管理部门开碳源销项给各碳源企业，碳源企业则输入了碳源进项。

碳源基础数据输入要考虑多级授权，与行政管理体系匹配。碳源数据核证确认输入可由各级政府管理部门执行，大型央企可以由中央管理部门执行，地方能源企业可以由地方政府执行。

支持碳源基础数据的汇总分析：可按时间、地区、能源种类和行业等多个维度进行汇总、分析。

（3）碳账户汇算清缴查看分析。

查看、统计分析所有组织按月（或按季）汇算和清缴功能情况。

（4）多维度碳排放统计分析。

提供按时间段、组织、物料、产品和服务种类等字段进行统计分析的功能。

提供任一行业多种指标排序功能：例如，碳排放总量、万元产值碳排放强度、单位产量碳排放强度（如钢铁水泥行业按吨、建筑业按建筑面积）等，为行业政策设计提供依据。

（5）数据应用。

CTMS系统可准确完整地输出各种材料和产品的碳足迹数据，为全社会碳排放管理、绿色金融发展提供准确的基础数据。

（6）统计分析所有产品碳排放量的社会中准值，形成各行业碳排放因子库。

为全社会碳排放管理提供动态准确的碳排放因子库。这是当前碳排放管理的一个巨大的障碍。不能仅依靠社会力量建设碳排放因子库，必须借助数字化信息化的力量，CTMS能够实现这个目标。

（7）对碳票智能核查。

系统对每一张碳票有基础智能核查分析功能，并对开票组织进行反馈，监督提升碳票质量，预防风险。

（8）对异常情况的分析预警、反碳票诈骗。

有利益就会有挑战，增值税系统在一个较长时间内都在应对欺诈，相关经验可直接借鉴，便于CTMS尽可能地在短时间内完成系统的应对能力建设。

例如，能反查跟踪某个组织，某个产品前序、后序所有碳足迹情况。

因CTMS系统一启动就全面实施数字化运行方式，其监管难度远远小于还是大量纸质票的增值税系统，系统监控能力、反诈能力一开始运营就可以比较强大，监管压力不大。

（9）政府AI决策支持系统。

基于全社会碳足迹大数据，系统可构建出大数据模型，对已发生的情况进行分析，对碳减排趋势进行判断，在碳减排进程、宏观经济影响等方面为决策层提供决策支持，特别是为未来碳定价方案提供可靠的智能分析结论。

（10）碳关税处理系统。

为出口企业提供准确、完整的产品可信碳足迹数据，结合国内碳市场，进行国内碳排放成本预先处理，避免将碳关税流向国外。欧盟CBAM已经生效，进入启动倒计时。CBAM对我国外贸是一个挑战，基于CELM的"碳票管理系统+负碳碳市场"的"1+1"体系是当前应对碳关税的最佳策略。CTMS系统应及早研发出碳关税处理的相关功能和应用。

（11）政府碳管理指挥中心。

系统应建设政府碳管理指挥中心，各种关键指标动态情况一目了然，异常情况应及时警报。

关键指标包括：碳排放总量、碳汇总量、汇算清缴情况、各行业情况、消费端关键数据等动态情况，各大指标趋势图等。

（12）全电子化（无纸化）运营。

碳票管理系统要比增值税系统运营更低碳，一上线启动就要做到全面电子化，取消纸介质票，实现碳票管理系统的低碳化。当前增值税系统运营中纸票量很大，产生大量碳排放量，正在向无纸化转型。碳票管理系统要避免这个改造过程，一步到位，直接无纸化、电子化、数字化。

7.3.4　CTMS需要具备的重要性能

（1）超大数据量承载能力。

整个社会碳足迹流转数据要全部记录下来，这个数据量相当大，需要极大的数据承载能力，需构建高性能的数据库、数据湖、数据仓库等多级海量存储体系。

（2）数据安全性及涉密保护。

随着时间的推移，CTMS系统积累的数据量将相当庞大，数据的价值也将越来越大，将对中国的碳中和进程和经济增长起到非常重要的作用。整体数据涉及国家经济安全和重大利益，属于有系统性影响力的范畴，数据的安全性必须确保。

数据灾备、防网络攻击、防数据泄漏等大数据系统的安全性必须达到信息系统安全等级保护最高级别，必须建设多个异地数据中心灾备。

要建立数据安全保护制度，需对数据的利用、二次开发建章立制，确保有法可依。

（3）数据处理效率、响应速度快。

全社会会有大量的数据查询、统计分析请求，系统要有高效处理的能力，算力要足够强大。

（4）异常情况预警能力。

系统能实现对碳足迹流转记录数据异常、查询情况异常等多种异常情况的报警和自处理，高效识别异常碳账户和异常碳票。专业团队要建立并持续维护异常判断规则的知识库，提升系统智能分析能力。

（5）有强大的二次开发能力、与外部系统对接能力、被集成能力。

向全社会提供API、SDK等二开工具包，支持被全社会各种数字化管理系统调用。系统需要具备很好的权限控制能力、数据脱敏控制能力。

直接对接的系统包括且不限于：国家碳资产登记系统、国家碳市场交易系统、国家级机构代码系统、全国人口管理数据系统、国家增值税系统、国家宏观经济分析系统、银行支付系统等。

（6）支持各种数据发掘和AI分析。

全社会碳足迹大数据库的数据量庞大，里面的数据价值非常大。今后不仅仅用于碳减排管理，在政府、行业管理部门和企业组织的国民经济管理、行业管理和企业的管理需求方面，该数据也有很大的应用价值。

数据库应具有优秀的表结构及视图设计，支持高效生成知识图谱，可集成大模型等AI算法，进行数据深度发掘和自动应用。

7.3.5 与碳交易所平台系统对接，支持碳账户汇算清缴

CTMS系统与碳交易所平台系统直接打通非常重要。每个汇算清缴期，每个组织都要进行碳账户的汇算清缴，有碳存量的账户要从碳市场买入"负碳"进行抵消，碳存量为负则可以在碳市场卖出"负碳"获取收益。因此CTMS要与碳市场直接打通，方便社会组织进行碳账户的定期汇算清缴。

CTMS能支持社会组织的碳资产管理。一个组织从自身的碳排放需求和碳资产投资的角度，可以提前购入或卖出碳资产——"负碳"，因此要能够方便地从CTMS登录进入碳交易所，进行"负碳"产品的买进和卖出，进行碳资产管理。

7.3.6　与税务系统对接

CTMS 与金税系统对接是非常必要的。政府的宏观管理，利用这两套数据可以分析出很多重要信息，是非常重要的决策支撑工具。

一个组织的碳存量关系到巨大的经济利益，系统要有强大的反欺诈和反套利能力，与税务系统对接后将有强大的上下游企业的数据核查分析能力。

CTMS 与金税系统的组织编码、物料编码和票号的对接技术方案需要得到高度重视，要进行专业设计，这关系到两大系统数据对接的能力和效率。相对来讲，金税系统对物料、产品的管理细度没有 CTMS 系统的要求高。

7.3.7　研发符合 CTMS 需求的物料、产品和服务的智能编码系统

为便于分析全社会每种物料、产品和服务的碳足迹，分析同一种物料、产品和服务的碳排放行业平均水平，需要一套全社会统一的智能编码系统，这套编码系统要覆盖全社会物料、产品和服务，方便系统大数据处理，实现更高维度、更细颗粒度的大数据价值的发掘利用。

这套编码系统需要满足以下需求：

（1）支持某个组织（企业）的碳足迹数据记录和分析；

（2）支持某个具体产品的碳足迹分析；

（3）支持某一类产品的社会碳排放量标准值统计分析。能支持社会动态碳排放因子库的建立。

当前国际上 GS1 标准的编码方案市场占有率极高，已形成事实上的国际标准。当前增值税系统对商品的编码要求还比较低，因此并未采用 GS1 标准。CTMS 应采用 GS1 标准还是别的编码标准，仍有待研究：

一要考虑 GS1 能否全面满足 CTMS 的数据处理和分析需求。

二要考虑 GS1 能否全面满足全社会数字化升级需求，今后中国这么多数字化系统，主数据编码的统一性问题迫在眉睫。

三要详尽研判安全性，GS1 不仅是一套标准，还是一套全球系统。俄乌冲突中大量欧美软件公司和信息标准组织参与了制裁，需要引起政府的警觉。中国不能因为编码系统的依赖性造成系统停摆，应该研发自主可控且与国际接轨的物品编码系统。

7.3.8　碳票系统的反欺诈能力

基于碳排放责任机制的碳票管理系统，在反欺诈方面的风险会比增值税系统风险小很多，但仍要充分重视。碳票虽然仅记载商品中的碳排放责任量，最终是将碳排放成本加入

商品中，因此碳票与增值税一样，可以认为就是一种权益凭证。在目前的碳排放管理体系下，2022年政策部门已公布处理了多起碳排放数据欺诈事件。

社会组织的碳票进项与销项，都在国家的碳票管理系统中运转，数据的真实性比较容易控制，通过与增值税系统的关联，系统反欺诈能力会更强，但运营过程遇到欺诈挑战也是必然的。

7.3.8.1　可能的欺诈场景

欺诈企业在下游设置一些配合企业，欺诈企业开出很大的销项给下游配合企业，形成很大的碳排量负值，将"负碳"出售套现。这些下游配合企业，可能是真实交易背景的业务企业，也可能是虚设的套利企业。更进一步，下游企业再向下下游开出虚假的碳销项票，形成多层套利，多层循环。在这种情况下，最尾部的碳存量企业一定没有实现企业汇算清缴，前面多重企业则进行了套利。

7.3.8.2　非法套利分析

如果配合企业是真实经营的实体企业，因碳排放量成本要进入自己产品的真实成本，所以不可能这样配合。除非准备破产倒闭的企业，有可能关门之前通过配合碳套利赚一把。特别设计的有预谋多层循环套利的骗局可能性更高一些。

智能反诈系统分析识别：CTMS第一阶段如果就上线智能反诈系统模块，利用全局大数据分析，比较容易识别出来。

（1）对碳排放量为负值的企业碳排放量进行合理性分析。与同业相比，单位产值、单位产量的碳排放量是否异常。如果偏低较多，其合理性在哪里？是否采用了先进的减碳技术、绿色能源等。系统数据分析结果出来后，可做些实地核查，比较容易准确辨别。与自己的历史数据相比，分析异常变化的原因，数据分析和现场核查可较容易识别出问题。

（2）对交易链进行多重数据分析，直至追到碳平衡。这类套利骗局一定是前端多层企业套利，最后端企业逃避担责。如果系统追到有后端企业存在大额碳存量，并且出现不正常汇算清缴，表明有严重问题，则会对前端的碳排放量负值企业进行反欺诈套利调查。这种情形，CTMS系统可以有很强的分析预警能力，欺诈套利较难成功。

（3）对碳排放量进项、销项比差距非常大的异常情况进行分析。进销项之比过大过小都可能有问题，要对数据进行扩展分析，这样容易控制风险。

综上，CTMS由于有完整的交易链碳足迹数据，发现问题、预防问题的能力是较强的，所以风险不会很大。定期排查有大额碳负值出售的企业和有大的碳存量且不汇算清缴的企业情况，则欺诈套利情况整体可控。

事实上，国际和国内碳市场都已经出现了多起碳排放数据造假案和欺诈案，要给予较高的重视。

7.3.9　开放给全社会组织数据接口

CTMS具有足够多、详尽的社会经济活动大数据，为全社会组织和个人提供了详细的碳足迹数据和强大的分析工具，提供了碳足迹和碳成本两套数据。CTMS系统应该向外部信息化系统提供可扩展的API数据接口和SDK开发工具包，以支持和动员全社会共同努力，为实现双碳目标作出贡献。

进一步，CTMS系统形成的数据，将成为宏观经济的重要数据资产，可以开发形成大量的数据产品与能量强大的新生产力工具，为宏观经济的发展、调控发挥重要作用。

当然，面向不同对象、不同的应用，该提供什么样的数据，数据的脱敏如何处理等都需要做好规划设计。

第8章

负碳碳市场

我国陆续有8个省市试点碳市场，10多年来一直不温不火的，直至中国"3060"目标提出后再度发烧。各地重新开始抢建碳市场，但由于指导中国碳市场建设的理论不成熟，导致碳市场建设至今并不成功。

CELM负碳碳市场方案与碳票管理系统（CTMS）配合，将帮助我们成功建设中国的碳市场，成为中国和全球最重要的碳减排政策工具与碳中和进程的决定性力量之一。

8.1 国家级负碳碳市场顶层设计

基于CELM的负碳碳市场（Negative Carbon Trading Market，NCTM）与当前碳排权碳市场非常不同，在交易标的、交易机制和市场功能方面都有很大的差异，在国际社会还没有成型的理论体系和实践。要想真正发挥负碳碳市场的重大作用，需要做好顶层设计。

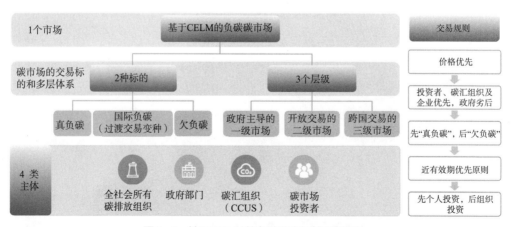

图8-1 基于CELM的负碳碳市场的顶层设计

8.1.1　统一的全国碳市场（1 个市场）

研究和实践表明，建立基于 CELM 理论的、以"负碳"为核心交易标的的全国统一碳市场，应该是我国碳交易市场变革的目标，以此才能改变当前碳排权碳市场小而散的局面。国际社会的碳减排体系，更需要全面对接全社会碳中和各种需求，利用统一大市场实现资源的最优配置。

"负碳"标的物指向碳中和终极目标，可利用它去逐步逼近碳中和，而碳排放权是一种政府授权，为阶段性控碳总量服务。目标不同时，效果完全不同。2015 年，巴黎会议确立了共同而有区别的责任机制，各大国都向国际社会承诺了国家碳减排自主贡献目标（NDCs），碳政策工具的选择设计应开始全面转向碳中和目标，这样问题也将简化很多。

8.1.1.1　全国统一碳市场

"负碳"是指从空气中吸掉 1 吨 CO_2，在地球的任何角落都是标准的，发生在地球任何角落对全球碳中和的价值是一致的。"负碳"的标准性，为形成统一的国家碳市场和国际碳市场创造了条件。

若中国率先发展"负碳"市场，将获得国际碳市场发展的主动权。形成统一碳市场非常重要，特别是中国如果获得全球统一碳市场的主导权，对中国的战略意义更为重大。

碳排权碳市场经过十年的地方试点，至 2021 年 7 月国内全国性碳市场才得以初步建立。而 CELM 负碳碳市场，一开始就可以建立全国性碳市场，以省市为试点的多个区域碳市场阶段完全没有必要，直接跳过这一阶段，反而减少了市场发展第一阶段的风险，目标应直指国际性统一市场。

通过负碳碳市场与 CTMS 协同，第一阶段负碳碳市场可以通过低碳价甚至零碳价展开试运营，对宏观经济产生的影响风险很小。CELM 碳市场不适合做区域性试点，若开展区域性试点，发现的问题不一定是全国统一碳市场会遇到的问题，应避免产生此类误导。

建立基于 CELM 的全国碳市场后，可加快取消基于碳排放权的省市级小而散且价值不大的小型碳市场，抢占全球统一碳市场制高点，充分发挥中国碳市场规模大、"负碳"产能大、再生能源产业实力强和基于特高压技术中国能源互联网的优势，努力把中国建设成全球领先的国际负碳碳市场。

8.1.1.2　基于 CELM 中国碳市场的愿景、使命和目标

一项事业要想更好地发挥生命力和价值，需要具备伟大的事业基因。基于 CELM 的中国碳市场，坚持公平高效原则，以支持人类命运共同体为出发点，站得高、看得远，有着宏大的愿景、使命和目标。

愿景：实现全球碳中和，让地球更美丽，更适合人类居住。

使命：让中国碳市场成为全球碳中和进程中最关键的力量。

目标：提前五年实现全球碳中和（2045年）。

价值观：公平、高效、积极、全球协同共美好。

基于CELM的碳减排体系，将改变全球气候问题的国际格局。中国在全球气候问题上，从被指责、被压制发展开始，将逐步进入有机会引领实现全球碳中和、为构建人类命运共同体作出杰出贡献的新阶段。

8.1.2 碳市场的交易标的（2种标的）

基于CELM碳市场交易标的的核心是"负碳"，非常关键的交易标的有两种，阶段性的会细分为三种。

（1）真负碳（Real Negative CO_2，交易代号RN.CO2）。

由碳汇（吸碳）组织输出，"真负碳"是由碳汇组织从空气中实际吸掉的CO_2当量，付出了吸碳的实际成本。碳汇组织可以是拥有林场的政府和企业、具有吸碳装置的专业CCUS企业及其他有碳汇能力的组织和个人。"真负碳"的数量必须由经过国际相关部门认可的核证组织核定，并在国家级碳资产管理系统中登记备案。因此，"真负碳"这一商品在全球范围内是客观标准，"真负碳"无论在地球哪个地方生产出来，对全球碳中和的意义和价值标准是一致的。

第一阶段，"真负碳"需求方由大量对环境保护道德规范要求较高的先进企业组成，包括一些互联网科技企业（类似阿里巴巴、腾讯、华为等）、软件企业、央企等。这些企业现在就有很高的碳中和目标，且本身是低碳企业，碳排放量特别是碳排放强度不大，完全有条件提前实现企业碳中和。这些企业也有动力用较高的价格在碳市场中购买"真负碳"，来抵消自身的碳排放责任量，实现企业碳中和，先行承担社会碳中和责任，作出社会示范，获得国际社会良好的ESG评价。

"真负碳"在碳市场的交易价，按实际成本、供需双方供需量，通过市场交易形成。随着碳汇开发量的增加和CCUS成本的降低，"真负碳"的价格也将快速下降。

在"欠负碳"价格全面达到实际吸碳成本价前，"真负碳"的需求者一部分是出口企业，用于应对欧美西方的碳关税边境措施（类似欧盟的CBAM）。中国的出口商品如果购买了"真负碳"，实现了商品的碳中和，就成了零碳产品，进口国无任何理由征收碳关税。但在第一阶段，"真负碳"的价格很高，通过贸易谈判，可用"国际负碳"这一虚拟"负碳"来过渡。

碳汇组织将出售"真负碳"获得的收益用于碳汇生产的运营，并产生组织利润，这样可以持续生产和改进技术，不断提升产量和降低成本。

供求不平衡，特别是市场严重缺少"真负碳"时，政府可以出售虚拟的"真负碳"期货以平抑市场，但必须在规定的时间内生产出来进行抵消，以维持国际信用。

出口企业购买"真负碳"实现出口商品的碳中和，会大大增加出口产品的实际成本。这可以通过三个方面来调剂：一是采用新技术和提升精细化管理加速减碳，减少碳排放量；二是在商品中增加碳费，向国外进口商收取，国外进口商向下游传递碳费用，体现了谁消费谁担责的原则；三是政府通过税种调剂降低出口成本，提升国内出口产品价格竞争力，类似于以往的出口退税，将增值税、利润所得税降下来，支持中国企业出口。

"真负碳"产品极为重要，是国际碳市场建设的关键载体。中国建设国际化碳市场，提供的交易标的就是"真负碳"。让国外碳排企业到中国碳市场购买"真负碳"，当地政府应该予以认可，因为这一交易实际上是从地球上吸掉了1吨CO_2。中国建立了CELM负碳碳市场后，要尽快设立专班组织，推广CELM理念和中国负碳碳市场方案，以获得更多国家的认同，争取得到联合国的认可，推进在中国建成领导全球的国际碳市场。

第一阶段"真负碳"的成本很高，应该还会出现一个过渡交易变种——"国际负碳"（International Negative CO_2，交易代号IN.CO2），即国际上国家间贸易认可的阶段性碳价。欧盟CBAM即在制定过渡阶段的国际碳价。国际负碳的价格比实际"真负碳"的价格低，比下文的"欠负碳"价格高，用于阶段性国际贸易互认，达到这个价格的可免碳关税。出口产品通过购买"国际负碳"进行碳抵消，可免除碳关税。中国是第一制造大国，是出口大国，中国碳市场有必要为马上来临的碳关税浪潮做好准备。

中国出口企业应对欧盟的CBAM机制，有两大问题需要解决：

一是确定CBAM开征后碳价执行的标准，按CBAM的免碳关税的认可碳价先行在国内进行碳抵消。

当前欧盟CBAM机制采用单边机制，自行制定的进口商品的碳价是按欧盟碳市场的市场碳价来计算的，目前为80~100欧元/吨，价格很高。如果出口国产品碳排放强度有竞争优势，不会造成碳关税损失；如果产品碳排放强度没有优势，产品竞争力将大大下降。合理的国际贸易碳价应该执行多边机制，共同商定阶段性碳价并共同遵守。

二是产品碳排放量的认定问题。国内CTMS可以提供真实可信、可核查的产品碳足迹数据。这样应对欧美贸易碳关税的两大问题就都能解决。

（2）欠负碳（Owing Negative CO_2，交易代号ON.CO2）。

"欠负碳"是政府直接向碳市场输入的、没有实际从空气中吸掉CO_2的，但可供社会组织抵消碳责任存量的"负碳"。政府管理部门是碳票销项的第一手开出者，拥有很大的碳票销项，却没有进项，因此政府拥有很多"负碳"可在碳市场出售。政府部门出售"负碳"的收入进入"国家碳中和基金"，用于推进全国碳中和进程各项合适的投入。因此，国家部门作为碳中和的总责任人，有权利获得这部分收入，CELM碳市场为国家碳费收取创建了一个很好的模式，合理且高效，为政府打开了一个巨大的财源，为绿色经济转型创造了强大的投资支撑。

政府每年输入碳市场"欠负碳"的数量，相当于整个宏观经济需要抵消的碳排放责任总量，约等于整个碳源总量减去碳汇企业输出的"真负碳"总量。CELM体系"欠负碳"碳定价第一阶段相当于寡头垄断型市场定价机制，庆幸的是，这个垄断寡头是政府。政府会根据宏观经济表现与碳中和进程来综合定价，从社会福利最大化原则出发，对政府、对全社会都非常有利。

当有大量碳资产投资资金进入碳市场时，政府可以增加输入"欠负碳"，来获得更多的减碳资金。但政府要做好资金管理，之后要做回购处理。

"欠负碳"的价格起始阶段将远低于"真负碳"，甚至试运营期可以用零价格，逐年向"真负碳"价格靠拢。"欠负碳"的功能是政府逐步将碳排放成本输入经济系统中：一是将减碳责任落实到整体经济体和全社会，最终到消费者；二是获取资金用于减碳，可投入减碳项目和技术创新升级。但考虑到实体经济的承受力，避免通胀，需要一个长期过程逐步提升碳价格。全部有碳责任存量的企业都要从碳市场购买"真负碳"或"欠负碳"进行进销项碳平衡，为碳排放承担责任。

中国碳市场的"真负碳"是国际化交易的碳资产产品，"欠负碳"是国内控碳减碳的政策工具。随着CCUS成本的下降和控碳减碳要求的提升，"欠负碳"的价格逐步走高，最后与"真负碳"价格一致，即碳市场交易标的就全部变成"真负碳"，"欠负碳"就完成了历史使命，退出碳中和历史舞台，也就实现了全社会的碳中和。因此，在"欠负碳"价格未达到当时CCUS的市场价，即达到"真负碳"碳价格前，它是国内碳排放组织承担减碳责任的交易品，只适合国内碳排放组织间的交易。"欠负碳"的收益归本国政府，用于减碳相关方面的投入，详见第13.5节。

CELM负碳碳市场的核心交易标的有两个，加上变种，在较长的阶段里会存在三个产品。一个繁荣的国际碳市场，金融衍生品也会逐步增加。

8.1.3　多层级碳市场（3个层级）

政府作为最大的碳源输出者向碳市场输入"欠负碳"，碳汇组织向碳市场输入"真负碳"，形成一级市场；所有碳市场相关方在国内碳市场进行撮合交易的是二级市场；跨国碳市场交易主体之间进行交易的是三级市场。中国碳市场有望最早形成基于CELM的三大层级齐备的碳市场，这对中国建立全球碳市场金融中心非常关键。

第一阶段的一级市场主要是以政府为主的寡头垄断型市场。这与中国对能源资源实行的国有体制有关，其他国家或有所不同。政府作为大气公共物品的维护者，可以通过立法解决碳源输出的问题。政府向碳市场输入"欠负碳"，碳汇组织向碳市场输入"真负碳"，形成一级市场。

政府输入碳市场"欠负碳"数量=碳源总量－"真负碳"总量

第一阶段，"真负碳"数量少，需要政府提供足够的"欠负碳"。

正因为政府是大气公共物品的维护者，又是碳票销项的第一手开出者，具有CELM碳市场的天然垄断地位。国家对碳市场的调控可以比较有序精准，政府的定价能力会很强，能给市场比较明确的预期。

当"真负碳"的产量超过"欠负碳"的数量时，碳市场会向完全市场化形态过渡。

二级市场是包含碳市场所有相关方的交易市场。二级市场各方参与者自由撮合交易，是一个开放的自由交易市场。二级市场应该及早允许社会投资机构和个人投资者入场，以活跃市场，为减碳项目增加筹资能力，扩大绿色金融规模和金融市场的影响力。

二级市场通过政府的主动调控可以避免碳价大起大落。CELM负碳碳市场，政府能够充分有效地掌控市场价格。二级市场发展得好，碳资产成为投资机构和居民部门的一个重要资产类型，可以成为投资者对冲货币通胀的避险资产，甚至能在一定程度上替代房地产这个金融蓄水池。

三级市场是国际碳市场。碳市场有望成为继石油市场后最具潜力和最具国际金融影响力的金融市场。国际碳市场有极大的开发潜力，中国应该努力进取。率先建设国际碳金融市场，中国有很多有利条件：碳排放规模第一；光伏等再生能源产业链生产规模实力第一；再生能源生产潜力第一；能源互联网（特高压技术）技术领先等。如果再加上碳管理和碳资本市场有先进的理论和建设体系，中国有望建成继石油美元体系后的碳人民币国际化体系，战略价值极其巨大。

因为标准不统一，价值难以量化，目前基于碳排放权的碳市场国际化之路难以打通。清洁发展机制（CDM）项目的核证减排量（CER）产品虽然可以在国际流通，但问题较多，各国也都做了较大的限制，难以发展。根本原因还是减排的标准线和额外性被认定是人为的，很难达成共识，实现统一市场。基于CELM碳市场的交易标的"真负碳"没有类似问题的困扰，是极佳的国际碳市场交易标的。

二级和三级市场后续可以增设资本衍生品，包括增加碳期货产品，为资本风险管理增加工具，以提升市场活跃度和资本体量，加强对实体经济的支持力度。

8.1.4　交易市场参与主体（4类主体）

CELM负碳碳市场，对参与交易主体有比较大的宽容度，目标是在控制碳市场的稳健性基础上，让更多主体参与，形成全社会参与减碳的市场氛围，集中更多资源投入绿色经济转型事业中。市场参与体主要有以下四类。

（1）政府部门。政府是"欠负碳"的主要输入者，一级市场的第一主力，对市场有很大的定价权。政府部门也是碳市场调控者，通过设计调控机制，促进碳市场稳健发展。

（2）全社会所有碳排放组织。实质就是所有社会组织，全社会所有生产部门、管理和社会部门，凡用到能源、物资产生碳排放，就应承担相应的减碳责任。在CTMS运营下，有碳责任存量的组织需要到碳市场购买"负碳"进行碳账户的汇算清缴，实现碳账户碳存量的抵消，或实现碳票进项、销项的平衡。

很多有意打造优秀ESG社会责任品牌的组织，已经发布了碳中和目标。这些组织可以通过投资吸碳项目（如造林、置备吸碳装置等）实现碳中和，也可以通过碳市场购买"真负碳"来实现。相当于这些组织出资，由专业机构吸碳，这充分体现了社会的专业分工，是更有效率的制度安排。

一些没有产品的社会组织，同样需要消耗能源，产生碳责任存量。这些组织有碳票进项，但很难开出碳票销项，就需要从碳市场中购买"负碳"来实现碳账户的碳平衡。年度运营预算中增加了碳排放责任费用，则降低能耗、减碳自然成为组织的重要选项。

出售产品给终端消费者的组织，从消费者处收到碳费现金，需要到碳市场购进"负碳"进行碳账户平衡。

全社会所有碳排放组织，一旦存在碳责任存量，即"红票"余额，必须采购对应数量的"绿票"，即"负碳"产品，红、绿相抵，责任对冲，实现碳责任的抵消。

因此，CELM体系一经启动，所有的社会组织和个人都会加入碳市场。

（3）碳汇组织（"负碳"输出组织、CCUS组织）。碳汇组织是实现碳中和的关键力量之一，它们生产出"真负碳"，即从空气中吸掉CO_2。它们可能是林业组织、吸碳技术运营单位以及其他可以从空气中吸掉碳的组织，经过政府甚至国际相关组织认可的第三方机构核证，定期获得吸碳量的认定，从碳市场中卖出"真负碳"，获得收益。CCUS组织还可以从其他方面获得收入，如将吸掉的碳用作其他产品的原料，用于油田驱油、食品行业制干冰等。这些组织获得充分的收益后将加速发展巨大的CCUS产业。

碳汇组织的价值不仅是实现碳中和，全球碳中和后还需要吸掉空气中大量的存量碳，降低当前空气中的总碳量。碳汇组织的工作也将有长期需求。

非常重要的是，碳汇组织需要不断利用技术升级和规模效应降低CCUS成本，当每吨"真负碳"生产成本达到全社会组织能接受的代价后，我们就实现了可持续的碳中和。

生态资源地区需要从碳市场中获得更多收入补偿，用于森林、草原的维护保养，同时投入地区社会发展，提升当地民众生活水平，实现共同富裕。CELM负碳碳市场帮助国家践行"绿水青山就是金山银山"的理念。经济发达省份和生态资源地区间的转移支付更为直接快速，协同效应将更好。

（4）碳市场投资者。碳市场投资者包括金融投资机构、银行、一般组织和个人，碳市场鼓励社会资本参与碳市场交易，为绿色金融的规模发展增加资本来源，支持节能减排和低碳发展技术的研发，也为社会资本提供新的巨大蓄水池。中国金融40人论坛学术顾问、重庆市原市长黄奇帆表示，在推动实现双碳目标的过程中，我国能源结构和产业结构都将发生深刻调整，产生大量投资需求，可能高达200万亿元。巨额的投资不可能全部由政府出资，必须动员社会资本介入。基于CELM的中国碳市场要尽快完成制度设计和建设工作，尽早让机构投资者和个人投资者入场，这对提前实现碳中和发展绿色金融至关重要。

但政府要考虑到避免投机主体过度"囤积"碳资产导致市场大幅波动，碳交易所要不断完善管理体系，进行一定的控制。很显然，CELM负碳碳市场远比当前的碳市场容易调控，比股市更平稳健康，不太需要担心巨大波动和崩盘等恶性事件的发生。

碳资产设置一定的有效期应该是必要的。

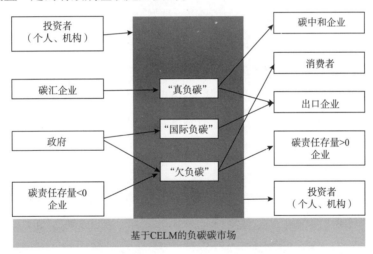

图8-2　基于CELM的负碳碳市场逻辑图

8.1.5　负碳碳市场碳价格形成机制

在CELM负碳碳市场中，各交易方按公开的交易规则自由交易，碳市场通过交易所电子撮合系统自动撮合交易，碳价短期小幅的波动完全市场化。

在市场化定价基础上，政府作为交易资产"欠负碳"的最大提供者，利用寡头垄断者地位，有很强的价格影响力，甚至是定价能力。

只有当市场出现极大的价格波动，影响整体实体经济的正常生产秩序时，政府才可以增加输入"欠负碳"，增加供给，或进行回购，对市场进行干预，形成稳健性碳资产市场，而不是高投机性市场。

正常运营的CELM负碳碳市场，会经过定价差异较大的两个阶段。

第一阶段：三种交易产品分别定价。

这个阶段碳市场主要有三个交易产品——"真负碳""欠负碳""国际负碳"，其定价方式各有特点，有较大的不同。

"真负碳"交易价格完全由市场来发现。一部分低碳意识先进的低碳排企业希望率先实现碳中和，会购买"真负碳"产品来完成自己碳账户碳责任存量的抵消，因为用"欠负碳"和其他品种抵消的都不能称为碳中和企业，只是完成了国家要求的碳抵消责任而已。只有"真负碳"才是从空气中真正吸掉了CO_2，今后企业就不容易轻易"漂绿"，有科学的依据和量化的标准，有国家级系统作出权威判断。自行宣布和被社会机构宣布为碳中和绿色企业都将无效。

因此，"真负碳"完全由供需双方交易实现定价。

"欠负碳"由国家根据碳中和进程和经济增长需求相结合，统一考量调控定价。因政府是"欠负碳"交易品的全部提供者，作为市场垄断者，有绝对的定价权。"欠负碳"总量很大，需求量也很大，第一阶段"欠负碳"的价格是非常关键的，关系到碳市场的成败。试运营阶段可以零价格运营一段时间，定价启动后由低到高，逐步提升价格，加快碳减排速度。同时，要考虑经济增长的承受力和企业成本增加的承受力。按测算，负碳碳市场为完成碳中和进程加给整个宏观经济的通胀不会太大，可以承受。启动阶段，中国碳排放总量按120亿吨（50元/吨）考虑，总成本增加幅度为6000亿元左右，与100多万亿元GDP基数相比，增加量并不大，通胀率不会有太大压力。

CELM负碳碳市场的一大优势是，定价调控权掌控在政府手中。政府在调控定价时一定会综合考虑全体民众的福利，使得碳价的波动在民众的可接受范围内。

"国际负碳"通过国际贸易谈判确定。国际负碳是应对国际贸易间的碳边境调节机制的传导中介，用以解决国际贸易碳关税问题。一般情况下"国际负碳"应该在多边机制下，谈判确定阶段性碳价。但欧盟CBAM开了不好的先例，单边制定了碳边境调节机制，G7也将跟上。中国和其他发展中国家需要尽快采用CELM体系予以应对，可以避免损失惨重。

第二阶段：三种交易产品价格趋同、逐步合一。

随着"欠负碳"价格的提升、"真负碳"价格逐步下降，三种"负碳"价格越来越接近，并逐步趋同，这时就剩下"真负碳"交易产品了，此时国际社会也实现了碳净零排放，即实现了碳中和。达到第二个阶段需要较长一段时期。

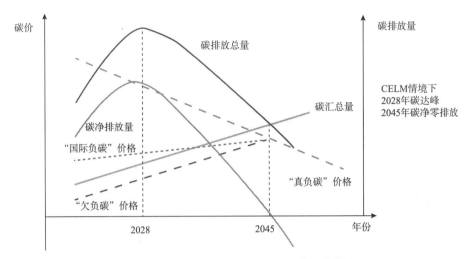

图8-3　CELM情境下的三种"负碳"价格趋势

8.1.6　交易市场撮合成交的顺序规则

为了维护市场利益公正、运营平稳，交易撮合规则的合理性是非常重要的。负碳碳市场几个重要的成交顺序规则应建立起来：

第一顺序是价格优先。各种市场一般都是遵循价格优先的原则，负碳碳市场也需要遵行这样的基本规则。

第二顺序是先投资者、碳汇组织、企业，再政府，政府扮演劣后角色。这样的顺序安排非常必要，可以使供需关系相对平衡，保持市场平稳，保障碳市场投资者的合理利益。政府是碳源的终极拥有者，也是碳中和最终责任承担者，是碳市场"欠负碳"最大的输出方。政府需要设计机制让所有组织和个人有减碳积极性。让所有投资者有投资碳资产积极性，对降低投资者风险预期有非常积极的作用。

第三顺序是先"真负碳"后"欠负碳"。"真负碳"的资金流向了碳汇组织，"欠负碳"的资金流向了政府，"真负碳"为减碳发挥了实际的效用，应该优先。政府同样承担劣后的角色。

第四顺序是先有效期近的后有效期远的。这样能提升投资人的投资积极性，是保障投资人利益的一种措施，可降低投资人资产管理的风险。

第五顺序是先个人投资者，后组织投资者。政策优先照顾个人投资者利益，在碳市场是合适的。鼓励个人投资者，对形成减碳的全民意识非常有价值。

与普通股票市场不同，因为存在有效期问题、多品种标的问题，交易系统支持投资人下单，要有更强的提醒设置功能和投资管理功能。

碳市场交易系统试运营过程中，应不断吸取市场的意见，及时发现问题，不断完善交易规则，避免出现中国股市个人投资者长期被打压的局面。

8.1.7　碳资产储存、有效期与预借

允许投资者购买负碳产品后先持有，等价格合适时再择机出售。这样能够提升投资者兴趣，吸引到更多的减碳资金，发展碳金融市场。持有有效期长，对投资者有利，但囤积的总量过大，在某个时点上对市场的冲击会比较大，会使政府应对困难，所以应设定产品的有效期。

建议碳市场交易标的初始有效期为三年期，避免存储量过大，可以让投资者及时转换库存，减少风险。有效期可以根据后续运营情况进行调整，获得经验后，有效期在3~6年都可以考虑。不建议永久有效，避免产生不可预见的市场挑战。

有效持有期到期后，没有出售的"负碳"产品，交易标的会失效，可以视为购入者对社会碳中和的贡献，即投资人出资吸掉空气中的碳，为保护地球做了贡献。碳市场投资系统应设置提醒功能，甚至应通过系统短信提醒，保护投资人利益，避免投资者不合理的损失。

碳市场一般不适合支持预借做空，即不支持市场主体通过透支未来的发展空间来实现当前的发展。市场主体按市场价支付兑价扩展当前的发展是允许的。衍生品的开发要有一个渐进的过程，支持碳金融市场的发展，同时风险适度。

8.2　碳期货市场

碳期货市场非常重要，在绿色金融上会扮演越来越重要的角色。"真负碳"是标准品，核证后，不需要现货交割，交易十分便利，很适合发展期货产品。通过碳期货市场发现远期价格，减碳项目投资可以进行远期套期保值，这些期货市场的金融功能是碳市场需要的，也是绿色金融发展的重要市场组成部分。

绿色能源、CCUS技术产业的投资期都很长，碳市场需要支持期限错配和风险管理，支持跨期投资，这些金融衍生品需求都需要碳市场有完整的金融市场功能体系。

当然，碳期货市场的风险防范仍需要政府高度重视，过度投机操作的空间仍然是存在的。从327国债事件、中行原油宝事件到近期的青山集团在LME伦敦金属交易所期货市场镍逼空事件，无不显示期货市场可能存在巨大风险，特别是受他人控制时。政府需要及早研究碳期货市场的可能存在的特殊风险，制定相应对策，及早进行碳期货市场的顶层研究设计，并在过程中不断完善。

整体上，造成碳市场暴涨暴跌的因素相对较少，政府掌控度也要强很多。一是因为政府是绝对的碳市场垄断寡头，是最大的碳源输出者。二是通过CTMS掌控的完整市场数据容易做出判断和决策。当然国际化后，在市场扩大的同时，也会有国际炒家进入，情况会

变得复杂。政府应该提前研究和布局，最重要的是掌握游戏规则制定的控制权。

国际碳期货市场必然会发展，政府应主动去争取控制权，包括交易市场控制权、游戏规则制定权和定价权。中行原油宝事件和青山集团镍逼空事件都表明期货市场的市场主导权是何等重要。中国碳市场有很好的条件建设成为领导全球的碳市场，重要的是政府要有强大的理论和实施方案的创新能力，并加快抢占制高点。CELM理论的提出为政府提供了理论支撑和顶层设计方案。

8.3　碳市场可能存在的挑战和政府调控机制

在当前"3060"双碳目标下，基于CELM碳减排体系，政府有望建成理想中的碳市场：市场平稳、可预期、政府调控能力强，并能逐步增强全社会减碳驱动力。作为负碳资源最主要的拥有者，政府在市场启动的很长一段时期内，是寡头垄断者和碳市场的"庄家"，有很强的市场控制力。随着"真负碳"成本降低和市场供应量增加，政府的权重作用减少，市场也逐步成熟和稳定。当然建设过程中也一定会面临不少的挑战，我们要积极应对，尽早研究预案和防范机制。负碳碳市场运营挑战可能来自以下几个方面：

（1）一个时段内，市场投资者购进的货量超大。假定2023年中国碳排放量总量是100亿吨，如果市场看涨，投资者购进超过100亿吨，甚至数倍于这个数量，意味着"负碳"的市场需求量将大大超过当年的实际碳排放量。实际碳排放组织的"负碳"量是刚需，政府一定要满足这些组织购买"负碳"的需求，就需要向市场注入这些数量的"负碳"。政府并不希望在这种情况下价格暴涨，避免对宏观经济产生负面影响。因此政府发挥垄断定价权，向市场增加"负碳"供给，可以稳定住市场价格。

（2）一个时段市场投资者出货的"负碳"量超大。这个情况会压低政府预期的碳价，对减排有一定负面作用。另外有些投资人因为超跌引起较大损失。政府可以按预期碳价回购，因为这些超发的碳量本身就是政府输出且已经收到对应碳量的资金了。这种情况下政府依然有较好的控价能力。

（3）期货市场可能的风险状况。期货市场经常出现各种特别险情和事件，从327国债事件到中行原油宝事件，再到2021年青山集团镍逼空事件，市场漏洞和投机组织将会长期并存。一些期货市场常规风险在碳期货市场并不能避免，但并不严重，所以仍应该去积极发展。

碳期货不能交付。空单方到期不能交付，需要借鉴其他期货市场经验控制仓位量、保证金，风险教育和数据监控也是必需的。

多方无理逼空。如果碳价被拉到非理性高价，也应有相应措施，如控制一日涨幅等措施，尽量控制非理性和恶性操作。

政府是碳市场主要参与者之一，起到稳定器的作用。这一点比其他期货市场要好很多。如果中国掌握了国际碳市场主导权，控制力就会更好。

8.4 国际碳市场建设

建立国际碳市场、抢占国际碳市场制高点应成为中国的重大国策。CELM理论的提出，为中国这一战略目标的实现打下了坚实的理论基础，当前最重要的是要加紧行动。

以"真负碳"为主要标的的国际碳市场建立，在国际上遇到的阻力不会太大。基于CELM负碳碳市场的"真负碳"是一种国际化的标准产品，其内容和价值在全球范围内都是一致的，与一件衣服、一辆汽车等普通产品无异。产权清晰，谁生产谁收益，谁就有这块收入的支配权，产权明晰就没有国际化交易的障碍。这与碳排放权、核证减排量（CER）的非标化、无国际共识性质很不相同，也与碳关税的性质完全不同。碳关税是西方消费国想收生产国的税，生产者需要投入资金来治理生产带来的污染，消费国却加收碳关税，收费法理依据不强，碳关税收入的所有权、使用权也很难说清楚，因此推广也会较难。

中国要建成国际碳市场，加快在全球各国推广CELM理论是第一步，获得CELM理论共识至关重要。CELM理论可以获得发展中国家的普遍支持，因为减少了国际社会总的福利损失，加快了全球碳中和的实现。CELM理论为发展中国家争取到了发展空间，减少了碳关税不合理机制的影响，为非洲等碳汇国家带来了巨额的"真负碳"收入。发达国家从解决全球气候问题的共同利益角度出发，应该也会支持。

一旦CELM理论达成了国际共识，国外碳排放组织和投资者进入中国碳市场购买"真负碳"，各国碳汇组织生产的"真负碳"在中国碳市场上出售，就可以形成真正的国际碳市场。

国际碳市场的纵深发展空间很大，后续会设计发行创新的交易产品，发展国际期货市场和债券市场，成为全球绿色金融的核心载体。

中国建成规模和影响力领先的国际碳市场，将带来深远的影响：

（1）增加中国在国际气候问题上的话语权。

前30年全球气候问题的争斗，西方国家掌握了绝对的话语权，中国学术界和管理部门一直局限在西方划定的游戏规则和碳市场规则里。基于CELM理论体系，中国完全可以建立更科学、公平、高效的碳中和体系，以获得更多国家的支持。

（2）带动人民币结算体系的大幅扩展。

俄乌冲突表明，一个国家在全球金融体系中的独立能力决定了它在今后全球竞争体系中的安全度。目前大部分全球汇款通过国际结算系统SWIFT和美元汇算系统CHIPS处理，加之美元在国际贸易中的广泛使用，所以美国拥有了控制全球金融体系的权力。中国为了应对可能类似俄罗斯遭受的金融威胁，应加快建立基于人民币结算的全球支付网络系统（Cross-border Interbank Payment System，CIPS）。2015年起，CIPS一直在扩展人民币跨境支付业务，截至2023年3月末，CIPS系统共有79家直接参与者，1348家间接参与者；CIPS系统累计处理支付业务1600多万笔，金额为320多万亿元。

CIPS被寄予厚望，但直接关联机构只有79家，与 SWIFT 的 11000 余家机构相比，在体量上仍相形见绌。目前人民币跨境使用的增长并不来源于国外对人民币的需求，而主要是因为中国企业的海外扩张。中国若能抓住国际碳市场契机，形成国际最大的碳市场，并采用人民币结算，将是CIPS大发展的重要机遇。

（3）跟进扩展绿色金融市场。

据世行研究报告，全球实现碳中和，后续40年投资将超过200万亿美元。这是一个天文数字。在全球绿色经济转型过程中，中国能占据多大的国际市场份额，对国际绿色经济有多大的影响力？中国需要做最大的努力、最早的准备。基于CELM的"碳票管理系统+负碳碳市场"的"1+1"体系可以起到关键作用，建立最大最有公信力的国际碳市场将极大地帮助中国发展全球绿色金融。

8.5　全国碳资产注册登记系统

CELM负碳碳市场运营需要一个全国性负碳碳资产注册登记系统（Carbon Asset Registration System，CARS）来支撑。系统主要用于明确碳资产确权登记、交易结算、清缴核销等。全国碳资产注册登记系统、碳市场交易系统（Carbon Market Trading System，CMTS）和碳票管理系统（CTMS）将是中国碳中和管理体系非常核心的三大数据系统。

基于CELM的全国性负碳碳资产注册登记系统（CARS），与2021年7月开通的全国碳排放权注册登记系统有很大的不同。当前的碳排放权注册登记系统是注册登记碳排放权，而CARS管理注册登记的对象是"负碳"资产，二者的性质差别极大，因此二者的体系有很大的不同。这些系统的设计、建设已经投入了大量资源，政府需要加快CELM理论体系的推广实施。

基于CELM的全国性负碳碳资产注册登记系统主要功能有：

（1）记录"负碳"资产生产出来后的数量登记、确权归属。

碳汇组织（森林经营组织、CCUS组织）生产出来"真负碳"，通过国际或国家认可的核证组织核定"真负碳"产量，并给予确权证书，碳汇组织就可以在CARS系统中查到自己拥有的碳资产情况，并随时到碳市场中出售自己的碳资产。

政府每年要将百亿吨级别的"欠负碳""国际负碳"两种碳资产输入CARS系统,用于碳排放组织购入进行碳责任存量的汇算清缴。所以在前期,CARS管理的碳资产绝大部分是政府注入的碳资产。

全社会所有碳排放组织一旦其碳票进项总量低于碳票销项总量,则形成"负碳"资产,可以进入CARS系统注册登记资产,CARS系统与CTMS系统进行数据核对,并通过一定的核准流程完成资产注册登记。

(2)碳资产进入碳市场交易阶段的交易结算、权属转换登记。

三种"负碳"资产的所有者,在碳市场中可自由交易。交易后要进行权属转换登记,由CARS系统来完成。通过CARS系统与CMTS系统进行数据交换完成权属转换登记。

(3)碳排放组织购入"负碳"汇算清缴,要进行碳排放存量的抵消处理,"负碳"资产要进行注销处理。

全社会碳排放组织每季进行汇算清缴,有碳责任存量的组织从碳市场购入"负碳"资产,抵消碳责任存量。"负碳"资产被中和,要在CARS系统进行注销处理。

基于CELM的全国碳资产注册登记系统是碳金融体系中一个非常重要的大数据系统。

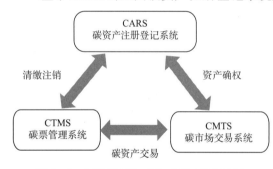

图8-4 中国碳政策工具三大核心数据系统

该系统应该全国统一建设,并与全国性的碳市场交易系统、全国性的碳票管理系统连通,数据实时对接。系统需要具备很高的性能,要实时支撑全国碳市场交易系统、碳票管理系统汇算清缴的高频数据处理。

全国碳资产注册登记系统、碳票管理系统和碳市场交易系统形成"1+1+1"的中国碳政策工具三大核心数据系统,将成为中国碳中和进程最重要的软基础设施。世界能源互联网和再生能源基地形成"1+1"的硬基础设施。中国的一软一硬基础设施建设如果在世界领先,中国在全球气候问题上获得领导地位则是水到渠成的事。

CARS与CCER、全国碳排放权注册登记系统的区别:

CARS注册登记管理的是负碳碳资产,全国碳排放权注册登记系统注册的是碳排放权,CCER注册登记系统注册登记的是核证减排量。三者有较大的区别。CARS需要全面重新建设。在CELM体系下,三者归一,只需要有CARS注册登记系统即可,大大简化了整个碳资产管理系统。

碳排放权履约周期为一年,登记系统管理清缴程序。这与碳存量"负碳"抵消的业务流程有较大不同,CARS要按负碳碳市场的业务需求重新设计。

CARS的碳资产标的主要有三个,都是标准化产品,系统的管理对象比较明确,系统的开发和运营与当前的两个登记系统相比更简单标准，不大会有难度。

事件回顾

2021年7月16日，全国碳排放权交易市场上线交易正式启动。由湖北牵头建设的全国碳排放权注册登记系统和由上海牵头建设的数据报送系统随即分别投入运行。位于湖北武汉的全国碳排放权注册登记系统是全国碳市场的"大数据中枢"，全国碳排放权注册登记结算机构是生态环境部唯一授权建立和运营的碳排放权登记结算机构，承担了碳排放权的确权登记、交易结算、分配履约等重要业务和管理职能。湖北省对绿色金融的发展寄予厚望，投入巨额资金进行软硬件建设，终获国家认可。

图8-5　湖北碳汇大厦

8.6　负碳碳市场交易系统

负碳碳市场交易系统是碳交易所用于撮合市场交易的系统。碳资产注册登记系统和碳票管理系统一般由主管部门开发管理，而碳市场交易系统往往由交易所开发管理，将具体的交易规则，如连续交易、定价点选、竞价出售等体现到系统中。主管部门和金融监管部门只对市场及交易做监管，并不负责具体管理。

交易系统需要与碳资产注册登记系统对接，以实现碳资产流转的登记；也需要与银行账户进行对接，以实现资金的流转。主管部门允许碳交易的市场参与者通过交易所在交易系统中开户，同时还需要在注册登记系统以及交易所指定的银行开户，才可以顺利实现配额交易。

负碳碳市场的交易标的和交易规则与当前的碳排权碳市场有明显的不同。交易系统需要做专业的设计开发。

负碳碳市场交易系统除具有一般交易市场交易系统的功能外，还需要具备以下负碳碳市场交易专业功能系统。

（1）交易账户管理系统。

负碳碳市场交易系统机构用户量几乎包括所有的社会组织——经济组织、政府组织、其他社会组织、家庭组织和个人，因此，碳市场将是当前所有交易系统中组织账户数量最大的交易系统，会超过股市的机构账户量，所以系统的用户承载量和用户数据管理能力要足够强，要适应不同账户的管理功能。

（2）交易撮合系统。

交易撮合规则要按照碳市场特有的交易顺序撮合，撮合规则与其他交易市场有很多不同点。负碳碳市场特有的交易顺序在第8.1.6节中已有所论述。

（3）碳资产管理与资金结算系统。

每个账户的碳资产数据要精准管理，一要与交易结果对应，二要通过与碳资产注册登记系统对接，准确地做资产登记管理，不出差错。

（4）交易管理系统。

包括交易合规管理、异常情况管理、防止市场操纵等，帮助管理部门监控市场正常运营，避免混乱。

（5）指标分析系统。

随着碳金融市场的发展，碳市场将成为全社会最重要的金融市场之一。这样，碳市场各种交易指标、价格指标的分析报告，各种碳市场数据产品将会有很大的社会需求，要有较强的指标分析系统。

（6）数据安全管理系统。

碳市场将成为宏观经济最重要的基础设施之一，对系统安全能力有极高的要求，防攻击、灾备等安全能力都要非常强大。

总体上，负碳碳市场的交易产品的数量、种类还较为简洁明确，系统的研发难度可控。

8.7　整合碳定价：CELM 体系碳定价优势

采用什么样的碳政策工具、如何进行碳定价，学术界争论了30多年，发表了无数的研究论文、报告，至今还是气候变化经济学术界的一门显学，也是最热闹的课题领域，似乎停不下来还想再争论一二十年。另外，政策制定者似乎还是一头雾水，不知道什么是最合适的碳中和之路，碳税还是碳排权碳市场。

在当前各国执行的碳政策工具中，最重要的是碳税和基于碳排放权的碳市场，加上一些政策的补充。因基础理论局限和顶层设计落后，各国在应用上总体比较混乱，重叠和冲突都比较严重。

正因为何种政策工具更为有效一直在争论中，未能形成定论，导致国际社会碳减排政策工具20多年来，还是在试点摸索中。中国的现状也差不多。在实践中，很多西方国家单独或组合应用碳税和碳排放权交易这两种主要工具。

截至目前，中国还未推出碳税政策，碳市场十多年来试点进展得非常缓慢，交易规模不到200亿元，对碳减排还没有显著作用。中国"3060"目标确定后，必须加快发挥政策工具的作用，不仅需要依托碳政策工具实现"3060"目标，还需应对类似欧盟CBAM机制和G7气候俱乐部机制。

不同地区、不同国家碳政策工具的应用组合不同和应用力度不同，导致当前国际碳定价差异巨大。当前欧盟的碳价接近100欧元/吨，中国的碳价大约在58元/吨。

8.7.1　基于 CELM 的碳定价方法

基于CELM的碳定价是一种整合碳定价策略（CELM based Integrated Carbon Pricing Strategy，CICPS），既不像庇古税方法（诺德豪斯、斯特恩方法）去计算远期社会成本进行折现定价，也不像碳排权碳市场方法通过政府分配碳排放权，通过市场交易确定碳价。

CELM整合碳定价方法CICPS的核心思想是：通过基于CELM的碳足迹大数据管理系统，厘清全社会全物品碳足迹精细数据，科学量化明确所有社会组织的碳排放责任，结合碳中和目标进程和经济增长需求，政府部门通过负碳碳市场运用负碳价格调控，获得碳中和进程和经济增长的最佳协同效果。

类似政府央行利用货币利率调控整个宏观经济，CICPS有异曲同工之妙，是一种高效率的碳定价策略。CICPS甚至要求更高，调控的对象考虑了两个：碳中和进程和经济增长需求。

政府作为碳票销项的最大拥有者，即最大的"负碳"输出者，自动成为负碳碳市场的寡头垄断者。CICPS是政府利用负碳碳市场较高定价权的优势，通过对整体碳中和进程和宏观经济的相关性建模分析，不断动态调整优化的定价方法。这里的宏观经济效应包括：GDP增长、出口、社会福利、地区利益平衡等综合考量。这样得出的CICPS碳定价方案，精准、简单、可落地，对宏观负面影响小，正面影响大。

因政府部门拥有"负碳"的绝对数量，有极强的价格控制力，所以保障了市场的稳定性和调控目标的达成。

8.7.2 基于 CELM 的负碳碳市场优势

CELM负碳碳市场，彻底放弃碳排放权作为交易标的，也不需要利用碳税作为组合政策工具，而是发展"真负碳""国际负碳"和"欠负碳"这三种交易产品。"欠负碳"是政府驱动全社会减碳，降低减碳对宏观经济的影响的高效载体。"真负碳"和"国际负碳"是可以直接推向国际化交易的标的产品。基于这三种产品发展期货、债券等衍生金融产品，可以做大碳市场，发展出国际化碳市场。

基于这三种交易标的的CELM负碳碳市场优势十分明显。

一是大大加快碳中和进程。

负碳碳市场直接对接"碳排"与"碳汇"，直接具备正反向双向激励功能，是高效率政策工具。可以直接驱动全社会碳减排，而不是只影响少量行业、少量企业，碳减排速度可数十倍提升。中国一旦实施CELM体系，有望在2045年前实现碳中和。

二是宏观经济效应好。

CELM负碳碳市场机制通过将碳排放责任分布到全社会产业链所有节点上的所有组织，避免了对产业链某个节点的致命冲击。借助CTMS系统，可公平、准确、及时地界定全社会所有组织的碳排放责任。高效对接了"碳排"与"碳汇"，实现正反向双向激励，实现所有社会领域的优胜劣汰，助力经济高质量发展。CELM体系避免了碳减排对宏观经济的负面影响，极大地提升了正向效应，化解了人类解决气候问题的资金投入难题。

三是标准化程度高、市场化程度高。

"真负碳""国际负碳""欠负碳"都是具备标准定义的碳概念，没有歧义，全国统一，前二者是国际统一，交易涉及的系统设计简单。客观化、标准化是做大市场规模和国际化的基础。

这三种交易标的市场化程度高，是实际生产中产生的资产数据，而不是政府可随意定义的，是理想交易标的。它来自市场，不是政府授予的，可方便地在市场中交易流通。

四是可国际化，容易做大碳市场规模。

"真负碳""国际负碳"两个概念都是客观产品，并且是全球气候治理的关键政策工具载体，在国际上比较容易推广。可以期待，未来世界各国大量的企业组织在中国的碳市场购买"真负碳"产品。只要中国"真负碳"产品产量大、成本低，就可以成为有吸引力的国际碳市场。

"国际负碳"是一国政府为本国出口产品抵消碳关税设置的特殊碳价产品，可通过出口方和进口方两国的协调确定，或由国际贸易组织来统一确定。

负碳碳市场三种碳产品需求量很大，远超碳排放权交易量。由于政府是基于CELM的寡头垄断者，可控制注入市场的三种碳产品数量，只要投资者入场多，入场资金多，规模可以很快做起来，一启动就可达到万亿规模。

负碳碳市场能够克服当前的碳排权碳市场规模太小、形同鸡肋的问题。当前碳金融绿色经济转型供给严重不足，严重挫伤了广大投资者的积极性，要加快改变。

基于CELM的中国碳市场，不仅面向国内碳排放组织，还面向投资者，可以加快将其推向国际。中国碳市场可以做得很大，有望成为全球最大的国际碳市场。它有非常好的基础理论支撑，对全球气候治理有很大的实质作用和价值，可以得到广泛的国际支持。

五是市场投资人金融机构、个人投资者可快速入场。

基于CELM的CTMS需要所有组织汇算清缴，因此配套的碳市场一启动就面向所有的组织。因其规模足够大，政府对市场可控，所以一开始就可以允许碳资产机构投资者、个人投资者入场。不像当前的碳市场试点了十多年，机构投资者和个人投资者都不能入场。

事实上，中国政府非常需要一个有较大规模、比较稳定、有货币蓄水能力的新资本市场，来实现对房地产金融市场的替代，负碳碳市场十分合适，而碳排权碳市场肯定是无法胜任的。这对国家利益和民众利益都至关重要。

六是对碳汇产业激励大。

CELM的负碳碳市场中不考虑免费配额的碳排放权和不产生实际碳汇的CCER。CELM负碳碳市场的交易发展直接对接"碳排"与"碳汇"，对碳汇技术研发创新和碳汇项目发展的激励大幅增加，这是碳中和目标非常需要的。碳汇技术产业需要投入大量资金研发和创新，如果有足够的市场激励，可大幅节约国家财政投资，也更容易形成碳汇技术产业的良性循环。

七是国家利益大。

CELM的负碳碳市场作为CELM碳减排体系的重要系统之一，与国家碳票管理系统配套，可大大加快碳中和进程，且宏观经济效应极佳。同时为国家开辟了万亿级的巨大新财源——"欠负碳"收入。还可以成为一个作用巨大的收入分配调节工具，提升碳减排政策累进性。最后，我国负碳碳市场一旦快速做大，在规模和产业价值方面可领先国际其他碳市场，并且容易获得世界各国的认同，对国家的战略意义非常巨大。

8.7.3　三种政策工具的比较分析

综上，碳税、基于碳排放权的碳市场和CELM负碳碳市场这三种政策工具有非常大的差异，政府可以从多个维度进行结构化对比，结论很清晰，CELM负碳碳市场具有极大的比较优势（见表8-1）。很明显，为加快碳中和进程和应对国际碳关税等国际问题，中国应该加快基于CELM的负碳碳市场建设。

表8-1 碳税、碳排权碳市场和负碳碳市场的对比

碳政策工具		碳税	基于碳排放权的碳市场	基于负碳的碳市场
特点		强制性政策工具，依托现有税收体系，见效快	数量导向的政策工具，属于一种可交易的污染许可证的应用	市场导向，对标碳中和目标的自发性政策工具
发动范围		部分	目前约3000家	所有组织和个人
减碳效果	排放总量	不确定	较确定	较确定
	碳价	价格确定，定价难，灵活性低	不确定，市场化不够	较确定，易调整
	减排速度	较慢	较慢	较快
	全民减碳意识	较弱	较弱	较强
	促进创新	较弱	较弱	较强
国际化程度		低	低	较高
国际贸易冲突		不能解决	不能解决	容易解决
交易成本	MRV	较低	较高	较低
公共收入使用	受比例约束	较低	较高	较高
	使用方向	有助于促进公平	侧重提高减碳效率	兼顾公平与效率
市场影响	参与主体	碳排组织	数量少	全部组织与个人
	标准统一	难以统一	难以统一	标准统一
	资金规模	难以预测	规模太小	规模大

8.8 CELM负碳碳市场发展趋势分析

"1个市场，2种标的，3个层级，4类主体"是CELM负碳碳市场的核心特点。它符合真正的全球气候治理需求，是当前推进碳中和进程的最有力政策工具。如果国际社会付诸实践，可不断加以深化和完善；应尽快启动试运营，完善顶层设计和操作方案，则其成为解决气候问题的最关键角色指日可待。

政府是CELM负碳碳市场的绝对寡头垄断者。在中国，政府是年碳排放量120亿吨的碳票销项输出者，对市场有绝对的控制力。随着碳中和进程，逐步调高"欠负碳"价格，向"真负碳"成本和真实碳社会成本靠拢，特别是"欠负碳"与"真负碳"价格交汇相等时（见图8-6），全社会就实现了碳中和。这个时点，碳汇组织已经能够生产足够数量的碳汇，抵消全社会的碳排放量，实现全社会的净零碳排放。这是一个动态渐进的过程，对宏观经济不会产生大的扰动，在绿色转型过程中实现较好的经济增长。

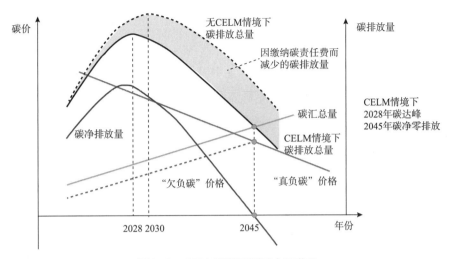

图8-6　CELM情境下的碳中和进程

CELM负碳碳市场的发展将呈现以下特征：

（1）碳市场平稳发展。

投资者入场后，供需波动幅度会加大，但总体仍是一个平稳市场，因为政府可以根据需求增加和回购交易产品供给，稳定碳价。政府可以组建一个"碳中和基金"作为市场稳定器，以政府在碳市场中获得巨额收入（出售"负碳"，类碳税收入）形成一个巨额基金池，再通过其他金融衍生产品聚合社会资金，进行绿色金融运作，投资绿色转型相关产业。

正因为政府对CELM负碳碳市场有绝对定价权，政府将根据减碳进程和碳价对宏观经济的影响来调整碳定价。即使有大量的社会资本进入碳市场，政府的控制力仍然会较强，这样的资本金融市场是政府期望的。

（2）中国碳市场规模预测。

对CELM碳市场的年交易量做一个粗略估算，如下：

假定中国年碳排放量为A亿吨，年度碳均价为P元/吨。

a）基础碳资产：A亿吨 × P元/吨；

b）企业围绕行业碳排放平均值正负碳交易比例：K%；

c）投资者增持：B亿吨；

d）换手率：平均换手N次，则换手交易产生的交易量为N × A亿吨；

e）国际市场交易量：C亿吨。

则：

CELM碳市场年交易量为：$A+K \times A+B+N \times A+C=(1+K+N) \times A+B+C$。

若A=100，K=20，N=3，B=100，C=30，P=100，则：

年度交易额估算为:

$$[(1+K+N)×A+B+C]×P=[(1+0.2+3)×100+100+30]×100=5.5(万亿元)$$

CELM碳市场可以达到的规模量,是当前中国碳排权碳市场的100倍以上。

上面的估算还未包括碳市场的衍生品交易和更大的国际碳市场发展空间。因此,CELM碳市场的规模远远大于当前基于碳排放权的碳市场,综合价值更大。

当前中国股市总市值为80万亿元,2021年总交易规模为257万亿元,日均成交额为9251亿元。

(3)"欠负碳"价格逐步与"真负碳"价格趋同。

CELM负碳碳市场核心标的产品——"真负碳""国际负碳""欠负碳"在碳市场初期各自有重要的使命,最后三个主要产品价格会趋同。"欠负碳"价格将快速上涨,"国际负碳"价格起步比"欠负碳"价格高,比"真负碳"价格低,也会逐步上升,逐步接近"真负碳"价格,最后三者越来越接近直至相等。这个"真负碳"价格,就是市场CCUS成本加合理利润价。

影响CELM碳市场碳价的另一条主线是当前碳排放市场价和社会成本价、CCUS价的交叉影响。社会成本价是政府关心的,是国家之间谈判的重要分析工具,但实际的意义不一定大。最终三者也应该趋同,且CCUS价将起到关键的作用,CCUS技术和产业的发展将产生重大影响。

现在CCUS成本接近1000元/吨,随着碳捕集技术的不断改进和突破,加上生产规模的扩展,成本将会快速下降,同时CO_2利用技术的快速发展,CCUS成本有望达到现在的1/3以下。此时政府的碳中和成本将大幅降低,碳中和的难度将大幅降低。利用碳市场加快CCUS技术的进步是碳市场的关键任务之一。

CELM情境下,关于碳价、CCUS成本价、碳社会成本、"国际负碳"价等价格走势可参见图8-3。

(4)碳市场将成为中国货币重要蓄水池。

全球碳达峰时将达到一年500亿吨碳,按50美元/吨碳价计算,一年碳价总量是2.5万亿美元,加上后续30多年的200万亿美元绿色总投资,碳市场和绿色投资是一个巨大的金融市场。且政府对负碳碳市场有很强的控制力,不容易暴涨暴跌,不影响百姓生活,是取代房地产金融市场的理想的货币蓄水池。

(5)碳市场将成为人民币国际化的重要契机和载体。

气候治理需要全球协同,CELM碳减排体系作为当前的创新理论和解决方案,有望取得全球认同。全球统一碳市场是一个理想目标,逐步实现碳价全球统一。若中国建成全球最大规模的国际负碳碳市场,同时能建成输送绿色再生能源的全球能源互联网,在碳市场和能源市场的交易中，人民币的交易量和影响力将大为提升。中国金融界一定要抓住这个机遇，及早行动。

8.9　政策建议

综上分析，CELM负碳碳市场有较大比较优势，与CTMS配套，能解决几乎当前国际社会面临的碳中和进程中的所有难题，国际社会应该加快行动。

（1）尽快启动CELM碳市场，放弃碳税工具。

建议中国政府直接采用CELM负碳碳市场体系，不再启动碳税政策工具。全面升级和变革当前基于碳排放权的碳市场，将以碳排放权为核心标的的碳市场转型成以基于CELM的"真负碳""国际负碳""欠负碳"为主要标的的碳市场。

（2）统一碳定价机制。

建设国内统一CELM碳市场，同一种产品通过碳市场的交易机制进行市场化碳定价。不能分地区、分行业，甚至分企业定价，否则多种交叉重叠的机制并行，会扰乱市场价格信号，国际碳市场将无法对接，绿色金融难以发展。在经济学原理上不支持差别定价，碳排放的外部性是按全球整体成本来估算的，碳吸收的收益也是针对全球整体收益来估算的，且在地球任何一个角落减排和吸收1吨碳对应对全球气候问题的价值是相同的，因此全球碳定价机制应该统一。行业的特殊问题，只能用财政政策和行业政策去适度调剂。

（3）加快碳市场交易体系建设。

中国应及早建立国际化、高标准的碳汇核证体系，建立核证标准，培养核证人才，建立一批有实力的核证机构，为发展国际碳市场做支撑。

中国应及早行动，高起点发展碳市场；以国际最大规模、最有影响力的碳市场为目标，进行顶层设计；及早发展成全面开放的碳市场，金融机构和个人投资者都可介入；及早开启CELM国际碳市场。

第9章

CELM 碳减排体系运行分析

本章通过对CELM碳减排体系在建设行业、煤电行业运营情况进行全产业链全过程模拟，分析CELM碳减排体系的效率优势，佐证CELM体系在各行业的通用性和高效性。

在CELM体系框架下，一旦碳票管理系统（CTMS）开始运营，所有产业链中企业的碳票进项、销项都进入CTMS系统，自动形成碳票大数据，每个企业的碳账户碳足迹数据都非常精确、实时，将推动行业的市场游戏规则进行较大幅度的自动调整，行业全产业链会自动适应国家碳票管理系统的指挥棒。这将极大地驱动工程建设行业、煤电行业等碳排放大户全局减碳。

社会碳减排体系要想有效运行，一些非常重要的碳中和概念、定义和标准就必须建立起来，达到科学量化，才能责任明确，目标明确，横向可比。如什么是碳中和国家、城市、企业、园区、家庭，这些概念一直以来都很模糊，各自发挥，导致大量"漂绿"现象发生，会严重影响国际社会碳中和进程的顺利推进。本章第9.3节利用CELM体系将这些重要概念科学量化清楚定义。

9.1 CELM 碳减排体系在建设行业运行分析

2022年，全国建筑业企业完成建筑业总产值311979.84亿元，相比2020年增长18.2%；2022年，全社会建筑业增加值为83383.1亿元，占国内生产总值的6.89%，建筑业国民经济支柱产业地位稳固。

2020年，全国建筑业企业完成建筑业总产值263947.04亿元，当年全国建筑全过程碳排放总量为50.8亿吨CO_2，占全国碳排放的比重为50.9%。其中：建材生产阶段碳排放28.2亿吨CO_2，占全国碳排放总量的28.2%，建筑施工阶段碳排放1.0亿吨CO_2，占全国碳排放总量的1.0%，建筑运行阶段碳排放21.6亿吨CO_2，占全国碳排放总量的21.7%

（见图9-1）。建设行业减碳对中国"3060"战略目标的实现至关重要。分析CELM碳减排体系在建设行业的运行状况具有非常重要的意义。

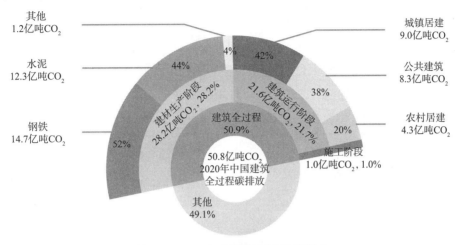

图9-1 2020年中国建筑全过程碳排放

数据来源：《2022中国建筑能耗与碳排放研究报告》

9.1.1 工程招标规则和结算规则的变革

实现碳票管理后，可以推演出现行的工程招投标游戏规则——合理低价中标规则将会变革，这里的低价中标的工程招标总价是指工程建安总造价。碳票系统运营后，工程行业招标方案会变革为：

$$工程招标总价=碳排放成本总价+工程建安总价$$

其中：

$$碳排放成本总价=工程产品碳排放责任量×碳市价$$

$$工程产品碳排放责任量=所耗资源碳排放责任总量+建造活动碳排放责任总量$$

一旦这样的招标游戏规则建立，全产业链会立即形成从最尾端到前端的减碳倒逼机制。以房地产行业为例进行模拟分析。

按照CELM体系，最终消费者为产品碳排放买单。一套100平方米的房子，碳排放责任总量假定核算出为1000吨，按2023年国内碳市场交易价为56元/吨计算（当前欧盟碳价为80~100欧元/吨），这套房子的碳排放成本总价为5.6万元，这个成本要进入房产销售总成本中，因为个人是最终消费者，要为碳排放买单。

对开发商来说，他代为收取购房者碳费后，要去碳交易市场购买"负碳"指标，用来抵消（中和）自己企业的碳票进项，或花钱去投资减碳项目，获得政府核定给予的核证"负碳"，来抵消自己的碳票进项，完成企业的碳账户定期汇算清缴。开发商的碳票进项主要来自工程承包商开具的销项票。

对房地产开发商来说，碳排放成本进入房子销售总价，意味着碳排放量的降低将成为企业重要的核心竞争力之一。开发商的建造工程的招标规则一定会转变为：

$$工程建造招标总价＝碳排放责任量总价＋工程建安总价$$

承包商投标总价最低，则优先中标。一直以来，开发商的建造工程招标总价只有第二项。这样的招标规则之下，施工企业要投标成功，需要在降低建安总价的同时，努力把碳排放量总价也降下来。新的建设方工程招标规则，一定会驱动施工企业减碳。

招标结果确定后，发包方和承包方按招标结果签订协议，约定发包方可接受的碳销项票总量（或总碳费）。承包方按工程进度逐步开出碳销项票给发包方，碳销项票总量不超过合同约定量。如果工程结束，承包方碳票总进项少于碳票总销项，将获得"负碳"收益，反之，将增加碳排放成本。

9.1.2 工程承包商的供应链管理变革

在开发商的招标规则下，施工企业会对自己的供应链体系进行革新，对材料和服务的供应商招采规则进行变革。

施工企业材料、设备和服务的招采规则会转变为：

$$资源采购招标总价＝资源碳排放成本总价＋资源总价$$

哪家供应商投标总价最低，则优先中标。以往施工企业的供应商采购招标总价只有第二项。在这样的招标规则之下，供应商要投标成功，就要在降低建安总价的同时，努力把碳排放责任量总价降下来。这样的供应链招标规则，一定会驱动整个供应链企业减碳。

招标结果确定后，施工企业和供应商按招标结果签订协议，约定采购方可接受的碳销项票总量（或总碳费）。供应商按供货进度逐步开出碳销项票给施工企业，碳销项票总量不超过合同约定量。如果工程结束，供应商碳票总进项少于碳票总销项，将获得"负碳"收益，反之，将增加碳排放成本。

这样的招采规则会倒逼供应商减碳。材料、设备供应商和服务商为了中标，必须降低碳排放总成本。特别指出，这里的碳排放总成本包含了前端和自己的所有碳排放总成本。在CELM体系下，碳排放成本会从产业链的前端传递到消费端，CTMS实现了端到端的总控，这里所有的产业链参与者都是担责者，而消费者通过知情权和选择权，沿着产业链一环一环倒逼整个产业链的所有厂商降低碳排放量。

9.1.3 引发产业品牌管理和资质管理规则变革

量化的碳票管理系统，不仅是经济的激励和惩罚手段，也会激发和强化企业的社会绿色价值观，利润和社会责任的量化会强化激励效果，绿色红黑榜（ESG）的作用越来越大。

在 CELM 体系下，工程行业的整个产业链会形成倒逼机制，促使产业链中每个企业加强减碳。

政府主管部门掌握了行业高精细度的碳足迹大数据后，有助于制定更高效的产业减碳管理政策，进一步倒逼企业减碳，提升科技水平和精细化管理水平，降低能耗和碳排放水平。

例如，产业碳票运营一段时间，政府可根据运营大数据出台政策，推出相关举措，对行业内企业按单位产值、单位面积碳排放强度等指标进行排序。第一年先进行绿色红黑榜张榜，单位碳排放强度最小的企业获得荣誉奖励，对单位碳排放强度最高的给予批评惩罚，这样即使没有动用经济手段，执行零碳价，但对促进各企业减碳都会有很大作用。第二年开始可以对单位碳排放强度前 3% 的企业采取惩罚机制甚至取消其经营资质，这样可以进一步促进行业技术进步，加强减碳强度。

具有全社会碳足迹完整大数据的碳票系统提升了政府管制政策的科学性，降低政府管理能力要求，也大幅降低管理成本，让市场发挥出良币驱逐劣币的强大作用。

9.1.4　工程企业双碳挑战和管理变革

在碳票系统新机制下，低碳生产能力将成为工程行业企业核心竞争力的来源之一，这是不可避免的趋势。碳管理理念将成为工程企业核心的基础管理意识之一。

企业需要建立强大的碳管理体系，以应对双碳时代的挑战。

工程企业需要建立多层级的几大碳管理系统，使自己企业的碳管理水平不落后于行业，这不仅是竞争力问题，还关系到企业的生存问题。

（1）企业级碳管理系统。

从企业的全局管理碳排放、碳汇、碳资产和碳交易，全生产过程、全范围碳数据要集中起来，数据需要完整、及时、准确。

碳排放管理：主要是碳进项，还有自身的生产过程碳排放。如果政府的碳票系统运营起来，数据源就没有难度。利用与国家 CTMS 系统的对接，将全企业所有项目的碳票进销项聚合起来统一管理分析，设计出企业级碳排放管理机制，制定招采规则，降低企业碳排放成本。

当前情况，企业运营直接消耗的能源碳排放数据是相对准确的，但要获得前端原材料、产品的碳排放因子是非常困难的，只能按社会行业标准值来测算。

碳汇管理：即碳汇项目的数据管理。森林绿化、CCUS 装置和绿色能源生产等项目碳汇数据的管理，要通过系统数据让政府主管部门容易核查授证。通过技术创新、工程方案策划创新带来的减碳量，也要通过系统管理起来，为公司所有项目提供碳数据支撑和方案库支持。

碳资产管理：如果企业生产碳排放量水平优于行业水平，就有可能产生"负碳"，形成碳资产，通过在碳市场中出售"负碳"指标获利。通过碳交易市场、期货市场进行碳资产配置，可降低全局碳排放成本，需要专业的碳资产管理。碳资产管理和投资，将成为企业财务部门重要的资产管理业务。

碳交易管理：由于企业始终存在碳中和的责任和需求，碳交易将成为每个企业的日常资产管理工作。每季度的汇算清缴工作都要通过碳交易完成，为降低未来的碳排放成本和投资风险，进行期货交易操作也会变得更为普遍。

企业级的碳管理系统会与园区级和项目级管理系统形成体系，数据要互相打通。

（2）园区级碳管理系统。

园区级碳管理系统的主要管理标的是园区的碳排放和碳中和情况。很多组织提出绿色零碳园区建设目标，实现低碳和零碳目标。所以要对园区总耗能、总碳排和碳汇情况进行数据统计分析，进行碳排放、减碳水平评估。

（3）项目级碳管理系统。

工程企业的经营主体是工程项目，企业碳排放管理的主体也是工程项目，工程企业要有能力对项目建造全生命周期进行碳管理，这是工程企业碳管理的基础。

项目级的碳管理主要有以下三项任务：

工程招投标的碳排放成本测算。在工程实施技术方案的基础上，进行碳排放成本测算，这个根据行业标准值和自己企业的水平来分析。

招投标阶段的碳计算，先用BIM数字化软件算出各项工程量、材料用量，再与碳排放因子二者相乘，算出单项碳排放量，然后加总。计算原理是简单的。目前的困难是各项材料的碳排放因子行业标准值不全、数据不准确，且无法获得。这个情况类似于造价领域缺少定额含量表。目前，几乎所有行业都缺乏一个实时、准确、动态的碳排放因子库来支撑行业的碳排放管理，这是当前国际社会碳排放管理面临的一个非常严重的问题。

（碳）排放因子（Emission Factor，EF）也称排放系数，在设定的系统边界范围内，为获得1个功能单位目标产品所产生的碳排放责任量。碳排放因子库是政府或行业协会向社会组织提供的，用于设计方案评估、项目碳排放量测算的指标数据库。要建立一个准确、完整的碳排放因子库，按现在的方案和技术条件是十分困难的，因此社会对碳排放因子库的需求很强烈。很多机构在想办法建立碳排放因子库，但至今仍没有看到哪家机构建成了实用的实时、准确、动态的碳排放因子库。这个建设过程消耗了大量的社会资源，却无法建成一个好用的碳排放因子库来支撑全社会的碳排放管理工作。基于CELM的CTMS可以轻松地解决这一难题。碳票管理系统CTMS运营后，对CTMS系统中全社会全物品碳足迹数据进行一定规则下的数据加工再利用，这些行业碳排放因子基础数据库就可以在CTMS系统中自动形成，几乎零成本获得一个全社会全物品的碳排放因子库，用于支撑全社会碳排放管理。并且 CTMS 系统能够自动更新数据，形成实时、准确、动态的全行业碳排放因子库，这是 CTMS 为社会提供的重大价值之一。

建造全过程实际碳排放量管控。选择不同的材料和施工方案会带来不同的碳排放量。项目施工全过程碳排放管理要管到每个细节，所以过程管理很重要，数据掌控要实时，要争取项目实际碳排放责任量低于预算量。今后的项目实施策划中碳排放管理策划是很重要的一部分。

运营阶段碳排放测算。承包商选用的材料和设备，都会严重影响运营阶段的碳排放水平。运营阶段碳排放量占比非常高，设计方案和建造阶段的实施方案决定运营阶段的碳排放情况。工程实施方案的碳排放量采用行业标准值其实很不合适，应该采用产品的实际值。选择不同的材料、不同的供应商都会有不同的碳排放责任量。因此，承包商应该建设自己的供应链体系的数据库。承包商需要对运营阶段的碳排放结果承担较高的责任，这要在建设方主导和设计方的协同下进行。承包商对建设项目运营阶段的年度碳排放量数据测算服务的准确度、较低排放量将成为其附加价值，甚至是核心竞争力来源之一。

9.1.5　工程企业碳中和对策和行动

碳中和对所有行业企业提出了挑战，是企业 ESG 最重要的组成部分，也是企业建立新竞争力的战略机遇。

（1）建立企业低碳思维。

企业需要开始建立碳中和时代企业新思维。碳中和将成为企业品牌战略中核心的一部分，企业需要向社会提供企业碳中和年度报告，或是向社会提供的 ESG 报告中必须包括碳中和相关内容。美国证券交易管理部门对上市公司明确提出了这一要求，今后会成为行业领先企业的标配。

截至 2021 年 11 月，联合国可持续证券交易所倡议组织（United Nations Sustainable Stock Exchanges Initiative, SSE）追踪的 114 家证券交易所中已有 26 家发布强制性的 ESG 上市要求；2022 年 5 月 27 日，国务院国资委发布《提高央企控股上市公司质量工作方案》，将 ESG 信息披露要求聚焦于央企控股上市公司，并要求所有央企上市公司需从 2023 年起披露 ESG 报告。

特别值得指出的是，政府一旦将 CTMS 系统建立起来，每个组织的碳足迹是完全透明的，在行业中的排序也是完全透明的，碳排放强度排序对企业品牌将产生越来越大的影响。

在价格竞争力方面，企业需要将产品总价（包含产品前端全部碳排放量碳价）这一概念建立起来，今后企业的所有客户都会用这样的标准来评估产品的价格成本。

（2）将低碳战略定位为企业核心战略之一。

企业碳战略制定。企业高层要将双碳战略设为企业核心战略之一。双碳战略既是成本竞争力和企业生存条件问题，也是企业的社会责任和道德问题。从建材生产到建筑运营全生命周期，工程行业碳排放占全社会碳排放的50%以上，政府对工程行业的碳减排进行重点管理是必然的。

双碳目标和行动路线图制定。国家的双碳目标是"3060"，企业自己的双碳目标是什么时间点，哪一年真正成为零碳企业，这就是战略目标问题。企业的双碳目标必须远早于国家的"3060"目标。这考验管理层智慧和担责能力，要在企业投入、效益、竞争力等多方面权衡，要及早行动抢占先机。目前大多数企业都还在观望中。

工程企业产业前端的进项碳票总量很大，很难实现总的零碳企业目标，这不仅取决于自己，还取决于产业链前端的材料生产和运输。工程企业基于减碳的供应链变革管理需要花费大力气，但工程企业可以尽早实现自身的碳增量的碳中和。企业要通过目标拆解，尽早制定行动路线图，并开始实施。

（3）组织落实。

企业内要建设强有力的双碳管理组织，核心领导要参与并延伸到基层。这不仅是战略问题，更是全企业各个项目和部门在每个生产环节中要贯彻执行的问题。企业任何一个环节都会有碳排放产生，必须有强大的组织保障。

（4）人才培养储备。

企业应建立碳管理专业人才体系。因双碳战略任务覆盖面广，少数专业人才不能解决问题，需要培养一支具有专业素养的专业队伍，从企业集团延伸到项目层。

开展全员双碳意识和技术培训。企业中的每一分子都与企业整个双碳目标有关，不仅要培养全员的双碳意识，还要培养所有人的双碳专业技术，并应用到日常工作中，节约一张纸、一度电都是在减碳。

（5）多层级碳管理体系。

企业应建立从集团到项目的多层级碳管理体系，涵盖组织管理、采购管理、技术管理、人才管理、奖惩机制等在内的政策体系，要及早建设组织的统一指导思想和实施保障体系。

（6）多层级碳管理信息系统建立。

企业应该尽快建立多层级碳管理信息系统，能及时、实时摸清家底，实时动态跟进全企业碳排放情况，才有能力对每个项目、每个方案、每天的碳排放情况和状态进行科学评估，为企业提供决策依据、复盘依据，而不能等政府来拉闸限电。

（7）企业供应链变革。

企业的招采体系应尽早实施变革，建立新的招采规则管理体系，即：

招采总价=标的碳排放责任量总价+材料价

企业应对供应商实施碳排放管理，多采用绿色低碳建材和设备。

（8）加强低碳工艺和减碳技术的研发力度。

工程企业需要加大力度研发低碳建造工艺和减碳技术，对技术方案、专利技术的评价要增加对碳排放量的考量，对技术方案评价体系要进行升级。研发系列碳减排技术专利，应该成为工程企业的重要技术战略。

9.2　CELM 碳减排体系发电行业运行分析

发电行业，特别是煤电行业是政府当前控碳的第一甚至是唯一行业，在第11.3节中详细论述这样的做法是搞错了方向，所以减碳绩效不彰，碳减排效果不好，宏观经济冲击大。本节详细分析CELM碳减排体系在发电行业的运行。

9.2.1　CELM 体系下，发电行业的控碳地位和性质

在CELM体系下，发电行业不是政府控碳的第一目标行业，更不是唯一目标。发电行业只是整体产业链中的重要一环。与碳源组织煤矿、油田和天然气公司等完全不同，政府不需要对发电行业进行特别监管，与其他行业企业同等对待即可。政府通过碳票进销项对发电行业进行碳排放责任管理，有碳存量的企业自己负责抵消即可；如果有"负碳"，即进项小于销项，可以在碳市场获取收益。不同的发电企业，根据自己企业的发电成本和碳费总成本进行市场自由竞争即可。

9.2.2　电力行业产业链概述

电力行业的运营有其特殊性，整个产业链组织比较复杂，电力作为公用事业服务产品（Public Utility Goods），需要计划机制和市场机制并存。发电企业的类型众多，有煤电、油电、气电等传统化石能源发电厂，也有水电、光电、风电、核电等可再生能源发电厂，因此各类电力的产业链组织又有很大不同。

一次能源供应商。产业链最前端是能源原材料供应。煤电、油电、气电的上游一次能源供应商是煤矿企业、石油企业、天然气公司。煤电、油电、气电的一次能源是化石能源，通过化石能源燃烧供能发电的电力，碳排放量比较大。光电、风电的一次能源是绿色再生能源，能源原材料是绿色可再生的，而且是免费的。大自然是一次能源供应商，不收费。这二者的度电碳排放成本相差巨大，随着光电、风电发电成本的下降，应利用零碳排放成本实现度电总成本优势，加快对化石电力的替代进程。

煤矿、石油企业和天然气公司为发电厂供应化石能源作为发电的一次能源，并根据供应量开出销项碳票给发电厂。与煤电厂、油电厂和天然气发电厂不同，光电厂、风电厂则不会收到此类进项碳票。

值得注意的是，煤电、油电和气电的一次能源供应商煤矿、油气公司和天然气公司是国家重点管理的碳源企业，国家对其产品的生产销售数量和碳含量应进行严格管控核定。由政府管理部门开给这些碳源企业销项碳票，并输入国家碳票管理系统CTMS。

发电厂。发电厂将一次能源转换成二次能源——电力，各种电力的发电物理学原理各不相同，工艺技术流程不同。煤电、油电、气电在发电过程中，燃烧化石能源，转换成电能，产生大量CO_2。光电、风电、水电则是利用绿色再生能源转换成电力，不产生CO_2。煤电、油电和气电的发电厂将收到大量的一次能源供应商的进项碳票，再根据采购合约给售电企业开出销项碳票。光电、风电和水电等发电企业不会收到一次能源供应商的进项碳票，也不需要向售电企业开出销项碳票。

电网企业。今后的电网只负责输送电力，按输送量、输送距离收取电力输送费。与发电厂、售电企业的碳票进销项的往来几乎为零。

售电企业。售电企业根据碳费和电费合计总成本最低原则从发电厂采购电力，接收发电厂的进项碳票。根据各电力供应商（各类电厂）的采购总价和碳票总量，向电力终端用户核算收取度电电价和碳费。

电力终端用户。终端用户向售电企业按用电量交纳电价和碳费，电力终端用户像水资源用户承担排水费一样，承担了最终的碳排放成本。

9.2.3 CELM体系下电力行业的运营

以电力市场化运营为例说明（见图9-2）。

发电企业 → 电网公司 → 售电公司 → 电力用户

图9-2 电力产业链运营

CELM体系在电力行业运营的几个关键点包括——国家管理部门开销项碳票给碳源组织（一次能源、化石能源企业），输入CTMS系统；售电企业按发电价和碳费总价招标采购电力，接收发电厂的进项碳票；售电公司向电力用户出售电力，收取每度电的电费和碳费。在整个产业链运作过程中，发电厂通过发电成本和碳排放成本总价的竞争，获得生存和发展，所以降低碳排放成本将成为发电厂非常关键的竞争力建设举措。

举例分析煤电产业链：

×××× 年度，煤矿企业 C1、C2、C3……C10，各开采煤炭 P1、P2、P3……P10 吨，各个煤矿的煤炭含碳量不同，分别为 c_1、c_2、c_3……c_{10}（tCO_2/吨），这些煤矿企业全部煤炭产品都卖给煤电电厂 E1、E2、E3……E10，煤矿企业 C1 卖给这 10 个煤电厂的煤炭的量为 CE_{11}、CE_{12}、CE_{13}……CE_{110}，开出的碳票分别为：CT_{11}、CT_{12}、CT_{13}……CT_{110}。同样，煤矿企业 C2 卖给这家煤电厂的煤炭量为 CE_{21}、CE_{22}、CE_{23}……CE_{210}，开出的碳票分别为：CT_{21}、CT_{22}、CT_{23}……CT_{210}。其他类推。煤电电厂 E1、E2、E3……E10 的发电量分别为：EE1、EE2、EE3……EE10。

煤电电厂 E1、E2、E3……E10，向售电公司 S1、S2、S3……S10 供应电力。其中煤电电厂 E1 卖给这 10 个售电公司的电量分别 ES_{11}、ES_{12}、ES_{13}……ES_{110}，开出的碳票为 ET_{11}、ET_{12}、ET_{13}……ET_{110}。同样，煤电电厂 E2 卖给售电公司的电量分别 ES_{21}、ES_{22}、ES_{23}……ES_{210}，开出的碳票分别为 ET_{21}、ET_{22}、ET_{23}……ET_{210}。其他类推。

值得注意的是，售电公司同时向煤电公司和绿电公司（光电、风电、水电、核电等零碳电力公司）采购电力，煤电公司需要与绿电公司竞争上网。当前绿电公司的优势是越来越低的发电成本和零碳，煤电公司当前的优势是供电的稳定性。

绿电公司 GE1、GE2、GE3……GE10 向售电公司 S1、S2、S3……S10 供应电力。其中绿电公司 GE1 卖给这 10 个售电公司的电量分别 GS_{11}、GS_{12}、GS_{13}……GS_{110}，开出的碳票为零。同样，绿电公司 GE2 卖给售电公司的电量分别为 GS_{21}、GS_{22}、GS_{23}……GS_{210}，开出的碳票为零。其他类推。

（1）煤电电厂采购煤炭环节的碳票流转。

煤电电厂 E1 向煤矿企业 C1、C2……C10 招标，采购年度煤炭供应量，按煤炭等级和"煤炭原料到厂价格 + 碳费总价"最低原则招标采购。

碳费总价按含碳量和当前的碳价相乘得到，煤矿企业为了中标供应量，有的高碳煤矿企业被迫降低煤炭原料到厂价格，有的高碳煤矿则减少碳票销项的开出量，留给自己抵消。

这样 ×××× 年度，煤电电厂 E1 实际发电量为 EE1，实际年度采购煤炭总量为：

$$CE_{11}+CE_{21}+CE_{31}+\cdots+CE_{101}$$

采购煤炭燃料中，CO_2 实际含量为：

$$ECT_1=CE_{11} \times c_1+CE_{21} \times c_2+\cdots+CE_{101} \times c_{10}$$

度电实际碳含量为：

$$EC_1=ECT_1/EE1$$

煤电厂E1收到的实际碳票数量可能比这个低，如收到的碳票总数量为：

$$ECT_1=CT_{11}+CT_{21}+CT_{31}+\cdots+CT_{101}$$

这是煤电厂要担责任的碳排放量，碳票流转的是碳排放担责数量，这样，度电碳责任含量或度电碳票含量为：

$$EC_1=ECT_1/EE1$$

其他煤电电厂的采购量、煤炭燃料中实际含碳量、收到的进项碳票量按此类推。碳源在产业链第一层完成了碳票的流转，即碳排放责任数量的流转。在这一重要产业链环节中，碳票的流转结果完全由市场交易决定。国家在这一环节中没有参与碳排放权分配，也不需要聘用技术单位进行核算和监测。对政府的管理能力和投入要求就很低了，这是CELM体系最关键的价值之一。

（2）售电公司采购电力环节的碳票流转。

售电公司S1、S2、S3……S10同时向各煤电发电企业E1、E2、E3……E10和绿电公司GE1、GE2、GE3……GE10采购电力。

售电公司按各时段电力"上网电价+碳费总价"最低原则招标采购电力。

电价完全市场化后，各种性质的电力将产生激烈的竞争，竞争的几个关键因素为生产成本、碳费成本和时段供电能力。通过这三种核心因素组合，电价有较大的波动。碳费按度电碳责任含量和当前的碳价相乘得到。煤电厂为了中标供应量，有的高碳煤电企业被迫降低了煤电供应价格，或减少销项碳票的开出量，将差额留给自己抵消，通过降低总成本来获取更多的供应量。煤电在光电、风电的波峰期，竞争力将越来越弱，绿色再生能源生产成本和碳成本优势都将越来越大，化石能源替代进程加快。煤电在绿色再生能源波谷期发挥稳定发电优势，获得高价收益，维持生产继续获取投资收益。

这样×××年度，售电公司S1实际购电量为SE1，即：

$$SE1=ES_{11}+ES_{21}+ES_{31}+\cdots+ES_{101}+GS_{11}+GS_{21}+GS_{31}+\cdots+GS_{101}$$

采购总电量中，CO_2实际含量为各煤电厂所供电力中碳实际含量之和，而绿电公司的电力中可视为没有碳含量。当然，绿电公司也会收到其他上游供应商流转的进项碳票，参与到给下游售电公司的碳票流转，因相对总量很小，也暂不考虑，即可视为绿电公司开给售电公司的碳票为0。

售电公司S1收到的实际碳票为煤电公司流转过来的碳票总数量，即：

$$SCT_1=ET_{11}+ET_{21}+ET_{31}+\cdots+ET_{101}$$

这样，度电碳责任含量或度电碳票含量为：

$$SC_1=SCT_1/SE1$$

当然售电公司自己运营过程中还会收到其他上游供应商流转的进项碳票，理论上会加入碳排放责任总量向下游电力用户流转，因相对总量很小，暂不考虑。

其他售电公司的采购量、电力中实际含碳量、收到的进项碳票量和度电含碳量以此类推。碳源在产业链第二层完成了碳票的流转，即碳排放责任数量的流转。在这一重要产业链环节中，碳票的流转结果，可以完全由市场交易决定。我国开始逐步推开电力市场化交易，利用碳票的流转和 CELM 碳市场的碳价，实现电力碳排放成本的内部化。国家在这一环节中不需要参与碳排放权分配，也不需要聘用技术单位进行核算和监测，对政府的管理能力和投入要求就很低，这同样也体现了 CELM 体系的最关键价值之一。

（3）售电公司向电力终端用户售卖电力。

售电公司向自己的供应区域的电力用户供电时，不会区分煤电、绿电的不同电价，而是将一段时期总碳票量平均分配到这段时期的供应总电量中。售电公司向企事业单位收取统一的电价并开出销项碳票，向居民用户收取统一的电价和碳费，这两部分费用在收费单中分列单独收取。

售电市场往往非市场化，特别是在中国，电作为公用事业服务产品，政府对其设定了严格的定价管制。政府对居民用电的电费调整十分慎重并严格控制，售电公司的亏损则由政府财政承担。按照中国排水费的收取历程来看，结合近期相关调查研究，居民可以承受电价中的碳费支出，甚至是逐步提升的碳费。碳费的收取按动态负碳碳市场价收取，是可行的。2022 年，中国电力行业的碳排放因子为 0.853 千克二氧化碳/千瓦时，如按目前碳市场约 60 元/吨 CO_2 计算，则在度电电费之外再增加 0.051 元的碳费，不超过居民用电度电电费的 10%。随着新能源发电占比的提升，且度电含碳量逐步下降，同时，通过家庭碳账户机制，分梯级管理，低用电量的家庭可获得补贴，用电成本几乎不会增加。

纯电费部分的收取改革是渐进和稳定的，未来含碳电费按现有规则另行收取或统一调整方案。

9.2.4　效应分析

发电公司 A，买进煤电，同时收进煤中含的进项碳票，A 要承担碳票中碳排放量的责任和成本；A 通过燃烧煤炭发电上网给售电公司 B，A 开给 B 的发票中，除上网的电量外，也转移碳票给 B；B 再转移给电力用户 C……

此时与电力买卖有关的碳票中记录的不是产品内含的理论碳排放量，而是购买方要承担的碳排放"责任量"！实际碳排放者是 A，但是发电是为了供货给 B，B 购电配送电是为了电力用户 C，当然所有相关方都要承担碳排放的责任和成本！

由于有很多的 A，有的用煤多，有的用煤少（如用光伏和风），总成本各不相同。B 会选择总成本低的电上网，也就对 A 转移过来的"责任和成本"施加压力。电力用户 C 当然希望买总价便宜(包含碳费)的电……依次类推,各产业链上的组织都希望尽量减少碳票的进项,加大责任转移的销项。在竞争过程中利用价格信号对上游的碳排放责任量进行选择,降低了产业链中的碳排放。从成本转嫁角度,开征碳费与源头收税角度的经济效果是一样的,只是碳票要记录碳排放的责任量。

9.3 碳中和国家、城市、园区、企业、家庭分析

当前绿色红黑榜逐步成为社会组织形象品牌建设,甚至是营销的重要手段和工具,一批组织宣布自己为碳中和组织。由于缺乏绿色组织标准,社会组织的发挥空间很大,市场上已出现大量的"漂绿"(又称"洗绿",Green Washing)行为,成为社会和政府严重关切的社会问题。

碳减排做到何种程度,才算达到碳中和国家、城市、园区、企业和家庭?这是国际社会碳减排体系有效运行起来的基础定义和标准。遗憾的是,迄今为止,关于碳中和国家、碳中和城市、碳中和园区、碳中和企业、碳中和家庭都还没有建立起科学、量化的标准与定义,各个机构、主体在各自理解、各自表述,这是非常严重的问题。要真正实现全球碳中和,必须尽快将这些定义、标准厘清。基于CELM体系,可以比较容易建立起科学量化的定义和标准,并形成规范,以减少市场混乱。

9.3.1 "漂绿"现象:为逐利营造可持续发展的假象

"漂绿"是指企业采取虚假、夸大或误导等方式,夸大其产品、服务或企业在生态环境保护方面的义务或贡献。随着ESG与可持续理念的发展,低碳环保日渐深入人心,一方面领先企业积极实践,支持可持续发展,但另一方面也有部分企业仅为迎合消费者需要,进行虚假环保宣传,如通过"地球友好""零碳排放""碳中和"这些空洞的语言、可信度几乎为零的说法以及暗示性的图片等方式,标榜自身产品所不具备的可持续优势和特性。

根据欧洲议会,"漂绿"是指"通过营销与实施情况不符的环保类金融产品来获得不公平的竞争优势的做法"。2021年初,欧盟委员会首次公布了一项聚焦于"漂绿"的网络调查数据,该调查分析了服装、化妆品、家用设备等不同行业在欧盟地区的线上营销,结果显示有42%的产品环保声明涉嫌夸大或欺骗。

金融机构"漂绿"已被部分金融监管机构明确定义,且惩戒措施相对较严。英国金融行为监管局(FCA)将金融"漂绿"定义为"将组织的产品、活动或政策描述为产生积极环境结果的营销,而事实并非如此";美国证券交易委员会(SEC)将其描述为"夸大或歪曲考虑或纳入投资组合选择的ESG因素"。

企业之所以存在漂绿行为，主要还是为了迎合政策监管、消费者青睐和社会期待，从而获取高额利润和回报。漂绿企业只将环保表现在企业宣传或是产品宣传上，而没有将资源投注在实际的环保实务中。

例如，一些上市公司故意隐瞒环境风险，声称不会造成环境污染和ESG相关问题，但是却因供应链违规被环境监督部门立案查处；上市公司在ESG报告或可持续发展报告中承诺的减排数量远远大于实际减排数量，却又不采取手段补救；有的公司只投入少量资金买了少量绿电，就宣称自己是碳中和企业；上市公司宣称投入资金在碳中和领域，却只是"面子工程"；等等。这些行为都有可能对投资者产生错误性引导。

比如低碳转型的项目可以获得绿色信贷，降低融资成本。符合绿色标准的公司可以发行相关债券，优化融资结构。上市公司表现好的企业可以纳入指数，吸纳国内外更多的基金关注。

在双碳背景下，ESG投资理念逐步被推广，将有利于更多绿色发展企业被关注到。因此部分当前财务状况一般，但有利于实现双碳目标的企业，可能取得更高的评分。在"高评分"下，金融资源将进一步向这类企业集中，同时绿色信贷也将助力这类企业高质量发展。这就促使一部分企业，为了获得更多投资而在ESG上造假。

当前这种情况存在的客观原因，与ESG的评价标准建设不完善和评价体系存在漏洞有关。政府监管部门需要加快完善有关制度体系。

9.3.2　什么是碳中和国家

当前各国政府都向国际社会承诺双碳目标，为执行好NDCs，还需要科学准确定义国家双碳目标值和执行标准。

9.3.2.1　有争议的国家双碳目标值

与其他国家一样，中国向国际社会承诺双碳目标后，如何确定双碳目标的总量目标值成了较大的问题。碳达峰时的碳排放总量目标是多少？碳中和时可排放的碳总量是多少？一个国家的碳中和并不是零排放，而是净零排放。中国实现碳中和（碳净零排放）时，实际的碳排放量会与碳吸收（森林碳汇、CCUS等）量结合考虑。因此这两个数值是中国整个碳中和进程非常核心的要素，这两个目标值不确定，相当于中国碳中和进程连目标都不明确。

那么这两个数值的准确定义该是如何？当前，大家想当然地就认为这两个数值分别指届时中国的碳净排放数和实际总排放量。在CELM理论下，这个定义是要重新确认的，并且要形成新的国际认定标准。因为国际贸易造成了巨额碳排放量的进出口，所以碳排放量的进出口与各国的碳中和责任目标值的关系必须厘清。在当前欧美主导的国际气候问题语境下，按"生产者责任机制""谁排放谁负责"的原则，将产生严重的国家间碳排放责任不公平问题。

经历数十年的全球化，造成了当前国际分工的不同，发展中国家承担了生产制造的分工，即承担了更大量的碳排放，向发达国家输出高碳排放低附加值的产品，进口的是低碳排放的高科技、高知识含量的产品与服务。发达国家是消费国角色，输出的是低碳排放的高科技、高知识含量的产品与服务，进口的是高碳排放低价值的工业产品。

如果每个国家按国土范围内的实际碳排放量承担责任，是不公允的，也会造成在经济学上达不到碳减排和资源配置的帕累托最优，因为这样会导致全球气候经济市场的有效性失灵。这也是CELM体系强调"消费者责任"机制的重要原因之一。

以中国为例。中国2018年出口产品隐含CO_2排放量15.3亿吨，进口货物隐含CO_2排放量5.42亿吨，对外贸易隐含CO_2净出口量约占全国总排放量的10.5%。其中，出口欧盟隐含CO_2排放量2.7亿吨，占出口贸易隐含CO_2排放量的17.6%；出口美国隐含CO_2排放量2.86亿吨，占18.7%；从欧盟和美国进口货物隐含CO_2排放量分别为0.31亿吨和0.44亿吨，是隐含CO_2排放量的净出口国。

这样，中国的碳排放净出口量相当大，这部分责任应该由谁来承担呢？

9.3.2.2　CELM体系下的国家碳排放责任

按照CELM体系，一个国家应该担责的碳排放量为：

国家应担责碳排放量=该国实际碳排放总量+国外进口的碳排放量-向国外出口的碳排放量

其中：

该国实际碳排放总量=本国化石能源产生的碳排放量+本国其他碳源量+国外进口化石能源产生的碳排放量

国外进口的碳排放量和向国外出口的碳排放量不包含进出口能源产生的碳排放量，因为在上式中已作考虑。很多国家（包括中国）能源的进口量很大，必须单独计算。同理，出口的能源产生的碳排放量由进口国担责。

这样中国碳排放责任每年将减少10亿吨左右，占总的10%左右，这个数量不小。但按当前的国际规则，欧美不会认可，预计将是今后全球气候论坛上需要讨论的一个重要议题。中国应联合发展中国家，推广CELM理论体系，建立新的国际碳排放责任标准。新国际标准一旦建立，中国的碳排放责任可以降低10%左右，这是一个很大的数字。

如果在全球建立了碳票管理系统，且数据连通，各个国家间的碳足迹数据非常准确、完整和及时，国家间的碳排放量核算就比较容易了。

9.3.2.3　基于CELM的碳中和国家定义

那么怎样才算是碳中和国家？我们又该如何准确定义。

依据CELM理论，一个国家应该担责的碳排放量，通过自然碳汇和CCUS碳汇实现完全的抵消，即实现净零排放。即：

国家应担责碳排放量=国家总碳汇量，即：

该国实际碳排放总量+国外进口的碳排放量–向国外出口的碳排放量=国家自然资源碳汇量+CCUS碳汇量

此时就成了碳中和国家，即完成了自己国家的碳中和目标的承诺。

因此本书提出的中国双碳目标值的概念和含义，与当前国际社会上的概念有较大的不同。

9.3.3　什么是碳中和城市

中国碳中和时间是2060年，上海能不能提前？上海碳中和要做到什么程度，才算是碳中和城市？只是上海城市本身的能耗碳排放中和就算碳中和，还是包括所有输入的电力、材料、产品和服务资源包含的碳量？这是个重要的问题。

只计算上海城市自身消耗的能源碳排放显然是不对的。外省市供应上海庞大的工程建设和消费品的原材料、电力等碳排放量，上海市作为消费省级单位仍然是有重大责任的。同时上海作为中国最大的城市经济体，也向全世界输出了很多的产品和服务，同样很大一部分碳排放责任应该输出给外部。

所以，上海碳中和的目标时间是哪年，碳中和的标准是什么，是需要深入研究和准确定义的。

9.3.3.1　当前碳排放责任范围国际惯例

当前一个国家、一个城市、一个组织的碳排放责任划分标准一般按国际通行的范围1、2、3来安排。范围1、2、3的概念出自《温室气体核算体系》（*Green House Gas Protocol*）。一个城市的碳中和目标一般按范围1、2来核算，这种方法有非常不科学和不准确的地方，需要进行修正。

表9-1　碳排放范围1、2、3覆盖边界

排放类型	描述	说明
范围1	直接排放	城市、企业物理边界或控制的资产内直接向大气排放的温室气体，如燃煤锅炉、燃油车辆等
范围2	外购电力和热力间接排放	城市、企业因使用外部电力和热力导致的间接排放
范围3	其他间接排放	因城市、企业生产经营产生的所有其他排放，如上游产品生产、员工通勤排放等

因为范围3的排放涉及太多外部数据，目前社会还没有建立合格全面的碳足迹数据库，管理起来难度巨大，所以在通常情况下，组织在核算碳排放时并不会核算范围3的排放，但一些拥有多年碳管理经验、高要求的组织也会将范围3排放纳入管理范围以内。

所以，假如一个组织宣布将在某某年实现碳中和，而不附带排放类型说明，那么这个碳中和目标就存在一定的歧义，甚至可能是虚假的漂绿宣传。

很显然，我们非常需要一个国际统一的碳中和组织标准。如果一个组织宣布只对范围1、范围2实现碳中和，则对社会并没有任何意义，容易成为漂绿的一种手段。可能会存在这样一种情况，某个组织实现了范围1、范围2的碳中和，但对外提供产品的碳含量比同行还要高，因为它对前端的供应商没有足够好的碳管理，或者故意通过外包将高碳排放生产环节转移到体外，采购的供应商的物料配件是价格低、碳排放量高的，这样宣布自己是碳中和组织就没有任何社会价值，且会造成严重的社会误导，反而有欺诈之嫌。政府主管部门需要管控这种宣传。

9.3.3.2　基于CELM的碳中和城市定义

在CELM体系下，碳中和城市有三个标准：

第一个标准是"碳排放平衡城市"。

基于CELM体系的谁消费谁担责的原则，一个城市应担责的碳排放量公式是：

城市应担责碳排放总量=城市碳进项总量−城市碳销项总量−城市吸碳总量

等式右边等于零时，这个城市是碳平衡城市，但非绝对碳中和城市。

其中：

城市碳进项总量=本市所有消耗的外省输入的物料、商品和服务的全部碳排放责任量＋本市碳源总量

城市碳销项总量=本市向市外提供物料、商品和服务且对方能接受的碳排放量

要做到碳平衡城市，并对前端进行碳排放量担责，对上海而言并不会增加太大的难度。因为上海不仅是消费型城市，也是有着巨大创造力的城市，上海输出了很多产品和服务，可以输出很多碳销项，由沪外下游来承担。所以担责的碳排放总量不会增加太多，只是算法上要改变过去只计算自己直接发生的碳排放量。

第二个标准是"相对碳中和城市"。

即按当前国际惯例碳中和的标准算法，当：

城市（范围1＋范围2）的碳排放总量−城市吸碳总量−城市购买并已用于抵消的"真负碳"量=0

此时，可称之为相对碳中和的城市。这里的碳排放总量不包含在外地生产的材料、商品和服务（除外购电力）中的碳排放责任量，但包含外地供应的电力中的碳排放责任量。

这个标准对上海来说也有些低，因为上海已经是服务型城市，高碳排放制造业大部分已迁到外地，按这个标准算，上海对国家碳中和的贡献是不够的。

第三个标准是"绝对碳中和城市"。

城市碳进项总量－城市吸碳总量－城市购买并已用于抵消的"真负碳"总量=0

此时，这个城市已实现绝对碳中和，即这个城市运营需要的碳排放责任量，全部通过自己的吸碳和"真负碳"抵消，真正实现了碳中和抵消。需要说明的是，上式中提到的"真负碳"总量只包含用于冲抵碳排放责任的"真负碳"数量，如果购买"真负碳"用于投资则不能包含在内。

其中，城市碳进项总量包含整个城市范围 1、2、3 的所有碳进项总量，也包含本城市碳源的碳进项。城市购买并用于抵消的"真负碳"总量，包含城市内政府、所有组织在国家负碳碳市场购进的"真负碳"且已用于抵消的总量。

这时，城市仍可以有碳销项输出市外，这是由本市的产品碳责任量低于行业平均水平导致的，只要市外的下游消费者接受，仍可以通过向市外开出碳销项票增加商品的收益，这是 CELM 激励机制允许的。

从上式可以看出，上海要成为绝对的碳中和城市，这个要求很高，较长时间内难以做到。

根据以上分析，如果按最高标准，上海如何实现碳中和？什么时间实现碳中和？上海市政府需要全面细致规划上海碳中和路线图。

相对而言，还是按第二种标准更容易实现。三种标准下，上海各是什么时间能实现碳中和是一个有趣的问题，上海市政府需要认真规划和实施。很显然，上海的碳中和目标是绝对碳中和城市。

表 9-2　三类碳中和城市标准

碳中和城市标准	公式
碳排放平衡城市	城市应担责碳排放总量＝城市碳进项总量－城市碳销项总量－城市吸碳总量 =0
相对碳中和城市	城市（范围 1+ 范围 2）的碳排放总量－城市吸碳总量－城市购买并已用于抵消的"真负碳"量 =0
绝对碳中和城市	城市碳进项总量－城市吸碳总量－城市购买并已用于抵消的"真负碳"总量 =0

9.3.4　什么是碳中和企业

微软公司提出 2030 年成为碳中和企业，就包含了对前端碳排放量的担责。如果这样的企业多了，则全球全社会碳中和进程将大大加快。对前端担总责且实现碳中和，传统企业能耗高，是比较难做到的，而高科技企业可以率先达到。

国内一些互联网头部企业（如腾讯、阿里巴巴、华为等）承担社会责任已开始行动。腾讯和阿里巴巴提出了不晚于 2030 年实现企业自身运营和供应链的碳中和目标，为中国科技企业贡献国家"3060"目标作出示范。这个目标是碳中和企业的标准，是值得称道的。

图9-3 腾讯碳中和目标与承诺

资料来源：腾讯碳中和目标及行动路线报告，2022.

9.3.4.1 CELM体系下的企业碳排放责任

CELM理论指出，消费者对碳排放担主责，企业组织对产业链前端担总责。CELM理论让消费者承担碳排放成本费用，要求每个企业对产业链前端碳排放承担总责，即承担对前端企业的碳排放管理责任。CELM理论下的国家碳票管理系统（CTMS）对全社会每一笔交易采供双方之间产生的碳排放责任值流转进行了记录（碳足迹），每个组织的生产经营活动就会累积完整的碳排放责任量进项和销项的数据，国家通过立法明确：

组织应担责的碳排放责任总量=碳票进项总量-碳票销项总量

这样就可以让整个产业链的各节点组织为碳减排承担起责任来。产业链中的生产者要努力让自己的碳排放强度（单位产量的碳排放量）低于社会平均水平，这时不需要额外承担碳费，反而可以卖出"负碳"，得到市场的双重奖励，即现金奖励和增加承担社会责任的品牌溢价。

国家通过碳市场对碳定价后，碳价会进入产品的总价中，碳费会成为商品总价的重要组成部分。

9.3.4.2 基于CELM的碳中和企业定义

碳中和企业与碳中和城市一样有三个进阶。

第一个进阶是碳票进销项平衡。

碳票进销项平衡是成为碳中和企业的第一步，不平衡会即时担责，要从碳市场购买"负碳"抵消。碳票进销项能平衡意味着这个企业的单位产量的碳排放量是低于社会平均水平的。这是承担绿色责任企业的基本要求。

第二个进阶是不输出碳票。

第二步是企业不输出碳销项票，自行抵消上游的碳进项票，向社会提供零碳产品和服务，即不向外部组织开出任何碳票，向社会提供"零碳"产品和服务。这时的企业还不能称为真正的碳中和企业，只是用"欠负碳"抵消了碳进项票，向社会提供的是相对零碳的产品和服务，不是绝对零碳的产品和服务。

第三个进阶是绝对碳中和企业。

这个阶段意味着企业前端供应商的碳排放量被企业全部用"真负碳"绝对中和。当：

企业碳进项总量 = 企业吸碳总量 + 企业购买并用于抵消的"真负碳"总量

此时，这个企业已实现绝对碳中和，即这个企业运营需要的碳排放责任量，全部通过自己的吸碳和采购"真负碳"抵消，真正实现了碳中和抵消。

绝对碳中和企业也可以向下游输出碳销项，这是因为本企业的产品碳排放责任量低于行业平均水平，只要下游采购方接受，企业可以多开出碳销项票增加商品的收益。这是 CELM 激励机制允许的。但在 ESG 报告和政府评价标准中，不宜被认定为"零碳"企业。

从上式可以看出，企业要成为绝对的碳中和企业，这个要求也比较高，低碳排放的行业企业相对容易先做到。

9.3.4.3　企业如何实现碳中和

企业实现碳中和有三种路径。

一是努力降低自己产品和服务的碳排放量。企业选择更低碳的原材料、生产工艺，更绿色的供应商和供应链管理，都有助于降低整个企业的碳排放量。碳排放总量降低了，实现企业碳中和的难度就下来了。

二是企业自己实现碳汇。企业可以去投资经营森林，运营吸碳装置（CCUS），通过国家认定的机构核证，获得"负碳"核证数量进行碳中和。一些企业有这方面的条件和资源。

三是直接通过碳市场购买"真负碳"产品进行碳中和。企业在碳市场购买对应数量的"真负碳"与自己的碳排放责任量进行对冲清缴，实现碳中和。

有一点值得提出，目前的 CER、CCER 碳减排信用指标不应该成为当前企业碳中和标准冲抵标的。这些碳减排信用指标并没有真正从空气中拿掉 CO_2，而是已经过时的政府对减碳技术的激励机制，不能帮助企业实现真正的碳中和。

在CELM体系下，政府建好碳票管理系统后，碳中和组织的管理就非常简单了。在CTMS系统中，企业碳进项总量和企业吸碳总量加上企业购买并用于抵消"真负碳"总量相等时，都可以被认定为碳中和组织，政府可以每年根据CTMS系统的数据张榜公布。碳中和由系统来认定，市场上企业"漂绿"的行为就无所遁形了。

9.3.5 什么是碳中和园区

碳中和（零碳）园区的建设是当前的一个热点，零碳园区的标准也需要准确定义，零碳园区的建设和实现策略需要厘清，给予市场正确的指引。

9.3.5.1 碳中和（零碳）园区定义

按前文论述，零碳园区就是要园区运营过程中包括范围3的碳排放量全部中和，实现净零排放，为用户提供零碳的产品和服务。

这样，零碳园区有两个进阶。

第一个进阶是不向园区外部企业开出碳票，成为"零碳园区"。

园区自行抵消上游的碳进项票，向园区企业提供零碳产品和服务，即不向外部组织开出任何碳票，向社会提供"零碳"产品和服务。园区自身的碳排放责任量一部分可以从碳市场购买"欠负碳"抵消，这是一种低标准零碳园区。这时的园区还不能称为真正的碳中和园区，只是用"欠负碳"抵消了碳进项票，向社会提供的是相对零碳的产品和服务，不是绝对零碳的产品和服务。

第二个进阶是实现园区碳排放责任量实际碳中和，成为"真零碳园区"。

真零碳园区意味着企业前端供应商的碳排放责任量被企业全部用"真负碳"绝对中和。当：

园区碳进项总量=园区吸碳总量＋园区购买并用于抵消"真负碳"总量

此时，这个园区已实现绝对碳中和，即该园区运营需要的碳排放责任量，全部通过自己的吸碳和采购的"真负碳"抵消，真正实现了碳中和。

通过园区内的绿色碳汇、零碳电力实现园区碳中和，无须向外部碳市场购买"真负碳"抵消就实现了零碳，这是高标准的零碳园区，比较难实现。

与绝对碳中和企业一样，真零碳园区仍可以有碳销项输出给下游。这是由园区产品碳排放责任量低于行业平均水平导致的，只要下游企业认可，园区可以通过向下游开出碳销项票增加商品的收益。

值得指出的是，园区有全生命周期的概念，设计建造阶段和运营阶段的碳排放管理应分开。建造阶段零碳排放短期内基本上没有实现的可能性，另外，存量园区数量更多，本书讨论零碳园区的重点是将生命周期范围确定在运营阶段。

9.3.5.2　园区的碳排放量来源

范围 1：园区物理边界内或控制的资产直接向大气排放的温室气体，如燃煤锅炉、园区拥有的燃油车辆等。这里应不包括入驻园区企业的排放量。

范围 2：外购电力和热力间接排放，园区用外部电力和热力导致的间接排放。

范围 3：其他间接排放，因园区生产经营产生的所有其他排放，如物业运营、员工通勤、上下游产品（购买设备、办公室装修、办公耗材等）所有前端供应商产品中的碳排放。

当然园区内入驻企业消耗的交通能源、购买的产品中的碳排放量应该不包括在内。这属于园区入驻企业的碳排放量范畴。

因为园区要管理前端供应商产品的碳排放量，这样看来，实现零碳园区并不容易。好在一些大的园区可以生产碳汇，进行部分抵消。

9.3.5.3　园区可以实现碳汇的方向

绿化。植树造林有碳汇作用，改善园区生态环境，一棵成年树木一年能从大气中吸收超过 21.8kg CO_2。这个数量不大，但仍值得提倡。有的组织在西部荒漠地区大批植树，创造的碳汇规模就足够大，可以用来中和本组织的碳排放责任量。

专业的吸碳项目。园区内可以建立一些小型但高效率的生物吸碳项目、CCUS 装置。如将部分建筑外墙悬挂有大片的藻类生物反应器，每年藻类产量达 200kg，每公斤藻类吸收 CO_2 约 2kg，并能清除有害的 NO_2 等废气。藻类还被提取加工成绿色粉末，作为营养添加剂用于化妆品和食品工业。园区运营吸碳装置（CCUS），通过国家认定的机构核证，可获得"负碳"核证数量进行碳中和。

9.3.5.4　零碳园区实现之路

新建园区从规划设计开始进行全生命周期的零碳园区规划，是最主动的、最有可能实现碳中和的。在规划设计阶段就介入规划碳减排的方案和措施是最容易实现零碳园区的，具体措施可以从以下五个方面着手。

（1）能源方面：尽量高比例使用再生能源。

使用屋顶光伏、光伏车棚、小型风力发电设施生产可再生能源电力，购买可再生能源电力用于园区生产运营。有条件的园区建设有沼气热电联产及热泵系统，并配有储能电站、储热储冷装置，以满足园区的供暖、制冷和供电需求。

（2）建筑方面：尽量降低能耗，提高能效。

采用节能保温材料、遮阳板、三玻窗等节能建筑技术，所有新建建筑全部为绿色建筑，并获得 LEED 铂金级别认证。园区建筑安装智能电表，并通过智能化的能源管理系统进行集中控制。

（3）交通方面：电动化。

园区内交通工具尽量全面电动化，配置足够的电动汽车充电站，可建立共享电动汽车租赁中心。充电电力来源为风电和光电等可再生能源，电池存储设备由退役汽车电池组成，充电时段和充电功率可智能调控。园区还可以配置无人驾驶电动汽车、电动观光车、共享单车等。

（4）碳汇方面：多增加创造碳汇项目。

大量植树造林，可在园区内、外规划造林抵消园区碳排放；部分建筑外墙悬挂有大片的藻类生物反应器；在园区部署CCUS吸碳装置。

（5）管理方面：园区全面实现数字化精细管理。

通过部署EBO楼宇运营系统、PEM电能管理系统以及EMA智能微网系统，实现源（风电、地热、沼气、光电）、储（大容量电池、电车储能、储热）、荷（热、冷、电负荷）间的有效协同，提高园区整体运行能效，确保运营阶段的碳中和。

通过实现园区内各项管理的数字化、智能化、精细化，可以减少无价值耗能运营，减少人力投入。

9.3.5.5 不同零碳园区的特点和难点

零碳工业园区：工业园区需要大量动力电，耗电量巨大，做成零碳园区的关键是能源供应是否基本上来自再生能源。如果来源于化石能源要实现碳中和是比较困难的，所以内部运营要尽量电动化。

零碳办公园区：办公园区最有可能实现零碳园区，再生能源、绿色建筑数字化和智能化运营管理是关键。

零碳居民社区：居民的生活耗能量比较大，提供再生能源，被动式建筑是关键。

9.3.5.6 创建零碳园区的意义

零碳园区的建设除了响应政府战略决策和为社会提供示范外，还有多方面的价值意义：

（1）实现园区高标准环保和空气洁静。有利于提升园区的品质和竞争力，为住户提供更优质的办公、生活空间。

（2）降低租客的成本。今后随着碳减排管理的加强，所有碳排放量都会承担排放成本。如果园区是零碳园区，则为社区住户省去了这部分费用，降低了住户成本，提升了园区运营利润。

（3）创造品牌价值。零碳园区将具有越来越大的品牌价值，社会责任感高的企业组织都乐意租用零碳园区，这将成为一个趋势。

9.3.6　什么是碳中和家庭

一个国家要实现碳中和，除依靠各个社会组织实现碳减排外，还需要重视需求端（消费端）的碳减排驱动作用。现在，各地政府出台了很多碳普惠的激励政策，意在激励居民个人和家庭实行碳减排。虽然当前针对居民个人的碳普惠、个人碳账户机制方案的减碳效果并不理想，但通过政府的这些行动，全社会全民碳减排的意识在快速提升。

9.3.6.1　碳中和家庭的定义

家庭净零排放就是一个家庭在生产消费的过程中产生了实际的碳排放，可以通过家庭碳汇和从碳市场购买"真负碳"抵消，从空气中吸掉相同当量的CO_2，就是净零排放，就是碳中和家庭。当：

家庭总消费中碳排放责任总量=家庭吸碳总量+ 家庭购买并用于抵消的"真负碳"总量

该家庭已成为真正的碳中和家庭。

对于有绿色意识的家庭，如果愿意承担社会责任，成为碳中和时代的先进绿色之家，成为碳中和家庭（零碳家庭），可以通过家庭的碳汇能力，或出资从碳市场购得"真负碳"进行中和，即实现家庭碳排放责任量和碳汇总量平衡，可以成为真正的碳中和之家。

9.3.6.2　家庭碳排放的构成

几乎所有的家庭消费都会形成碳排放。一次家庭活动，只要所消耗物品在生产过程和活动过程中使用了化石能源，就有碳足迹，就产生了碳排放责任量，这些都在家庭碳排放责任范围内。

因此，家庭碳排放构成类型为：

（1）购买的所有物品和服务的碳排放责任量。家庭购买的所有物品和服务中包含的碳排放责任量，都是家庭责任范围的碳排放责任量。日常的每一件物品，包括饮水、衣服、纸张、食品都有碳含量。买房子的碳排放量应该是最大的。

（2）交通产生的碳排放责任量。自家的汽油车无疑是家庭碳排放大户。乘坐公共交通工具的话碳排放量会小很多，是低碳时代需要鼓励的。骑行上下班、坐公交上下班对碳减排效果非常明显。目前电动汽车存储的电能依然大量来自煤电，也有碳排放，排放量相对较小。随着电网中绿电比例的增加，开电动汽车会越来越绿色。

（3）其他消费活动。

9.3.6.3 家庭碳汇的构成

家庭不仅有碳排放，很多家庭还有碳汇，碳汇与碳排放可以互相抵消。特别是广大农村地区，很多家庭经营土地、树林、果园、水塘等，这些都有碳汇能力。国家碳汇核证体系完善后，对家庭所经营的碳汇资源进行碳汇核定后，这些碳汇量就可以用来抵消家庭碳排放量。

9.3.6.4 家庭碳账户

CELM理论提出了家庭碳账户的解决方案（详见第6.3节），国家的碳票管理系统与公安户口数据库对接后，在国家碳票管理系统中建立家庭碳账户，实现更高效的家庭碳排放管理，激励居民碳减排。其作用是：

（1）汇集家庭中所有人口消费产生的碳排放量。随着电子支付的全覆盖，已经可以很方便地实现家庭碳排放量汇总统计。

（2）管理家庭的碳汇和碳资产。家庭碳汇资源产生的碳汇核证申请和登记，从碳市场购得的"真负碳""欠负碳"等碳资产管理。

（3）实现家庭碳排放碳价梯级管理。随着碳排放成本进入产品内部，消费者将承担部分碳排放成本。对家庭人均碳排放责任量分级定价，第一档的碳价很便宜，家庭负担很小。高梯级碳价定价将高很多，可能是第一档碳价的数倍甚至是数十倍。这样可以实现政策的累进性，让富人承担更多的碳减排责任。

前述提到的碳普惠机制，对整体的碳减排作用应该较小，特别是难以建立覆盖家庭全部消费环节的机制。对一个家庭建立碳账户比个人碳账户更方便管理，更具公平性。绝对碳汇量比相对减排量管理更科学，对碳减排作用更大。

9.3.6.5 如何成为零碳家庭

碳排放成本成为家庭开支的一部分，家庭要考虑碳排放支出：

交通。尽量开电动汽车，上下班乘公共交通。

饮食。肉食的碳排放量高很多，控制肉食量有减排作用。

电气化。所有厨房设备电气化，将大大减少碳排放。

物品的循环利用。设备、衣物、图书等循环利用对碳减排有重大作用。

从碳市场购买"真负碳"抵消家庭碳排放。

很多绿色人士愿意为社会树立榜样，愿意出资购买碳汇（真负碳）抵消家庭碳排责任量，更早实现零碳家庭，值得鼓励。城市家庭没有碳汇项目，有经济实力的家庭可出资从碳市场购买"真负碳"进行抵消，这将是一种常见的零碳家庭实现方案。

9.4　总结

本章对CELM碳减排体系在建设行业、发电行业的运行进行全过程分析，发现CELM体系在两个行业都可以发挥出公平高效的碳减排效果，并产生巨大的宏观经济正向效应。不难推论出，CELM碳减排体系在各个行业都会取得良好效果。

中国政府可以先在整个电力行业进行CELM碳减排体系的实施，预计可以取得很好的效果。

本章运用CELM理论体系，对碳中和国家、碳中和城市、碳中和园区、碳中和企业和碳中和家庭进行了准确的定义，为国际社会建立真正的碳中和组织提供理论和方法论，为激励更多组织成为碳中和组织产生了积极的作用。

第 10 章

全球碳中和解决方案

在联合国主导下，国际社会历经 30 多年的努力和 27 届联合国气候大会，但全球碳减排的进展依然缓慢，与 IPCC 期望的目标相去甚远。其根本原因在于国际社会对碳减排本质的认知至今仍不到位。没有坚实的基础理论支撑，顶层机制的设计缺乏科学性，再加上部分国家的其他利益考量，全球碳中和进展艰难成为必然。

CELM 理论和解决方案的问世，为我们带来豁然开朗之感。CELM 理论体系帮助国际社会找到了气候问题的最大公约数，几乎将国际社会需要谈判讨论的变量减少至一个，即国际"负碳"的阶段性定价。CELM 理论找到了全新可行的全球碳中和第三条道路，在全球经济绿色转型正向效应的基础上，能够在世界范围内全面加速碳减排，更快实现全球碳中和，完全有望实现 IPCC 期望的目标（以下称 IPCC 目标），甚至提前实现。

本章将重点讨论基于 CELM 的全球碳中和解决方案。

10.1 当前推进全球碳中和的主要挑战

由于缺乏合适的基础理论指导，虽然国际社会做了大量工作，也取得了一些成就，但国际社会一直在黑暗中摸索碳中和解决方案，实现 IPCC 目标的工作几乎无实质性推动。当前全球碳中和进程推进存在以下难题。

10.1.1 如何实现 IPCC 目标，没有合适的路线图

国际社会在不甚完善的理论的指导下，一直在碳排放权和碳税两条道路上摸索，进展缓慢。

国际社会花了太多的时间、资源和巨大的碳排放量在碳排放权概念上做文章，如国家间的碳配额分配、组织间的碳配额分配、碳排放权碳交易市场方案等，收效甚微，举步

维艰，过程中碳排放量高企。基于碳排放权的碳减排机制很多国家地区已经实施了 10~20 年，实际进展情况非常能说明问题。

以中国为例，近两年的全国碳排权碳市场交易额不到 100 个亿，2022 年全国碳排权碳市场交易额仅为 20 多亿元，仅影响了 2000 余家煤电企业，对中国碳排放量的影响度不会超过 1%。欧美国家虽然起步早，进展却同样不理想，因为机制建立的理论依据和方案是类似的。

碳税政策工具同样面临较多的问题，应用面还不如碳排放权工具。我国在碳税政策工具方面研究了很多年，没有足够把握，也未敢轻易启动。

更大的问题是，虽然碳减排效率不高，但到目前为止，对宏观经济的伤害却已经不轻。中国煤电企业大幅度地亏损、电力严重不足，导致对很多生产企业拉闸限电，这些都是当前减排机制的负面效应。欧盟碳价涨到了 100 欧元/吨，对真正需要配额的企业是一笔不小的负担。

10.1.2　多层级碳排放权分配的技术难题与成本难题

当前基于碳排放权的碳减排机制中，碳排放权分配的技术难题和成本难题实证是无解的。这会导致基于碳排放权的碳减排体系的彻底失败，无法承担按时实现全球碳中和的重任。分配是难题，数据核查监督是难题，一国之内执行都是难题，国家之间责任互动就更为艰难。碳排放权机制将国际社会注意力聚焦到了权力的分配，是最失败之处。大家都意识到碳排放权就是生存权、就是发展权，所以难以互相让步。与碳排放权的分配方案相关的重要变量可达数十个，200 来个国家如何能谈判成功？核时代无法靠战争强力解决，就导致了现在谈判了 30 余年仍没有结果的局面。随着气候暴击事件的不断增多，谈判又实在相持不下，大多数国家不得不提出自己的双碳目标，但总体结果远未能达到 IPCC 目标。

10.1.3　碳排放搭便车：碳泄漏与碳关税

跨时空的公共物品问题，最头痛的难题之一是搭便车问题。当前欧盟用约 80 欧元/吨 CO_2 的碳价碳减排，国际社会大多数国家为 1~2 美元/吨的碳价，引起了"碳泄漏"带来的国际贸易和资源流动的公平性问题。在推动其他国家提高碳价无果后，欧盟利用国家主权，强势推出碳边境调节机制（CBAM）。欧盟单方面的行动，引起国际社会的强烈反响，对国际贸易规则和气候问题已有框架公约造成了严重冲击。此举不仅引起发展中国家的反对，也引发了美国的强烈反对，非常值得玩味。

碳减排是一个跨时空超大规模复杂巨系统，需要系统思维和系统设计，从一个点突破会有很好的带动作用，但副作用也会不小。与国际贸易有关的碳关税问题是国际协调的关键点，需要有完善的基础理论支撑，加以整体系统设计，才可能达成国际社会共识。

一个有公平互利的碳关税机制必须回答几个关键的理论问题：

一是生产者责任机制还是消费者责任机制。欧盟CBAM强调高碳价导致产业和资本流向低碳价地区，从而造成欧盟经济损失。生产出口国关心的却是承担了污染后果和处理排放成本，还要向消费进口国交碳关税。双方的利益冲突显然过大。

二是可信数据标准确定。进口商品的碳含量数据如何采信，数据形成的标准和系统如何建立起来。这个环节会产生很大的交易成本和争端。

三是碳定价机制。碳关税是由双边协调，还是由国际社会统一制定；碳定价的理论依据和原则是什么。欧盟CBAM单边制定碳价，几乎遭到了包括美国在内的其他所有国家的强烈反对。

四是有效抵消机制。出口商品的生产国一定可以在国内进行碳抵消，这种选择权机制一定是有的。出口国抵消的标准和核定程序如何建立？如何在国际上得到共识？

五是碳关税收入所有权的确定。碳排放在生产国，碳污染在生产国，进口国收碳税只能是基于提升碳减排和贸易公平，碳费作为处理碳污染的费用来源应该用于生产国。在CBAM中却完全没有做这样的安排，而是作为欧盟今后的收入来源，公平性存在严重问题。

10.1.4 巨额的碳中和投资资金如何来

巨额的碳中和资金从何而来，是非常现实的问题，也是当前各国政府两条碳减排路线难以逾越的难题。因而，碳中和资金成为每届COP会议的核心主题，进展甚微。2022年11月召开的COP27会议，花费巨大代价通过了一项名为"沙姆沙伊赫实施计划"的协议。该协议确立设定此前长期悬而未决的"损失与损害"资金，这成了本届会议最重要的成果，但其资金来源并没有落实。

对全球面临的气候问题现实压力来讲，这样的进展实在是太缓慢。

10.1.5 如何形成全球统一碳减排体系

碳减排体系应该在全球范围找到最有效范式，世界各国应尽可能地采用相对统一的碳减排体系，这样才有可能在碳足迹数据确认、碳抵消和碳定价方面高效率运营。

基于碳排放权的体系非常不可靠，因为碳排放权配额的制定和分配方案太多，无法在全球范围内达到相对统一。

碳税的定价更无法准确估算，经济学家之间争吵不休，一个折现系数就陷入缺乏科学依据、见仁见智的争论。并且碳税没有动态响应宏观经济和碳中和进程的能力，效率低下。

10.1.6　如何组织实施

当前全球碳中和的困境在于不仅没找到方向路线，如何组织行动也进展迟缓，效率低下。IPCC的工作仅限于评估研究，COP会议仅是利益争吵的场所而已。如何推进全球碳中和，建立强大的有法律权力的全球行政组织刻不容缓，当然这个问题的关键在于国际社会未能建立科学的、取得共识的全球碳减排体系。

10.2　基于 CELM 的"1+1"全球碳中和解决方案

CELM理论为实现全球碳中和提供了坚实的理论基础和可行的第三条路线。基于CELM基础理论，设计出全新的全球碳中和解决方案，可以很好地解决前述难题。本节重点讨论基于CELM的"1+1"全球碳中和解决方案，即国际社会建立全新高效的基于CELM的"全球碳减排体系+全球绿色能源供应市场体系"，这个"1+1"体系将成为实现全球碳中和的关键保障。

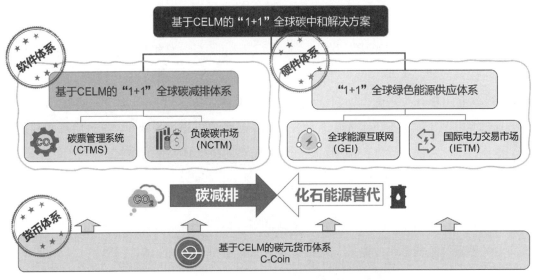

图10-1　基于CELM的"1+1"全球碳中和解决方案

10.2.1　所有国家建立基于 CELM 的全球碳减排体系

这也是一个"1+1"体系，即由"碳票管理系统+负碳碳市场"两大系统构成的高效全球碳减排体系。这是实现全球碳中和基础设施的软件体系。

10.2.1.1　CELM碳票管理系统在全球碳减排体系中的关键作用

（1）支持各个国家高效低成本地建立全社会全物品碳足迹大数据系统。通过数字化系统实时、精确、完整地提供全社会全物品可信碳足迹数据，在技术和成本上为实现全社会碳减排提供了可行性。过去20多年，中国基于碳排放权的碳减排机制只能针对煤电行业的2000余家企业，且数据的及时性、准确性还无法保证，就是因为缺乏高效低成本的碳足迹数字化管理系统。导致碳减排的边际成本越来越高，对宏观经济的冲击越来越大。

（2）通过市场机制和数字化系统高效低成本地厘清了全社会所有组织的碳排放责任。这是发动全社会碳减排的关键机制。依据碳排放强度超过行业平均水平的组织及时承担碳排放责任（成本）的原则，通过碳票进项与销项的差值确定组织碳排放成本责任，高效解决全社会参与碳减排的难题。

10.2.1.2 CELM负碳碳市场在全球碳减排体系中的强大高效能力

（1）支持各国全社会所有组织随时进行碳抵消。三种"负碳"产品满足了普通组织、出口企业和提前实现碳中和企业的各种需求。

（2）建立各国"碳排"和"碳汇"直接对接的市场载体。有碳排放责任存量的企业可在负碳碳市场购买"负碳"抵消，碳汇企业和持有"负碳"的所有组织能在负碳碳市场直接出售"负碳"产品，负碳碳市场直接实现了碳排放的正负向激励。一方面促使高碳排放组织短期内（每季清缴）直接支付超排成本，加速了碳减排，另一方面激励碳汇产业和低碳排放企业，直接出售"负碳"获得收益。负碳碳市场与股票和期货交易等众多成熟市场一样，可以高效地自运营。

（3）政府可以在负碳碳市场获得巨额碳中和资金。基于CELM的碳中和基金为各国大规模绿色能源转型投资提供了充足的资金来源，基金也可用于区域间、社会阶层间利益平衡。这样，COP会议上"气候基金"这一最大的难题将得到大大的缓解。

10.2.2 国际社会建立全球范围的绿色能源供应市场体系

这也是一个"1+1"体系，即由"全球能源互联网+国际电力交易市场"两大系统构成高效的零碳绿色能源供应体系。这是实现全球碳中和基础设施的硬件体系。

10.2.2.1 建设全球能源互联网

全球能源互联网是继世界信息互联网之后第二个最重要的世界互联网。

全球能源互联网是全球实现碳中和的关键硬件基础设施。其实质是全球化的"智能电网+特高压电网+清洁能源"电力互联网庞大体系。包括三大部分：

第一部分是全球范围内合理分布的绿色能源（又称清洁能源，光伏、风电等）生产基地。全球可划分出3~4个覆盖6~8个时区的片区，每个片区具备足够同时供应全球的光伏、风电等生产能力。

第二部分是全球互联的特高压电网。它负责将绿色电能输送到全球的每一个角落，全球范围内不留死角。这需要建立相关的国际技术标准，也需要庞大的投资，但相对于巨额的储能体系投资来说仍然非常经济。

第三部分是智能电网系统。智能电网系统与全球特高压电网相结合，根据国际电力市场的交易结果，进行全球智能调度分配电力。自动高效地实行全球范围内的电力分配输送。

这三大物理硬件系统将构成完美的世界能源互联网，成为实现全球碳中和的关键基础设施。

这一物理基础设施建设需要数十万亿美元的巨额投资，不仅需要全球化的技术标准体系、政策体系和协同行动，更需要一个市场体系（需求、资本、运营）来驱动落地。

10.2.2.2　建设实现全球交易的国际电力市场

"负碳碳市场+国际电力交易市场"将为巨额绿色电力系统建设提供强大的资金来源，尤其国际电力交易市场是全球绿色能源供应体系源源不断的资金来源平台。

国际电力交易市场由供给、需求两方构成，智能电网系统对每个时点的电力需求和供给进行高效配对，实现交易。在世界能源互联网系统的支撑下，电力能源的交易，可以越来越像股市二级市场，需求方不需要知道所用电力向谁采购、来自何方。

更高级的国际电力交易市场形态，应该有做市商进场交易，来调节电力期货市场，增加资本供给，减少实时供需矛盾，实现保值避险能力。

建立支撑零碳绿色能源供应的市场体系至关重要。该市场能够提供巨额建设资金和长期投资回报，能够汇集全球绿色能源的消费需求和投资需求，保证高效全球化的绿色能源生产、调度、消费、投资和运营。

综上，实现全球碳中和，最终解决气候问题，本书找到了国际社会最重要的两个努力维度：一是更高效率更大幅度地推进碳减排，同时对宏观经济产生的负面影响最小。二是更快提高零碳绿色能源的供给，加快化石能源替代。这两项工作相向而行，国际社会就能更快实现碳中和目标。

基于CELM的全球碳减排体系和全球绿色能源供应体系能保证国际社会高效实施这两大方向的工作。CELM全球碳中和解决方案的两大体系、四个系统，将形成有机的协同，互相依存、互为驱动，形成全球气候问题完美的终极解决方案。其他的政策工具、解决方案都是为了保障这两大体系的实施和落地，是其完善和补充。

全球碳中和体系还特别需要一个特殊体系来保驾护航，即在联合国统一管治下、国际法治体系保障下的全球碳中和治理体系。碳中和全球协同需要统一庞杂的技术标准、交易规则、交易系统、电力输送系统，要确保任何强权国家、利益集团难以独自左右其中的任何一个系统。俄乌冲突中，欧美国家各种超越国际法的制裁手段增加了这些全球化系统的建设难度。

10.3 建立基于 CELM 的全球碳减排体系

CELM基础理论在前人公共物品理论的基础上进行了重大创新，突破了碳排放这一跨时空超大规模复杂巨系统的公共物品难题，为全球碳中和实现国际协调提供了坚实的理论支撑。国际社会可以基于CELM建立全新高效的全球碳减排体系。

10.3.1 建立基于 CELM 的国际碳减排体系运营管理监督组织

过去30多年的国际社会碳减排，由于在大政方针上未能形成共识，未能建立起有行政权力的国际碳减排法律组织，导致方案建议、协议文件很多，落地却很难。目前这方面有影响力的国际组织IPCC还仅是学术性组织，负责描述和评估当前地球气候面临的现状和将来可能遇到的危机及后果。COP会议也仅仅是谈判场所，还不是落实行动的机构。

CELM理论找到了国际社会碳减排的最大公约数，达成共识就相对容易。具备条件后，需要建立真正有行动力的国际碳减排执行组织，去牵头负责以下工作的落地。

（1）牵头制定建立碳减排相关国际标准。

包括碳票设计标准、数据交换标准、CTMS系统接口标准、"负碳"定义标准、"真负碳"核证标准、"国际负碳"定价机制等。

（2）检查监督执行情况。

众多标准和机制制定后，需要监督检查具体执行情况，发现问题解决问题，提升各国执行水平，实现公正公平。

（3）指导各国建立负碳碳市场，协调建立国际碳市场。

负碳碳市场在整个国际碳减排体系中非常关键，是正常运营不可或缺的一环。以往20多年，各国都建立了碳排放权交易市场，各国的碳市场基本都要推倒重来。这项工作相当复杂，又不得不做，因为碳排权碳市场无法承载全球碳中和的重任。好在基于CELM的负碳碳市场是相当标准化的交易体系，有了样板后各国复制起来也比较容易。

更高效率驱动碳减排，需要国际碳市场在全球范围实现技术、资源和"负碳"资源的优化配置。国际碳市场的建立发展，基于市场竞争机制，引导和推广非常必要。

（4）掌控国际社会碳减排节奏和碳中和进程。

国际社会的碳减排节奏要协调好经济增长和碳中和进程，既要达到碳中和进程目标，实现较理想的气候目标，同时不对世界经济增长产生大的冲击。按照CELM理论和解决方案，实现这一目标压力不大，并且碳减排对宏观经济的正向效应会非常大。不像当前的碳排权碳市场路线，碳减排与经济增长之间的矛盾非常尖锐。

推进过程中仍需谨慎观察碳中和进程和经济增长二者之间的协同，一旦出现情况，应及时组织研究对策并作出调整。

（5）协调"国际负碳"碳价制定方案和阶段性定价。

类似欧盟的碳边境调节机制，即碳关税问题，将越来越成为今后国际贸易的重要议题。目前欧盟CBAM是一种单边机制，争议非常大，成为国际贸易发展新的重大障碍。因此需要在权威国际组织的牵头下，建立更高效率的多边协调机制。

（6）推广培训与组织国际交流。

全球碳减排体系的建立和在各国运行，是一个庞大的系统工程，需要大量的专家队伍。各国实际情况差距很大，需要做针对性的调整设计。需要国际碳减排执行组织组建专业机构，进行长期持续的系统性人才队伍培训、示范国经验传授、国际间研讨交流等。这些长期持续的组织工作量巨大，需要由专门机构负责。

（7）其他工作项目。

对于这一项人类社会挑战最大的世纪工程，重要的工作项目远超上述提到的几个方面。

国际碳减排执行组织对国际社会碳中和进程的作用，堪比世界银行对国际金融秩序起到的重要作用，将是实现全球碳中和的关键因素。

10.3.2　建立基于 CELM 的国际碳减排体系与各项国际标准

国际社会30多年的努力，基本上是在推行基于生产者责任和碳排放权的体系。在国际碳减排执行组织的牵头下，基于CELM的国际碳减排体系要从头建立，虽然相对简单，但仍然会有大量标准建设和不断升级完善的重要工作。

（1）建立国际碳减排责任体系。

前面论述过，在国际市场失灵和各国国内失灵的诸多情况下，当前生产者责任机制和基于碳排放权的碳减排体系效率过于低下，而基于CELM理论的碳减排体系有巨大的优势。

依据CELM理论建立新的国际碳减排责任机制和执行机制，需要达成国际共识，形成国际法律，在前期需要做大量的国际协调工作。

基于CELM理论的碳减排体系核心原则有三条：

一是消费者责任。消费者承担最终碳排放成本，产业链后端对前端碳排放承担总责任。

二是高于社会碳排放平均水平的组织，要即时承担碳排放成本，从负碳碳市场购进

"负碳"进行碳抵消。

三是负碳碳市场提供社会组织碳抵消产品"负碳",直接对接"负碳"供应方和需求方,高效实现正负双向激励。

（2）制定碳票管理系统建设标准。

今后各国的CTMS系统要大联通,国际社会制定统一的建设标准很有必要。CTMS建设标准制定后,可供各国参考,既可以降低建设成本,缩短建设周期,也非常有利于今后各国系统的对接。

（3）建立CTMS数据标准体系。

建立统一的数据标准,方便各国国内碳减排管理和国际贸易数据的交换和核查,以高效实现各国CTMS系统对接。

（4）建立CTMS运营标准体系。

建立一套高水平的CTMS运营标准体系,供各国参考学习,培训专业人才,提升各国碳减排体系运营水平,降低运营能力门槛。

（5）建立组织、物品编码标准体系。

国际社会碳减排体系关联到所有组织和物品,在国际范围所有物品要实施碳标签,所有组织需厘清碳排放责任,为便于国际国内贸易的高效核查,就必须建立组织物品的统一编码。当前国际上应用较广泛的物品编码体系不能完全满足全社会全物品碳标签（碳足迹）的管理需求,需要研发更完备的新编码标准体系。

（6）建立碳源（碳含量）核定国际标准体系。

只要将碳源数据管理好,基于CELM的碳减排体系,中后台将依靠市场机制和数字化系统自动运营,十分高效和精准。因此,前端的碳源管理非常重要。

碳源的管理会抓大放小,逐步全面精细化管理。大头企业数量较少,主要是煤炭、石油、天然气等化石能源企业。随着碳减排管理的深入,碳源企业数量会全覆盖,大到水泥、养殖场、化肥厂,小到围炉的火炭厂,任何制造碳源的厂商都会被纳入管理。碳源管理体系建立国际标准,将为各国和国际社会减碳体系运营打下很好的基础。

（7）建立碳汇（真负碳）核证国际标准体系。

碳汇,即"负碳"生产,是实现碳中和不可或缺的商品。碳排放与碳吸收,是一对矛盾体,二者达到平衡,即实现碳中和。鼓励大量植树造林,保护海洋红树林,发展CCUS技术,都是当今各国政府努力推动碳汇发展的事业。负碳产业有非常大的潜力,碳汇将是全球碳中和的决定性力量之一。

碳汇产业的发展,需要有良好的机制进行有力度的正向激励。碳汇核证国际标准体系是机制建设最重要的环节,负碳碳市场则能实现正向激励。当前的CCER体系消耗了政府大量的资源，减排作用却不明显，由于CCER是相对量，无法承载全球碳中和的重任，需要尽快用碳汇核证国际标准体系替代。国际社会必须将精力资源转向"国际负碳"核证标准体系的建设。碳汇核证国际标准体系一旦投入应用，就可以建立国际化的负碳碳市场。碳汇（真负碳）是全球范围的标准品，就是从空气中吸掉一吨CO_2，可以非常容易地建立"国际负碳"大市场，从而大大加快碳汇产业的发展，激励植树造林、森林保护、发展高效新型的CCUS技术。

当前的CCER体系，不是直接对应碳中和，如中国不得不设定5%的抵消量上限，这极大地遏制了碳汇产业的发展，自捆手脚。继续花大力气研究和发展新的CCER市场，得不偿失。

欧盟的碳价已达到100欧元/吨，而国内的CCER价格却在10~20元/吨，市场严重扭曲，迫切需要加快改变。

（8）建立碳排放责任抵消国际标准体系。

希望提前实现碳中和的企业，其碳排放抵消需要用"真负碳"抵消，标准相当简单，但国内国际贸易中大部分企业却难以达到。特别是碳边境调节机制大行其道后，需要制定标准来支持国际贸易高效运营。

多边协调商定"国际负碳"这一产品的阶段性定价，并在国际贸易进出口产品上利用其进行碳抵消，需要制定一套执行和认定标准。

综上所述，要建设高效的国际碳减排体系，各种标准体系的建设至关重要。

10.3.3　各国建立 CTMS 系统和运营

依托国际社会建立的基于CELM的国际碳减排标准体系，各国可以低成本高效率地建立和运营碳票管理系统（CTMS），依赖市场机制和数字化系统管理碳减排，能够厘清全社会所有组织的碳排放责任数量和全社会全物品的碳足迹（碳标签），全社会碳减排的速度将大大加快。

国家治理和企业管理情况类似，关键在于拥有实时获取准确信息的能力，借助CELM碳减排体系，政府能力将大为提升。

10.3.4　各国建立基于 CELM 的负碳碳市场

在CELM体系下，碳税、碳排放权交易市场都不再是重要的碳减排政策工具，国际社会应选择第三条道路：基于消费者责任机制的碳排放成本内部化和负碳碳市场。

负碳碳市场是CELM碳减排体系中的核心之一，为全社会所有组织碳抵消提供实时操作工具。各国政府要花大力气建设好负碳碳市场，为国内碳减排体系完成闭环，这同时也会极大地激励本国碳汇产业的发展。

负碳碳市场的建设方法论和顶层设计在第8章已有详细论述。

10.3.5　全球碳减排体系的运营

国家内的碳减排主要依赖于"碳票管理系统+负碳碳市场"的"1+1"体系的良好运营。CTMS和NCTM两大系统自行驱动全社会所有组织按季清缴碳排放存量，加速碳减排，负碳碳市场则可进行正负排放的双向激励。政府通过负碳碳市场获得巨额收入，可以更好地进行国家绿色转型投资。政府通过控制碳定价有效调控碳中和进程，以配合宏观经济健康发展。

国际社会的全球碳减排体系运营要重视三个方面的工作。

一是推进全球碳中和进程达到预设目标。通过指导碳定价高效掌控全球碳中和进程，帮助出现问题的国家组织研讨和专业支持。

二是配合国际宏观经济形势。当前国际经济形势脆弱，调控碳减排进程与宏观经济互动影响，是政府的一项重要工作。可以预见，CELM碳减排体系对宏观经济的负面影响有限，压力有限。

三是协调国际碳边境调节机制，避免对原有国际贸易体系冲击。欧盟CBAM出现了不友善的单边主义苗头，世界各国非常关注后续如何演进。CELM体系可以简明地解决当前存在的碳边境调节机制难题。

在国际碳减排执行组织强有力的主导下，国际碳减排体系运营可以快速积累经验，并不断优化升级运营体系，帮助各国快速进步，促进国际社会提前实现全球碳中和。

10.3.6　国际贸易碳边境调节机制

国际贸易中的碳边境调节机制是一把双刃剑，利用得当会加快驱动全球碳减排，更快实现全球碳中和，应用得不好不仅在碳减排上有反作用，还会打击国际贸易的发展，影响全球宏观经济。

10.3.6.1　当前碳边境调节机制面临的困境

当前欧盟CBAM的推行有两方面的作用。一方面是驱动各国更快地布局本国的碳减排体系建设，以对接国际贸易的碳边境调节机制，具有全球碳减排的推动作用。另一方面是负面的，其单边机制起到了一定的逆反作用，一大部分国家认为这是发达国家对发展中国家的压制和不合理掠夺性征税，甚至对气候问题的真正含义和正义性产生了怀疑，更何况对气候问题真相的争议从来没有停止过，即使在发达国家的学术圈和政府内也是如此。美国政府在气候协议上进进出出，都是不同利益集团的算计。几届美国政府对碳排放成本的测算相差极大，都是所谓学术游戏。

因此，尽量在已有的国际贸易规则框架下，在多边机制的协调原则下，进行充分沟通，效果会更好。但是，当前国际社会对碳减排的认知是，不论何种机制，宏观经济都要付出巨大代价。在这样的认知下，国际协调很难达到好的结果。目前的两条道路（碳税与碳排权碳市场）下，所有国家、利益团队和个人都认为碳减排意味着更多的成本，而非机会。因为大家只看到成本的一面，在趋利避害及搭便车的心理下，当然都向后躲。而在CELM体系下，大家更多地看到当下自己的利益比投入更大，谁先启动谁更有利，积极性会大不一样。

10.3.6.2　基于CELM的碳边境调节机制

在国际社会推行更为正面的新气候变化经济学理论和碳减排体系，即基于CELM理论的全球碳减排体系，当各国看到其好处后，将大大提升碳减排主动性。全球碳减排体系，不仅要增加压力，更要增加各国的动力。因基于CELM的全球碳中和解决方案正向效应很强，推行的效果将非常乐观。

其次，应建立正确的国际社会碳边境调节机制。全球碳减排体系要升级顶层设计，推出让更多国家认可的、更公平公正的议事和执行机制。当前每年一届的联合国气候大会COP会议更像是博弈场，而不是合作以共同应对严峻的全球挑战。

基于CELM的碳边境调节机制执行方案主要包括：

（1）各国建立各自基于国际标准的CMTS系统，建立全社会碳足迹大数据库，提供国际上可信的碳足迹大数据。出口产品和其他全社会物品一样，在国家CTMS里，按照交易确定原则，实现碳票进销项的流转，形成出口产品的碳足迹大数据。

（2）碳足迹数据信任和核查。各国海关核查进口产品碳排放责任数据时，将调取对方的国家级CTMS系统数据，这都是基于国家信用，且根据CTMS国际标准统一建立，不存在信任问题。当然国际社会管理部门应建立一定的督查机制，监督各国CTMS的正常运行。

（3）出口产品通过各国国内负碳碳市场的"国际负碳"进行碳抵消。这样的碳抵消，体现了公平性和合理性。生产国为消费国生产产品，在本国产生污染，要投入污染治理费用。而出口商品到进口国，反要被加征碳费，这非常不公平，国际贸易争端将难以协调。CELM方案可以简单地解决这一问题。

（4）通过多边机制协调阶段性"国际负碳"碳定价。基于多边原则，按国家不同发展阶段，通过多边协调机制阶段性给予"国际负碳"不同定价。下一阶段另行商定调整，与时俱进。

在CELM体系下，解决了各国所有组织、所有物品碳足迹数据的可信问题、时效难题和核定难题。各国可通过各自负碳碳市场的"国际负碳"进行碳抵消，碳费留在国内，公平合理。剩下的难题几乎只是阶段性碳定价难题。

10.3.6.3　国际碳价协调机制

在CELM体系下，各国出口产品都会在本国的负碳碳市场对自己的碳排放责任进行碳抵消，通过购买"国际负碳"这一特定负碳产品，将碳排放费用留在了国内，对本国减少碳关税损失是有利的。抵消后的出口商品为基于"国际负碳"的"零碳产品"。需要说明的是，此时还不是真正的碳中和产品，只有用"真负碳"中和（抵消）的产品才是真的零碳产品。

国际负碳的定价需要贸易双方的认可，在适应全球碳中和进程需求的基础上，需要考虑到双方国家的经济发展水平、经济绿色转型的阶段和宏观经济的承受力。如何量化分析是专业技术问题，有待后续进一步研究。

国际负碳定价机制需要设计出更公平更有效率的方案。至少不会像现在欧盟CBAM的单边机制。可考虑的"国际负碳"定价方案有：

（1）一对一双边谈判。各自一对一谈判确定，在满足各自承诺的碳减排水平基础上，双方认可即可，缺点是一对一双边谈判的效率和谈判成本会过高。

（2）国际碳减排执行组织和国际贸易组织一起统筹谈判，进行分阶段分类别碳定价。如两年一次定价，分三个档次阶位定价对应不同国家的发展水平和经济承受力。这样效率较高，公平性也较有保障。

"真负碳"的价格是标准产品，全球将可以自由交易，实现"真负碳"中和的组织在全球范围内可自由交易。阶段性"国际负碳"价格比"真负碳"价格低，但会比各发展中国家内部执行的"欠负碳"价格高。一旦"真负碳"价格降下来，各国组织都能承受的时候，就更简单了。"国际负碳"直接采用"真负碳"价格，就不存在国际协调的大量成本。因此，大力发展CCUS技术和碳汇产业非常重要。

10.3.7　建立国际负碳碳市场

建立国际负碳碳市场对全球碳中和进程将起到重要作用。市场机制将对全球碳汇产业和CCUS技术产业进行强力驱动，主要是让高碳排放的企业来支付激励成本，一些低碳排放但有能力提早实现碳中和的企业也会自愿支付部分兑价。国际负碳碳市场是指"真负碳"市场及其衍生品，由碳汇组织和CCUS组织生产出来的碳汇，"欠负碳"不会进入国际负碳碳市场，当前CCER产品更不能进入。"真负碳"是真正从空气中吸掉CO_2，是全球标准产品。只要核证体系建设好，具备相关资质的机构经过法定程序核定出来的数量是没有争议的，作为可交易产品和可储存资产毫无问题。

相对于当前的碳排放权交易市场和当前的资本市场（股市），国际负碳碳市场运营的技术难题都将小很多，在政府认知到其必要性后，建设难度并不是太大。

国际负碳碳市场应由国家信用背书，国际碳减排组织牵头审核授权。

世界各国的碳汇组织和CCUS组织的碳汇量都可进入国际碳市场，所有需求方和机构个人投资者可以进场交易。这里，需要研究和预防如何控制过度投机垄断抬价。

国际负碳碳市场的交易产品具有全球有效性，各国都将予以认可，可用于任何场景的碳抵消。

10.3.8　事件回顾：欧盟航运碳税争斗史与启示

据国际航空运输协会（International Air Transport Association，IATA）的数据显示，航空业目前占全球排放量的2.5%，并且逐年增长。2019年，全球商用航空CO_2排放量总计达9.18亿吨，比2013年增长29%。如果客运量继续以目前的速度增长，未来30年航空CO_2排放量增幅将是1990—2019年的3倍以上。为此，IATA于2021年10月宣布，计划到2050年实现行业的净零排放。事实上，航空业脱碳的最大难点在于如何在客运量持续增长的前提下减少碳足迹，IATA预计到2050年每年将有100亿人乘坐飞机。

海上航运排放量约占全球碳排放总量的2%，这样航空航运两项共占全球深排放总量的4.5%左右，也是一个碳排放大行业。特别是因为航空航运行业需要跨国业务运营，所以成为被欧盟最优先盯住的行业。欧盟期望通过全球气候问题的碳关税机制扩大欧盟政治和欧元影响力。

10.3.8.1　欧盟的碳算盘

2008年11月，欧盟将国际航空领域纳入碳排放权交易体系的动议通过欧洲议会成为法律。从2012年1月1日起，欧盟正式将国际航空纳入碳排放权交易体系（ETS），要求有航线飞经欧盟领域的所有航空公司提交碳排放数据，并适用欧盟规定的碳排放配额，超额部分需要航空公司购买。全球2000多家航空公司都被纳入欧盟航空碳排放权交易体系。当时预计：如果欧盟这一规定得以执行，到2020年全球航空公司的运营成本将增加至少200亿美元。对于中国来说，2012年会使中国民航业成本增加7.9亿元，2020年当年这一成本会增加到37亿元，2012年至2020年的9年内，中国民航业成本总计将增加176亿元。这将对全球航空业造成很大影响。

10.3.8.2　中俄美等国强烈反制

为此，包括中国、美国在内的29个国家共同签署了反对欧盟强征碳税的联合宣言。

中国态度强硬并进行了有力的回击。2012年3月，空客宣布，来自中国内地航空公司的35架A330客机订单已被推迟，中国香港航空的10架A380客机订单也被阻止，这些订单的总标价为120亿美元。

俄罗斯曾牵头报复。2012年2月，在莫斯科举行的欧盟航空碳税特别会议宣称，以俄罗斯为首的30多个国家，考虑对欧盟针对外国航空公司征收碳税采取报复措施。俄罗斯方面打算禁止其国内航空公司参与欧盟的碳交易。据俄交通部副部长奥库洛夫透露，在参会的32个国家中，有29个国家已签字，旨在抗议欧盟的航空碳税。"政府计划让欧盟的航空碳税要么被彻底取消，要么被推迟执行。"奥库洛夫说。

美国强势回击。美国时任总统奥巴马签署一项法案，该法案要求美国政府保护美国航空公司免向欧盟缴纳碳排放税。该项法案赋予美国运输部长以决定权，如果欧盟方面强制向美国航空公司征收碳排放税，美国政府将支持后者抵制。对于美国政府以立法形式抵制欧盟征收碳税，路透社评论认为，该法案保护了美国航空公司的利益。据统计，美国航空如果向欧盟缴纳碳税，未来8年增加的开支将超31亿美元。美国参议院投票通过一项法案，允许美国航空公司不必遵守欧盟碳排放规定。有美国国会议员表示，美国航空公司和乘客不必通过"非法税收"帮助欧洲降低债务负担，相反这些资金能够用于刺激美国就业和经济增长。

10.3.8.3　后续推进情况

在世界各国的强烈反制下，2012年11月12日，欧盟委员会建议在2013年秋季之前，暂停实施欧盟单方面采取的对进出欧盟国家的民用航班征收碳排放税的措施。

2013年4月，欧洲议会和欧盟理事会通过了有关停止对非欧盟国际航班征收碳排放税的决定，确定2014年1月1日前不对未遵守"欧盟航空排放交易指令"的国际航空公司采取任何行动。

2021年3月，欧盟委员会表示，航运将被纳入欧洲排放交易系统EU ETS，为满足欧盟的气候目标，污染者的成本将上升。在欧洲境内运营航班的制造商、电力公司和航空公司已被纳入该计划，航运将在三年内逐步纳入碳排放权交易体系。在欧盟内部航行的排放，加上在欧盟开始或结束的国际航行中50%的船舶排放，以及船舶在欧盟港口停泊时产生的排放，将属于现有的排放交易体系。

2022年6月22日，将航运业纳入EU ETS的修订立法提案在欧洲议会以438票赞同、157票反对、32票弃权的结果正式通过。

10.3.8.4　国际行业协会在行动

代表世界各国船东协会和世界80%以上商船船队的全球船舶营运人的贸易协会——国际航运公会（International Chamber of Shipping，ICS），于2021年9月向联合国国际海事组织（International Maritime Organization，IMO）提交了一份提案，呼吁采取国际公认的市场导向型措施（market-based measure）以加快零碳燃料的应用和部署。对船舶碳排放在全球范围内征收税款，这对于任何行业部门而言都是首创之举。

ICS认为，强制性全球征税的市场导向型措施（MBM）比任何单边的、地区性的国际航运市场导向型措施，如欧盟委员会希望将欧盟碳排放权交易体系扩展应用于国际航运的提案，都更为可取。分散的市场导向型措施（如欧盟碳排放权交易体系将仅适用于全球航运份额的 7.5%），最终将无法令国际航运的全球碳排放量减少至《巴黎协定》所要求的水平，反而令海上贸易更加复杂化。

10.3.8.5 事件分析：事件本质、应对策略和行动

航空航运行业是一个占全球碳排放量 4.5% 左右的行业，由于其行业的特殊性，需要跨国完成业务行为，被欧盟当作肥肉盯上，成为欧盟扩大国际事务影响力、扩大欧元影响力和气候问题影响力的操作工具。

应对气候变化是欧盟精心选定的有助于实现其全球政治抱负的战略路径。欧盟认为这是一个其在国际上占优势的领域，为保持其受到极大挑战的主导地位，强化先发优势。一向信奉多边主义的欧盟不惜首次采取单边措施，一意孤行强推航空碳税。欧盟试图通过该措施抢占全球应对气候变化的话语主导权和规则制定权，在未来气候变化国际法律框架中享受特殊地位。根据其设想，航空碳税只是第一步，紧随其后的将是航海碳税。此外，欧盟还隐藏着如下考量：增加航空减排全球谈判筹码；抢夺世界碳金融市场；强化欧元的地位；明为减排、实为促销，增加空客的销量；提高欧盟航空业的整体竞争力等。

不论什么行业，降低碳排放，承担碳排放责任，都是国际大势，不可阻挡。重要的是政府该如何认知事情的本质，如何采取行动，避免陷入道德困境、产生经济损失，甚至丧失规则制定权，避免让中国航空航运行业受到大的打击，损失国际竞争力。

作为国际化的特殊行业，碳排放责任如何承担，谁有权收碳税，碳税如何应用，最重要的是由谁来制定规则，这些问题看上去就相当复杂。欧盟最先出手，最先立法制定规则，既想站在道德制高点上，又想抢到规则制定权和收税权。全球船舶营运人的贸易协会国际航运公会（ICS）提出了一项全面的提案，其从全球行业统筹管理的角度提出方案和规则，抢占规则制定权和收税权，是非常聪明的做法，有非常好的合理性，又有非常大的利益诉求，执行可行性也很高。

各国政府该怎么办，只抗议不行动，或不知道如何行动都将吃大亏。我们必须看到趋势，顺应趋势，积极行动，才能化被动为主动，化不利为有利。

首先，我们要看清事情的本质。国际航空航运碳税问题的核心本质有三点：一是利益集团想争夺规则的制定权和利益分配权；二是航空航运碳排放行业的碳排放责任机制和合理碳减排策略；三是由于各国碳费的政策不同，导致的竞争公平性问题。

基于此，我们必须积极行动，同时要厘清专业和学术理论问题。

基于 CELM 理论，大道至简，航空航运行业的碳排放问题并没有很高的复杂性，实际是欧盟意图利用表面上的复杂性夺取规则主导权和收税权。CELM 理论非常明确，碳排放由消费者担主责，即由乘客承担，碳费应该直接加入机票，由航空公司所在国家碳排放主

管部门通过碳市场收取航空公司碳费，国家把航空航运行业的碳费归集好，用于研发航空航运的可持续燃料、减碳技术和支持各家航空航运公司绿色转型等各项开支。

这里需要国际协调的是，为了公平竞争，各国应采用统一分阶段的"国际负碳"碳价。不同国家的航空航运公司只要碳足迹有可信数据、向注册国缴纳碳费的手续清楚，各国就无权再干涉。

航空航运碳税问题的底层逻辑搞清楚后，顶层设计原理上就简单了。

CELM理论指出，所有的碳排放都涉及污染全球气候公共物品，航空航运行业与其他进出口贸易的碳问题，甚至与国内的产品碳排放问题并无不同。所有的碳排放都应受到管制，承担碳费。你的飞机飞到我的空域，排放到我的空中，所以我有权收取碳税，这个逻辑并不通。这个逻辑一旦成立，就可以扩展成：你在你的国境内排碳，但飘到我的上空了，我也有权来收取碳税。在这样的规则下，世界将一片混乱，战争将是唯一的解决问题的方法了。

因此，航空航运行业与所有进出口贸易一样，博弈的核心问题应该是同一个行业不同国家的企业在不同碳价情况下的公平竞争问题。

牵涉跨国交易和业务，主要是要统一碳价标准，进行分阶段谈判定价。通过一个单边规则对全球业务体系进行长臂管辖，长期来看是行不通的，国际谈判也很难成功。特别值得指出的是，这里碳市场的碳价，一定是基于"真负碳""国际负碳"的碳价，而不是碳排放权配额碳价。这样才效果明确、标准统一，容易形成国际统一的定价，解决纷争。这一点上欧盟的碳市场也并不完美，还有很多免费的碳配额，会对国际统一定价造成困扰。

中国作为碳排放大国，如果国内高水准的负碳碳市场不做起来，就只能等着由别人定规则，由别人来收费，中国的损失就更大了。因此，我们得尽快行动，化被动为主动。

在2022年中国的两会上，全国政协常委王昌顺在提交的《关于完善航空运输企业能耗与碳排放管理机制的提案》中建议更好地发挥民航局的行业管理优势，统筹实施航企碳排放管理，兼顾好国内、国际两个大局，为我国航企争取公平的竞争环境。

对于航空航运行业碳排放，本书对中国行动策略建议如下：

（1）尽快启动CELM "1+1"碳减排体系建设。通过CTMS系统获得中国航空航运行业所有组织和所有业务的可信碳足迹数据；通过CELM负碳碳市场的"国际负碳"进行碳抵消，"国际负碳"碳价通过双边协商确定，确保碳费不流失国外。同时中国有机会帮助很多国家提供解决方案，推动CELM负碳碳市场的国际化发展。

（2）研究出台对航空航运行业的财政政策和行业政策。政府在税收金融方面给予支持，降低中国航空公司的运营总成本，保持国际竞争力。

（3）加快行业零碳技术进步。加快推动航空航运行业的零碳转型，研发零碳燃料、开发各项减碳技术。中国航空航运行业在国际竞争中要立于不败之地，技术上绝不能输，自身功夫还得硬，否则其他方法也救不了。

（4）广泛联合各国，提升国际地位。中国应积极推广更为公正公平有效的气候理论和解决方案，争取更多盟友的支持，增加话语权和影响力，提升中国的规则制定权。

10.4　建立基于 CELM 的全球绿色能源供应体系

实现全球碳中和，不仅要有强大的碳减排体系，把高碳排、低质量的产能降下来，加速降低全球碳排放总量，同时还需要加快发展零碳绿色能源，加速对化石能源的替代。

依靠先进科技、充分运用市场机制和制定国际标准体系是建设全球绿色能源供应体系的关键策略。只有这样，才能更好地化解当前全球绿色能源供应体系面临的跨国供应交易技术难题、成本投入难题和推进速度难题。

基于 CELM 的全球碳中和解决方案，全球绿色能源供应体系由"全球能源互联网＋国际电力交易市场"两大系统构成，两大系统构建的"1＋1"全球绿色能源供应体系可以帮助国际社会应对当前全球零碳绿色能源发展中的诸多挑战。通过新型输配电基础设施建设、电力市场机制创新和新型电力交易市场建设，来解决当前电力生产端和消费端的诸多矛盾，特别是零碳绿色能源的发展困境及其他一些关键技术难题。

构建全球绿色能源体系的几大策略：

（1）突破零碳绿色能源发展瓶颈。近十年，全球绿色能源（光电、风电等）技术突飞猛进，制造和建设成本大幅下降，度电生产成本已大幅低于煤电，这是人类实现全球碳中和最重要的技术基础。但当前绿色能源发挥的作用还非常有限，因绿电的发电时长较短，其供电能力不稳定（间歇性、波动性和随机性），造成以下问题：

一是总发电量较长时间内还不能担当主角。当前中国不断加大绿色能源的投资建设力度，2022 年全国新能源总发电量为 2.7 万亿千瓦时，占全国总发电量的 31.3%。中国新能源发电成为主角还有较长的建设期。

二是传统电网消纳绿电的不适应性，弃水、弃风、弃光严重。绿电被弃用的总量还比较高。2020 年，全国主要流域弃水电量约 301 亿千瓦时、全国弃风电量约 166 亿千瓦时、全国弃光电量约 53 亿千瓦时，即弃电总量达 520 亿千瓦时，2021 年数据大致接近。进而发展出投资高昂的储能产业，如电池、飞轮、压缩空气、蓄水电站、制氢等解决方案，这大大提高了绿电的消纳成本，降低了绿电的竞争力和适用性。

据全国新能源电力消纳监测预警中心发布的数据显示，2022 年全国风电、光电并网消纳的利用率分别为 96.8%、98.3%。经过巨大的投资，消纳情况在不断提升。

三是无法在更大规模的市场里进行电力调配，实现电力资源最优配置。这样导致大量新能源电力无法实现价值最大化，当前电力现货交易市场已频现绿色能源供电负电价。发电厂向电网供电，反而还要向电网提供上网费，这将对绿色能源发展带来严重伤害。主要原因在于电网消纳绿电技术的能力缺陷和全球电力供应的统一大市场未形成。

地球是圆的，24小时范围内总有一面受光，如果有一个连通全球的低损耗输电网络，地球正面受光的一面可向地球背面（夜晚）输电，就完全可能不用储能直接现发现用。中国特高压电网的建设和应用展现出了广阔的前景，这样的蓝图在技术上已完全可行。可惜的是国际社会还没有这样一张物理上的全球电力互联网。要加快碳中和进程，全球第二张互联网——全球能源互联网必须加快建设起来。

（2）建设高效低损耗的全球输配电智能网络基础设施。建设全球电力大市场的巨大收益已显而易见。超长距离的低损耗、高容量、智能调度的全球输配电网络基础设施就是必需建设的基本物理设施。只有实现超长距离低损耗输电，全球能源互联网才具有经济意义。

（3）建设全球范围内电力市场主体市场化交易体系，实现资源有效配置。庞大的绿色能源生产体系和全球供应基础设施的建设需要巨大的投入，良性的投资回报激励体系是必要条件，高效统一的国际电力交易市场就是最重要的举措。

10.4.1 建设全球能源互联网

世界第一张互联网是信息互联网，传递的内容是信息与数据。全球能源互联网在全球范围内传输的是电力能源，特别是将绿色能源在全球范围低损耗实时传输，解决绿色能源储存的难题。不仅如此，全球能源互联网还能实现全球范围的供需智能匹配对接，实现全球任何一地生产的电力可高效配置输送到最需要的地区，并支撑市场化运营，智能实时结算供需双方交易。

10.4.1.1 全球能源互联网的概念

中国倡议提出的"全球能源互联网"，旨在构建一种全球互联电网，无论发电厂位于何处，均可实现地图上任意两地之间可再生能源电力的实时输送。这是在相关领域第一个覆盖全球范围的技术和产业具体化合作方案。

全球能源互联网通过利用先进的能源技术和信息通信技术，建立全球范围内的可再生能源基础设施，实现能源的高效、清洁、安全、经济和可持续利用。

全球能源互联网的建设可以有效地解决全球能源消费的不平衡问题，实现全球能源的高效利用，提高全球能源利用效率，推动经济可持续发展。因此，全球能源互联网在全球能源转型和碳中和进程中具有重要意义。

全球能源互联网的实质是"智能电网+特高压电网+清洁能源"，是能源生产清洁化、配置广域化、消费电气化的现代能源体系，是清洁能源大规模开发、输送和使用的重要平台。

这样不需要庞大投资绿色能源存储，将全球分三四个片区，每个片区覆盖6~8个时区，片区内有一片沙漠铺上光伏电板，就能满足全球能源需求。这是一个非常理想的全球绿色能源蓝图。

其中智能电网可以实现对电力系统的实时监测、动态优化和智能调度，同时还可以实现对分布式能源资源（Distributed Energy Resources，DER）的协同运营和优化，促进清洁能源的发展和利用。

其中特高压（Ultra High Voltage，简称UHV）电网技术特征为：

电压等级——1100千伏及以上；

输送电流——直流电（DC）；

最佳输送距离——2000公里以上；

线路损耗——2%~3%；

优点——电能损失小，稳定性高，适用于远距离输电，环保性能好；

缺点——建设成本高，技术相对较新，需要大量投资，维护难度大。

在特高压输电技术领域，中国具有世界领先的技术体系，中国可以利用这一优势，在世界第二张互联网建设中成为核心力量，在全球绿色转型中构建先发优势。

"十四五"期间，国家电网规划建设特高压工程"24交14直"，涉及线路3万余公里，变电换流容量为3.4亿千伏安，总投资为3800亿元。2022年，国家电网计划开工"10交3直"共13条特高压线路。

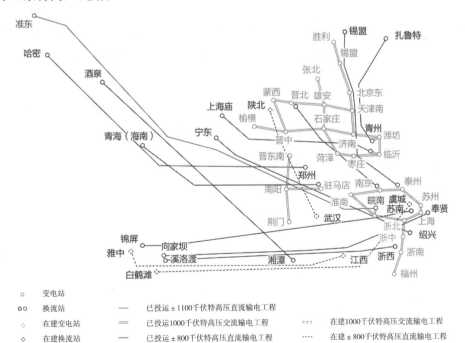

图10-2　我国特高压建设现状（2020）

构建全球能源互联网，将推动能源发展实现"三个转变"，即能源生产向清洁主导转变、能源配置向广域互联转变、能源消费向高效清洁转变。"三个转变"能够有力促进全球清洁能源大规模开发利用，为加速世界能源转型与碳减排提供有效路径。

全球能源互联网基于中国自身经验和机遇，顺应世界绿色低碳发展大势，中国将持续努力贡献"中国方案""中国力量"。

10.4.1.2　全球能源互联网进展

2016年3月，首个由中国发起成立的能源领域国际组织——全球能源互联网发展合作组织（Global Energy Interconnection Development and Cooperation Organization，GEIDCO）在北京成立。几年来，在推动全球能源互联网建设中，走出了一条具有中国特色的国际组织创新发展道路。

全球能源互联网发展合作组织积极推动全球能源互联网发展，深入开展能源、气候、环境跨领域研究，发布《破解危机》等80余项创新成果，搭建共商、共建、共享的全球合作平台，推动一批清洁能源和电网互联项目取得重要进展，为促进国际能源合作与绿色低碳发展作出了积极贡献。中国国家电网公司是合作组织的发起单位，近年来大力推进能源互联网建设，建成全球电压等级最高、能源资源配置能力最强、新能源并网规模最大的电网，并网新能源装机达5.8亿千瓦，累计建成30项特高压输电工程，2021年输送清洁电量5250亿千瓦时，相当于减少CO_2排放量4.4亿吨，有力地促进了中国能源转型与碳减排。

全球能源互联网已被纳入落实《2030年议程》、促进《巴黎协定》实施、推动全球环境治理、解决无电贫困健康问题等工作框架，并连续三年被写入联合国高级别政治论坛政策建议成果文件。

建立全球能源互联网，已成为中国方案、国际行动，将成为实现全球碳中和及人类彻底解决气候问题最为关键的举措之一。

10.4.1.3　全球能源互联网建设关键技术

（1）智能电网技术。

智能电网是指通过信息和通信技术的应用，实现对电力系统的智能化控制和管理，从而提高电力系统的可靠性、可持续性和经济性的一种电力系统。智能电网可以实现对电力系统的实时监测、动态优化和智能调度，同时还可以实现对分布式能源资源的协同运营和优化，促进清洁能源的发展和利用。

通过智能电网技术，实现分布式能源（如风能、光能等）的协同运营和优化，将分布式能源与削峰填谷技术相结合，实现电力系统的削峰填谷。

（2）削峰填谷技术。

削峰填谷技术可以在以下几个方面发挥重要作用。

降低电力系统的峰谷差：削峰填谷技术可以将电力系统的负荷波动降至最低，提高电力系统的负荷利用率和经济性。

促进清洁能源的发展：削峰填谷技术可以将清洁能源与储能技术相结合，实现清洁能源的优化利用，促进清洁能源的发展。

提高电力系统的可靠性和稳定性：削峰填谷技术可以通过储能技术和智能控制技术，实现电力系统的动态调节和优化，提高电力系统的可靠性和稳定性。

（3）新型电力系统。

新型电力系统是指在智能电网的基础上，利用新技术、新模式、新业态等，构建起更加高效、灵活、智能和绿色的电力系统。新型电力系统包括分布式能源、能源互联网、电气化、数字化、智能化等多个方面，它们共同构成了一个全新的、面向未来的电力系统。

新型电力系统的特点包括以下几个方面。

分布式能源：新型电力系统通过分布式能源的应用，将电力系统从中心化向去中心化转变，提高了电力系统的可靠性和稳定性。

能源互联网：新型电力系统通过能源互联网的应用，可以实现能源的互联互通，提高了能源的利用效率和经济性。

电气化：新型电力系统通过电气化的应用，将电力系统与其他领域进行深度融合，可以实现电力与交通、建筑、工业等领域的协同发展。

数字化：新型电力系统通过数字化的应用，可以实现对电力系统的全面监测和智能调度，提高电力系统的运行效率和可持续性。

智能化：新型电力系统通过智能化的应用，可以实现电力系统的自适应、自组织和自愈合，提高电力系统的抗灾能力和可靠性。

（4）虚拟电厂。

虚拟电厂（Virtual Power Plant，VPP）是指由多个分布式能源资源（DER）（如太阳能、风能、储能等）组成的集成电力系统，通过智能化的控制和管理，实现对电力系统的协同运营和优化。

虚拟电厂参与电网削峰填谷运营通常采用以下几种方式。

储能系统：虚拟电厂通过储能系统（如电池、超级电容器等）将多余的电能进行储存，并在电网需要时释放出来，以填补电网的峰谷差。

柔性负荷：虚拟电厂通过柔性负荷的控制，将用电负荷在峰期进行调整，并在谷期适当增加用电负荷，以实现电网的削峰填谷。

虚拟发电：虚拟电厂通过多种分布式能源资源（DER）的协同运营和优化，实现虚拟发电，将多余的电能注入电网，以填补电网的峰谷差。

10.4.1.4 全球能源互联网建设关键挑战

利用超高压和特高压建设国际能源互联网是一种重要的技术手段，可以实现跨国、跨洲长距离输送二次能源，并进行电力交易。然而，利用超高压和特高压技术建设国际能源互联网，存在一些技术和成本方面的挑战，主要包括以下方面。

建设成本高：建设超高压和特高压输电线路需要大量的资金和技术投入，特别是需要建设大量的变电站和输电线路，成本较高。

技术难度大：超高压和特高压输电线路需要应对复杂的气象和地质条件，需要解决输电线路的安全和稳定性问题，技术难度较大。

跨国协调难度大：建设国际能源互联网需要跨越多个国家和地区，需要协调不同国家和地区的法律、政策与利益关系，协调难度较大。

尽管存在一些挑战，随着全球可再生能源的快速发展和应用，国际能源互联网将成为实现全球清洁能源转型的重要技术手段，是实现全球碳中和、推动全球经济可持续发展必不可少的能源基础设施。

10.4.1.5 全球能源互联网的中国机会

超高压和特高压技术在中国已经得到了广泛的应用和推广，中国可以为国际能源互联网的建设提供技术支持和先进经验。此外，中国正在积极推进可再生能源的发展和应用，建设国际能源互联网也符合中国推进经济转型和碳中和的发展战略。因此，利用超高压和特高压技术建设国际能源互联网，对中国来说是重要的机遇，非同寻常的意义。

利用超高压和特高压技术建设国际能源互联网，可以实现跨国、跨洲长距离输送二次能源，并进行电力交易，从而促进全球能源消费的优化和碳减排。此外也可结合其他领域，例如电动汽车充电、智能电网等，为全球碳中和进程的推进提供技术支持和解决方案。

10.4.2 欧洲电力市场发展现状与经验

欧盟、英国等一些国际电力市场的市场化进程远远走在了中国电力市场的前面，其跨国电力交易、输配电能力和经验非常值得中国学习研究。

10.4.2.1 欧洲电力市场概况

欧洲电力现货交易市场是由多个国家的电力市场组成的联合市场，旨在通过跨国交易实现电力资源的优化配置和经济效益的最大化。该市场的成员国包括欧洲联盟成员国以及一些非欧盟国家。欧洲电力市场是高度自由化、极具竞争性和区域化的市场，允许发电商、供电商、交易商和用户之间进行双边合约或交易所交易。

（1）市场整体情况。

欧洲的电力现货交易市场有多个，其中最著名的是欧洲电力交易所（European Power Exchange，EPEX）和国际能源交易所（Intercontinental Exchange，ICE）。这些市场提供各种不同的交易品种，例如日前市场、日间市场、配电市场（intraday market）和衍生品市场。

欧洲的电力市场之间通过一些机制进行耦合和协调。其中最重要的是欧洲单一日前市场（Single Day-Ahead Coupling，SDAC），它是欧洲最大的电力现货市场，覆盖了20个市场，从葡萄牙到芬兰，从爱尔兰到波兰。SDAC每天中午进行一次全欧洲范围内的拍卖，确定第二天24小时的电力价格和交易量。SDAC的交易规则是由各个国家或地区的指定电力市场运营商（Nominated Electricity Market Operators，NEMOs）制定和执行的。NEMOs通常是电力交易所或其他类似机构，它们负责在各自的市场内组织日前市场的竞价和结算，并与其他NEMOs协调进行跨境交易。

（2）区域性市场与跨国交易。

欧洲有多个区域性的电力现货交易所，如北欧电力现货交易所（NordPool）、欧洲中部电力现货交易所（EPEX SPOT）、意大利电力现货交易所（GME）等。欧洲的区域电力市场由多个国家的电力市场组成，这些市场形成了一个统一的欧洲电力市场。目前，欧洲的区域电力市场可分为以下几类。

中心交易区（Central Trading Region，CTR）：包括比利时、荷兰、奥地利和德国的部分地区；

北欧交易区（Nordic Trading Region，NTR）：包括瑞典、挪威、丹麦和芬兰等国家；

英国交易区（United Kingdom Trading Region，UTR）：包括英格兰、威尔士和苏格兰等地区；

法语交易区（French Trading Region，FTR）：包括法国及其周边地区；

东南欧洲交易区（South Eastern European Trading Region，SEETR）：包括克罗地亚、波黑、塞尔维亚、马其顿、希腊、保加利亚、罗马尼亚等国家的一部分。

每个区域的电力市场之间可能存在差异，但也有很多共同点。为了促进电力市场的统一和互联互通，欧洲跨国电网联合会（European Network of Transmission System Operators for Electricity，ENTSO-E）承担了领导职责。ENTSO-E是负责协调欧洲各国电力系统运营和规划的组织，以确保欧洲电力系统的可靠性和稳定性。为保障欧洲统一电力市场，ENTSO-E主要通过以下几个方面来管理和运营电网互联：

a）制定和推广欧洲范围内的电力规则和标准，以确保欧洲各国电力系统的互操作性和

互联互通性;

b）协调欧洲各国电力系统的运营和规划，以确保整个欧洲电力系统的可靠性和稳定性;

c）促进欧洲各国电力市场的交互操作，以便在各国之间实现电力交易;

d）促进欧洲各国之间的跨国电力输电线路建设，以便在能源需求和供给之间实现平衡;

e）推广智能电网技术和电力市场交易系统，以提高电力系统的效率和可靠性。

通过以上措施，ENTSO-E致力于管理和运营欧洲电网互联，从而保障欧洲统一电力市场的稳定和可靠运行。电网方面，欧洲建立了同步异频（50 Hertz和60 Hertz）和直流（HVDC）联网，使各国电网相互连接。

在欧洲电力现货交易市场中，跨国交易是一种常见的交易方式。通过跨国交易，不同国家之间的电力资源可以互相补充和交换，从而实现电力资源的优化配置。跨国交易的实现需要有足够的电力输送能力，因此欧洲电力现货交易市场也致力于发展跨国电力输送网络，以支持跨国电力交易。跨境输送能力可以通过拍卖或隐含拍卖等方式分配给参与者。

实现跨国交易还需要有统一或兼容的市场规则和机制，以及有效的协调和合作。在欧洲电力市场中，国际电力控制与协作项目（International Grid Control Cooperation，IGCC）于2010年设立，为欧洲国家提供了一个实现跨国平衡的交易平台。此外，欧盟也发布了一系列法律文件，如第三能源套件、网络规则等，以推动成员国之间的市场整合和互联互通。欧洲电力现货交易市场的跨国交易和电力输送，有助于实现欧洲电力市场的整合和优化，提高电力供应的可靠性和经济效益，同时也有助于促进欧洲能源转型和碳减排目标的实现。

（3）欧洲电力市场监管。

欧洲电力现货市场的监管机构是由各个国家或地区的能源监管机构（National Regulatory Authorities，NRAs）、欧洲联合能源市场监管机构（Agency for the Cooperation of Energy Regulators，ACER）和欧洲能源市场运营商协会（Association of Issuing Bodies，AIB）共同组成的。ACER是一个全欧洲的监管机构，其使命是监管电力和天然气市场的跨国贸易。AIB负责授权欧洲境内和互联互通的绿色能源认证（Grantees of Origins，GO）。这些认证证明了相应的电力供应商其所销售的电力在源头不含有化石燃料。NRAs负责监督本国或本地区的电力市场运营商和参与者，并确保其遵守相关法律法规。ACER负责协调各个NRAs之间的合作，并促进欧洲电力市场的整合和竞争。

欧洲电力网络化、市场化建设为欧洲电力的稳定供应、电网韧性的增强发挥了重要价值，成为欧洲应对电力供应风险、战争能源风险的重要支撑。

德国曾经在2011年宣布逐步放弃核电，但其国内的可再生能源发展还存在一些问题，导致德国在能源转型过程中需要依赖其他国家的能源供应。通过跨国交易，德国可以购买来自法国等国家的核电，以弥补国内可再生能源发展的不足。同时，德国通过向其他国家出口其可再生能源，实现能源的优化配置和经济效益的最大化。

10.4.2.2　欧洲电网与北非、西亚、俄罗斯互联互通和跨国跨洲输电交易

欧洲的电网是世界上最大的跨国电网之一，因此与周边国家和地区建立互联互通也非常重要。欧洲存在着多个跨国电力互联互通系统，包括"东西电网走廊"（West-East Power Corridor）、北非和欧洲的跨地中海输电（Mediterranean Electricity Transmission System，Med-TSO）和波罗的海地区的电力互联互通（Baltic Energy Market Interconnection Plan，BEMIP）等。

北非：欧洲和北非之间的电力互联主要通过海底电缆进行，如意大利和突尼斯之间的SEA-ME-WE 3电缆与意大利和摩洛哥之间的MAR-NED电缆。

西亚：欧洲和西亚之间的电力互联主要通过土耳其，土耳其是欧洲和亚洲之间的能源枢纽。欧洲和土耳其之间有一些电力输电线路，如土耳其和希腊之间的输电线路与土耳其和保加利亚之间的输电线路。

俄罗斯：欧洲和俄罗斯之间的电力互联主要通过输电线路进行，如俄罗斯和芬兰之间的输电线路与俄罗斯和挪威之间的输电线路。当然，俄乌冲突后，情况有了很大的变化。

这些互联互通系统能够帮助欧洲更好地应对能源跨境供应和消费，并且从经济上和环境上为欧洲和周边地区带来更多好处。欧洲也将继续致力于同周边国家和地区的跨境输电交易规则与规模的共同合作，以便更好地应对电力市场的挑战。

10.4.2.3　欧洲的电力现货市场交易规则

欧洲电力现货市场能实现多套交易规则、跨国电力交易，电网能配合实现输配电，体现了电网较强的适应市场和协同的能力，电力市场已达到较高的成熟度。

（1）欧洲交易体系与交易规则。

欧洲自19世纪起启动建设互联电网，目前五大区域电网已投运。统一运行日前市场，日内市场还在耦合进程中。市场参与主体方面，电力交易所负责匹配供需，而输配调电分别由TSO、DSO、ITO实现。

通过电力市场耦合来统一市场。欧洲电力交易市场耦合中一共有三大主体角色：输电网运营商、电力现货交易所和电力清算所。输电网运营商除了要负责本国的输电网运营，还需要与他国输电网运营商协调计算跨国之间的输电量。电力现货交易所负责电力市场耦合，市场耦合其实是一个算法，算法的目标是将整个欧洲的电力成本降低。

进口与出口两个市场耦合的原理是，出口市场的电价比较低，而进口市场的电价较

高。市场耦合保证了电从价格比较低的区域流向比较高的区域，则对于出口市场，需求增加，价格曲线往右边移动，出口市场电价升高；反之，进口市场电价供应增加，电价降低，结果是两个市场的价格越来越相似，这被称作市场耦合后的电价趋同。

整个市场进行耦合以后，当一些特殊事件对某一个国家产生比较大的影响时就能通过整个欧洲这个大池子去吸收和平缓波动，如金融方面的次贷危机、银行危机，天气方面的寒流和热流，以及电力装机过多等因素引起的负面效果都会均摊到整个欧洲。

欧洲电力市场耦合通过了日前市场耦合和日内市场耦合两个项目，起初日前市场耦合只是输电网运营商之间的自愿参与的试验项目，运营效益体现后，各参与主体都愿意参与进来。欧盟后来把这两个项目变成了法规，规定市场必须耦合。

不同市场相结合。欧洲电力市场属于典型的分散式电力市场，主要以中长期实物合同为基础。发用电双方在日前阶段自行确定日发用电曲线，偏差电量通过日前、实时平衡交易进行调节。

欧洲电力市场从大结构上可以分为批发市场和系统市场，批发市场又分为场内市场和场外市场。场内市场分两块，一块为衍生品市场，另一块就是现货市场。现货市场又分为日前市场和日内市场，这两个市场均由现货交易所负责，到了日内市场再下一级的实时平衡，则由电网运营商负责。

日前市场和日内市场的设计目标不同，二者正好互补。日前市场是一次性的竞价市场，这个竞价市场能够交易细分至每个小时的产品；日内市场是连续交易的挂牌过程，可以交易比一个小时更细分的产品。

日前市场追求的是市场流动性的最大化，这个最大化要涵盖整个市场的最大信息量，其价格指数就可以作为整个市场的价格标杆。而日内市场是为了给市场主体留下最后一个纠正位置的机会，比如观测交易买多还是买少，做最后的偏差调理。日前市场出来的价格是一个金融衍生品常用的指数，而日内市场出来的价格指数更加趋近于平衡市场。

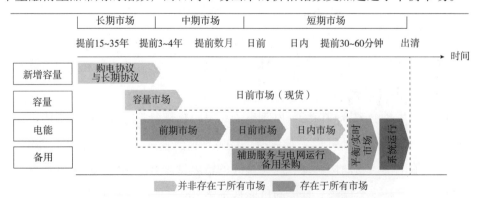

图 10-3　短期、中长期、日前、日内、实时、辅助服务市场

数据来源：IEA，中信建投

交易机构独立于输配电体系。交易机构应坚持中立公平原则，以获得所有市场交易主体的信任。系统调度机构则需尽量保证合同的执行，并负责电力平衡调度。

交易主体匿名制。众多的交易主体在公开市场成交后，系统生成订单备案，交易各方并不知道交易对方的身份。

担保制。一个很重要的市场组织原则，是市场本身要进行担保，就是在市场中成交的每一笔交易，不用担心交易方是否违约。如果一方违约，交易所会对该市场主体进行惩罚，而不是由单独个体来实施惩罚。这样的惩罚力度会更有效，也更公正。

透明性。透明性是电力市场的重要特征，交易所要公开交易量及交易价格，以此形成一个非常透明公正的环境，同时公开的交易数据也是能源监管部门监管整个电力市场的一个重要依据。

边际定价制。欧洲电力现货市场交易采用边际定价机制，高涨的天然气价格绑定电力价格。在现货电能交易中，"边际电价"作为批发电价定价机制，按照报价从低到高的顺序逐一成交电力，使成交的电力满足负荷需求的最后一个电能供应者的报价称为系统价格。报价高于边际电价（即系统价格）的发电机组的电力不能成交，竞价失败；报价低于边际电价的发电机组不按报价与电力市场结算现货电量，而是按照系统的边际电价结算。

居民电价。居民电价主要由能源成本、电网接入费用、相关税费构成，其中能源成本（即发电厂的上网电价）仅占终端用电成本的1/3。

特殊情况政策干预。面对能源危机，欧盟提出提案控制能源价格。2022年9月14日，面对俄乌冲突导致天然气供需严重错位所带来的电价大幅度上涨问题，欧盟委员会提出了一系列对欧洲能源市场的紧急干预措施。措施主要通过降低特殊用电需求减少天然气发电量、限制非天然气发电企业收入的方式降低电价，通过向非天然气发电企业和能源企业征收"暴利税"的方式对弱势用电终端用户进行财政补贴，并用于可再生能源发电投资。

欧洲能源危机促使欧盟调控能源价格，新提案通过回收发电侧的超额收益补贴用户侧，将促进欧洲用户储能市场需求发展。

（2）英国交易体系与交易规则。

英国的电力现货交易是自由化、竞争性的市场，允许发电商、供电商、交易商和用户之间进行双边合约或交易所交易。目前英国有两家进行电力现货交易的交易所，分别是：N2EX和APX。

N2EX是北欧现货交易所（Nord Pool Spot）的全资子公司，专门负责在英国运营。N2EX提供日前和实时的电力现货交易服务。日前市场是指在交易日前一天提交发电或用电报价，并根据预测需求和供应确定下一天每小时的价格和调度计划。实时市场是指在交易日当天根据实际需求和供应每半小时确定价格和调度计划。物理通知服务是指为双边合约参与者提供将其合约信息通知给系统运营商National Grid的服务。

APX则在英国、荷兰和比利时都有电力交易所运营，参与成员共70余家。APX也提供日前和实时的电力现货交易服务，以及物理通知服务。此外，APX还提供跨境容量拍卖服务，即为参与者提供在不同区域之间进行跨境输送能力的竞价平台。

英国的电力现货交易采用的是竞价原则，即电力供需双方提交价格和数量，由市场自动匹配成交。这种竞价原则在保护新能源发展方面有以下几个方面的考虑。

优惠待遇：英国电力市场为新能源发展提供了一些优惠待遇，例如补贴、税收减免等，以鼓励新能源的投资和发展。

绿色证书：英国电力市场还引入了绿色证书机制，即对于可再生能源发电产生的电力，可以获得相应的绿色证书，这些证书可以在市场上进行交易，并获得额外的收益，从而提高可再生能源发电的经济效益。

定价机制：英国电力市场采用的是边际定价机制，即市场价格由最高成本的电力生产者提供的电力成本决定，这样可以确保新能源发电的成本得到合理的体现，同时也能够鼓励电力生产者采用更加环保和经济的发电方式。

总的来说，英国的电力现货交易的竞价原则在保护新能源发展方面采取了一系列措施，以鼓励新能源的投资和发展，同时也能够确保市场的公平和竞争。

10.4.2.4　欧洲电力市场同碳市场的耦合

欧洲的碳市场是欧盟排放交易体系（European Union Emissions Trading System，EU ETS），是许多国家努力减少碳排放和实现碳中和目标的重要工具。电力生产是最主要的排放源，因此电力市场和碳市场之间存在密切联系。

欧洲碳市场（EU ETS）采用"限额与交易"（cap-and-trade）机制。具体是欧盟先设定每年的总CO_2量排放上限（cap），然后把排放许可划分给各企业。企业只要持有足够的交易配额，就可以进行碳排放。如配额不足，企业就需要从市场上购买更多的配额。

目前，EU ETS是全球最大的碳排放权交易市场。约有11万家工厂和飞机业者参与，覆盖能源产业及重工业部门，占欧盟CO_2总排放量的40%左右。

EU ETS主要通过碳价格信号影响电力市场。一方面，电厂需要购买碳排放配额，碳价格上升会增加电厂的生产成本，电价相应上升。另一方面，高碳价格会刺激低碳能源（如风电、光电、核电）适度替代高碳能源（如火电），从而影响供需关系和电力市场价格。欧盟碳市场通过市场化手段限制CO_2排放，并通过影响产业成本和电力市场价格，激励低碳能源替代高碳能源，促进欧盟实现碳减排目标。电力交易所的参与者必须同时在碳市场上拥有排放许可证，以确保其电力生产不会超过其配额。由于市场之间的紧密联系，碳价的变化会对电力价格产生影响，这也使得电力行业有更多的激励以跟进碳减排目标。

10.4.2.5　提高新能源电力消纳

随着越来越多的可再生能源投入欧洲电力市场，如何消纳这些新能源，使其能够更有效地为欧洲提供电力，也成了非常重要的问题。

为了提高新能源电力消纳能力，欧洲正在推广一系列政策、法规和措施，以便更好地整合可再生能源。例如，欧洲正在推动"洁净能源包"（Clean Energy Package）计划，该计划旨在为可再生能源创造更好的市场和投资环境，帮助更多的清洁能源涌入欧洲电力系统。

市场化的可再生能源支持机制：欧洲各国设立了不同的可再生能源支持机制，如补贴、优先购买、固定收购价等，以鼓励可再生能源的发展。这些机制通常以市场化的方式实施，通过竞标或其他方式确定可再生能源的收购价格，以确保其在市场上的竞争力。

电力市场的灵活性：欧洲的电力市场具有一定的灵活性，能够适应可再生能源的波动性和不确定性。例如，在风能和太阳能等可再生能源供给不足时，电力市场可以通过调整价格，吸引其他发电方式的供应，以满足市场需求。

跨国电力交易：欧洲的电力现货市场可以通过跨国电力交易，将可再生能源的供给和需求进行平衡。例如，如果某个国家的风能供给过剩，它可以将多余的电力出口到其他国家，以获得收入。相反，如果某个国家的可再生能源供给不足，它可以通过进口其他国家的电力来满足需求。

智能电网技术：欧洲的电力现货市场正在采用智能电网技术，如智能电表、能量储存和电力预测等，以提高可再生能源的消纳能力。这些技术可以帮助电力系统更好地预测和管理可再生能源的波动性和不确定性，从而实现更高效的能源利用。

10.4.2.6　碳泄漏风险和碳成本抵消与分担

欧洲许多国家每年从其他国家进口大量电力，其中包括碳排放量比较高的国家。这会使得这些国家倾向于使用更廉价、更方便的燃料，从而导致碳泄漏和其他环境问题。

进口电力可能大量使用石油、煤炭等高碳能源生产。这会增加进口国的间接碳足迹。

即使进口电力使用一部分可再生能源，生产国可能也存在多余的化石能源产能。进口可再生电不一定会带来全球净碳减排。为了缓解这个问题，欧洲正在采取措施减少进口电力的碳排放。这些措施包括采用更高效的能源技术、建设更多的可再生能源项目和引入碳排放税等来减少从碳排放较少国家进口电力的经济成本，同时降低从碳排放较高国家进口电力的竞争优势。进口方和出口方应当协商对碳成本进行分担，以避免出口方获益而进口方承担环境成本。

进口方支付碳价格差异补贴。考虑生产出口电力使用的能源结构及碳价差异，进口方向出口方支付相应的价格溢价。

联合部署碳捕集与封存（CCS）等减排技术。以联合分摊成本，改善电力系统整体的减排效率。

进行"可再生能源替代"附加交易。出口方同时提供与进口电力等量的可再生能源证书，用以抵消进口方的间接排放。

开展碳交易。进口方购买出口方同等量的减排额度补偿自身碳足迹的增加。总的来说，在跨国电力交易中保障公平合理的碳成本分担和开展碳抵消，有利于促进全球减排与可持续能源发展。相关政策安排需要生产方和消费方共同讨论达成一致。

10.4.2.7 英国脱欧和俄乌冲突的影响

在英国脱离欧盟之后，英国将不再是欧盟的一部分，这意味着欧盟将失去该国在电力市场方面的影响力和作用。此外，英国和欧盟之间的贸易关系与政策框架也可能发生变化，这可能会影响欧洲电力交易市场的流通和稳定性。

俄乌冲突为欧洲电力交易市场带来了多方面的影响。

价格波动：高峰期的电力需求导致了部分欧洲国家电力价格上涨。此外，俄乌冲突局势加剧造成了俄罗斯的天然气停输，导致天然气价格也有所上涨。高昂的能源成本使得一些国家的企业面临生产成本增加的压力。

能源安全：俄罗斯是欧洲重要的能源供应国之一。战争引发的能源供应风险引起了欧洲的能源安全问题。欧洲国家不得不寻找其他的能源来源来保障稳定的能源供应。

电力贸易：由于乌克兰是欧洲的电力传输枢纽，因此战争对欧洲电力市场的影响显而易见。

欧洲市场统一：俄罗斯在欧洲的主要能源交易伙伴中排名第一。战争对俄罗斯和欧盟之间的关系造成了负面影响，这可能导致欧洲市场的统一性变得更加困难。

俄乌冲突对欧洲电力交易市场产生了深远的影响，包括价格上涨、能源安全、电力贸易和欧洲市场统一性等方面。欧洲的能源和电力供应链需要重新评估，以寻求更加稳定和可持续的未来。

10.4.3 美国、加拿大、日本电力市场情况

美国、加拿大、日本电力市场的市场化和电网先进性与欧洲虽然有一定差距，但也有诸多地方值得中国电力市场在变革中学习。

10.4.3.1　美国

美国的电力现货交易市场主要包括以下几个地区：ISO-NE（覆盖新英格兰地区）；NYISO（覆盖纽约州和一部分邻近地区）；PJM（覆盖 13 个州和华盛顿特区）；MISO（覆盖中西部和南部）；ERCOT（覆盖得克萨斯州）。这些电力市场都采用竞价原则，即电力供需双方提交价格和数量，由市场自动匹配成交。市场参与者包括发电商、贸易商、分销商、大型消费者以及电力交易所等。

在美国的电力现货交易市场中，RTO（Regional Transmission Organization）是一个重要的机构，其主要职责是管理和运营电力输电系统。

RTO 是由联邦能源监管委员会（FERC）批准设立的非营利性组织，其成员包括电力生产商、贸易商、分销商、大型消费者等，其负责管理和运营电力输电系统，包括监控电力负荷、调度发电机组、协调电力交易、维护电力输电设施等，以确保电力的可靠性和安全性。此外，RTO 还负责协调电力交易，确保市场的公平、透明和稳定运行，其将供电商和需电者的电力需求进行匹配，以实现电力资源的优化配置和经济效益的最大化。

美国的电力现货交易市场受到联邦和州级政府的监管和调控，以确保市场的公平、透明和稳定运行。此外，为了确保电力系统的稳定运行，电力市场还需要与运行区域电网的机构密切合作。运行区域电网的机构负责管理和运行电力系统，包括监控电力负荷、调度发电机组、维护电力输电设施等，以确保电力市场的交易和电力系统的运行两者之间相互协调。

10.4.3.2　加拿大

加拿大的电力现货交易市场主要包括几个地区，如安大略、魁北克、不列颠哥伦比亚电力市场等。这些电力市场都采用竞价原则，即电力供需双方提交价格和数量，由市场自动匹配成交。

加拿大的电力现货交易市场与美国存在一定程度上的互通和交易。加拿大和美国之间有多个跨境输电线路，如魁北克-新英格兰、安大略-美国东北部等，这些输电线路为两国之间的电力交易提供了基础设施。

此外，加拿大和美国还有一些跨国电力交易项目，如加拿大魁北克省和美国马萨诸塞州的"新英格兰-魁北克输电线路"项目，该项目旨在将来自魁北克水电站的电力输送至美国东北部地区。

10.4.3.3　日本

日本的电力系统分为两个电网，即关东电网和关西电网。关东电网覆盖东京及其周边地区、北海道、东北地区和中部地区等地，采用 50Hz 频率。关西电网覆盖大阪、京都、神户等地及其周边地区，采用60Hz频率。

日本电力交易所（JEPX）是日本最大的电力现货交易市场，成立于2005年，市场参与者包括发电商、贸易商、分销商和大型消费者等。其竞价规则采用竞价对冲原则，即电力供需双方提交价格和数量，由市场自动匹配成交。交易的时间段为当日和次日，分别为"当日市场"和"日前市场"。

东京电力公司（TEPCO）电力交易市场是由TEPCO公司运营的，主要服务于东京和周边地区，市场参与者包括发电商、贸易商、分销商和大型消费者等。其竞价规则采用竞价对冲原则，即电力供需双方提交价格和数量，由市场自动匹配成交。交易的时间段为当日、次日和未来一个月，分别为"当日市场""日前市场"和"月前市场"。

10.4.4　中国电力的市场化变革探索与实践

经过20多年的努力，中国电力市场体系从原来的高度计划经济体制，到现在的市场化程度越来越深入，其市场化要素已越来越多，但变革进程并不轻松，全产业链各端的市场化进程和发展非常不平衡，离全面市场化还有相当长的一段距离，有待变革的空间非常巨大。

整个电力市场各端包括从发、储、输、配、售到用户，有些端如发电领域，市场化主体众多，总体上呈现充分市场化。但新能源发展配套需要的储电快速发展，多元市场主体众多，计划和市场机制掺杂；输电网骨干网尚处于高度自然垄断，始终是中国电力市场化的最难点。而且售电端市场放开的效果明显，多元主体增加，使用户市场的交叉补贴改革方案依旧难解，方向不明。

10.4.4.1　中国电力市场变革的目标

电改的核心目的是通过供给侧改革激发电力生产和消费的活力，并通过电力市场支撑整个能源结构转型，实现高比例清洁能源目标。中国近年推动的电力市场变革目的是要解决以下难题：

（1）市场交易机制缺失，资源配置效率不高，导致利用效率不高。售电侧有效竞争机制尚未建立，发电企业和用户之间的市场交易有限，市场配置资源的决定性作用难以发挥。节能高效环保机组不能充分利用，弃水、弃风、弃光现象时有发生，个别地区窝电和缺电并存。

（2）价格关系没有理顺，市场化定价机制尚未完全形成。现行电价管理仍以政府定价为主，电价调整往往滞后成本变化，难以及时并合理反映用电成本、市场供求状况、资源稀缺程度和环境保护支出。

（3）政府职能转变不到位，各类规划协调机制不完善。各类专项发展规划之间、电力规划的实际执行偏差过大。市场培育不足，计划能力跟不上发展需要和各种客观环境的变化。

（4）发展机制不健全，新能源和可再生能源的开发利用面临困难。光伏发电等新能源产业的设备制造产能和其建设、运营、消费需求不匹配，没有形成研发、生产和利用相互促进的良性循环，新能源和可再生能源发电的无歧视、无障碍上网问题未得到有效解决。

（5）立法修法工作相对滞后，制约电力市场化和健康发展。能源供应体系的市场化变革是宏观经济非常重要的事项，牵一发而动全身，难度可想而知，需要法律体系的保驾护航。

10.4.4.2　中国电力的市场化变革实践

电力体制改革当初确定的四大步骤是"厂网分开、主辅分离、输配分开、竞价上网"。2002年，国家启动了以厂网分开、主辅分离为主要内容的电力体制改革。国务院对国家电力公司资产进行重组，组建了两大电网公司、五大发电公司和四个辅业公司，由国家电力监管委员会履行电力监管职能。即已经从电力源头改革实现了发电侧电力市场主体多元化竞价上网的格局。2021年，新型电力系统之下，中国已形成了"两网五大六小"的电力新格局。

（1）中国电力交易市场进展。

扩大价格浮动区间的电价市场化改革自2021年10月破冰，新型电力系统、电力市场建设等改革方向被市场寄予更多期望。事实上，市场化机制可以降低能源结构调整过程中的改革成本。

中国电力市场建设在2022年明显加速，市场化交易量占比跃升，同比增长39%至5.25万亿千瓦时，超过2015年的7倍；市场交易电量占全社会用电量的比重突破60%，同比提升15.4个百分点。

2022年电力市场建设可圈可点。除国家规定的14个电力现货试点省份，不少非试点省份也陆续进入电力现货试运行。从政策层面上看，2022年11月25日，国家能源局发布《电力现货市场基本规则（征求意见稿）》，被视为首次在国家层面出台的电力现货市场建设的原则性文件。2022年，多地电力中长期交易品种更加丰富、开展频次加密，向更短周期、更细时段转变，满足了各主体对中长期合同灵活调整的诉求，有助于平衡电力供需关系。从交易规模上看，电力市场交易量还有更大的提升空间。2022年，全社会用电量8.64万亿千瓦时，同比增长3.6%，其中第二、三产业用电量合计占比约为83%，预计电力市场交易占比最高可达到80%。然而，电力市场的建设和变革也存在曲折和反复，面临的困难仍不少。

一是如何理顺电力价格体系。大量发电企业和用户仍在"计划"范围内，没有被纳入市场，"交叉补贴"问题难寻解决方案。

二是如何大幅提升省间输配电能力，减少新能源负电价时段的增多，减少顶峰保供对新增装机的依赖。输电网技术能力、输配电机制等原因导致的省间输配电能力不强，跨省电力交易困难，市场规模小，导致全国范围的电力资源配置效率还比较低。

三是如何减少煤电企业的大面积亏损。电力市场现货交易比例过低，中长期交易对电价反应严重滞后，未能及时反映市场真实的供需情况并疏导激增的煤电发电成本，造成了煤电企业大面积亏损。2021年下半年以来，煤价暴涨，据中电联测算，2021年，因电煤价格上涨导致全国煤电企业电煤采购成本额外增加6000亿元左右。截至8—11月，集团部分煤电板块亏损面达到100%，全年累计亏损面达到80%左右。

四是如何通过发展电力现货市场，提升电网输配电能力和理顺电力市场机制，与碳减排机制协同，兼顾好煤电企业利益的同时，大幅增加新能源上网，加快化石能源替代进程。充分发挥现货市场三方面的优势：首先，现货交易频次高（7×24小时不间断开市）、周期短（小时/15分钟），更符合新能源波动性大、难以预测等特点；其次，在平等的市场竞争机制下，新能源发电边际成本较低，随着全球能源危机拉高一次能源价格，火电的边际成本相比较高，因此新能源发电在市场中能够自动实现优先调度；最后，现货交易形成峰谷价差，为储能等第三方新型市场主体打开盈利空间，鼓励灵活调节资源配合新能源消纳。目前，电力现货市场对于促进新能源消纳的积极作用已初步显现。根据国家电网统计，跨区域省间富余可再生能源现货交易运行4年间累计减少可再生能源弃电超过230亿千瓦时。

五是如何让电力市场改革支持政府增强招商能力。一些地方政府在电力供需偏紧的环境下，对电力市场化进程产生动摇，主要是担心电价上涨给企业增加负担，或减弱本地招商引资的吸引力。

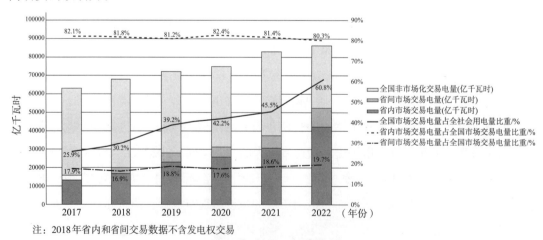

注：2018年省内和省间交易数据不含发电权交易

图10-4　2017—2022年全国市场化交易用电量及趋势（含省内和省间细分）

数据来源：中电联、北极星售电网，能源基金会整理

（2）发电。

中国改革开放40多年，经济高速发展，电力需求快速增长，促进了发电侧巨大的投资规模，国家、各地政府、民营新能源多方出力，增长速度极为惊人。煤电、水电、核电、光电、风电等多类型电力齐头并进，规模煤电企业超过2000家，其他类型发电企业也不计其数。强大的经济增长需求使得政府不断放宽投资门槛，充分市场化的发电侧已经形成，特别是新能源国有资本、民营资本充分竞争。按财政部的估算，近10年来，陆上风电和光伏发电成本分别下降30%和75%左右，发电能力从1998年的11670亿千瓦时增长到2021年的83886.3亿千瓦时，其中可再生能源占比达到31.6%（见图10-5）。

如果输配电和电力交易充分市场化，发电侧投资动力还有很大的释放空间。

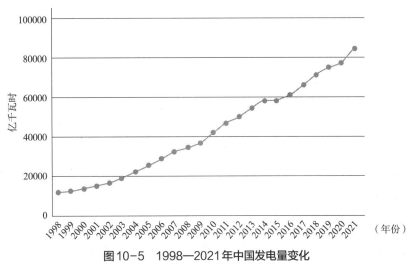

图10-5　1998—2021年中国发电量变化

数据来源：国家统计局

（3）储电。

伴随新能源市场规模和占比提升，储能越来越重要，使其投资规模和项目数量快速增长。当前，由于市场回报不稳定，政府储能市场投入机制介入还较多，并与输配电深度捆绑，这提高了整体电力市场全面市场化的复杂度，将会遏制储能产业的后续发展。

根据中关村储能产业技术联盟（China Energy Storage Alliance，CNESA）全球储能项目库的不完全统计，截至2022年底，全球已投运电力储能项目累计装机规模237.2GW，同比增长14.9%（见图10-6）。其中抽水蓄能的累计装机占比首次低于80%，比2021年同期下降6.8个百分点；新型储能的累计装机规模高达45.7GW，同比增长79.9%，其中锂离子电池占据绝对主导地位，市场份额高达94.4%，同比提升3.5Pct。

2016—2022年，全球电力系统新型储能项目每年新增装机规模由0.7GW增加至20.4GW，年均复合增速达75.4%；全球电力系统已投运新型储能项目累计装机规模在全球已投运电力储能项目中占比由1.2%增加至19.3%，尽管现阶段新型储能技术在电力系统的装机规模依然不大，但开发增速加快，发展潜力巨大。

图10-6　2014—2022年全球已投运电力储能累计装机规模

资料来源：前瞻产业研究院，国际能源网，生态中国网，CNESA，长城国瑞证券研究所

储能领域虽然投资主体多元，但因其与电网接入和服务的市场规模关系相当大，使民营项目会处于比较不利的位置。因此，储能与输电分开，多元的市场主体充分公平市场化竞争非常必要。

（4）输电。

国家级电网现在只有国家电网和南方电网两家，且按区域划开，这样的改革步伐远远跟不上全球碳中和和中国双碳目标的需要。数十年来，输电网的垄断性没有太大改观，这直接影响到整个中国电力市场的改革进程，对整个电力市场改革、促进各方投资都非常不利。

全新的输电市场顶层设计迫在眉睫，这需要吸取优秀国家和地区的电力市场化样板，充分利用互联网思维和数字化思维，打开思想局限，加快输电侧的改革进程。

（5）配电。

增量配电是当前中国政府电力市场化改革重点推进的领域，但效果并不理想。近年，审批上马的项目不少，但效果好的项目非常少，甚至很多已经夭折，也有一部分被国网收购，并入国网体系，成为垄断体系中的一部分。

2016年，国家发展改革委和国家能源局发布《有序放开配电网业务管理办法》，明确增量配电网是指110千伏及以下电压等级电网和220（330）千伏及以下电压等级工业园区（经济开发区）等局域电网，不涉及220千伏及以上输电网建设。此外，放开的配电网业务还包括除电网企业外，其他企业投资、建设和运营的存量配电网，例如地方电网等。自此，全国陆续发布了五批增量配电项目试点，项目总数459个，但截至目前，业内公认试点成功的项目寥寥无几。

兴港电力投资运营的郑州航空港增量配电项目，是国内首批增量配电改革试点，而当地政府投资该项目的初衷是在供电服务许可范围内打造一张配电网，同国网河南进行对标与竞争，为当地招商引资提供更优惠的能源条件。然而2023年3月中旬，兴港电力的实际控制人航空港区管委会却要求其将旗下全部配电网资产出售给国家电网河南电力公司。一旦出售，意味着该增量配电试点项目彻底失败。

在增量配电改革整体陷入低谷之际，第一轮输配电价监审公布，显示了政策层推进电力体制机制改革的决心，亦让增量配电行业重燃信心。

2023年5月15日，国家发展改革委印发《关于第三监管周期省级电网输配电价及有关事项的通知》（以下简称526号文），首次按照不同电压等级核定容（需）量电费，使得增量配电项目可以合法获得用户容（需）量电费的部分收益。专家认为526号文打破了原来增量配电网难以获得容量电费的难题，是突破性的改革。

事实上，增量配电改革固有的困境仍较难破解，改革仍有待进一步深入。

历经八年改革，七年试点，从体量来看，增量配电网相对于大电网来说是"九牛一毛"，但其折射的问题值得我们深入探究。一名浙江增量配电网业主对财新记者说，配电网建设的成本本来只有国网自己清楚，可一旦有了对标，就将撼动电网公司巨大的利益。例如，一座变电站的建设方式往往是电网公司旗下三产公司中标项目，然后再分包给民营公司，中间的差价有时可以达到工程款的两成。

除了成本对标，面对双碳背景下的新型电力系统建设，以新能源为主体的有源配电网（有分布式电源接入的配电网）是当下市场关注的焦点，未来中国将继续沿用"全国一张网"模式，还是积极发展分布式微电网？一场关乎未来的博弈正在暗战中。

比较清楚的事实是，城市级和城市区域配电网的市场化发展极为困难，根因仍在于输电骨干网的独家垄断。配电变革能否成功，在于国家的决心和正确合理的顶层设计。

（6）售电。

自2015年电改9号文后，多元化售电公司的数量快速增长。根据中国企业数据库（企查猫），截至2022年10月17日，售电行业企业数量达15328家，随着电力市场化改革的浪潮推进，2015—2017年的企业数量猛增，2017年新增企业达4068家的峰值，2018年开始，新增企业数量有所下降，2021年新增数量为612家。截至2022年10月17日，2022年新增企业数量共211家。

从售电市场企业类型结构来看，市场竞争主体已充分市场化。但从市场经营环境来看，还受到很多发电端、输电端、用户端的计划体制制约，完全的市场化体系还有相当长的路要走。

10.4.4.3　中国电力市场改革任重道远

2015年，《关于进一步深化电力改革的若干意见》（下称9号文）拉开了中国电改的帷幕，提出了"放开两头，管住中间"的改革架构，政策和行动都做了很大的努力，在发储输配售各端，除输电端外都有了一定的变化，但结果与预期相差甚远，离全球碳中和与中国双碳目标差距很大。

最近中国提出建立全国统一大市场，也是很好的构想，旨在电力交易中通过市场定价，确定外送省区域的水电、风电、光电等清洁能源的浮动电力市场交易价格，浮动增值部分可作为电量外送省区地方经济的增收。

中国电力市场区域大，总电量规模大，特高压输电线路规模和长度领先世界。如果中国电力大市场改革成功，其实践将为国际电力市场建设提供宝贵的经验。

本书认为中国电改长期进展甚微的本质问题是，电改依据基础理论不清晰、整体电改顶层设计落后和输电网市场竞争度不足。"放开两头，管住中间"的策略不能支持中国电力改革成功。其他如发电端补贴政策混乱、碳排放成本机制不合理、用电端交叉补贴机制长期给电改造成的困扰，也是中国电改进程的重要障碍。

现在到了明确支撑电改经济学基础理论和全面优化升级电改顶层设计，实现电改突破的时点了。

10.4.5　全球碳中和目标下的中国电力改革方案

为支撑全球能源互联网建设和全球碳中和的实现，中国电力市场变革必须快马加鞭。

10.4.5.1　电力改革的核心理念与基础理论

（1）全球碳中和、中国双碳目标导向。

中国电改目标不仅是为支持经济增长，降低用户成本，更高的目标是为建成全球能源互联网作示范，成为全球碳中和、中国双碳目标的核心支撑。中国电改，关系到中国国计民生、绿色发展和国际影响力，任何"老虎"都不能成为改革的绊脚石。中国电改进程需要超越世界市场化的先进水平。

（2）资源配置最优、社会福利最大化原则。

效率目标是实现全国范围甚至是全球范围资源配置最优，社会福利最大化。垄断者利益、区域利益都应该为资源配置最优、社会福利最大化让位。而市场化是资源配置最优、交易成本最低的机制。

（3）全面市场化的整体市场中不能有绝对垄断者，尽可能向多元主体开放。

整个产业链、整个市场只要有一个绝对垄断者，就会彻底葬送改革进程。市场绝对垄断会打乱市场运营的机理，中断市场正常运营的进程。

中国电改要成功，不能存在绝对垄断者。尽可能向所有投资者开放市场，以获得更多电力投资。

（4）各端所有主体公平竞争，同一起跑线，所有补贴政策市场主体外循环。

整个电力市场中，所有主体先放到同一起跑线公平竞争。政府暗补变明补，不能有交叉补贴，扰乱市场信号。某一些市场主体的优惠政策，只能场外运营，不能影响到其他市场主体的相对公平性，不能破坏市场高效运转。

（5）碳排放成本内部化，由消费者担责。

基于 CELM 体系下，发电端的碳排放成本实现了高效内部化，由消费者担责。各种类型电力应平等竞争。整个电力市场应尽可能取消所有国家级财政补贴。

（6）互联网思维、数字化思维、智能化思维。

以互联网思维、数字化思维、智能化思维建设新型电力系统，以适应不同类型电力产品、配电系统以及全球化交易，提升电力系统安全运营的韧性。

（7）依法治电，所有市场主体合法利益能得到法律保障。

制定标准和监管权归政府或合法行业公会，不隶属于少数企业。

整个市场中所有市场主体，法律地位是平等的。所有市场主体接入电网和交易执行都要依据行业标准，严格得到法律保障。监管部门具有法律权威和公正性，不是其中利益方。

10.4.5.2　电改顶层设计的总体原则

（1）全面市场化。发储输配售各环节分开，各段都能充分竞争，没有一段是垄断性的，电力全产业链消除垄断。

（2）一个能源互联网（智能电网），对接多个电力交易市场。输电网建成数字化、智能化的能源互联网。电力交易市场充分开放，智能输配支持电力市场交易履约。电力交易市场交易、输配、清算分离。

（3）全面理顺价格体系，所有电力供应者同等竞争，所有电力用户同价，提升资源配置效率。暗补改明补，消除交叉补贴。所有补贴政策独立于电力市场价格体系之外执行，与电力市场运营无关。减少大量政策的冲突、重叠和空缺不到位。

（4）电网行政管理权上缴政府。包括行业立法、技术标准、交易规则制定、电网接入规则制定等都由权威管理部门执行，市场内主体没有绝对影响力。

10.4.5.3　电力改革的目标

（1）为全球能源互联网建设打造示范样板。中国应尽早建成高度市场化的全产业链电力市场、互联网化的输配电网络、国际化的电力交易市场，为中国主导全球能源互联网建设打样，取得成功经验。

（2）实现资源配置最优，经济增长支持最强，社会福利最大。具体表现为，实现电力用户购电成本最小化、发电收益最大化、新能源消纳最大化。

（3）减少负电价概率，大幅减少财政补贴，改善收入分配。通过增量变革，助力共同富裕，共建美好社会。

10.4.5.4　中国电力市场变革的方案

中国电力市场变革顶层设计应该以终为始，紧盯实现全球能源互联网和全球碳中和为目标，以建立全球示范为导向。

（1）电力交易市场。

建设目标：

a）充分响应双碳目标，支持新能源接入。

b）平衡好发电侧、用电侧和新型市场主体包括主动负荷、虚拟电厂等多元主体利益，兼顾公平与效率，促进充足合理的发电投资。

c）实现资源最优配置，促进社会福利最大化。

市场原则：

a）各类市场主体平等、充分竞争。

b）电力现货尽量放开价格限制，电力现货交易逐步增加总量比例，逐步缩短交易单位时长。

c）输配电价较长时段稳定竞争报价，以方便智能输配电和市场结算。

d）建设规则统一、完全市场化，相对简单的交易市场。交易机构对发电侧、售电侧一律不考虑、不参与交叉补贴政策的制定和执行。各类主体公平、完全市场化竞争，单一价格竞争。各类主体需要特殊政策的支持，由市场主体上级主管单位设计政策，独立执行，不在统一市场中考虑，以实现资源配置的高效性。

交易市场构建：

a）建立两级、多个竞争性市场。国家级交易市场可设置2~3个，省级市场可按省设置。

b）一个电网能承载实施多级多元电力市场交易结果的输配电任务，实现智能化输配电。

c）各系统要充分实现数据打通，实现交易、输配电智能化。

交易规则和交易方案：

a）制定竞价撮合交易规则、立法保障。

b）发电侧、售电侧市场主体平等，充分自由竞价。交易系统在两端智能计算报价，保障高效交易。

c）竞价成交规则。可参考借鉴欧洲的边际定价规则。

d）电力交易含碳票。按电力交易量、自由交易原则流转碳票，碳费按上日市价测算。

e）交易系统能实时自动测算购电总成本，成本项目包括纯电力、碳费、输配电费。通过系统设置自动计算补贴政策结果。

（2）市场主体和职能规划。

原则：输配端由国有控股，其他类型主体全面开放市场，鼓励民营资本投资。储能独立于电网，不能混业经营。

五大类主体各自独立，各块都能充分竞争。发、储、输、配、售各环节完全专业分工，不混业经营，尽可能对民营开放。

（3）发电。

发电端完全市场化，在碳排放成本通过碳票流转内部化后，煤电、新能源、核电等各种电力充分市场化平等竞争。

不限制煤电，取消新能源各种补贴，同一起跑线竞争。

（4）储电。

储电应成为一个独立的市场，企业成为独立市场个体，脱离电网，全面市场化。各种储电技术充分竞争，对民营资本开放接入市场。

输配电价不包含储电成本。储电收入模式应该是赚取购电、售电的差价，如果项目严重亏损，有必要补偿，按谁决定投资谁补偿原则。

当前储电投资规模相当大，增加了新能源的实际成本。建设全国甚至跨国大范围能源互联网，充分扩大市场规模，提升市场现货消纳能力是更具有经济价值的策略。

（5）输电。

输电网建设与变革原则：

a）输电网建设以建成能源互联网为目标。输电网建设以建成能源互联网为目标，可以以信息互联网方案和能力为参考标准。

协议互联，标准公定。建立官方的技术标准委员会，电网对接协议立法、统一标准，保障联网。

确保输电网形成能源互联网。保证无人能控制、垄断输电网。

b）3级电网，独立运营，主体多元，竞争充分。

3级电网：国家电网、城市电网、市内局域网。

独立运营：上一层不能运营下一层。

每层级存在多主体，能形成充分竞争。国家级电网应该设立3家以上平等企业。城市配电网和市内配电局域网投资主体多元化，接入骨干网受法律保障。

c）竞价输电，输电收入模式按过路费模式。

输电网收入模式彻底转变为纯粹的过路费模式，按"度电×公里"为报价单位，多个输电公司竞价输电。

当前独家垄断的情况下，通过核算全电网的建设成本和运营成本，再来确定输配电成本，是不可能做好的。这是计划经济的老方法，永远解决不了电力市场的核心问题。只有依靠市场化方法获得输配电成本真实信号，并且能不断促进输配电技术水平和输电能力的提升，只有降低输配电成本，才能解决输电价格高企的问题。

输电网垄断不仅造成价格高企、成本不易下降，在服务能力创新不足、服务质量提升缓慢、用户价值的企业精神难以建立等方面，也有较大的问题。

在现有技术条件下，输电网并不是天然的自然垄断者，其在国际市场上如欧洲电力的市场化程度已经很高。输电网是自然垄断，只是在中国的历史条件下，和电力市场变革顶层设计能力不足情况下的认知问题。

为应对气候问题，中国向国际社会提出了全球能源互联网的概念和技术方案。如果不能在中国做出成功示范，其就没有说服力。

前些年中国输电改革的动作是分成国网和南网。按地域切开的这个输电改革的动作价值很小，对市场化变革的推进作用不大。

建设能源互联网，对标信息互联网：

输电改革应充分利用互联网思维、数字化思维进行全新的顶层设计。

假设中国国家级输电网建设规划为9纵9横（见图10-7），中国应成立三家平行的全国性输电公司，级别、地位平等（类似移动、联通、电信），将中国5万亿元输电网资产按3纵3横、平行间隔分配至三家输电公司，9纵9横的全国输电网，以能源互联网模式和技术标准建设改造现有电网，为中国建设全球能源互联网打样。

所有的电网网络节点按照统一的能源互联网技术标准，实现即插即拔、即插即用。这样的输电网络，保证了几乎每个网格区域都能通过任何一家用电单位向任何一个输电公司连接，即全国任何两点可以通过任意线路进行输电。任何两点依靠任意线路都能到达，将使输电市场彻底演变为类移动、通信充分竞争的市场。

例如，上海已确定采购内蒙古的新能源电力资源，电力输送方案由3家输电公司各自报价，也可以分段报价。最终方案可能是选择输电公司3承担线路1的输送，输电公司1承担线路2的输送，输电公司2承担线路3的输送（见图10-7）。在这种互联网化的输电网机制下，输电的垄断自然消失。

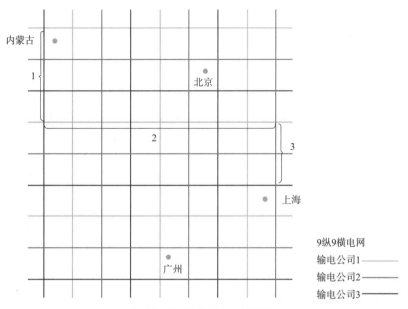

图 10-7　国家电网建设蓝图

国家电网：负责全国性省际电网建设，建成国家级能源互联网骨干网，建设和运营国内能源互联网。国家电网最重要的任务是尽快实现全球能源互联网中国示范，积极争取和抢占全球能源互联网市场。

城市配电网：隶属于地方政府，建设好城市骨干网，保障其与国家电网与城市局域网的良好联接。

城市配电局域网：增量输配电市场充分放开，投资主体不限，保障其自由接入城市网、国家网。

输电网收入模式：输电网彻底回归输电的商业本质。输电网收入模式彻底取消差价模式，转变成为过路费模式。收费计量单位为度电 × 公里。各家输电网的经营能力、管理水平，通过输电价格可以充分展现出来；一单跨区域的输电业务可由多家输电单位联合完成。

竞价输电：输配电价竞价产生，应彻底放弃核算成本定价的方案，放弃核算制。

一单输电业务，可由多个输电公司联合完成，按实际承担的任务来分配业务收入。

智能电网：建成智能电网，确保电网实现智能输配电，支持电力市场各种交易结果的交付。支持智能化和数字化结算各市场主体往来费用。通过智能电网技术，实现分布式能源（如风能、光能等）的协同运营和优化，将分布式能源与削峰填谷技术相结合，实现电力系统的削峰填谷。

电建市场开放：电建工程项目应竞价招标，不允许垄断。

输电网进化为能源互联网的优势：输电网进化为能源互联网，将会大幅扩展电力市场资源配置的范围与规模。资源有效配置能力大幅提升，负电价将大幅减少，会大幅减缓财政补贴压力。输配电市场将真正成为充分竞争性市场。其将大幅促进技术创新，服务能力提升，输配电价大幅降低，为经济增长作出更大贡献。

（6）配电。

配电市场尽可能市场化，可多元主体投资。实现配电市场与国家电网输电分离。

通过合规程序，自由方便无障碍接入国家骨干网。高效智能配电，智能化、数字化结算。

（7）售电。

原则：充分市场化，对民营开放；允许做市商、纯贸易公司、中大型用户进入市场；所有电力用户同价，整个售电领域充分市场化，所有售电公司在电力市场同一条起跑线自由竞争，需补贴的电力用户由财政单独发布政策；家庭用户不享受电价优惠，总费用分级消化，家庭账户电价分梯级，保障80%家庭用电成本不明显提高。

（8）家庭电账户机制方案和优势。

家庭电账户机制方案：

a）以家庭为单位、以人均用电标准核定电力阶梯价格。

b）以人均消耗量分多阶梯价格，人均消费量越高，价格越高，最高一阶的价格甚至可以达到数倍以上。

c）家庭账户下挂电表、挂人数，居民自己在国家级管理系统（App）中自由处理，随时调整，政府不干预。即居民可自由地将任何电表、任何人挂在某个家庭电账户下，本月调整，下月生效。居民也可自己自由申请开设家庭电账户，本月申请，下月生效。

d）政府家庭电账户管理系统有如下功能：

●一个人（一个身份证）只能进入一个家庭电账户。

●一个电表只能进入一个家庭电账户。不进入家庭电账户的电表不供电。一个电表对应一个电表编号，现在都是智能电表，这方面无技术难题。

●一开始，全国就建一个统一家庭电账户管理系统，一个家庭在不同城市、不同区有多个房子、多个电表都进行归集。注意不能再各省试点，各系统独立，系统数据很难打通。

家庭电账户机制优势：

a）国家管理成本很低，对政府能力要求低，全部由居民自己操作。平时按标准缴费，年初对上一年自行进行汇算清缴。

b）公平性极高，数据准确，标准统一。

c）政策累进性强，助力共同富裕，共建美好社会。

d）大幅减少财政补贴，很多财政补贴可直接取消。

e）资源最优配置。当前的电价水平下，很多高收入家庭根本无节电意识。

f）家庭账户机制优势极为明显，应该推广到家庭所得税、电、碳排放、燃气、水等公用事业收费项目。

10.4.5.5　问题与挑战

建成理想的基于能源互联网的全球新型电力系统，还会存在诸多技术挑战，但在全球协同努力下，完全有机会实现。

（1）能源互联网技术、智能电网技术挑战。

将输配电网建成比较理想的能源互联网，双向输送电，类似信息互联网，协议互联，即插即用式。

电网要更好地适应多类型新型电力及输电配电系统。

（2）电网对接电力市场技术。

为实现更加市场化的电力市场、更高效的电力交易系统、电网实时对接多层次多元多规则交易市场的能力，电网在硬件技术和数字化、信息化能力上还要大幅提升。最终要实现理想的市场系统，电网在软硬和软硬技术一体化方面还将会有大量研发工作。

（3）电老虎阻力。

在人类气候问题前面，在国际社会实现全球碳中和目标下，人为的改革阻力不应成为变革的最大障碍。只要国际社会和政府有强大的决心，学术界和政策制定部门有较强的公共政策、技术顶层设计能力，理论上克服利益集团的阻力并不是太大的难题。

10.4.5.6　展望

全球碳中和背景下，中国要实现"3060"目标，需要中国电力市场的强力支持。要充分调动各方动力，加速碳减排，加快化石能源取代。同时大幅减少负电价，提升电力投资收益。

只要中国政府下定决心，更好地设计顶层体系，中国电力市场的自然垄断便可以自然消失，可以成功建设更好的互联网模式电力市场，这也是中国推动全球能源互联网建设的必由之路。

10.4.6　国际电力交易市场顶层设计

建设国际社会的绿色能源蓝图，应实现以下几点愿景：一是全球绿色能源生产，全球电力实时最优配置调配。任何一地生产的零碳绿色能源可实时配送到达全球各地。二是跟信息互联网一样，国际电力交易市场有很强的系统韧性。某一范围的网络损坏，不影响整体网络输送电能，某一点的能源供应，都有几个方向的线路可以到达。三是任何一地生产的任一时段电力，供需双方都可现货交易。交易结果数据也可对接到智能电力调度系统完成输配。四是对每一时段的电力价格进行竞价交易，高效公平，完全市场机制，以实现资源最优配置。当然，居民生活基本保障用电量得到低价保障，通过一定机制保护定价、保护用量。

这样的愿景实现需要一个新型全球电力系统的支持，不仅需要一个强大技术支撑的硬件线路网络和智能电力调度系统，以及实时国际电力交易市场的系统来支撑，还需要非常完善的交易规则体系和完善的软件系统支撑，建立强大的国际法律体系、执行组织体系和业务执行体系，包括履约出现问题的处理方案，应急和补充方案。

10.4.6.1　国际电力交易市场主体的构建

国际电力交易市场主体的构建，以充分激发市场活力、公平竞争、有利用户、提升市场效率为目标，以市场机制为手段，确实尽量减少政府介入。各个主体的职能、职责进行明确界定。国际电力交易市场的主体主要有：

（1）发电、储电企业。符合资格的电力生产和储能单位，可以在市场售出电力产能。达到一定产能和标准的电力企业，并能提供实现基于"国际负碳"抵消的零碳电力，可申请获得交易主体资格。收入模式是售出电力，按度电价格获得收益。核心竞争力是综合成本、供电适应能力。

（2）售电企业。售电企业是从发电企业购买电力，售给终端用户用电的企业。售电企业制定用电计划，服务用电客户，为整个系统的削峰填谷起到重要作用。收入模式是通过电力差价获得收益。尽量低价购入电力，加价售给用户。售电企业不仅是市场化企业，承担市场资源优化配置的职能，还承担了保障民生的职能，因此售电企业主要还是国家控股的企业。

（3）输配电公司。输配电公司负责输送电力，根据用电需求（交易结果）智能配置电力输送。收入模式为电力过路费，不以电力差价为收益，与高速公路运营公司的收入模式类同，对各类发电企业进行无差别服务。为方便系统运营，应进行相对稳定的阶段性报价。

（4）电力用户。电力用户通过向售电公司或直接从发储电厂商购买电力获得用电使用权，交纳使用费用。

（5）交易中心。交易中心承担电力交易市场的交易撮合、交易结算、交易主体资格管理等职能，负责管理交易系统的运营。交易机构独立于政府、电网和其他电力市场主体，以保证各方履约。

（6）清算中心。清算中心是独立于各方的交易清算机构，得到交易和最终交付结果数据后，为各方完成资金结算，并保障资金到位。

（7）金融机构。金融机构支持配合交易中心、清算中心进行交易结算出清。

（8）决策与监管机构。决策与监管机构负责电力市场交易规则的制定，交易过程的监管和事项处理，负责审批相关重大事项，由政府相关部门来承担相关费用。

10.4.6.2　国际电力市场交易标的

国际电力市场以基于国际负碳的"零碳电力"为交易标的物。

零碳电力不仅包括没有碳含量的光电、风电等零碳新能源，也包括已实现碳排放责任抵消的煤电。抵消品是国际负碳，可以不是"真负碳"。国际负碳可从国际社会认可的国内或国际负碳碳市场中购得。"国际负碳"的阶段价格标准通过多边协调机制来确定。

随着市场的发展，国际电力市场会增加能源产品的交易品种和各种衍生品。

10.4.6.3　交易模式

国际电力交易市场是一种全球电力产品交易专业市场，为电力产品实现全球交易、全球交付而设计，完全基于市场机制。在数字化交易系统的支持下，在交易规则的法律约束下，市场交易系统按交易规则自动撮合交易各方报价，系统自动结算出清。

交易中心、国际监管机构监督管理交付，保障其可持续运营。使得各个国际电力市场交易结果，都能得到交付保障。

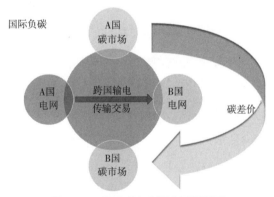

图 10-8　国家电力市场交易逻辑图

10.4.6.4　交易规则

交易机制。交易机制设计必须明确几条核心原则。一是价格优先，购电方价高者先得，售电方价低者先成交。二是时间优先。同价者，时间优先，先到先得。其他必须设定的交易可参照中国、欧盟市场的经验去建立。

价格机制。以零碳电力的报价为原则，以实现碳排放成本内部化的电价总成本为竞价依据，这样将各种电力的竞争放在同一起跑线上。让零碳绿色能力体现竞争优势，发挥传统煤电电力在供应保障方面的关键作用。

与国内电力市场不同，国际间电力交易不宜带碳票流转，而是以"国际负碳"进行抵消的"零碳"电价，这样可以提升交易效率。国内电力交易市场考虑到成本尽量不集中到前端，以减少对宏观经济的冲击，宜进行带碳票的总价竞价，交易交割是"现金 + 碳票"。

10.4.6.5　结算出清

电力交易与股市资本市场有相当大的区别，交易后有交易交割的事项，甚至存在交易不能交割的情况，需要设置多项机制进行处理。

一是需要设置保证金账户以保证履约。设定成交结算比例和交割结算比例，对不能交付的处理机制进行标准化设定，以利大规模交易；甚至要加入国家主权信用担保，以保证交易信用和可持续运营。

二是碳抵消（碳票）处理。国际电力交易标的是经过"国际负碳"抵消后的"纯零碳"电力，不牵涉碳票处理。

三是电网运输费用。购电方承担电网输电费用。交易系统中提供每个产品的终端总价，包括纯电力、碳抵消、电网输电和交易费等。这样的承担机制，对结算效率有益。

结算出清由交易中心在金融机构的配合下，进行全交易过程的结算出清，包括实物交割。这方面国际社会已经有了期货市场的足够经验，并不会有太多问题。

10.4.6.6　建立国际电力交易市场运营体系

实现上述国际电力市场交易能力，需要建立一系列交易的技术协议、规则、管理章程和法律条款等国际标准，是一个复杂的系统工程。同时要建立基于这些标准的运营体系、组织保障，以保障体系的可持续运营。

国际社会已经具备丰富的股票、期货、大宗物品等国际化交易体系建设的经验，国际电力交易市场的顶层方案设计好后，整体的体系设计和运营不会有太大难题。

10.4.7　国际电力交易系统与全球能源互联网的对接

国际电力交易系统应与全球能源互联网系统中的智能电网运营系统对接，及时将所有交易结果输入智能电网运营系统。

智能电网运营系统智能对接各供电组织和全球能源互联网，安排输送电力资源，将电力市场所有交易结果完成输配。

全球能源互联网、智能电网系统如何管治，权力机构的设置和权力分配归属需要制定一整套体系，保证公平和安全的运营，并受到国际法的制约和保障。

10.4.8　全球绿色能源供应体系价值分析

全球绿色能源供应体系是全球碳中和解决方案两大关键体系之一。绿色能源的全球大市场将为国际社会带来非常重要的价值。

（1）全球发展摆脱能源约束，能源生产清洁永续。清洁能源实现即用即取即产。能源生产实现升级，加快零碳绿色能源进一步取代化石能源。全球能源的供给能力大幅提升，落后地区的能源短缺将减少。

（2）打破时空界限，在全球范围内进行电力能源的优化配置。克服风电、光电等新能源出电的随机性和波动性。大幅减少储能投资和碳排放，降低全球能源使用成本。

（3）市场的扩大增强了能源产业的正向激励，加快了新能源产能的提升。市场的扩大，让零碳绿色能源消纳能力大幅增强，新能源投资得到更好的回报，大大缓解了全球碳中和进程的转型资金短缺问题，加快了化石能源替代。

（4）减少了大量绿色能源储能设施的投资。当前的储能投资规模耗资巨大。全球绿色能源供应体系的建立，进一步降低了绿色能源度电成本，提升了其竞争力。

（5）清洁能源充足供应助力世界经济发展。世界各国缺电地区，将得到更好的电力供应，助力缺电地区和发展中国家的经济发展，提升社会福利；大幅降低电价，降低电力用户的电费支出。

10.5　历史碳排放存量处理方案

国际社会实现全球碳中和、最终解决气候问题，应该话说两边、路分两条。即一是优先加快当前的碳减排，加快零碳绿色能源替代，遏制快速增长的排放量，尽快实现全球碳达峰，快速向全球碳中和进展。二是进行全球协调、一致行动，解决历史排放的责任和当前发展中国家所需要的巨额绿色转型资金支持。

这两个方向是并行的，互相之间并不冲突，也是人类能自救的基础。即使历史问题争论不休，政府也不应该停止加速碳减排，目前确实也在如此推进，但在自愿的基础上，行动力度完全可以更大。这需要有更好的碳减排理论指引和方案设计，让各国看到好处和真实的代价。当前大多数国家被代价吓到了，看到的好处却不够，导致国际社会更多的精力还放在配额的讨价还价和如何搭便车上。

10.5.1　碳减排对一个国家的宏观经济可以是正效应的

在整个气候问题过程中，一些权威机构不太正确的分析结论起到了吓阻作用，包括类似IMF的组织。国际货币基金组织（IMF）总裁格奥尔基耶娃（Kristalina Georgieva）在

COP27会议期间表示，为了实现到2030年前的减碳目标，届时全球的平均碳价需要达到75美元/吨。"除非我们以可预测的方式对碳定价，在2030年至少让碳价达到75美元/吨的平均价格，否则我们根本不会为企业和消费者创造转变的动力。"格奥尔基耶娃称。现在全球的碳价大概是5美元/吨，离这个目标还有相当的距离；主要是因为，各国担心单方面大幅提高碳价会影响自己的产业竞争力，以及其他国家政策存在的不确定性，因此，导致各国单方面大幅提高碳价的积极性并不高。

值得注意的是，所谓的碳价应该是分配到实际排放的每一吨碳中。而当前的碳价，仅是免费配额外参与交易的碳价。如当前中国碳价是56元/吨，2022年进入市场交易的排放量仅为总排放量的0.4%，测算下来，中国当前的实际碳价仅为0.23元/吨左右。

IMF的估计偏高太多，完全误导了国际社会对碳减排成本的概念，导致各国行动缓慢，负面效应很大。这是在不正确的理论下推演的一个结果。

在CELM理论下的国际社会碳减排顶层设计，碳减排单位成本可以以数量级下降，碳减排速度可以以两个数量级加速。且对一个国家的宏观经济而言，碳减排可以实现正效应。这样各个国家对碳减排的态度将发生巨大的变化。

10.5.2　存量处理建议方案

对历史存量可以定一个较低的基础性碳价，该碳价满足最低的全球社会绿色转型投资需求，特别是发展中国家的转型所需。按该碳价测算每个国家的责任费用，这样每个国家都有一个责任费用数额。

同时拟定国际社会绿色转型的投入方案并落实到各国，政府之间需要找到一个科学合理、相对公正的分配原则。款项落实到各国后，该国的分配额和责任费用差额就是该国的净责任费用。获得正值的国家，可以得到资金资助，负值的国家应该向国际社会提供相应额度的资金。

基于CELM的全球碳中和解决方案，为解决碳排放历史存量带来了福音。解决了投资资金来源和收益问题，出资国家有很大机会获得良好的正收益，这样各国和各利益集团的协调将容易很多。刚过去的COP27会议讨论了近20年的出资问题并获得一个并没有实际结果的协议尚且如此艰难，要解决所有国际社会绿色转型所需投资的难度可想而知，甚至可以下结论——完全没有机会。而CELM理论及其解决方案可以彻底解决这一难题。

10.6　发展中国家绿色转型的资金问题

当前受气候问题伤害最大的是发展中国家，实现绿色转型资金缺口最大的也是发展中国家。发展中国家绿色转型的资金问题，一直是国际社会推进全球碳中和的最大挑战之一。这成为近几届 COP 会议越来越重要的主题，占据了过多关注和资源，但确实是一个亟待解决的难题。

一旦基于 CELM 的全球碳中和解决方案推开，当前发展中国家巨额的绿色转型资金缺口将从两个方面得到很大的缓解。一是实现绿色转型的代价成本大幅减少。过去发展中国家的绿色转型被吓阻，没有低成本方案，所以举步维艰。当前 CELM 的解决方案将成本降低至两个数量级，困难大为减弱。二是将大幅提升绿色投资的收益。绿色投资如若没有收益，或只有低收益，资金的获取将十分困难。绿色投资如果具有高收益，发展中国家的绿色转型资金来源将会很充沛。基于 CELM 的全球碳中和解决方案将碳减排成本内部化，低碳能源和低碳产品竞争力大幅提升，投资自然增加。同时基于 CELM 的负碳碳市场使低碳能源和产品变现更加直接和实时，资本将不再是问题和困难，反而将成为投资热点。

10.7　基于 CELM 的全球碳中和解决方案的效应分析

基于 CELM 的全球碳中和解决方案为人类高效低代价实现全球碳中和、彻底解决气候问题指明了前进方向，让国际社会徘徊了 30 多年的全球碳中和之路变得顺畅起来。国际社会实现基于 CELM 的全球碳中和解决方案，将获得多方位的正面社会效应。

（1）为国际社会彻底解决气候问题提供高效路径和可行性。过去各种方案面临的利益冲突、协调困难、成本高昂、碳减速度慢和缺乏资金等障碍都将迎刃而解，CELM 体系成为高效可行的第三条全球碳中和路径。

（2）大大加快全球碳中和进程。尽早部署实施基于 CELM 的全球碳中和解决方案，加速全社会碳减排进度，加快化石能源取代，IPCC 提出的 21 世纪内升温控制在 1.5℃ 以内的最高目标完全可以实现，国际社会将不用像当前这样绝望。

（3）碳减排对全球宏观经济正面效应增强，大幅减少负面效应，大幅减少碳减排成本。从执行情况来看，当前碳减排机制对宏观经济冲击巨大。各权威机构的测算结果也都非常吓人，令人绝望。但不需要如此悲观，我们找到了正确的理论和解决方案。

（4）将创造大量新产业、就业机会。宏观经济效应正向的绿色经济转型将带来大量的投资和就业机会，促进经济高质量发展。

（5）可以解决国际碳关税难题。可以有效地解决类似 CBAM 引起的国际贸易争端。

（6）可以解决国际社会绿色转型所需要的资金，特别是发展中国家绿色转型所需要的资金。CELM 负碳碳市场、国际碳市场和国际电力交易等金融工具可以为政府开辟资金渠道，获得巨额的绿色转型资金。

（7）将大幅改善碳减排国家间的公平性。CELM方案可以回避国家间的碳排放权分配，增加绿色转型投资的收益，碳减排公平性问题被淡化。

（8）将大幅改善国际安全和关系。气候问题是近30年来国际社会最大的博弈项目，至今还陷在零和游戏或负和游戏的泥潭之中。一旦CELM方案被国际社会认可和执行，将很快能形成全球合作。其体系的形成将让国际社会认知到合作多赢的结果，减少分裂和战争的威胁。

不仅如此，CELM理论及其全球碳中和解决方案的成功实施，其思想和方法论，将为诸多全球性公共物品问题提供解决思路。

10.8　当前国际社会重要工作

随着CELM理论及其全球碳中和解决方案的问世，全球碳中和、彻底解决气候问题的宏伟蓝图已经呈现在我们眼前，现在最重要的是国际社会采取行动。以下重要工作我们需要加快推进。

（1）国际社会全面理解、完善、统一和推广CELM理论及其全球碳中和解决方案，并就积极行动达成共识。这是迄今为止我们能够找到的最优、最具可行性的全球碳中和路径，为彻底解决全球气候问题提供了坚实的理论基础。

国际社会应加快组织各种类型的CELM理论及其全球碳中和解决方案的国际研讨会，学习、理解和完善CELM理论，统一对全球气候问题和碳中和路径的认知。

（2）建立高效的全球行动组织。当前全球碳中和进展缓慢，应该建立一个高效率的全球行动组织，对全球碳中和进程进行统筹，加快找到正确路径，并采取有效行动。

当前在气候问题上最有影响力的国际组织包括IPCC和联合国气候变化大会。

联合国政府间气候变化专门委员会IPCC是世界气象组织（WMO）及联合国环境规划署（UNEP）于1988年联合建立的政府间机构，2007年，该机构与美国前副总统艾伯特·戈尔分享了诺贝尔和平奖。其主要任务是对气候变化科学知识的现状，气候变化对社会、经济的潜在影响以及如何适应和减缓气候变化的可能对策进行评估。

IPCC仅是一个研究评估机构，没有法律上的行动权力。其发布的6次综合评估报告影响深远，但还没有行动能力。

另外一个影响最大的组织是联合国气候变化大会，也称COP会议。COP的全称为"Conference of the Parties"（缔约方大会），旨在每年召集《联合国气候变化框架公约》的缔约方国家，讨论如何共同应对气候变化问题。这个会议组织，是世界各国谈判和利益争斗的场所，至今已举办27届，但碳中和推进的成果并不理想。

历经多轮谈判，推迟了 2 天才结束的 COP27 会议，闭幕时宣布了"沙姆沙伊赫实施计划"。协议就损失与损害资金做出框架安排，虽然建立损失与损害基金，但资金的来源尚无从落实。

尽快解决当前国际社会缺乏气候问题强力组织的困境，才能真正启动解决全球气候问题的实质性行动。这个组织要从法律上解决授权问题，建立决策机制，由常设工作委员会来保障各事项快速有序推进。

当然，一些专业委员会已在开展工作，如中国发起的世界能源互联网组织，技术工作已做了不少，但因缺少法律授权和行政权力，其作用远没有发挥出来。

应该建立一些专业委员会，如减排机制委员会、减排机制标准委员会、能源互联网专业委员会、碳关税专业委员会、减排技术委员会和宣传与教育委员会等，分别具有不同职能，用以推进重要的实际工作。

（3）尽早完成基于 CELM 的全球碳中和解决方案的顶层设计。对于我们面对什么样的问题，基于什么样的理论，建立什么样的原则，沿着什么样的道路前进，建立什么样的全球碳中和新国际社会秩序，CELM 理论及其方案都已提供了详细的战略蓝图。国际社会授权组织应牵头尽快完成全球碳中和路径的施工图设计，以支撑其落地实施。

（4）加快建立和运营基于 CELM 理论的"1+1"全球碳减排体系。包括推动各国建立基于 CELM 的碳票管理系统和基于 CELM 的负碳碳市场，高效运营各国碳减排体系。逐步实现 CTMS 系统的全球互联，建成国际负碳碳市场，最终建成全球化的碳减排体系。

（5）加快建设"1+1"全球绿色能源供应体系。包括建立全球能源互联网和国际电力交易市场。加快零碳绿色能源供应能力，加快化石能源替代。为全球所有地区的发展提供充沛的零碳绿色能源，为全球经济发展提供强劲的动力。

（6）建立国际负碳价格协调机制，减少碳减排对国际贸易的负面影响，增强正面动力。在加速碳减排的前提下，通过多边国际负碳价格协调机制，使国际贸易能顺畅进行，并提升整体质量和全球福利。

（7）不断升级和优化基于 CELM 的全球碳中和解决方案，尽早实现全球碳中和，彻底解决气候问题，发展全球经济。基于 CELM 的全球碳中和解决方案有许多需要深入探究的地方，优化和改进的空间还很大，在实施过程中可以不断进行升级，以达到更好的全球宏观效应。

10.9　对全球碳中和发展趋势的展望

2023 年中国春节，电影《流浪地球 2》上演，再次引起现象级轰动。电影呈现了在重大的地球灾难前，人类社会世界各国如何协同应对。不同派系、不同利益集团、不同价值观社群，进行了激烈的争斗，几乎毁掉生存的机会，但最后形成统一行动，为人类争得进一步生存的机会。

吴京所饰演的主角有一句经典台词是，"我们能活下来吗"。

其实地球当前最大的危机不会是太阳危机，人类当前刻不容缓的最大危机是气候灾难问题。

30余年的气候问题国际协调史比电影情景更为悲壮。每年一届约5万人参与的联合国气候大会，取得的成果非常有限。前进方向不明，责任难以达成共识，缺少一致的行动。

正如片中UEG（地球联合政府）中国最高代表周喆直感叹的"人类把最复杂精密的技术用在了互相残杀的武器上"，这不得不说是人类的一个极大的悲哀。

但人类也有另外一面，中国最高代表周喆直的"危难面前，唯有责任"的声音铿锵有力，鼓舞和影响了所有人。"唯有"，是因为没有其他选择，我们能选择的，只有全力以赴解决危难，撑起责任，为人类命运的延续而战。有人站出来了，后面就会有更多的人站出来。

当前，人类社会的绿色能源、能源互联网、CCUS、机器人和智能化技术都取得了突飞猛进的发展。从技术层面讲，人类社会解决气候问题的机会非常大，困难在于如何形成国际社会的共识并团结一致，如何设计顶层社会管治运营机制，社会学、经济学研究都在此大有用武之地。

CELM理论的问世，让国际社会清晰地看到了人类解决气候问题的路径，需要一些有责任和担当的群体，不断地推动国际社会去获得认知、共同行动。

我们有理由相信人类最终解决气候问题的前景是光明的，至少已达到了理论可行。国际社会通过努力付诸行动，完全可以按时实现全球碳中和，彻底解决人类气候问题的挑战，并为人类获得应对全球共同难题带来宝贵的经验。

第 11 章

CELM 体系实施的宏观效应：以中国为例

和全球其他重要经济体一样，中国提出了雄心勃勃的双碳战略目标，但中国双碳战略的雄心并非只为实现碳中和。中国双碳战略的本质是推动中国完成三个方面的转变，包括经济增长方式、社会生活方式和能源供应体系，这事关民族复兴。中国政府提出，实现碳达峰、碳中和，有四个关系必须处理好：国际和国内的关系、发展和减排的关系、转型和安全的关系、短期和长期的关系。这对碳中和目标的顶层设计提出了极大挑战。政策工具的设计对宏观经济、消费升级、发展速度、外贸进出口、区域经济转型等各方面的综合影响都需要有一定把握，慢不得，也急不得。这需要中国政府和学术界研究清楚碳中和的底层逻辑，在顶层设计上具有智慧。

CELM 体系启动运营后，对上述各方面的影响必须进行深入的分析研究。有理由寄望 CELM 体系不仅可以推进中国碳中和目标的实现，还将在宏观经济体系各个方面发挥重要的正向作用，对中国经济转型、绿色金融市场发展、国际贸易和民生都将产生深远影响。

11.1 对政府控碳政策的影响

一直以来，政府管理部门碳减排政策的顶层设计理论支持不足，顶层设计缓慢且效率不高。中央提出，推进碳达峰、碳中和，要坚持先立后破。这个指导思想非常正确，碳中和不能成为宏观经济不能承受之重。同时，中央也明确指出，碳中和慢不得，也急不得。因此，困局明显在于如何尽快立起来，尽快找到最公平高效的碳中和路径。20 多年的碳减排理论和实践探索的进展显然过于缓慢，而 CELM 理论与方案的提出，极大改变了这一被动局面。

11.1.1 政府碳排放政策工具设计有了更好的学术理论支撑

目前一些政策工具方案，如在供给端给传统化石能源加税，减少供给，给绿色能源补贴和减税，增加可再生能源供给，在消费端给能源消费大户进行碳排量配额，进行排量控制。这些政策在制定和执行的过程中存在较多问题，缺少数据支撑，决策随意性较大，企业之间难以公平配给，市场对政府的寻租行为难以避免，地区之间、消费者之间的公平性难以保障。

基于CELM理论，碳排放公共物品的本质原理、运营机理已很清晰，是近些年气候变化经济学最重大的突破。政府选择政策工具和顶层设计，有了完善的经济学基础理论的支撑，降低了政策制定难度。如何核查碳数据、如何设计碳市场，从理论到方法论，都有了更清晰的方向路径。

11.1.2　简化优化政府控碳政策，提升政府效率

CELM体系可以为政府提供强大的决策能力和行政管控手段。利用CELM理论与方案优势，政府可以不再依赖碳税、补贴和配额制度等低效工具，而采用市场化机制设计出效率更高、公平性更好、监管成本更低的政策工具。

当前碳排放权配额机制与CCER、绿电、绿证、碳普惠、财政补贴并存，操作非常复杂，重叠和冲突严重，公平性欠缺，且执行成本高昂。基于CELM体系，当前很多重叠、冲突和低效碳减排机制可以被全面清理。基于CELM体系，碳排放成本内部化做好后，这些机制都没有存在的必要了。政府的碳减排政策体系可以被大幅简化和优化。

11.1.3　大幅降低政府监管和全社会执行的成本

目前碳交易市场监测、报告与核证（MRV）机制是碳交易机制的重要组成部分。例如，北京碳交易市场的监管工作由北京市发改委负责，政府部门完成对碳交易机制的设计和监管。根据监测、报告与核证机制的要求，主管部门对控排企业提交的排放报告采取针对性的核查。上海碳交易市场设置了第四方核查机构。控排企业提交的年度排放报告，需经第三方机构进行核查；在第三方核查后，由第四方对第三方核查报告进行抽查，从而在最大限度上保证排放和核查报告数据的真实性。实际情况是，近年的碳核查数据的质量问题依然很严重。

很显然，这些核查监管机制的成本、效率和公平性还存在较大不足。

CELM体系能保障政府以极低的成本获得极为可信的全社会全物品实时、准确、完整的碳足迹数据库，可以大幅降低企业成本。

11.2　对宏观经济的影响

在整个碳减排政策设计进程中，国际社会最大的压力在于，碳排放的外部成本通过碳税或碳排放权交易费用加入能源总价对宏观经济带来很大的通胀，从而影响整体经济发展

和民生福祉。

基于 CELM 方案全面的分析判断，碳减排对宏观经济的影响非常乐观。政策设计如果得当，碳减排对宏观经济的正面效应会更大。当前的政策机制问题在于，所有碳成本都在产业链前端，且整个碳减排压力加在整个宏观经济全部产业链环节中边际成本最高的一环，这对经济增长极具破坏性。前端企业如电力能源企业压力太大将会影响电力供给侧，限制电力生产和能源供给，对整个产业链正常生产造成很负面的影响。同时碳价上不去，全社会碳减排也下不来。后端消费碳成本压力传导不够，消费端没有感知，起不到消费倒逼驱动减排的作用。这种情况导致碳减排政策一直无法全面铺开，延误时机。

11.2.1　对宏观经济负担的分析

2022 年，中国 GDP 总量为 121 万亿元，碳排放量为 121 亿吨。如果对所有的碳排放量按 50 元/吨加征碳费，国家将向企业和消费者收取总碳费约 6050 亿元，占当年 GDP 的 0.5%。这个 GDP 占比很小，不会引起大的通胀压力，远远低于近年各国政府因疫情印钞放水所带来的通胀水平。再配合较好的舆论引导，民众不会有太大感觉。

2022 年通过碳排放权交易市场成交的碳排放量只有 1.79 亿吨，碳费总额不到 80 亿元，交易碳排放量和碳费总额都太小，对碳减排作用极小。

假设到 2030 年左右，即使中国碳价提高到当前欧盟的碳价水平 80 欧元/吨，约合 600 元/吨；中国 GDP 总量按年均增长 4%，2030 年达到 165 万亿元（按 2022 年价格）；碳排放强度按碳达峰目标比 2005 年下降 65%，预计 2030 年总碳费约 7.7 万亿元，占 GDP 比重 4.6%，引起的通胀水平整体可控。

这是因为国家收到巨额碳费用，在整个国民经济中不全是成本，而是一次福利的重新分配。国家将碳费用于采购碳汇企业"真负碳"产品，投资绿色能源项目和碳减排技术产业等，这些都将创造大量就业机会并提高居民收入。这与所谓的环境税双重红利概念是相同的。

当前的困境是，中国宏观经济体量如此之大，一年仅仅几十亿元的碳费，只影响了较小的碳减排量，但经济运行已受到影响，各级政府忙着分配碳排放权、用能权，干扰了正常生产。

CELM 体系的巨大优势，将这一难题解决于无形。CELM 体系减少对宏观经济负面影响的原理在于：

一是将碳排放成本或责任均摊至整个产业链，而非产业链的某一环。即碳排放成本不是加到产业链的前端，也不是全部加到消费者端。碳排放代价只加在整体产业链中某一环，必然破坏整体产业链，极易造成对宏观经济的破坏。CELM 体系是将碳费用均匀地分布到了整个产业链，由碳排放强度超过行业平均水平的组织和消费者一起承担，这样做对宏观经济的冲击影响会很小。

二是将碳减排市场资源配置极致优化。与当前主流的碳排放权配额机制不同，CELM体系不会对整体产业链的某个重要环节造成重击，而是在以下三方面，实现市场资源的最优配置：

（1）宏观经济整体产业链的每一环节都会实现优胜劣汰、高质量发展。CELM体系让产业链每一个环节的低碳优质企业获得碳减排收益、降低成本，从而赢得更多市场份额，提升其规模和利润，极大地助力每个产业的高质量发展。而每个产业中的高碳劣质企业会被淘汰出局，这对提升宏观经济质量极为有利。

（2）将资源配置优化范围自动缩小到最小产品单元。CELM体系下，碳减排的细度不仅仅到某类产品，而是细分到某类产品针对某个用户群体的某个品种。这样，在市场最小竞争单元里，不同厂商基于生产和碳排放的总成本优势，劣质高碳产能将逐步被淘汰。有竞争优势的企业反而获得低碳奖励，降低了总体成本，有利提升全社会的高质量发展。

（3）将资源配置优化范围扩大到全球。国内产业链某个环节的生产成本加上碳排放成本后过高，则会被进口产品替代，将产能转移到国外，也将碳排放转移到国外。这些资源配置优化的结果，将提升宏观经济每个节点的质量，助力宏观经济高质量发展。

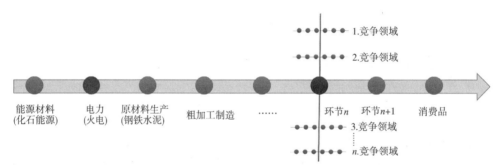

图11-1　CELM体系与碳排放权配额机制对产业链影响的差异

三是减少消费者增加碳排成本对宏观的影响。CELM体系下，政府通过负碳碳市场收到了一定碳费，消费者增加了支出。为避免消费者收入减少效应，从而影响消费，政府可以利用收到的碳费，进行各种途径的消费者补贴。如与个调税政策进行统筹组合，提高个调税起征点，都是非常好的政策协同。通过家庭碳账户机制，改进政策的累进性，对低收入群体的收入影响可以很小。

11.2.2　对投资的影响

碳减排政策工具对投资的影响，是对宏观经济影响非常重要的方面。

若采用碳税的政策工具，据测算，碳税税率为200元/吨时，各部门的投资下降较多。建筑业部门的投资变化率为-5.64%，金属矿采部门的投资变化率为-4.94%，化学产品部门的投资变化率为−3.17%，并且随着碳税率的提升，与投资变化率呈现负线性相关的关系。

这意味着碳税政策工具对投资的负面影响非常直接，如果采用基于 CELM 的方案，其影响将会温和很多。

一是因为 CELM 体系下，前端这些重工业投资部门并不直接支付碳费，只要能开出碳票销项就可以。把碳费成本考虑在内，没有竞争优势的生产和流通组织，通过优胜劣汰被淘汰出去。有竞争优势的企业反而获得低碳奖励，降低了成本。

二是基于 CELM 体系，政府出售欠负碳收到的碳费大量用作绿色和经济转型投资，直接增加了一块巨大的投资增量。据测算，后续 30 多年，中国碳中和投资将达到 200 万亿元，这是一个天量数字。

当然，后续需要做些细化的基于 CELM 的投入产出数学模型计算，进行量化分析，以做出更准确的预测。

11.2.3　对 GDP 影响

采用碳税的政策工具，当碳税定为 200 元/吨时，中国 GDP 下降将超过 2%。

基于 CELM 体系，因为对产业前端影响一开始很小，企业只要能开出碳票销项就可以，没有增加任何成本，所以前端核心企业基本无压力。另外，政府收到的碳费，实际支出成本并不大，而是可以用于经济改善，技术进步，投资碳减排相关领域项目，创造了新的 GDP 和居民收入，因此对终端消费影响也有限。

因此基于 CELM 的体系，对 GDP 的负面影响不大，正面影响更大些。

11.2.4　CELM 体系对宏观经济还有多个正面的影响

驱动经济转型，提升经济质量。CELM 体系对技术差、碳排放大的企业压力大，对技术领先碳排放小的企业不仅不增加成本，反而增加了直接激励。良币驱逐劣币的市场环境会自动形成，对经济质量的提升大有益处。

提升负碳产业的国际出口收入。碳中和带动很多新产业，可以增加国际出口新产品——负碳，带动绿色金融的发展。

带动投资。中国绿色转型近百万亿元的投资对经济增长是个巨大带动。

11.3　对能源政策的影响

碳中和进程中，能源结构的调整，即绿色再生能源（风光生新能源）对化石能源的替代是决定性的。这一进程的节奏把控，对制定政策的考验非常大，技术、经济的可行性十分复杂，还要做好短期和长期的平衡、老项目投资（化石能源）与新项目投资（绿色能源）的平衡、经济增长与碳中和进程的平衡。中国许多煤电厂的投资回收还需要较长时期，政府需要考虑原投资者的利益和经济增长的影响。这些问题导致碳税、碳排权碳市场这样的政策工具很难应用，定价一高就会伤害宏观经济，让政府很为难。

当前中国的能源政策顶层设计面临诸多难题。碳排放权、用能权、新能源补贴、煤价放开、电价控制等众多政策交织在一起，重叠很多，空白点也很多，整体效率低下，对宏观经济冲击巨大。现在到了应彻底厘清的时点。

11.3.1　建立碳减排新认知

煤电行业是中国碳减排的大头吗？

抓好煤电行业碳减排，能加速中国碳中和吗？

中国的碳减排顶层政策设计应学习西方吗？

基于CELM理论推演，上述问题的答案都是否定的！

根据中电联的数据，2019年我国CO_2排放总量约为102亿吨，其中火力（主要是煤电）发电CO_2排放总量约42亿吨，占全社会碳排放总量的41%，是碳排放大户。很多双碳领域专家和领导认为，只要抓好了煤电企业的碳减排，就抓住了整个碳减排大头，就能加快整个国家碳中和进程。所以通过煤电企业的碳排放权配额抓煤电企业的碳减排，就基本控制了碳排放总量。因此，现在全国碳交易市场直接就叫作碳排放权交易市场。2021年开始启动的全国碳市场，首批纳入全国碳排放配额管理的是发电行业，包括2225家发电企业和自备电厂，其CO_2排放总量约为40亿吨/年，占我国全年碳排放量的比重接近40%。目前我国发电结构中，火电占据绝对比重，装机容量占比超55%，年发电量占比超75%。这些煤电企业将成为参与全国碳市场交易的主体，它们当中90%以上是首次参与碳市场，此前参与区域试点碳市场的发电企业共有186家。

上述观点完全没有理解和抓住全社会碳排放的本质。

这种简单思维，曲解了全社会碳排放的运行规律和影响机理，只看到问题的表面。可悲的是，我们的碳减排顶层设计，就是按这种错误思维运行了20多年。碳市场运营了10年，总交易量还不到200亿元。有的交易日甚至只有两三千元交易额，预计无法覆盖交易所当天的电费和碳排放成本。很难想象这样的碳市场能为国家碳中和目标发挥多少作用。

煤电企业却已被搞得苦不堪言。近几年，因为电煤价格上涨导致全国煤电企业普遍亏损。在全国控碳减排的背景下，煤电企业的产能被碳配额限制，成本又增加了很多，使得全国亏损的煤电企业更是雪上加霜。有一些企业为了生存，甚至在碳排放量数据上造假。

更混乱的情况是，有的省为了控制碳排放量，必须限制发电厂发电量和积极性，只得对生产企业拉闸限电。这是对宏观经济的极大破坏。

碳减排行政手段对整个市场正常运营造成了极大的冲击。因为既没有好的顶层设计理论和思想做指导，具体的政策设计又不接地气，所以实施效率低下，对煤电企业也不公平。煤电企业毕竟还是当前经济增长能源动力最主要的提供者，当前的碳减排顶层机制极大地破坏了宏观经济的正常运行。

这种现象已持续多年，需要尽快调整。当然，前提是厘清碳排放问题的本质。

11.3.2　抓煤电碳减排，并非抓大放小

事实上，"管好煤电企业碳减排，就管住全国碳减排大头"是个错误认知，是人们对产业机理碳减排内在逻辑的错误认知造成的。

11.3.2.1　问题拆解

首先，我们对碳排放问题做一下粗略拆解：煤电行业的碳排放量确实占到了全社会的41%。但煤电生产的产品是电力，是供应全社会用电需求的。因此，煤电企业自身减排努力预计对本行业碳排放的影响仅有约20%的权重（此数据并未专门研究，应该是高估的），这样两个层级综合影响评估下来，煤电行业自身对本行业碳排放问题产生的碳减排影响的权重约为8%（41%×20%）。因此，即使抓好煤电行业的碳减排效果，也不可能超过社会碳减排需求的8%。而92%的全社会碳减排空间，至今没有好的方法来推进实现，非常可惜。

从另一个角度拆解分析可以让我们理解得更清晰。煤电行业总碳排放量Q与几大要素的关系式是：

$$Q=煤电发电量 \times 煤电行业碳排强度$$

或

$$Q=全国用电需求总量 \times 煤电发电占比 \times 煤电度电煤耗 \times 单位煤炭碳排放$$

其中，全国用电需求总量，是由国家经济增长需求决定的。如果全行业单位能效不提升，经济要增长，必然增加用电需求量。

煤电发电占比是由当下煤电、光电、风电之间的电力输送能力和电网技术条件决定的，当前光电、风电的输送能力受限很大，随机性、间歇性导致两者输电能力爬坡是一个较长期的过程。当前煤电供给电力占比达到60%，煤电是整个电网的供电主角，在较长时期内难以快速改变。

中国煤电度电煤耗不断下降，2021年为305g，优于美德，仅次于日本，提升空间已较小，边际成本高昂。

单位煤炭碳排放主要决定于化学反应式，1吨标准煤在空气中燃烧，等效于0.67吨碳（C）燃烧，排放2.46吨CO_2，这个反应式不是任何企业技术或行业技术可以改变的。

现在我们必须认识到：煤电行业的碳排放量是由全行业的用电需求和化学反应式决定的，不是煤电行业碳减排技术和当下碳减排政策机制所能改变的。可悲的是20多年来，学术界和决策层未能认识到这一点。

因此，当前抓煤电行业碳减排，并没有抓住重点，反而是在抓投入产出最低的环节。

事实也是如此，据对煤电企业的调查，通过这些年的技术改造，中国煤电企业的度电能耗已达到国际先进水平，煤电企业后续自身碳减排潜力和空间并不大。特别是这些年煤电行业碳减排工作持续推进和技术改造不断升级，煤电行业的碳减排边际成本持续升高，所以加压煤电行业的碳减排的边际效益会越来越低。而碳排放成本的增加和碳排放管理成本的增加，已让煤电企业苦不堪言，反过来对宏观经济造成较大负面影响。

11.3.2.2　煤电行业碳减排难题与挑战

（1）发电企业开展碳交易面临的困难。

发电企业面临保增长和碳减排的双重压力，难以同时承受。

保增长电力需求持续增加。近10多年，我国GDP年均增长率为6%左右，全社会用电量年均增长率亦达5.7%。虽然经济发展进入新常态，用电增速大幅回落，用电结构进一步优化，用电格局进一步调整，但未来一段时期内，随着我国经济的持续增长，我国发电行业需要加快发展以满足快速增长的电力需求，火电在较长时期内还是我国供电的核心力量。

（2）发电行业碳减排潜力深度挖掘面临较大难度。

发电行业在改革开放以来的几十年中，尤其是近10多年，在发电效率和新能源等技术碳减排方面均取得了显著成效。

根据《中国电力行业年度发展报告（2022）》，2021年全国火电单位发电量CO_2排放约828克/千瓦时，比2005年下降21%。要进一步发掘发电行业碳减排的技术潜力日益困难，通过强制性制定技术标准持续推进深度减碳已经难以为继。目前我国对发电行业减排已有较为严格的标准和要求，煤电机组供电煤耗和电网线损水平达到或接近国际先进水平，节能减排空间逐步缩小，发展清洁能源及低碳技术是必然选择，但是碳减排技术发展尚不稳定，缺乏核心技术且成本过高，使得短期内还无法完全依靠低碳技术解决减排问题。因此，必须充分考虑我国电力工业的减排潜力，设置合理的总量控制目标。

（3）电力行业碳减排现状及难点。

发电企业短期内发电成本加快上升。加入全国碳市场后，短期内可能使发电企业的发电成本呈现上升趋势。由于电力需求的增加必然会导致更多的CO_2排放，而发电企业为了履行政府下达的碳排放配额指标，同时保证电力供应，需要通过采取电厂技术升级改造、清洁能源发电技术、碳捕集技术或者通过碳交易实现减排目标，这无疑都会增加发电企业的运行成本。

据测算，在煤电企业购买配额占总碳排量 3%、碳价 50 元/吨时，煤电企业利润减少2.8%。这是对煤电企业相当大的经营冲击，并且对碳减排没有明显作用。如果煤电企业需要购买的碳排放量占比提高，则后果不堪设想。若干年内，煤电电力仍是支撑中国宏观经济的基石。

发电企业特别是火电企业目前已经处在高负债和亏损的困境中，成本的增加无疑将加重其生产负担，随着碳配额价格的波动，配额分配趋紧以及有偿配额的比例增大，发电企业的经营压力将逐步增大。对于发电企业而言，碳排放成本将逐渐成为其生产成本中的重要组成部分。由于目前电力行业的市场化程度较低，发电企业的成本并不能顺利向下游传导。

发电企业目前存在碳价难以传导、发电量难以自主确定等难题。目前我国大部分地区的上网电价与售电价仍由政府批复，电力价格还不是完全由市场决定。电价不能反映碳价，无法体现不同机组减排技术水平、减排成本的差异。发电计划是由政府制订的，发电企业还不能完全按照市场化方式自主确定发电量。因其他新能源发电的间歇性导致的输电能力局限，在未来一段时间，火力发电仍然扮演着保障电力安全供应兜底的角色。

发电行业是作为首批纳入的碳交易行业，根据国务院批准的配额总量设定和分配方案，在发电行业都是采用基准线法。在基准线的配额分配体系下，管理水平高、单位产品排放强度比相应基准线低的发电企业配额会有富余。随着碳市场的实施，企业发电越多，获得的配额就越多，竞争优势就越来越明显。随着电力体制改革不断深入，获得的发电机会市场空间越来越大。管理水平比较低、技术装备水平比较低、单位产品排放强度比相应基准线高的发电企业配额会缺少，可能在未来市场的竞争中处于劣势。但实际情况是，发电计划由政府制订，企业面临有富余配额却不能多发电，没有富余配额但必须完成计划电量的矛盾。

目前，我国电力市场化改革正在推进之中，政府提出逐步取消发电计划、推进发电侧和销售侧电价市场化，但改革到位还需要一个过程。

（4）碳减排过度管控煤电行业，易引发金融风险，打击宏观经济。

中国人民银行货币政策委员会前成员马骏在博鳌论坛期间的一次简报会上说："中国的高碳排放企业和行业如果不能减少排放，将不得不在未来 30 年后退出市场，这将带来金融风险。"这一观点值得商榷。

马骏认为，中国向清洁能源的转变意味着高污染行业的公司收入将下降，会导致更多的不良贷款。根据他的团队的估计，到2030年，煤电企业的贷款违约率可能从目前的3%跃升至22%。这样的贷款违约率代价是很难承受的。

事实上，大量的中国煤电行业的投资回收期还未到，中国的电力需求还将快速增长。在碳减排上过度重点捆绑煤电行业，将使其前面20多年的投资无法收回，中国数万亿巨额的煤电投资ROI很差，融资坏账高企会对宏观经济造成巨大伤害。这恰恰掉进了西方给中国挖好的气候问题（碳减排）的陷阱里。

其实，中国可以做得更好。不伤害煤电行业，不伤害宏观经济，还可以更快地实现碳中和，这就需要中国在学术理论上和顶层政策设计上，在碳减排机制和政策设计上进行深度变革，不被西方的思想和游戏规则局限，反而要有更大的突破和创新。

（5）中国的碳减排大头不是煤电行业。

为什么非煤电行业对煤电行业的碳减排有80%的影响权重，对全社会的碳减排有90%以上的影响权重，却不是人们碳排放关注的重点。这说明我们碳减排覆盖的行业远远不够。

从第11.3.2.1节煤电行业总碳排放量Q的关系式分析，上述结论已基本清晰。从另一个角度分析，发电是为了生产，为了宏观经济发展，发电企业承担了全社会的电力供应。如果限制各行业GDP以降低用电量来降低碳排放，就掉进了发达国家挖好的陷阱里。但如果全社会生产企业用同样的电力，产出2倍的GDP，即单位碳排放强度降低50%，这个减碳空间比发电行业降低50%的单位发电碳排放更容易，成本更低。或反过来表达，全社会生产企业如果产出同样的GDP，只用了上一年50%的电力，就意味着电力行业可以少发一半的电，发电行业的碳排放也就减少了50%。通过经济转型，发展数字经济、服务业等，单位GDP的碳排强度只需要传统行业（建筑、水泥、钢铁）的几分之一。

前面已指出，电力行业单位发电的碳减排潜力空间技术上已很有限，成本空间也很有限。而社会生产企业单位GDP碳排放强度降低的空间还很大。当前中国单位GDP碳排放强度是美国的2.3倍、是欧洲的3.5倍。

当前国内双碳话题虽然很热，但真实情况是，前端煤电企业已不堪承受，而全社会组织和全社会个人却没有直接的压力。这才是当前碳中和进程中最大的问题。

一个国家电力行业的碳减排，并不取决于电力行业，因为电力行业的碳减排与各个行业的投入产出水平、单位产值的碳排放强度极其相关，即不能用割裂和静态的眼光来看待电力行业的碳减排，否则，会将我们引向错误的方向。

能源的使用和碳排放是一个产业链的系统概念，是一个消耗过程，要将碳排放分布在全社会产业链上来考虑。在此，对整体宏观经济中一个关键产业设计独立的碳减排政策方案一定是错误的。碳减排是一个系统工程，想只抓住一个环节就解决碳减排的大问题，这种想法是徒劳的。目前，中国的困境是，在煤电行业碳减排空间有限的情况下实现大的碳减排，就要承受经济不增长和人民生活水平下降的后果。

中国前 20 年的碳减排进程，在实践上已经证明了这一点。必须建立全局和系统的思维，来研究和设计顶层策略，才可能解决问题，并加速中国的碳中和进程。事实上，当前的顶层设计和碳减排操作是在向错误的方向行进，难度大、成本高、效率低，对宏观经济危害极大，需要尽快变革。我们需要对影响全社会碳减排 80% 甚至是 90% 以上的全行业推进碳减排，用高效率、低成本的方式开始行动。

所以，我们一定要意识到：只抓煤电行业碳减排，其实只抓住了全社会不到 8% 的碳减排，甚至低于 5%，而全社会 90% 以上的碳减排我们还没有影响到。实行全社会全行业碳减排实际上成本更低，所以我们需要尽快改变现行的碳减排政策模式。

11.3.3　仅有煤电行业的碳市场，不能实现社会资源最优配置

市场机制的价值在于，大部分情况下，市场无形之手让社会资源配置达到有效率的均衡，实现市场资源的有效配置。在一些情况下，市场的运行会一定程度的失效，需要政府一定的干预介入，如制定规则、初始权利责任界定、建立市场和监管等。但政府的干预宜少不宜多，一定不能高估政府人为建立市场的能力和效果。

政府需要碳市场发挥这样的作用，即碳减排从最低成本的市场环节开始，而不是集中在成本最高的环节（火电）再减排，这样碳减排才会对社会福利的损失最小。当前，碳排权碳市场只有煤电行业参与，是用最高的成本推进碳减排，宏观经济和社会福利损失都太大，投入产出极不合理。

只在煤电行业内通过碳排权碳市场调节市场资源配置效果微乎其微，实际成本远大于收益。碳市场要真的发挥大的作用，必须找到一种高效低成本的方法，将社会组织和个体包括进来，这样才可能达到较好的效果。由于当前碳减排基础理论的局限性和顶层设计的诸多问题，没有能力将更多行业、更多企业的碳足迹数据搞清楚，碳减排行业扩展举步维艰，当前的碳市场机制作用也就难以发挥。

当前国际国内仅有煤电少数行业的碳排放权交易市场，基本上是我们人为设定的市场。其思想来源是科斯产权理论，却是对科斯产权理论的错误理解和简单套用，其结果极其糟糕。

科斯产权理论在外部性公共物品的核心价值在于：产权界定清楚、交易成本较低的市场，容易实现社会资源的最优配置，胜于政府收税的解决方案。这一思想非常伟大，它仍是政府解决碳减排问题的核心思想和基石。

但是，在碳减排问题上，不能简单理解和套用科斯产权理论。在气候变化问题上，科

斯产权理论所谓的"产权"就是"碳排放权"吗？所谓的"有效低成本市场"就是"单一煤电行业碳排权碳市场"吗？显然不是。科斯没有先知先觉帮政府在这一问题上规定好。在碳排放公共物品事件中，认为产权就是碳排放权，碳市场可以是单一行业（或少数行业）碳市场，这只是现在部分专家的肤浅理解和应用。

特别值得指出的是，设立碳市场的理论依据是科斯产权理论：通过权力（产权）确定和低成本的市场交易，让社会外部成本的处理有效安排，使社会资源配置达到最优。设计碳市场的目的是通过碳市场的碳定价和交易，实现更低成本的碳减排，对宏观和社会福利的影响最小。

目前中国碳市场的作用和效果，几乎与初衷相反。

因为中国电价市场的主要特征还是计划经济，在计划经济模式的产业前端设计碳市场，完全不可能发挥碳市场的作用。欧美的电力市场是市场化的，碳市场的碳定价对社会碳减排通过碳市场机制可以发挥作用。目前中国的碳市场，不仅破坏宏观经济，与政府的初衷也是完全背道而驰的。

按中国的国情和碳市场特点，碳排放的社会成本放在后端产业链和消费端处理，无论是碳税还是碳市场，效率都会高很多。本书极力反对碳税，主张碳市场机制。但不是像现在这样仅有单一煤电行业的碳排权碳市场，而是启动面向全社会全行业的"负碳"碳市场。

在应对气候变化挑战中，碳排放是一个跨时空、大规模、系统复杂的公共物品。作为公共物品分析，其规模和复杂度是庇古先生、科斯先生当时所未遇到的，他们并没有在气候变化问题上给政府提供现成答案。政府必须站在两位大师的肩膀上进行创新，才能解决当前的排放难题和气候难题。

11.3.4 CELM 体系下的煤电产业碳减排政策

CELM体系下，与煤炭、石油、天然气等碳源行业企业不同，煤电企业作为非碳源类组织，并不是政府碳减排重点关注对象，只是产业链中的一个生产环节，并不需要政府投入资源去特别管理，更不需要为这个行业特别建设一个碳市场。

煤电企业通过碳票流转将碳排放成本加入电力产品中后，根据市场自由竞争原则，与光电、风电等绿色能源一起，参与电力市场的自由竞价。在市场原则下，煤电的碳排放量不受计划控制，煤电企业的生命周期也不受计划控制，完全是根据市场需求和承担碳排放成本后的市场竞争力决定其市场命运。当前，整个发电、煤电行业正因碳减排政策，处于水深火热中。CELM碳排放责任机制对煤电行业是一个彻底的解放，煤电行业可以为国家经济发展做更大、更长时间的贡献，行业投资回报可以得到更大改善，全市场资源的优化配置，将极大增加社会福利。

值得特别指出的是，CELM 碳排放责任机制并不会减轻煤电行业的碳减排压力，在零碳成本的绿色能源的竞争压力下，煤电行业的碳减排压力动力一直会很大。

CELM "1+1" 体系将能源的碳排放成本以比较缓和的方式进入电力产品内部，并将成本分布到整个产业链。这样化石能源的碳排放成本压力是逐步释放的，煤电企业可以有较长的调整期。不像碳排放权配额机制，总量层层分解，这种计划方式对整个市场造成重大扰动，引起混乱。

CELM "1+1" 体系下，不实施补贴政策，绿色再生能源的价格优势会不断增强，会逐步加快对化石能源替代，又不会发生疾风骤雨式的能源替代革命。同时，它的市场化程度很高，变革是渐进式的，非行政化的计划经济，对政府管理层的能力要求不高，管理层的决策风险较小，政策执行部门廉政问题也较小。

11.4　对进出口的影响

国家之间因为碳减排机制不同、碳价高低差距巨大、各国碳关税政策不同，会对各国进出口产生重大影响。

（1）国内碳税或碳价对出口的影响。

专家测算，如果中国国内采用碳税政策工具，对出口影响十分明显。在碳税税率为200 元/吨时，电力部门出口变化率为 −13.88%，建筑业部门出口变化率为 −5.64%，对钢铁和铝产品影响尤其大，其他行业部门不等，整体影响较大。随着碳税税率的提高，总出口变化率在不断降低，两者呈现负相关线性关系。从计算结果看，国内采用碳税对经济增长负面影响严重，确实是一个不利的机制。中国和大多数国家一样未采用碳税机制有一定道理。

（2）类欧盟碳边境调节机制对进出口的影响。

中国企业马上面临类似欧盟国际碳关税 CBAM 的问题，欧盟 CBAM 在 2023 年启动运行。在这一机制下，没有可比碳价的国家的产品想出口到欧盟，将被欧盟按当前欧盟碳市场现价标准征税。当前欧盟碳市场碳价比中国高出约 10 倍，如果中国政府和出口企业没有做好准备，影响将相当巨大。国际碳关税将成为影响今后中国出口的关键因素，美国的《清洁竞争法案》也已在跟进。碳关税成为欧美站在道德制高点，遏制中国和发展中国家出口竞争力、压缩中国出口企业利润的一个重要工具。

但类欧盟 CBAM 机制并不可怕，如按 CELM 体系尽早行动，应对得当，中国作为出口大国，反而是有利的。

（3）中国进口碳关税对进口的影响。

当前中国的进口量非常庞大，特别是石油、天然气和煤炭等化石能源的进口量很大，也带来巨大的碳排放量，这对中国碳中和的进程有重大影响。在类欧盟CBAM机制和G7气候俱乐部机制进程加快的情景下，中国的碳关税方案也需要提上议事日程。按CELM体系的定义，一个国家碳中和的实现（详见第9.3.2节关于碳中和国家的定义），与伴随商品进出口带来的碳排量进出口关联非常大，中国需要建立自己的进出口碳排放管理体系和碳关税体系，以有利于自己的碳中和目标和防止碳泄漏造成损失。

11.4.1　对中国出口的影响

国内的CELM碳减排体系和国外的类欧盟CBAM机制共同作用，对出口贸易形成重大影响。出口企业和出口物品在碳减排方面要满足两套规则的要求，要在碳排放责任数据和碳排放责任抵消两方面进行应对，这对出口企业提出了较高的要求。而CELM体系在碳排放责任数据和碳排放责任抵消方面为出口企业提供了较强的支持，中国出口企业如应对得当，可以将压力转为机会。

11.4.1.1　应对类欧盟碳边境调节机制

按欧盟CBAM机制要求，进口产品要在提供可信碳足迹数据的基础上，承受与欧盟碳市场碳价水平（80~100欧元/吨）的碳排放成本。中国如没有相应的体系应对，对欧盟出口贸易将受到严重打击。

CELM体系及早实施，是中国出口企业应对欧盟CBAM碳边境调节机制的十分重要的举措，不仅可以有效应对，并且会增加中国出口企业的国际竞争力。

一是通过CTMS系统提供可信碳足迹数据。通过CTMS系统提供权威可信的碳足迹数据，能有效减少今后中国产品出口的非经济障碍。当前中国这方面的体系严重不足，要投入极高的成本。碳足迹数据核算投入与产品承担碳排放责任范围有关，CTMS可完整提供《温室气体核算体系》中范围1到范围3的全面、准确数据。

二是中国出口产品在国内完成碳抵消。中国出口企业可以视作终端消费者或零售商，通过国内负碳碳市场购进国际负碳抵消碳排放量，达到国际认可的碳价水平，让产品成为"零碳产品"。这样操作，不损失国内GDP。中国出口商品在国内实现了碳抵消，根据欧盟CBAM机制不能重复收取中国出口产品的碳关税。碳排放费用缴在中国，当然更有利于中国民众的福利提升。

欧盟CBAM认可的三条基本的碳边境调节原则：

（1）CBAM对所有进口产品的处理方案是一样的；

（2）如果在出口国内承担了符合CBAM要求的碳价，则免征碳费；

（3）一个产品在国际贸易中只能收一次碳排成本费用。

有了这三点原则，中国 CTMS 系统能提供可信碳足迹数据、出口产品在国内负碳碳市场 NCTM 完成了 CBAM 标准碳价的碳抵消，则出口欧盟时不会被征收碳关税。

欧盟 CBAM 对碳价制定规则十分强势且不合理，应该采取双边谈判，或由国际贸易组织主持下的多边机制确定。CELM 体系的"国际负碳"定价机制更为合理。

当然，类 CBAM 机制仍然会对中国出口产品竞争力提出挑战。解决因碳费（碳关税）引起的中国出口产品成本竞争力下降问题，过程中还需要以下多方面的努力：

一是企业加快碳减排技术的革新，减少碳排放强度。如土耳其钢铁产品的碳含量不到中国的一半，中国必须奋起直追，中国企业的单位产量碳排强度必须尽快赶上国际先进水平。高碳产品、高碳产业会很快被替代，这个趋势只会越来越快。中国是制造大国，离制造强国还有很远的一段路，中国人一定得自强。每种产品的单位碳含量比别国低，会越来越成为制造强国最重要的标志之一。

二是努力降低整个供应链的碳排放量。要抓整体，而不是一两个点。目前国内的碳排放还只能抓约 2000 家煤电企业，这对提升整体产业的低碳化远远不足。CELM 体系提供了很好的政策工具，可以驱动全行业全产业链加快碳减排。

三是政府财政的配套政策支持。政府在收到碳费的基础上，对增值税和所得税进行优惠，尽可能降低国内出口产品的总成本，一致对外。

11.4.1.2　改变国际碳关税游戏规则

在碳关税将成为一种国际普遍机制的背景下，如果倡导"消费者责任"的 CELM 理论能被各国接受，如果中国工业生产技术进步加快，各行业的碳排放强度能走到国际先进行列，国际社会普遍提升国际碳价、提升产品内部碳排放成本，征收和提高碳关税对中国是有利的。因为中国是制造大国，也是碳排放量的净出口大国。中国政府开出了很多的碳销项票，可以征收到较多国外消费者需承担的碳费，可以大幅增加我国的财政收入。

根据学者的测算，在国际贸易中，中国是"碳排放"的净输出国。中国 2018 年出口产品隐含 CO_2 排放量 15.3 亿吨，进口货物隐含 CO_2 排放量 5.42 亿吨，对外贸易隐含 CO_2 净出口量约占全国总排放量 10.5%。其中，出口欧盟隐含 CO_2 排放量 2.7 亿吨，占中国出口产品碳排总量的 17.6%；从欧盟进口货物隐含 CO_2 排放量为 0.31 亿吨。

CBAM 机制下，欧盟反过来想对进口产品的碳含量征收碳关税。中国政府管理部门和学术界显然没有搞懂碳边境调节机制的原理，一味拼命反对，甚至向国际贸易组织起诉；而不是通过搞清楚其中的机理"将计就计"，利用 CBAM 增加收益。

中国作为生产出口国向消费国收取碳费，对比欧盟利用 CBAM 收取碳关税是两套逻辑。中国的收费逻辑是 CELM 理论，消费者不仅承担生产产品的成本，也承担产品对应的碳排放成本，按市场机制，通常收费方是生产国。而欧盟的逻辑是欧盟高碳价导致了"碳泄漏"，因高碳价导致本地区投资外溢、税收外溢，因此利用CBAM机制收取低碳价国家的碳费来弥补这块损失，并迫使低碳价国家提高碳价加强碳减排。欧盟CBAM承诺了在出口国承担了相应碳价的进口产品可以免受CBAM征费。中国可以利用这一点做好安排，保护出口利益。

如果中国早启动CELM碳减排体系运营，所有出口产品在国内完成了一定价格水平的"国际负碳"的碳抵消，又能通过CTMS系统提供完整、准确、实时的碳足迹数据，欧盟则无法通过CBAM向中国出口产品征税。同时，欧盟CBAM针对不同国家进口产品一视同仁，中国产品竞争力不变，中国政府和出口商家将增加收益，欧盟消费者增加支出，即承担了碳排放成本。值得注意的是，如果中国出口产品的碳排放强度高于国际水平，即出口产品中需加上比竞争对手更高的碳排放内部成本，将削弱我国出口产品的价格竞争力，甚至被淘汰出局。这种情况出现的根本原因，是在新的绿色低碳的市场机制下，这些出口低碳能力不强，被市场所淘汰。

因此国际间碳排放责任机制和碳边境调节机制真正的运营原理，中国政府、企业界、学术界要研究清楚，并积极应对，一味简单反对没有出路。国际社会大环境是加大碳减排力度，尽快实现全球碳中和，解决人类气候问题。作为碳排放量净输出大国，提升国际碳价有有利的一面，中国要学会应对。最重要的是两方面的工作需要抓紧：一是建立CELM碳减排体系，顺应国际社会解决气候问题大势；二是产业界要提升技术能力，大幅降低碳排强度，建立新的竞争优势。

总体上，国际贸易的制造国既要承担碳排放的环境影响、治理成本，还要给产品进口国交碳税，是极不合理的。CBAM以碳泄漏和公平竞争名义征收碳关税，不说清碳关税收入的用途和资金占有权属关系，出发点不太纯正。以碳减排名义和公平竞争名义，夹带了一些私货，很容易被国际社会理解成其目的不是减碳，而是保护国内企业的成本竞争力。这偏离减碳的目标和范畴，被理解成贸易保护并不为过。至少，CBAM这类机制的碳关税收入要全部投向出口国减碳项目上，而不是像现在一样被当作普通关税收入。

CELM理论是消费者担责机制，国与国之间，西方消费大国应承担进口产品合理的相应碳排放责任。CELM体系下，这类国际贸易的碳排放责任可以形成公平、合理的机制，且可以加强碳减排。这需要中国大幅提升在气候问题上的影响力，对碳排放治理游戏规则制定有更多参与权。中国在法理上要据理力争，大力推广消费者责任理念，发动发展中国家一起争取建立更公平的碳排放责任机制。

实现全球统一碳价大势所趋，造成的结果是发展中国家将承担更大的碳减排责任。因此，应该在联合国或世贸组织的协调下，建立一种对发展中国家转移支付的机制。过去虽然成立过千亿美元级的世界气候经济基金，结果依赖捐赠模式无法落地，COP27会议继续推进的成果也很小。发达国家按进口碳排量和国际碳价对出口国进行绿色项目投资，解决国家之间不能财政转移支付的问题，作为发达国家以往超排放的补偿，以鼓励和支持发展中国家碳减排，将是非常积极和有效的机制，值得联合国与国际贸易组织研究推动落地。

11.4.1.3　中国出口与中国碳中和

中国约10%的碳排放总量隐含在出口商品中，因此，碳中和国家的国际标准、国内的碳减排体系和国外碳关税机制规则对中国碳中和目标实现有很大的影响。

较长时期内，中国出口面对进口国三种情形。

第一种情形是类欧盟、G7国家有很高的碳关税门槛，也有较完善的碳减排机制。这种情形下，中国出口企业通过CELM体系通过国内碳市场完成碳抵消，碳排放成本基本上由进口国消费者承担。按欧盟当前碳价，足可以用"真负碳"完成抵消，这部分出口产品中的碳排量是真正被中和的，这种情形有利于中国的整体碳中和目标实现，相当于进口国消费者主要承担了中国出口产品的碳排放责任。

对中国出口企业来讲，如果与其他国家供应商相比，有碳排放强度上的优势，将有助于提升产品整体竞争力，增加出口量，也会增加中国整体出口量。如果与其他国家供应商相比，没有碳排放强度上的优势，在高成本压力下，将被市场淘汰出局，会减少中国总体出口量。

今后出口竞争是基于低碳绿色的高质量竞争。

第二种情形是较低的碳关税，同时有较完善的碳减排机制。这种情形下，出口企业会在国内购买"国际负碳"进行碳抵消，这样碳排放责任数量不能向进口国传递，这部分碳排放责任还在国内。这种情形增加了国内碳中和的任务量，但进口国消费者也承担了部分碳排放成本。

第三种情形是还没有建立碳关税制度和有效的碳减排机制。这种情形下，若国际社会建立了基于CELM体系的国家间碳排放责任机制，中国的处理方案有两种选择：一种是较高的标准，所有出口产品在国内按"欠负碳"标准，在国内完成碳抵消，这样碳排放责任数量留在国内，增加了国内的碳中和任务量，国内的CELM体系就比较完善统一，运行简单，也体现中国在气候问题上最基本的担当。另一种是中国出口产品不在国内进行碳抵消，将碳排放责任量转移到进口国，降低了中国出口产品的总成本。这样虽然有利于增加出口问题，但缺少了气候问题的中国担当。同时增加了国内CELM体系的运行的复杂度，会带来碳减排体系执行的一系列问题。

本书建议国内所有出口产品至少要在国内完成"欠负碳"标准的碳抵消。

11.4.1.4 CELM和碳关税对中国出口的影响

全球碳中和的大背景下，在欧盟CBAM机制和G7气候俱乐部机制的带动下，国际贸易碳关税制度将普遍建立起来。在国内CELM碳减排体系和国际碳关税机制的共同作用下，中国出口趋势将呈现以下特点。

一是国际碳关税机制的建立，对中国出口的影响是中性的。最终影响结果决定中国出口产业的高质量发展水平。碳排放强度低、总成本领先且优质的出口企业将提升竞争优势和盈利水平，增加出口量。碳排放强度高、总成本处于劣势的出口企业将减少出口量，甚至被淘汰出局。

二是中国政府将增加出口产品的碳费收入。中国需将这部分收入利用好，提升产业高质量发展水平和竞争优势。要特别注意尽量减少简单粗暴的补贴，避免受到国际贸易制裁。

三是中国出口产业结构会有明显的调整。有些低碳优质的优势产业出口量大幅增加，有些高碳低质的劣势产业出口总量明显下降。中国整体的出口产业结构会有明显的调整。中国政府和出口企业应及早做好应对，加快低碳绿色的高质量发展进程。

11.4.2 对中国进口的影响

CELM体系的实施将对中国进口产生重大影响。中国CELM体系的运营，将有利于改善进口产品结构和中国碳中和目标的实现。

11.4.2.1 进口产品碳排放责任量数据处理

中国CELM体系开始运行后，主管部门和中国海关要把全部进口产品当作碳源产品，进行碳排放责任数据处理，以管控产品进口对中国碳中和的影响。

（1）中国率先施行CELM情形下。如果出口国企业能提供可信碳足迹数据，则按对方提供数据进入CTMS系统。如果出口国企业无法提供可信碳足迹数据，则按中国的CTMS系统标准来执行。对这部分产品，管控将逐步增加，以避免严重的碳泄漏。

（2）双方都建立可以互信的基于CELM的CTMS系统情形下。双方直接进行系统数据共享，采用动态准确的产品碳足迹数据。

主管部门可以通过CTMS系统，对比分析进口产品和国内产品的碳足迹数据，发现异常及时应对处理。

11.4.2.2 进口碳关税

在全球碳中和的大背景下，类欧盟CBAM机制和G7气候俱乐部机制将成为一种趋势，中国应该及时跟进建立碳关税制度，以发挥以下几个方面的作用。

（1）降低和控制碳排放责任量进口。通过增加碳关税，保证进口产品与国内产品一样承担合理碳排放成本，以减少和控制进口碳排放责任总量。促进进口产品提升低碳化、绿色化。

（2）实现公平竞争，保护中国国内产业。CBAM 立法最主要理由之一是防止碳泄漏，保护国内企业的公平竞争，减少企业外流和税收外流。

（3）增加关税收入，同时会增加居民支出。政府会增加关税收入，碳关税会进入产品总成本中，这显然会增加进口产品消费者的支出。一般地，进口产品与能源消费和高消费关联度较高，对低收入群体支出影响相对较小。到成熟阶段，各国普遍采用 CELM 机制和碳关税机制后，各国碳关税收入和居民碳排放费用承担进入新的均衡。

11.4.2.3　中国进口与中国碳中和

中国进口不仅规模庞大，且碳含量最高的化石能源包括煤炭、石油、天然气进口量特别巨大。2022 年，国内进口原油 5.08 亿吨，进口对外依存度 71.2%。全年进口天然气 1520.7 亿立方米，进口对外依存度 40.2%。2018 年，我国进口货物隐含 CO_2 排放 5.42 亿吨，占当年全国碳排放总量的 5.7%。

基于 CELM 的消费者责任机制和碳中和国家的定义（详见第 9.3.2 节），一个国家将承担进口产品的碳排放责任，对进口产品的碳排放责任管控是整个国家碳减排体系非常重要的一部分，将给予更高的重视。

中国通过 CELM 体系和碳关税机制的实施，将有效降低和管控进口碳排放责任量，有利于中国碳中和目标的实现。

11.4.2.4　CELM 和碳关税对中国进口的影响

全球碳中和的大背景下，在欧盟 CBAM 机制和 G7 气候俱乐部机制的带动下，国际贸易碳关税制度将普遍被建立起来。在国内 CELM 碳减排体系和国际碳关税的共同作用下，中国进口趋势将呈现以下特点。

一是 CELM 与碳关税机制的共同作用，将大幅减少中国进口碳排放责任量，有利于中国实现碳中和。当中国越过中等收入陷阱后，随着中国消费水平提升，进口总量还有很大的提升空间。中国进口产品的碳排放责任量流转管控好，也将对推进全球碳中和影响巨大。

二是中国政府将增加进口产品的碳税收入。需将这部分收入利用好，应分为两部分处理：

（1）来自发达国家进口产品的碳关税收入，可以用于本国的绿色转型投入。发达国家应承担较高的碳减排责任，不需要考虑对发达国家碳关税回馈。

（2）来自发展中国家进口产品的碳关税收入。根据CELM体系的消费者责任原则，这些碳关税收入应该用于对这些国家的绿色转型投入，以体现公平性和中国在气候问题上的大国担当。

三是中国进口产品结构会有明显的调整。有些低碳优质的产品进口量大幅增加，有些高碳低质的产品进口总量会明显下降。中国整体的进口产业结构会有明显的调整。

中国CELM体系和碳关税体系的实施，将大大加快新能源对化石能源的取代，中国将大幅减少化石能源（石油、天然气）的进口，减少巨额的外汇支出，并大幅提升中国能源自给率，即对加强中国能源的安全性，具有重要的战略意义。

11.5 对金融的影响

绿色金融是当前金融领域的热点，尤其围绕碳资产展开的碳金融是热点中的热点。最近两年，由于碳排放权交易市场进展不顺，碳金融的热度有所减退，但仍是金融界最为期待的事件。毫无疑问，全社会绿色转型需要的数百万亿美元的巨额投资，再加上规模非常庞大的需要配套创新的金融资产，令人垂涎。但时至今日，大家仍在镜中观花。

"碳金融"的兴起源于国际气候政策的变化，意在运用金融资本去驱动环境权益的改良，利用金融手段和方式在市场化的平台上使得相关碳金融产品及其衍生品得以交易或者流通，最终实现低碳发展、绿色发展、可持续发展的目的。

当前发展绿色金融、碳金融进展十分不理想，碰到的巨大挑战是：没有国际化公认的可信标准资产，底层资产产生和管理困难，与宏观经济冲突难以协调等。

CELM体系将改变绿色金融、碳金融的尴尬现状，打通卡点，打开全新局面。CELM体系通过提供碳市场全新顶层设计、强大的绿色金融数据支撑和制度支撑，以及更科学的碳金融产品设计，为绿色金融发展奠定基础，同时也为人民币国际化带来新机遇。

若基于CELM的碳元体系论证成熟并试点成功，不仅为整个金融业，甚至会为全球经济发展、世界和平打开全新局面。

11.5.1 CELM体系突破金融困局

中国金融资产总计接近400万亿元。在实现双碳目标的进程中，所有产业和公司的资产都面临再定价，同时利用绿色金融扩展新业务空间。CELM体系可以在这两方面助力当前的国际金融走出困局，获得发展新空间。

（1）CELM体系助力传统金融重新定价和风控。

金融行业作为服务实体经济的行业，正在快速行动，结合ESG体系，紧跟产业变化，以提供更具针对性的、精准定价的、风险与回报相匹配的金融服务。

CELM 为传统金融提供完整科学量化评估工具，可精确反映出传统产业相关企业的经营质量变化，包括成本变化、竞争力变化，为传统业务项目风险预警、价值判断提供有力手段。

（2）CELM 碳市场助力绿色金融、碳金融发展。

基于 CELM 的负碳碳市场交易规模逐年增长，最后总体量将十分庞大，直至实现全球碳中和后，需求下降。这需要约 40 年的过程，其间，产生交易量、金融服务量，有望为传统金融增加一块很大的新增量。主要体现在以下两方面：

一是完全新增量，即碳资产交易增量和碳金融新增量。当前碳市场交易一年才数十亿元，改为负碳碳市场后，可以发展至一年数万亿元交易规模。碳资产现货交易、碳资产储备和碳金融衍生品的开发、交易和服务，空间巨大。

二是传统产业转型需要的绿色金融服务。碳中和、碳减排影响到所有产业、所有组织和家庭。这是一个全社会彻底的绿色转型，传统产业和企业需要庞大的绿色金融支持，绿色金融介入的新增空间体量将巨大。

综上所述，CELM 体系若及早被启动，将为国际金融市场带来全新机会和发展空间。国际社会应该及早行动。

11.5.2　CELM 体系助力人民币国际化

最近几年的中美关系和俄乌冲突，无一不显示出美元霸权对世界金融的决定性影响。欧美更是前所未有地将俄罗斯踢出银行 SWIFT 结算系统。应对这一挑战的策略之一，是提升人民币的国际地位。中国政府在加快推动人民币国际化、增加世界贸易中的人民币结算规模等多个方面有较大的动作。但整体推进困难不少，需要中国决策层不断复盘和调整策略。

2023 年 6 月 25 日，环球银行金融电信协会（SWIFT）发布的人民币月度报告和数据统计显示，2023 年 5 月，在基于金额统计的全球支付货币排名中，人民币保持全球第五大最活跃货币的位置，占比 2.54%。人民币已经连续 16 个月位列全球第五大最活跃货币。根据 SWIFT 的统计，2021 年 12 月—2022 年 1 月，人民币曾一度跃至全球第四大最活跃货币，在全球支付中的占比最高达到 3.2%，随后回落至 2.2% 附近，占比最低时在 2023 年 1 月落至 1.91%。

SWIFT 数据还显示，2023 年 5 月，在全球主要货币的支付金额排名中，美元、欧元、英镑和日元分别以 42.60%、31.70%、6.47% 和 3.11% 的占比居前四位。

值得注意的是，人民币的国际化结算主要来自本国央企国外业务的需求，纯第三国长期结算使用尚少，国际化质量尚待提高。

CELM体系在以下几个方面助力提升人民币国际地位。

（1）CELM体系增加人民币国际化机遇。

CELM体系中，国际负碳碳市场和国际电力交易市场是全球碳中和解决方案中核心的两大系统，是国际贸易未来两大规模巨大的新增市场。因为在这两大市场中，中国的产品和服务占比将非常大，这样非常有利于增加人民币交易结算场景。

国际负碳碳市场。中国的碳汇生产从扩大森林到CCUS装置吸碳，都有可能占有领先的市场份额，这会增加中国在行业的话语权。如果中国主导建设的国际负碳碳市场及早启动、最先做大，这样中国自然就有很大的交易规则制定权，这将给人民币国际化带来很大机遇。

国际电力交易市场。全球能源互联网建设一旦推广，国际电力交易规模将大幅增加。中国在特高压输电技术上的绝对优势地位，使得中国在能源互联网建设中具有举足轻重的地位，再加上中国如果重视参与和主导国际电力交易市场建设，人民币成为一种重要的结算货币就大有机会，结算规模潜力巨大。

因此，基于CELM的国际负碳碳市场建设和全球绿色能源供应体系建设具有重大战略意义，CELM体系可以帮助中国人民币国际化带来多重机遇。所以，中国应当利用当前综合优势，特别是在绿色能源产业和特高压输电技术上的优势，抓住机遇，及早行动。

（2）新能源与碳中和产业发展带动人民币国际化。

实现全球碳中和，相关的新能源、设备制造、电网建设等产业将快速发展，形成规模庞大的产业集群。如果外部环境能重新得到改善，中国的相关产业产能将得到释放。

中国通过"一带一路"的绿色能源、世界能源互联网、碳减排项目的建设投资等将带动人民币国际化。

（3）庞大的全球全社会绿色转型，人民币就可以更大作为。

在超过200万亿美元规模的全球绿色转型投资中，如果中国以积极的态度参与，可以分得比较大的金融服务蛋糕，有利于增加人民币国际化市场份额。

本书在第11.12节中分析到，中国在当前国际和国内的政治经济形势下，从气候问题的处境和机遇看，应该保持更为激进的态度，承担更大的投资输出，将有利于人民币国际化进程。但重要的是用正确的理论指导，设计出最有效率的体系，加快发展，更早实现中国示范，在增加对全球气候问题贡献的同时发展自己。

值得注意的是，从当前国际局势来看，从最近两年人民币国际化进程的整体观察，用传统的方法、在传统的产业领域推行人民币国际化进程将相当吃力，代价也将非常巨大。中国政府努力推进人民币国际化时需要注意投入产出的合理性。

一个观点是，可以推行基于 CELM 的碳货币体系。基于 CELM 的碳货币体系更务实和有效，支持者将众多，推动的阻力更小，应对美元霸权更为有效，获得收益更好。中国应该积极作为。

11.6　对市场和企业的影响

在 CELM 体系下，市场竞争环境被重构，每一家企业碳足迹数据都被透明化，每一家企业都不能置身于碳减排体系之外，企业碳减排被强力驱动起来。市场生态和企业生态也将在碳减排和高质量发展的主旋律下，被极大地重构。

每家企业必须按新的市场规则和生存环境调整自己的经营策略，重构自己的核心竞争力，特别是绿色低碳能力将成为企业不可或缺的核心竞争力。如果这方面做不好，极可能因成本增加和 ESG 方面的原因被淘汰出局。

11.6.1　企业碳排放责任数据

当前，少数控排重点企业在双碳政策严控环境下，在碳排放权配额制下，生产企业无自主权，扩大生产量要看碳排放权指标，导致企业为了应对碳排放核查，不愿报告正常运营的碳排放数据。企业碳排放信息数据披露存在"不主动、不充分、不规范"三大现象。这导致出现四个比较普遍的问题：一是缺乏碳信息披露动力；二是因为被监管，信息保密是企业的有利选择；三是缺乏统一披露规则和标准；四是缺乏碳数据审计。目前，没有好的机制和系统来改变这种情况。

基于 CELM 的 CTMS 系统将极大改变这一情况。政府可以用很低的成本，实时、准确、动态地记录和分析全社会全物品的碳足迹数据，全社会的碳足迹都会透明化。"制度+科技"才是真正的有效途径。

当然，在 CELM 体系下，政府管理方案变化极大。煤电、钢铁等非碳源企业将不再是政府的监管重点，政府重点监管对象将集中在煤矿、油田和天然气等碳源企业。

基于 CELM 体系的 CTMS 系统如果被推行，各个组织和所有利益相关者可以实时得到每个组织的每种物料、产品和服务碳足迹的完整动态信息，且成本低，公平性强。那么全社会监督、互相驱动减碳的体系就会快速建立起来。

在 CELM 体系下，每一家企业的碳足迹数据都是客观的，也不需要花很大成本去处理和申报碳排放数据。企业的关注重点就是如何提升管理，降低碳排放，实现更高质量的发展。

11.6.2 企业竞争力重构

在CELM体系下，每家企业都需将低碳作为核心竞争力来建设。

一是成本因素，减碳就是减成本。CELM体系下，低碳企业将有"负碳"出售获得收益，高碳企业将支付碳抵消成本，一进一出，低碳企业和高碳企业在碳排放成本上，将产生两倍差距。在碳价不断提高的情况下，高碳和低碳企业之间的成本差距将拉大，高碳企业生存将面临严重压力。

二是ESG报告压力和全社会透明监督带来的道德约束力及品牌力。在全球碳中和的大背景下，企业要获得好的发展，ESG工作必须做好，获得ESG品牌方面的加分已是企业重要生存之道。CTMS系统的实时、准确、动态的企业全面碳排放数据，对市场运营将有很大的影响，高碳排放企业的成本和环境道德压力都会大幅增加。

在CELM体系下，企业必须不断通过管理提升、供应链提质和技术革新进行减碳，达到行业低碳先进水平，才能不被市场淘汰。

11.6.3 市场生态重构

CELM体系建立了极为公平的竞争环境。所有数据都是客观准确的，不是企业自我处理申报的。企业不需要花大成本在碳足迹数据上面，也不需要担心碳足迹数据的公正性。今后企业的ESG报告首先要根据政府CTMS提供的客观数据来制作，不能随意包装。谁是碳中和企业，都是系统和数据说了算，企业不能自我包装，也不能由行业协会来授予。

优秀企业的经营环境将得到改善，并将可以得到更多的能源资源，而不是被碳排放配额约束产量，更不用担心被拉闸限电。政府今后不再通过行政手段管理企业的碳排放配额分配，而是通过市场机制淘汰高碳排放产能，以此来提升行业高质量发展。

在CELM体系下，政府只需付出较小的监管成本，整个市场生态将变得更为健康优良，经济高质量发展将具有更好的制度环境。

11.7 对民生的影响：居民收入和消费

碳中和进程对民生的影响与对宏观经济的影响一样，都是政府最关心的事情，这也是政府政策工具出台谨慎、碳减排政策推进缓慢的主要原因之一。实际上，学术界对这方面的压力可能估计过高。倒是应该担心，碳减排政策力度过小，对全社会减碳的作用有限，居民对碳减排引起的收入影响感知并不明显。

中国 14 亿人口，2022 年总碳排放量为 121 亿吨，如按发达国家统计，其中 80% 为居民消耗，则居民总消耗量每人碳排量为：$121 \times 80\%/14=6.9$ 吨/人，按当前国内碳价 50 元/吨，每人承担的碳费为 345 元；如果按当前欧盟碳价 80 欧元/吨，折合人民币每人承担的碳费为 4100 元；如果按一些学者估计中国碳价会升到 200 元/吨的话，每人承担的碳费为 1380 元，因为这是中位数，在承受范围之内。

如果按四口之家测算，中国一个家庭最低和最高碳费用在 1380~16400 元。显然按欧盟碳价估计过高，中国不需要达到这么高的碳价就能够实现碳中和。按 200 元/吨碳价估算的家庭碳费支出是 5520 元/年。这里还未考虑绿色能源替代加快和碳吸收（CCUS）成本降低等有利因素。总体上，这个碳费对家庭消费水平和居民实际收入的影响可以承受。对低收入群体来说，这个负担还是偏高，可以用改进其他税制和家庭碳账户机制调整分配等配套政策工具予以解决，如第 6.3 节中设计的家庭碳账户的累进碳价梯级管理就考虑到了对人均碳排量低于基准值的补贴政策。

以上分析的居民碳费支出，也可以考虑是生活质量提升的投入，会有很大收益。不仅空气质量变好，生活质量提升，疾病减少也将降低医疗支出。重要的是国家收到碳费不会是纯成本支出，很多会通过碳市场、转移支付回到居民手上，很多碳汇省份的农民家庭可以增加一笔碳汇收入。另外国家绿色投资会提升居民收入，增加就业机会。

不过很多人还是担心，居民突然增加一笔费用，政策上比较敏感，很担心会受到百姓抵触。有人提出像过去布票、粮票一样，发放一些免费的碳票，超额的才收费。这个提法很有道理，中国确实应该保证一项政策对社会居民福利影响有累进性。

11.7.1　家庭碳账户机制改善碳减排对居民收入的影响

政府在 CTMS 系统上建立家庭碳账户，记录整个家庭的碳排量。采取两个措施优化居民的碳费支出和收益，让政策更人性化，更有利于大众，也能让政策获得更大的支持，同时还能增加全民减碳意识，可以一举多得。

第一个措施是家庭碳排量按正常交费，单个调税退税，不增加家庭太多支出。可规定每人可退碳费多少，这样有的低碳家庭可能因此增加收入，是对低碳生活的激励。

第二个措施是建立家庭梯级碳费，抑制高消费，增加碳费收入，增加政策累进性。可建立三个家庭碳费梯级，按人均核算家庭碳排量，第一梯级按正常价格，人均碳排量达到第二个梯级，碳费加收一倍，人均碳排量达到第三个梯级的，碳费加收数倍甚至数十倍。

整个机制在 CTMS 系统里运营，按年度对家庭碳账户进行汇算清缴，与个人所得税年度汇算清缴相似。

家庭碳账户机制非常重要，比碳普惠机制要重要得多，政府可以及早筹划。家庭碳账户机制已在第6.3节中详细讨论。

11.7.2 居民家庭碳费案例

两位同济大学老教授夫妻，退休后独立生活，自己测算了家庭碳排放情况。2人一年碳排放统计量约为7.5吨，包含呼吸产生的碳排放。因两位老教授活动水平较低，消费较少，碳排放量低于社会平均水平。

按2022年国内碳价水平56元/吨，整个家庭交纳一年总碳费是420元，对两位老教授生活水平影响不大。

表11-1 同济某教授家庭年度碳排放分布

项目	碳排放量
用电	3200kg
天然气	500kg
呼吸	1650kg
饮食	1000kg
其他	1000kg
合计	约7.5t（日常排放）

11.7.3 总结

基于CELM的碳费体系，对居民福利负面影响比较小，正面影响可以更大，可以保证政策的累进性。这方面政府的政策压力不会太大，但政策工具如何设计会影响成败，至关重要。当前的顶层设计思维要改变，基于CELM体系建立家庭碳账户机制，充分利用数字化手段，才会有好的效果。

11.8 对个人消费行为的影响

CELM体系的重要原则是最终消费者买单。今后的产品售价中都含有碳排量和碳费这一项，对消费者消费意识和减碳行为都会产生积极影响。

没有消费就没有生产，对高能耗产品停止过度消费非常必要。中国的房地产被很多人当作投资品，结果形成了很多座空城。房产是高能耗和高耗材的产品，一个人拥有多套房产对经济和环境影响都是负面的。空置房带来双重碳排放：材料生产、建造带来的碳排放；运营带来的碳排放。

产品成本中增加碳费、标明碳排放责任量，这样的操作从经济和道德两个层面对消费者都会加大引导和约束。

今后所有消费品的价格构成有三项，产品直接价格、税费、碳费。产品直接价格被厂家收走，用于支付成本、获得利润；税费由国家收走，支持国家公共开支；碳费由国家财政统一征收，由国家环境管理部门安排投资减碳，各得其所。消费者在质量和货品规格一样的情况下，会选总价最低的商品购买。市场无形的手会发挥重大积极作用。这样会使所有消费者、所有厂家都天天关心今天的碳价。减碳的全民运动就可以运转起来。

唤醒全体民众低碳生活的意识，对中国实现双碳目标十分关键。基于 CELM 体系建立家庭碳账户是有效的重要举措，从经济和道德上都会加强每个人的消费约束。

当前中国国内的碳市场是碳排放权交易市场，政府免费发放碳排放权配额，2022年交易价在56元/吨左右，与欧盟碳市场80~100欧元/吨的碳价有近10倍之差。国内当前的碳价还太低，加上市场失效（电价计划经济），完全不具备碳排放成本传导能力。虽然前端企业碳排放成本压力已经很大，发生多起碳排放数据造假，后端消费者却感受不到。碳价在产品总成本上体现不出来，无法在消费端有效调节需求量，影响供给侧的优胜劣汰。所以，从"3060"目标来看，在经济增长无大碍的情况下，政府逐步将"负碳"价格与实际减碳（CCUS）成本拉近直至相等，是必要的。

11.9　对国家安全和台海局势的影响

中国的碳中和目标不仅具有经济可持续发展、生态优化的战略意义，对国家军事安全和台海局势的应对也具有不可忽视的作用。

11.9.1　能源自给率仍是应对区域战争的关键能力

俄乌冲突的最重要结论之一就是，能发动和应对规模化现代区域战争的基本条件是能源和粮食的安全供应能力，其中最重要的因素是自给率。没有能源和粮食的安全性，再强再富，甚至军事实力雄厚的国家都没有应对规模区域战争的能力。

俄罗斯的经济实力已经很弱，2022年的GDP总量仅为2.25万亿美元，只相当于中国GDP的1/8，相当于中国广东省的GDP。军事实力包括武器和军队战力也都大不如前，但在面对美国、北约和G7联手敌对的俄乌冲突中，应对较为从容，国内股市近一年还有一定幅度的上涨。最核心的原因是俄罗斯的能源和粮食实现了自产自取自用，用之不竭，这才是俄罗斯在俄乌冲突中能够应对众多美国及其北约盟友的最大底气。

11.9.2 俄乌冲突的重要启示

俄乌冲突爆发一年多来，国内很多专家和政府官员认为，受此影响，欧盟国家大量启用煤电，是对碳中和目标的放弃。欧盟过去一直在气候问题、碳减排问题上的激进态度是忽悠类似中国这样的发展中国家，碳减排只是压制发展中国家的一种手段。

这种观点显然是一种短视。事实上国际社会和欧盟在俄乌冲突中获取的最重要的经验和教训就是要对俄罗斯获得更大的竞争优势、控制力，能施加更大的压力，最重要的一条就是要能够摆脱对俄罗斯的能源依赖，也即摆脱对俄罗斯石油、天然气的依赖，也就是欧盟自身要摆脱对化石能源的依赖。与之不谋而合的是，欧盟提升能源安全的举措和实现碳中和目标完全契合。

俄乌冲突爆发后，欧盟一方面停止运行的煤电应对临时性的电力短缺，另一方面更大力度地布局新能源对化石能源的替代，对碳减排力度大幅加强。俄乌冲突初期欧盟碳价曾探底25欧元/吨，现早已恢复至80~100欧元/吨，强力推进的欧盟CBAM机制已立法通过，正式启动实施。

事实上，欧盟碳减排的推进力度因俄乌冲突是大幅提升，而不是减弱了。看问题要抓住本质而不是一个短期现象。

俄乌冲突在能源安全和国家安全问题上还给了世界各国以下重要启示。

一是能源依然是区域冲突的核心原因、核心手段。能源问题关联巨大的经济利益，能源对区域和国家的安全控制力、影响力极大。这一国际竞争秩序持续了近百年，当前依然如此。就一个国家的战略安全问题而言，能源自主性、可控性依然列位最靠前。不解决能源安全问题，则无法选择战争手段解决区域冲突。

二是大国利益集团间的冲突解决选项是完全开放、没有禁区的。这让整个国际社会置于"二战"以来最严重的不可控危险之中，近10年的中美欧、俄美欧之间，特别是俄乌冲突各方采用的手段充分展现了难以收拾的局面。如炸毁北溪管道、克里米亚大桥、卡夫霍卡大坝，这几起破坏事件俄欧都是严重的受损方，特别是俄罗斯，损失尤其大。2023年6月19日，美国通往欧洲的一条重要海底光缆被切断，这一次美欧是受损方。

这些事件好像都有一双无形的手，要将俄乌冲突引向深处。

三是解决能源安全问题可以和碳中和解决方案相结合。一举两得，碳中和所需要的化石能源替代可极大地降低外部化石能源的需求量，提高能源的自主性和可控性，即提升能源战略安全性。

11.9.3　俄乌冲突第二战线：能源战争

俄乌冲突一开战就呈现出两条战争主线，一条是俄乌正面主战争战线，另一条是俄乌美能源战争战线。战争一开始欧美联手对俄罗斯采取无所不用其极的制裁手段，包括没收俄罗斯海外资产、切断银行 SWIFT 系统、禁止航空航线等。俄罗斯则利用能源供应进行反制，让欧盟有所顾忌并为油气支付更高价格，欧盟代价巨大，俄罗斯经济一度因此受益，股市也表现良好。美国则趁机向欧盟销售高出平时数倍价格的油气资源，大发其财。致使欧洲在政治、经济、军事上元气大伤，挫伤欧元对美元的威胁，迫使大量的欧洲企业和资本流向美国，一举多得。

事件回顾：俄欧"北溪管道"被炸事件

在俄乌冲突庞杂的背景下和过程中，特别值得中国重视的是，其间发生了俄罗斯输欧的北溪管道被炸毁的严重事件。俄乌冲突于 2022 年 2 月 24 日爆发，2022 年 9 月 26 日北溪－1 号和北溪－2 号天然气管道发生了只有国家级力量介入才能发生的爆炸事件，天然气管道遭到较为彻底的破坏，并在之后发生了水下气体泄漏。北溪管道是俄罗斯天然气巨头——俄罗斯天然气工业股份公司和五家欧洲公司的合作项目，每年可输送 550 亿立方米的天然气。

在北溪－2 号管道工程开始之初，美国就进行了强烈干预，并于 2020 年发动了对北溪－2 号项目相关公司的严厉制裁。该制裁受到当时德国政府和德国总理默克尔的强烈反对，默克尔表示，"德国联邦政府一直支持建设天然气管道，我们认为美国的域外制裁是非法的"。同时，默克尔还承诺，尽管受到美国的威胁，"北溪－2 项目仍将建成完工"。

美国近两任总统特朗普、拜登都将这些管道视为普京为实现其政治和领土野心而将天然气武器化的工具，进行公开打击，直至发生北溪管道爆炸事件。

一个不可忽视的事实是，受损最大的俄罗斯一直被排除在事件调查工作之外。

欧洲各国都因北溪事件出现了较大的经济和能源损失，美国却从中赚得盆满钵满，除了欧洲不得不向美国购买高价天然气而带来的直接经济利益之外，还进一步夯实了美国在国际市场中的霸主地位。

图11-2　北溪管道被炸

2023年6月19日，美国通往欧洲的一条重要海底光缆被切断了。这条光缆被切断后，对美欧的通信影响很大，而且修复需要较长时间，损失或超上万亿美元。对于这起切断光缆事件，美国很懊恼，第一时间指责这是俄罗斯干的。面对指责，俄罗斯当然也很淡定地说，"这事与俄罗斯无关"。

11.9.4　能源安全问题对国家安全的压力

中国的能源安全问题受到的威胁与欧盟相比，有过之而无不及。中国台海更是面临这样的挑战，能源和粮食安全性是中国应对台海局势的两个最大软肋。2022年，中国原油进口量为5.08亿吨，同比下降1%，对外依存度依然达到71.2%；天然气进口量在多年连续大幅增长的情况下，2022年进口量为1520.7亿立方米、同比下降10.4%，对外依存度仍为40.2%。中国油气资源不能有效地支撑经济的持续发展，中国原油进口依存度已经突破了所谓国际警戒线的60%。

中国的煤炭储量约2000亿吨，按当前年用量40亿吨左右，只有50年的可开采量。相对于美国可开采240年，俄罗斯可开采470年而言，中国煤炭能源安全储量不容乐观。

中国化石能源极高的对外依存度带来几大能源安全威胁：货源短缺和被控制、掠夺性价格难以承受、化石能源极大运输量和极长运输通道等。中国的马六甲困境及当前的应对策略值得较深入的讨论。

11.9.4.1　马六甲困境与中国行动

马六甲困境，也称马六甲困局。经马六甲海峡进入南中国海（从新加坡到中国台湾附近）的油轮数量是经过苏伊士运河的 3 倍、巴拿马运河的 5 倍。因此，各种突发事件很容易导致这些海峡出现短期运输中断，进而导致短期的全球或局部供应中断。马六甲海峡是中国的"海上生命线"，一旦出现意外，将给中国的能源安全造成极大危害，形成所谓海峡困境。

目前中国 80% 以上的石油进口需要通过印度洋和马六甲海峡。随着中国原油消费的不断增长，IEA 预测中国到 2030 年将出现 80% 的原油消费依赖进口的情景，中国国内油气资源不足和运输通道带来的国家经济、政治和军事安全问题，近年来有增无减，中国必须研究和实施解除能源安全问题的长远之道。

俄乌冲突开始至今所发生的一切，表明中国马六甲困境已前所未有的升级，中国政府需要极其认真地应对能源安全战略问题。

中国政府长期以来采取积极行动，缓解马六甲困境。包括积极推进建设中缅天然气石油管道项目、巴基斯坦瓜达尔港项目和中俄哈大运河项目。

11.9.4.2　中国应对马六甲困境对策评述

中国应对马六甲困境的诸多举措，会产生一定的积极作用。但能多大程度上较快解决问题，尚需要极大的投资及较长时间的观察。

在当前中国能源消费结构下，从供应充足、运输路径的安全和价格稳定的传统能源安全概念出发，上述措施都不能从根本上加强中国的能源安全。

另外，管道本身并不比海运更加安全，相反由于目标大且固定，很容易成为境外反对势力的破坏目标，更可能成为要挟中国的把柄，这在俄乌冲突中已有充分展现。由于中国奉行的不干涉外交政策，届时管道反而会成为鸡肋，不干预损失巨大，干预又容易为人诟病，且难以收到效果。

虽然中国通过增加运输通道、输油输气管道等方案保障能源安全，但都不是最有效的，且极易遭到破坏而失去作用。但这些项目在考虑政治、区域经济影响和项目直接投入产出等多方面综合因素的基础上，仍值得积极行动。但一定不能只是一个能源运输问题，不只是针对马六甲困境。

能源安全如何更好地掌控在自己手中，中国面临欧盟同样的问题，解决方式也有相通之处，就是要加快本国新能源对化石能源的替代，极大幅度地降低中国化石能源总需求量，加快能源互联网建设，消除或减弱化石能源运营通道的威胁。

11.9.5　CELM 体系大幅提升中国能源战略安全

中国应通过CELM体系实施，尽早实现碳中和，达到新能源对化石能源、能源互联网输送电力、对油气运输的绝对替代。中国的能源战略安全度可以从以下几个方面得到大大提升。

（1）大幅降低化石能源总需求量。

CELM体系的实施，将通过极为高效的碳减排体系，将快速大幅度地降低化石能源的总用量。

一是CELM体系将所有组织和家庭都纳入碳减排体系，带动化石能源用量降低。双向激励机制促使大家都将积极参与降碳，并将提升每个行业高质量发展，淘汰高碳排放产品和企业，促进更多组织和家庭采用绿色能源，降低化石能源用量。

二是CELM体系有效激励新能源的增长。基于CELM，化石能源的碳排放成本有效内部化。随着碳价的提升，新能源环境优势和成本优势都将越来越明显，将加速新能源对化石能源的取代。新能源的生产大部分在国内沙漠上、非生产用地上和周边国家地区，控制范围小，线路短，安全性高。

两方面的作用和效应互相增强与影响，直至将化石能源用量降至总能源用量的20%以下。

中国化石总能源需求量的降低，将大幅降低中国化石能源对外依存度，从而提高中国能源战略安全度。

（2）能源互联网输送电力取代油气的输送。

化石能源的输送有油轮、列车和油气管道等多种方式，一般距离长达数千公里到上万公里，油轮、列车和管道等输送工具目标庞大，且运输线路单一，无论是海上还是陆上，都非常容易被打击、控制和暗算，安全性和可控性差。

能源互联网利用特高压输电线路输送电力，既不走海上，又不埋在地下，而是架在空中，正常时间利用卫星、无人机监控，非常方便、成本低廉，安全性大幅提升。

（3）利用能源互联网提高能源安全韧性。

能源互联网采用网格化的输电线路，任一区域可获得四个方向的连接，在整个网络中，即使多个节点被毁，也非常容易保障任一区域的正常电力供应。这在信息互联网中得到了充分的体现，互联网化的线路才是安全韧性最强的。面对日益复杂的国际局势，将电网建设成能源互联网具有非常重大的安全战略意义。

11.10　对中国碳排放责任总量核算的影响

自中国双碳目标向国际社会承诺后，如何确定双碳的总量目标值是比较大的问题。碳达峰时的碳排放总量目标是多少？碳中和时代可排放的碳总量是多少？一个国家的碳中和并不是零排放，而是净零排放。中国实现碳中和（碳净零排放）时，实际的碳排放量会与碳吸收（CCUS）的量结合考虑。因此这两个数值是整个中国碳中和进程非常核心的要素，但当前还缺乏明确权威的国际标准。这两个目标值不确定，相当于中国碳中和进程连目标都没有，足见这两个数值的重要性。

如何准确定义这两个数值呢？当前大家想当然认为就是届时中国碳净排放量和实际总排放量。在CELM理论下，这个定义需要重新确认，并且要形成新的国际认定标准。因为国际贸易造成了巨额的碳排放量的进出口，与各国的碳中和责任目标值的关系必须厘清。在当前欧美主导的国际气候总量语境下，按"生产者责任机制""谁排放谁负责"的原则下，这个问题被掩盖了。前面数十年的全球化推动形成的当前国际分工格局中，发展中国家承担了生产制造的分工，即承担了更大量的碳排放，向发达国家输出高碳低附加值的产品，输入低碳高附加值的高科技、高知识含量和金融类服务，发达国家是消费国角色，输出的是低碳高附加值的高科技、高知识含量和金融类服务，输入的是高碳低价值的产品。

按每个国家国土范围内的实际碳排放量承担责任，是不公允的。同时也会造成在经济学上资源配置难以达到最优，达不到国际社会碳减排和宏观经济的帕累托最优，因为这种逻辑会导致全球气候经济市场的有效性失灵。这也是CELM理论强调"消费者责任"机制的重要原因之一。

参见第9.3.2.2，一个国家应该担责的碳排放量为：

一个国家应该担责的碳排放量=本国碳源产生的总碳排放量+国外进口的碳排放责任总量 −向国外出口的碳排放责任总量

其中，国外进口的碳排放责任量和向国外出口的碳排放责任量包含进出口能源产生的碳排放量。

一旦新国际标准建立，通过消费者责任机制输出到进口国，这样中国碳排放责任量每年将减少10亿吨左右，约占总量的10%，这是一个不小的量。

当前的国际规则是谁生产谁担责，欧美不会轻易认可消费者责任机制，这是今后全球气候论坛上一个要斗争的重要议题。中国应该联合发展中国家，推广CELM理论，建立新的国际碳排放责任标准。

如果在全球建立了基于CELM的碳票管理系统（CTMS），并连通数据，国家间的碳足迹数据将非常准确、完整和及时，国家间的碳排放量汇算也将非常简单。

CELM理论定义的碳中和国家是一个国家应该担责的碳排放量，通过自然碳汇和CCUS碳汇实现完全的抵消，即实现净零排放。这样的碳中和国家，即完成了自己国家的碳中和目标的承诺。

11.11　CELM体系经济效应的量化分析

利用可计算一般均衡模型（如CGE模型）分析碳税和碳价对宏观经济的量化分析有非常多的研究成果，但这种分析方法的准确性还是相当有限。在全球气候问题中，因为影响变量太多，除了最重要的碳价外，还有技术、国际碳关税、CCUS成本、消费偏好、疫情改变供应链等大大小小的众多因素，复杂系统的多变量相关性，通过相对简单的建模，准确性难以把握，并不能准确反映现实世界的复杂性，各变量的影响是非线性关系，参数的取值也无法符合实际。传统的均衡模型算法成果能用到政策工具设计上的还很少见，只能当作量化的定性分析更符合现在实际情况，这导致世界经济学术界为决策层提供可落地的解决方案甚少。

CELM体系对宏观经济各方面影响的量化分析非常重要，应该有重大创新，为政府决策层提供更强大的量化模型决策支持能力。目前，这方面条件已逐步成熟。

在大数据和AI时代，只要有足够多的大数据和宏观经济数据，就可以放弃经济模型分析方法了。基于以往的碳减排和宏观经济大数据，建模分析各变量的相关性，从而预测未来，建模复杂性大为降低，大数据、机器学习和神经网络技术的发展可能会让宏观效应分析有重大的改变。

一旦建立起这套体系并持续运营，政府管理部门将获得全面、完整、准确的数据。随着年份的增加，大数据的持续积累，CELM影响宏观的计算问题情况将与过去大不一样，可以充分利用大数据、机器学习和神经网络算法进行更准确的宏观经济大数据模型分析，如分析各类因素对宏观通胀、消费者利益、碳关税以及地区间利益调整的影响等。

有了CELM体系，CTMS、CARS和CMTS组成"1+1+1"三个大数据系统，对气候经济的分析将会变得得心应手。数据粒度可以按天积累，数据量将足够大，各种因素的综合影响将被融合进去，按时间序列的分析成果就会更符合实际，并且完全可以用到政策工具的日常管理和应用上。基于上述原理的算法工具，以及CELM体系和其他政策工具的配套，通过越来越精准的大数据模型分析、整合碳定价方法，完全可以利用碳价调整来实现碳减排进度、宏观经济、消费者承受力与出口贸易之间的均衡，真正让数据和系统支持宏观决策，让政府决策有很强的宏观掌控力。

CELM理论并没有明确从量上控制进程，而是用一个碳价温和地对整体经济体系施加影响，获得充分的测试数据，逐步照顾到各个方面的情形，达到碳中和进程目标，碳中和进程掌控力将更强。后续40年中，随着碳足迹和相关数据积累大增，政府利用单一碳价控制碳中和进程和影响宏观的预测会越来越准，控制能力也会越来越强。

11.12　气候问题与当前经济形势、中国崛起

解决气候问题是当前全人类重大任务，是所有国家及个人都要付出代价而必须解决的事情，这也是人类命运共同体的真正含义。

实现碳中和、解决气候问题，才是今后人类社会最大的事情、中国最大的战略机遇。解决人类气候问题、实现碳中和的全球经济绿色转型，才是今后全球最大的新兴市场。中国只有在这一人类重大叙事中成为主角，才能占领主动权。

谁能带领全人类真正解决气候问题，这样的组织和国家必定成为今后的全球领导者、国际社会最有影响力的组织和国家。

令人欣喜的是，在全球气候问题上中国有最好的牌。光电、风电等新能源产业拥有绝对的产能优势和技术优势，全球能源互联网建设核心技术的特高压输电技术遥遥领先，在建成规模和经验积累方面，美欧难以望其项背。

有了这些绿色转型王牌，在解决气候问题、实现全球碳中和进程上，中国要改变现在的局面，应以CELM理论为指导，基于CELM的全球碳中和解决方案为顶层设计，必须更高调地提出更激进的中国气候雄心，获得更多国家的支持和认同。

通过这样的策略，中国可以将庞大的新能源产能带出去，将能源互联网——特高压输电网建到全世界，主导全球能源互联网基础设施技术标准和获得更广泛的国际影响力。

中国应通过为全球气候问题承担更大责任、作出更大贡献，改善包括欧美在内的整体国际关系，提升国际地位，并解决新能源产能过剩危机。

从根本上支撑世界运行的东西就两样，一是能量（能源），二是信息。粮食也是能源的一种，因为可以给动物提供能量。

世界信息互联网已掌控在美国手里，短期看不可能改变格局了。但中国有引领和主导全球能源互联网的机会，这是上天赐予的良机，要全力以赴去实现。这需要我们率先在国内电力改革上取得突破，成功建设能源互联网，为全球能源互联网建设作出示范。

当前中国经济面临的潜在风险之一就是新能源产能过剩。近年来因新冠疫情、碳减排和房地产调控，各行业普遍缺少投资机会，数万亿元的庞大投资向新能源产业聚集，但国外市场受阻，造成产能严重过剩。如引发危机，将是中国经济不能承受之重。

事实上，新能源产能本可以是中国长达50年碳中和大时代的王牌，如果没有好的策略，那么将成为握在手上会自爆的核弹。

时间窗口很紧迫。

11.13 总结

综上分析，CELM体系对宏观经济、居民消费端、企业、进出口、能源政策等影响都比较积极、正面，相比碳税、碳排放权、碳市场政策工具优势显著。

通过前面几章和本章的分析可看出CELM原理并不复杂，非常容易阐述和被理解，国际社会将会对CELM体系在碳减排公平性、效率上有充分的认同。

以当前的民用电政策变革为例。每度单价0.6元左右，2022年，中国电力行业的碳排放因子为0.853千克二氧化碳/千瓦时，如按目前碳市场约60元/吨CO_2计算，则每度电电费额外增加0.051元的碳费，为居民用电的8.5%。且大部分家庭可以得到返还，不增加年度总支出。先单独立项收费，居民可以承受，同时会大大增加民众的碳减排意识！电网公司就会加大力度采购碳票成本和发电成本相加最低的供电电源。这样大大驱动电厂发电时节约碳票成本，进行吸碳或改用可再生能源发电。钢厂也要选择低碳票加低成本的供电电源，钢厂炼钢时减少排放，尽量把多余的碳票卖出去，买钢板的汽车厂当然要买质量合格且成本（包括碳票价在内）更低的……整个产业链的碳减排就会容易地被驱动起来。

政府只要调整碳源头负碳价格，在宏观经济具有正面效应的情况下，全社会都会被动员起来，用最有效的方法和合理的尺度减少碳排放量，实现碳中和。CELM体系帮助政府尽量采用市场机制减碳，减少主观的行政计划办法，少费钱，少费力。

中国应该加大力度推进CELM体系实施，助推经济增长方式转向绿色、低碳，社会生活方式转向简约、绿色，能源消耗更清洁、可再生。

第 12 章

实施 CELM 体系的必要性、可行性和迫切性

2021年是中国实施"3060"目标的元年。"3060"目标任务重、难度大、时间紧，国际社会普遍不相信中国能实现承诺目标，特别是"3060"碳中和目标，并给中国施加越来越大的压力。中国寻找和加快实施有效的减碳路线图已迫在眉睫。在"3060"目标的实现过程中，高效的顶层机制设计最为重要，有了好的碳减排机制，全社会的减碳意识、减碳技术的发展、巨额的绿色转型资金就都会自然地发展起来。

CELM体系是当前已提出的各种气候政策工具中，在公平性、有效性、国际发展前景等各方面最具优势的碳中和路径。中国应该率先完善理论论证、实施方案的优化落地，加快部署推行。

12.1　CELM 体系的十大突破

碳排放责任机制与全球碳中和解决方案，为全球碳中和提供了全新路径，具有多方面突破性意义，为实现IPCC提出的21世纪末升温控制在1.5℃内最优方案带来新希望。

第一大突破：重构了气候变化经济学基础理论和全球碳中和解决方案。

当前国际社会应对气候变化的基础理论都是基于传统的外部性公共物品的经济学理论，碳排放政策工具设计理论主要依据庇古税原理和科斯产权理论，演绎出碳税和碳排放权两种主要的政策工具（两条道路）及一些变种。从30多年国际社会碳减排的实践演进来看，效果不佳是不争的事实。联合国气候变化大会（COP会议）开了快30届，依然吵得一塌糊涂；碳排放总量控制进程难以满足IPCC设定的升温控制在1.5℃内的安全方案。

碳排放责任机制（CELM）真正洞察到碳排放公共物品问题的本质：碳排放是具有跨时空负外部性的大规模复杂公共物品。碳排放的外部性影响时间跨度上可以为数十年到上百年，空间跨度上是地球任一地点的碳排放无差别影响全球各地的人群。碳排放的责

任和影响包含全社会所有组织和个体，概莫能外。其互相影响的机理和碳减排复杂程度靠数学建模和计算作用甚小。因此，传统的公共物品基础理论（庇古税原理、科斯产权理论）都不能顺利解决当下的碳排放问题。学术界必须在前人的基础上，进行基础理论的创新。

CELM理论指出，经过国际社会30多年的气候博弈和协作，当下全球气候问题经济学命题已演进为：在明确的碳减排目标下，即以IPCC提出的碳排总量（2020年后5000亿吨）、净零排放时间（2050年）的约束条件为基础，实现各大国的双碳承诺为目标，寻求合适的碳减排途径，实现整体和局部、效率和公平兼顾的资源配置最优化。

CELM理论洞察碳排放公共物品的本质（第一性原理），提出了2大公设、7大共识，并由此推演出全社会碳减排管理的2大假设和3大原则，为构建全新的全球碳中和解决方案奠定了基础。

要解决好气候问题的真命题，基于CELM的三大原则，实施市场化程度更高的全球碳中和解决方案，即解决全球气候问题的第三条道路：建立两大体系——全球碳减排体系与全球绿色能源供应市场体系，涵盖四大系统——碳票管理系统（CTMS）、负碳碳市场（NCTM）、全球能源互联网（GEI）和国际电力交易市场（IETM）。全球碳减排体系的建设目标是：在全球建立消费者担责、产业链后端对前端负总责的机制，利用数字信息技术能力建立完整的碳足迹大数据；通过建立基于负碳的碳市场，为需要承担碳排责任的组织提供负碳抵消品；通过整合碳定价方法，将实际碳排放的社会成本逐步内部化，驱动全社会碳减排，激励绿色技术创新。全球绿色能源供应市场体系的建设目标是，建立全球能源互联网，零碳绿色能源可以24小时不间断地在全球范围内调配输送；通过国际电力交易市场，所有"零碳"绿色能源（经国际负碳抵消）实现自由交易，资源最优配置。全球碳减排体系加速国际社会碳减排，全球绿色能源供应体系加速化石能源替代，两者相向而行，加快实现全球碳中和。这是碳排放责任机制的核心思想。

CELM理论发现国际社会长期奉行的"谁排放谁负责"机制存在根本性问题，指出全球范围内推行"谁消费谁负责"机制的必要性。CELM理论为解决全球碳中和很多关键问题提供了最有效率并兼顾公平的方法论。

基于CELM理论，全新构建了当前最有效率的全球碳中和解决方案——基于CELM的"全球碳减排体系＋全球绿色能源供应市场体系"的"1+1"体系。两大体系如碳中和的一体两面，一个体系通过"纯软"的机制设计加速全社会碳减排，另一个体系利用能源互联网相关的"硬核"基础设施，加速绿色能源在全球范围内的高效供应，加快化石能源替代，为国际社会找到真正能实现IPCC最高目标（升温控制在1.5℃内）的全球碳中和第三条道路。

第二大突破：构建了完整、准确、动态的全社会碳足迹大数据库。

当前国际社会碳减排管理一直面临以下三大难题。

（1）缺乏完整、准确、动态的全产品碳排放因子库。各行业没有动态的碳排放因子库，方案评估、政策工具设计都面临难题。现在有很多研发团队在做这个数据库，但没有好的路径与方法，研发成本高，质量差，实用性不高。有的引用很多年前的老数据，国内国外互相抄；有的用区块链做数据管理，出现各种数据遗漏、数据重叠、数据量小等问题，无法为社会提供实用价值。

（2）排放组织的碳排放数据盘查，成本高、数据质量差、难以杜绝造假。进入碳市场的煤电企业居然要两三轮碳核查，这样的执行成本，长期下去社会将不堪承受。当前的状况是，碳市场规模还很小，而碳盘查、碳核查、碳减排核证的咨询顾问已发展成一个大的行业。有的机构声称要培训20万名碳盘查人员，每位碳盘查人员的成本约20万元/年，意味着一年运行费用中仅人工费就需要约400亿元，但目前全国碳市场交易额只有二三十亿元。这样的市场不健康，社会成本过高，会造成严重的社会福利损失。

（3）碳排放数据获得难度大，碳减排管理范围扩展慢。中国推动碳减排近20年，目前能纳入全国碳排放市场管理的只有煤电一个行业，主要原因是对企业的碳排放数据盘查极为困难。

基于CELM的碳票管理系统（CTMS）可以轻松解决这三大难题。在自运营、自约束的CTMS系统支持下，政府主管部门只要管住了碳源组织和碳源数据，不需要政府投入巨额监管成本，一个数据精度很高、覆盖全社会所有物品和服务、实时动态更新的全物品数字碳足迹大数据库就可以被构建出来。

有了CTMS这样的碳中和数字化基础设施，政府碳排放管理中的大部分问题就容易解决了。

第三大突破：提出了全新碳市场顶层设计。

碳中和进程和碳市场现状倒逼变革。

2022年7月16日，全国碳排放权交易市场上线交易满一周年。截至2022年7月15日，全国碳市场累计成交量近2亿吨，累计成交额近85亿元；截至2022年底，全国碳市场累计成交量2.3亿吨，累计成交额104.75亿元。碳市场的成交量、活跃度和对减排的激励作用都不理想。

自全国碳市场运行以来，存在比较突出的四大问题：参与主体单一，流动性不足，价格传导机制不成熟，金融工具利用有限。

CELM重构中国碳市场顶层设计：

CELM理论提出了全新的碳市场顶层设计方案，构建了一个包含全国统一碳市场、两种核心交易标的（真负碳、欠负碳）、三个市场层级、四大交易主体的负碳碳市场架构。

（1）将碳排放权、CCER类碳交易市场转型为负碳碳市场。将碳市场的属性进行根本性的变革。

（2）建立唯一的全国统一碳市场。CELM理论提出了不能分散碳市场的必要性。各省市碳市场应该被合并掉，只留下唯一的全国性碳市场。CCER碳交易市场没有重新建设的价值。

（3）提出两种核心交易标的：真负碳、欠负碳及阶段性的国际负碳。CELM理论可解决碳中和组织、出口组织和碳排放组织的碳责任抵消需求，包括碳资产投资需求。

（4）提出了国际碳市场建设的路径。国际碳市场是中国发展的重要战略机遇。要发展国际碳市场，做大规模，碳市场的标的物必须易于形成统一的国际标准。CELM体系提出的"真负碳"标准产品，为快速建设繁荣的国际碳市场提供了可行性。

基于CELM的碳市场顶层设计，通过与CTMS系统的配合，解决了当前碳市场规模小、流动性不足、核查碳数据困难等问题。CELM体系能够将当前年交易不到百亿的规模快速扩展100倍，达到万亿级交易规模。全社会组织、个人和投资者一开局就可以全部进入碳市场。

第四大突破：建立了更科学高效的整合碳定价方法。

将碳排放社会成本通过一定形式，科学合理地进行内部化，是解决碳排放的跨时空外部性问题最重要的工作。当前基于社会成本和碳排放权的碳定价（碳市场）方法的理论，来源于传统简单公共物品的经济学模型，存在诸多不足，不能解决碳定价面临的诸多挑战。

CELM提出了全新整合碳定价策略（Integrated Carbon Pricing Strategy，ICPS）：基于碳中和目标，依托完全市场信息，以市场机制为主要手段，利用完整碳足迹大数据和宏观经济动态数据，结合碳中和进程和宏观经济的承受能力，运用大数据模型智能分析系统实现更精准定价。这一理论创建了具有跨时空外部性、大规模复杂公共物品的外部性成本定价新方法，这样的整合碳定价策略规避了公共物品外部成本传统定价方法的诸多缺点，带来多方面优势（详见第8.7节）。

第五大突破：可以解决国际贸易碳边境调节机制难题。

应对气候问题的国际协调，是全球碳中和面临的最大挑战。由于传统的"谁排放谁担责"的支撑理论存在严重缺陷，导致联合国气候大会协调的方向一直走偏，博弈远远大于合作，显而易见效果非常差。

CELM理论揭示了国家间碳排放责任的内在逻辑，以"消费者责任"机制为原则，通过基于 CELM 的全球碳减排体系，可以巧妙地解决国家间的碳关税可信碳数据和碳排放成本承担的处理方案，国家间只要定期协商"国际负碳"价格即可。该方案简单、公平、高效，落地性强。

第六大突破：可以实现碳减排对宏观经济的正向效应。

CELM 体系将每一吨碳排放成本都实现了内部化，公平性高，减排效应大。由于整套机制巧妙地将碳排放成本均匀地分布到全社会，同时竞争淘汰单元缩小至最小产品范围，且碳排放强度低的优质产能可获得即时奖励，降低了总成本，所以对宏观经济和社会福利影响很小。特别是对煤电行业的碳减排冲击几乎降至零，这对宏观经济极为有利。

在 CELM 方案下，碳排放强度超过行业平均水平的组织面临更大的排放成本压力，并且在机制上是即时执行。超过行业平均水平的组织需要支付越来越高的碳排放成本，这样可以实现良币驱逐劣币，对宏观经济的高质量发展起到很好的促进作用。

同时，国家收到的碳费可用于碳减排项目和碳汇项目、低收入群体的分配调整，将大量增加社会福利，获得较好的双重红利。如果这些项目投资在能源省份和碳汇省份，那么可以改善地区间的转移支付。

第七大突破：快速发动全社会减碳。

中国"3060"碳中和目标的实现，必须依靠所有社会组织和全体居民参与碳减排。抓重点行业碳减排、抓大放小的思维有严重缺陷，只是管住大头，难以实现碳中和目标。

基于 CELM 的"1+1"碳减排顶层设计，一开始就将全社会组织和个体纳入碳减排体系，动员社会所有力量减碳，在全社会范围内实现最优资源配置。这将大大加快全局碳减排，增加社会福利，形成全球碳中和新格局，并改变当前全社会努力了 10 多年却只能推动一个煤电行业进行碳减排的尴尬局面。

第八大突破：开辟了万亿级政府财政收入新来源。

国际社会应对气候变化、实现绿色经济转型的最大难题之一是缺乏资金投入。世行研究报告指出，国际社会实现全球碳中和、绿色经济转型需要总投入 250 万亿美元，而这些资金来源仍没有着落。COP27 会议在 10 年争吵的基础上，只是达成了没有落地措施的意向协议，设立千亿美元的基金来补偿发展中国家因气候变化造成的"损失和损害"，这几乎是 COP27 会议唯一重大的成果，可见国际社会绿色经济转型所需资金挑战之大。

中金公司提出，到 2060 年中国绿色投资需求总额是 139 万亿元，这样的巨额资金规模不可能全部由财政承担。CELM 方案为国家打开了万亿级的财政收入来源，与当前个税总收入的量级相当，意义非常重大，并可带来以下几大好处。

（1）改善地区间发展不平衡。东西部地区间、能源碳汇省份与能源消费大省间的经济结构得到改善，贫富差距缩小。西部地区、能源碳汇省区市将得到大额的碳减排项目投资，拉动区域经济发展，改善生态环境。

（2）改善居民税收结构，增加税收政策的累进性。可以与其他税种的改革配套，如大幅提升个税起征点，减少企业所得税，将有利于社会福利的增加。通过家庭碳账户机制和家庭梯级碳费调节收入分配，有利于共同富裕。

（3）提升生态环境、改善福利。减少碳排放和污染可以极大地提升社会福利，减少卫生健康支出，提高人民群众获得感。

第九大突破：升级全球能源互联网方案和中国电力改革顶层设计。

全球能源互联网方案作为中国对世界气候问题的重要贡献，已经推行了一段时间，对全球碳中和与世界经济的绿色经济转型战略价值很大，但要加快进展，仍需要解决一些关键问题。

CELM对国际电力交易市场的顶层方案提出优化建议，通过国际负碳抵消将各国各地区传统电力和新能源拉通，成为"零碳电力"，在统一起跑线公平交易，为国际电力交易市场扩展和升级开辟崭新的空间。

中国双碳目标的实现，离不开电力市场改革的成功，化石能源替代也与电力系统息息相关。当前中国电力市场改革难度较大，堵点和痛点不少。本书重点研究了中国电力长期以来的卡点和堵点，指出电力改革艰难行进的问题所在，提出基于CELM、互联网思维、数字化思维和纯市场机制的中国电力改革全新顶层设计。本书指出中国电力改革的关键在于打破输配电垄断局面，打破输配电垄断的关键在于用互联网思维建设新输配电网，彻底形成纯市场化竞争格局。

基于CELM的电力市场必须将整个产业链主线进行纯市场化改造，各板块全面平等纯市场化竞争，对需要继续政策扶持的领域进行单独政策设计，独立运作，减少一切市场耦合、交叉补贴现象。

基于CELM的电改方案还提出家庭电账户机制，极大提升电力市场改革动力，改善不同收入阶层分配和政策累进性，并较大力度促进节电节能。

第十大突破：加快全球碳中和进程，实现IPCC控温第一方案。

CELM体系通过以下三种途径，将大大加速全球碳中和进程，有望实现IPCC控温最优方案。

（1）启动即驱动全社会减排。在传统方案下，重点碳排放行业尤其是煤电企业的碳排放量90%以上并不决定于自身，需要全产业链一起减排才有效。单一行业交易碳排放权，资源配置效率低。而基于CELM的碳减排体系一旦启动，就将全社会全组织全部纳入，共同加入碳减排的行动。

（2）简单、公平、高效地实现国际间协调。在消费者责任机制下，更容易实现国际间协调，传统碳减排机制下国际贸易中面临的碳出口、碳泄漏、碳关税等难题将大大简化。

（3）全球碳中和投入将大为减少。全面动员全社会减碳，政府获得巨额的碳费收入，很明显，国家的碳中和负担将显著减轻。

总结：人类气候问题的希望。

对 COP27 会议的观察表明，解决人类气候问题仍处在绝望之中。虽然有上百万名各方面的学者进行长达数十年的研究探索，但政府和学术界仍在摸索中。

CELM 理论和全球碳中和解决方案，为国际社会找到了一条更公平、效率更高的全球碳中和新路径，为实现 IPCC 最优方案提供了可靠的理论支撑和制度保障。

不仅如此，CELM 体系除了为全球碳中和带来福音，其思想和方法论，也为解决其他温室气体（如甲烷、一氧化二氮等）排放公共物品问题、其他环境公共物品制度的顶层设计提供了科学高效的范式，是当今经济学术界对国际社会最有贡献的突破之一。

CELM 理论的思想精髓是以最高的维度，通过跨学科的集成研究，充分利用各学科优势，发挥数字化能力，低成本获得公共物品的全息数据，利用市场机制解决各种问题，实现资源最优配置，建立公平高效的制度。

中国应该加快 CELM 方案的实施，与其他绿色能源产业优势相结合，向国际社会展现更大的气候雄心，承担更大的全球碳中和责任，可以取得全球应对气候变化的领导地位。

12.2　CELM 体系实施的必要性

CELM 体系的实施能为中国"3060"目标带来强大动力，实现诸多价值，具有重大的国家战略意义。因此我国非常有必要加快推进其落地实施。

12.2.1　CELM 体系实施价值

基于 CELM 的"1+1"体系启动运行，能在政府、企业和国际社会多个层面带来巨大价值。

（1）自运行，强驱动，高效益。

国家只要抓住、抓好碳源头，即碳源组织（能源企业、进口企业、碳产生企业）碳源准确计量核定后，生成数据进入碳票管理系统（CTMS），系统就能自运营，不会出现过程问题。CTMS 全过程的运营成本、监管（MRV）成本都将降低，对全社会所有组织和个人的减碳驱动将十分强劲，利用市场价格信号，可动员全社会参与减碳。政府利用最大碳源输出者和负碳输出者地位，可以精准调控市场减碳进程，加快减碳速度，对宏观经济影响可以很小，整体上可以获得最大的投入产出比。

（2）加快全社会、各行业碳减排，提前10年以上实现碳中和。

所有的碳足迹从碳源头开始，就被准确记录，碳源的扩散和汇集过程都被准确计量，及时汇总。全社会各行业组织的碳排放责任和成本清楚明了，国家双碳目标的"1+N"的政策就很容易设计，碳减排就能更快速被驱动。因为在CELM体系下，减碳从产品成本和社会责任两个维度，成为组织核心竞争力之一，甚至是生存底线。

CELM体系一个突出的价值在于，从经济和社会责任（品牌效应）两个方面低成本、高效率驱动全行业、全社会加入碳减排行动，而不像当前全国仅两三千家煤电企业在参与，这将在中国实现碳中和目标进程中发挥非常关键的作用。

按推算，如果CELM体系运营起来，"3060"目标可以大大提前达成，中国碳达峰可以提前2~3年，碳中和可以提前10年以上达成。

（3）自修正能力强，灵活性强，能精准调控对宏观经济影响。

当前碳减排政策推行困难，进展缓慢，重要原因是顾忌减碳成本对宏观经济冲击过大。大量的研究团队，通过数学模型测算，都得出有重大负面影响的结论。按中国120亿吨/年碳排放量，将来可预期的CCUS成本价200元/吨核算（2022年国内碳排权碳市场价约56元/吨），总碳费是2.4万亿元，按中国2022年GDP总量121万亿元算，占GDP总量1.9%，在可接受的范围内。本书认为，碳费影响被高估了。关键问题在于过去没有找到既能加速减碳，又对宏观经济影响小的有效途径，碳排放责任机制为政府提供了可行的最佳解决方案。

通过基于CELM的"碳票管理系统+负碳碳市场"碳减排体系，政府通过监测减碳对宏观经济、市场和企业基本面的影响，负碳价的精准调控设置，输入碳交易系统，可以及时进行市场调节和宏观调控，政府的掌控力就可以增强。

（4）碳泄漏问题将不存在。

基于CTMS的碳票大数据管理系统，在运营成本较低的情况下，全社会碳足迹都会被精确统计分析，不会形成"碳泄漏"，数据将非常完整准确。在全产业链中，没有监管成本的情况下，数据不会被漏算、错算，且终会有人承担责任，即政府开出给碳源组织的销项碳票总量与负碳碳市场售出的负碳总量（"欠负碳"与"真负碳"总和）相同。

（5）大幅减少国家碳排放监管成本。

碳管理的政府监管成本和廉政难题将得到改善。当前的碳排放额分配和碳交易市场清算 MRV 监管成本高，带来的交易成本高。目前已发现不少碳数据造假的严重问题，甚至是重大案件。很多研究机构甚至因此推荐碳税方案，基于 CELM 理论和方案比碳税更有效率和公平性。

（6）应对国际碳关税压力。

国际碳关税风潮很快袭来，中国企业将面临极大挑战。通过内部的"真负碳"或"国际负碳"碳抵消，将国内出口产品升级成"零碳产品"后，可以应对类似欧盟 CBAM 机制，避免出现国内增加碳减排和环保成本，出口又被征收碳关税的被动局面。

（7）建立世界领先的国际碳市场。

CELM 体系，为中国建立世界领先的碳市场提供顶层理论支撑和可行的实施落地方案，支持中国抢先建立国际最大的统一碳市场，创造巨额外汇，支撑人民币国际化，成为人民币资产有利的蓄水池。

（8）为政府开创巨大的绿色财政收入来源。

今后 30 余年需要近 200 万亿元的碳中和投资，政府将需要一个非常有效的碳中和资金筹集渠道，且不会对宏观经济造成冲击。基于碳排放责任机制中碳中和成本（欠负碳）收入对政府更具科学性、合法性。通过 CELM "1+1" 体系，政府从碳市场中可获得巨额负碳收入。

（9）全社会精准碳足迹大数据价值将不断放大。

CTMS 自动形成碳排放大数据库，全社会所有资源、产品和服务的碳足迹大数据，每一个细分产品品类的碳排放量的社会平均值（碳排放因子库）也很容易分析得到，这将为各行业减碳措施提供最强大的数据支撑和算力支撑。

利用 CTMS 系统数据，政府可以相对容易地更精准地制定系统性政策，如行业排放标准、行业落后产能淘汰标准，都有精准大数据的支撑，不会出大的偏差。

CTMS 大数据还可以被开发成各种类型的数据产品，形成碳数据增值产业。

12.2.2　CELM 体系实施意义

（1）在双碳国际博弈中，改变中国被动地位。

就 30 多年的气候问题而言，国际博弈基本在欧美设置的规则和语境下，作为碳排放的大国，中国一直很被动。推广 CELM 理论的"消费者责任"规则和碳市场规则，可以显著提升中国在碳国际博弈中的地位，也容易争取更多国家的支持。CELM 理论一大原则是"消费者责任"而非"生产者责任"，碳费收取方对应责任应该是生产国政府用以减碳和消除生产污染所做的努力。

同时，CELM "1+1" 体系和中国领先的绿色能源产业、能源互联网技术形成集成优势，从全球气候问题的被动者转变为领导者。

（2）助力国家双碳目标提前实现。

推行CELM体系，有望在现有的政策机制下，将中国实现碳达峰的目标提前2~3年，实现碳中和的目标提前10年以上。

（3）加倍红利。

CELM体系对社会福利增加具有加倍红利（Double Dividend）效应。

即一方面通过碳减排体系双向激励，减少碳排放，加强污染治理，提高环境质量；另一方面是将负碳收入获得的净经济效益，投入减碳相关的项目和技术开发中，形成更多的社会就业、个人财富、GDP总值以及持续的GDP增长等。利用经济增量调节收入分配是更为明智的共同富裕举措。

不同机构的研究表明，为实现碳中和，我国未来30年需要至少200万亿元的投入。CELM机制可以有效地驱动全社会共同减排，与现有体系相比，可极大地减少全社会的碳减排投入及成本，投入预计可节约50%以上，超过百万亿元规模，成本预计可节约80%以上。同时还可以减少向欧美缴纳数千亿美元的碳关税。

（4）提升全民低碳意识。

碳票管理系统的"消费者责任"理念，通过CELM碳减排体系的实施，快速覆盖全社会，让全社会的组织和个人加入减碳行动中来，并且将自己的责任量化、碳中和成本可以计算，进一步提高了全民的碳减排和环境保护意识。

（5）为其他环境税政策制定提供了借鉴。

大数据AI时代，经济学理论借助大数据、数字化和智能化能力，有可能设计出高精准、低成本政策工具，基于CTMS可以为其他环境税提供大数据支撑，同时可以为其他领域的环境政策设计提供借鉴。

12.3　CELM 体系实施的可行性

作为CELM体系四大系统中的关键系统之一，CTMS系统是一个覆盖全国所有组织、所有商品和服务的碳足迹大数据系统。该系统的实施复杂且庞大，不仅包含软件系统开发，还必须做好配套工程，包括制度建设和运营系统。CTMS是一个全新系统，相对负碳碳市场、国际电力交易市场建设而言，更具挑战性。如果CTMS做好了，那么其他CELM系统难度更小些。

CTMS 系统相较于当前探索的减碳体系，虽然其复杂度、难度和投入仍是最低的，但是可行性很强。

（1）中国已经具备大型财政系统建设经验，CTMS可借鉴。

中国建立了全球最强的全国增值税系统——金税工程。金税工程已发展升级到4期，运营很多年，为中国政府积累了很多全国性大型财政系统建设的经验。全国碳票管理系统比全国增值税系统简单，增值税系统各行业的税率不一样，税务处理的方式各不相同，还要处理地税国税的问题，每年的税率要调整，企业清缴的方式也较复杂。碳票管理系统（CTMS）相对简单得多，主要是记录碳排放责任数量一个数据，不涉及费率和费用计算。清缴的处理也很简单，一个原则，即进项和销项要平衡。有关CTMS，一旦政府决策开始行动，可以比较快地建立起来。

（2）CTMS技术上的挑战可以应对。

CTMS是新事物，遇到一些技术上的挑战是正常的，但整体上问题不大。CTMS有一些技术难点，包括常见的大数据量、高效灵敏的反欺诈能力、安全性等，可能最具挑战性的是覆盖全社会的物料、商品和服务的动态智能编码系统。但投入一定的研发，相信政府管理部门可以开发出胜任每一种商品、每类商品碳足迹数据记录和分析的编码系统。

（3）CTMS运营所需要的法律支撑系统。

CTMS的正常运营需要良好的法律支撑系统。当前碳排放是全球头等重要的大事，世界各国和中国立法工作已经有良好的基础，只要对CELM理论体系与其价值有充分的认知，立法工作的完成就不会有太大问题。CTMS的法理逻辑和市场经济学逻辑都比较简单，给立法技术处理带来极大的便利，避免了立法对各利益相关方带来复杂的损益计算问题，比一直以来很多人主张的碳税工具的立法要简单省力得多。

（4）CTMS系统的运营系统建立。

CTMS系统运营包括多个方面：系统运营、数据运营、组织碳账户定期清缴、碳源企业的碳排放量管理和基于大数据的决策系统等。这些系统的建立可借鉴增值税系统的建设运营经验。当前生态环境部全面负责应对气候变化，CTMS的运营主体放在哪个部门由中央来指定，从现实情况看，放在财政部门更有优势。负碳碳市场可由生态环境部来主导。

总的来说，中国碳减排体系顶层设计和执行建议由生态环境部来主导，符合国家治理顶层设计要求。

（5）CTMS系统建设投资较低。

CTMS系统是一个全国性通用大数据平台，一次性开发建设，全国所有行业通用，集约化应用和运维，建设成本和运营成本不高，对比它产生的社会和经济效应，投入的建设成本可以忽略不计，不会造成政府负担。事实上，基于CTMS的政府运营系统，对比现在基于碳排放权的MRV成本，将节约巨额费用，需要加快推行。

（6）CTMS系统的运营更符合国策。

数字化转型已成为中国国策。CTMS通过数字化技术将低成本、高效率地解决碳足迹大数据的记录问题，是实现中国双碳目标最重要的基础设施。CTMS全过程的管理可以实现完全无纸化的大数据管理和运营体系，本身也是最低碳的解决方案。而目前碳排放权体系工作难度大，耗碳量大。因此，CTMS系统的运营更符合国策，金碳工程完全可以成为我国数字化进程领先全球的一个标志性工程。

（7）中国碳市场变革将不存在技术难点。

有CELM理论支撑，基于CELM的负碳碳市场顶层设计基本成形，中国碳市场变革的技术难点已被攻破，有挑战的是现在各利益相关方的冲突。"3060"目标关乎国运，关乎国际竞争，任何利益集团都应该让路，都不应成为改革的障碍，这需要在国家改革层面的推进。

12.4　CELM体系实施的迫切性

不仅"3060"目标非常紧迫，而且国际社会气候问题引发的国际形势，也时不我待。前些年，西方国家一直将气候问题作为对中国的核心压制手段，中国由于是最大碳排国，一直处于被动。因此，无论是国内碳中和进程还是国际形势，加快实施CELM体系都非常迫切。

（1）中国实现双碳目标时间紧迫，按现有体系很难实现目标。

中国是全球最大的碳排放国，碳排放总量占全球三分之一左右。煤电还要上新项目，现有体系的碳减排作用甚小，按现有体系运行，要实现"3060"目标相当困难。

中国实现双碳目标，最大的机会不在于绿色能源产业规模扩展、巨大的金融投入、低碳技术的高投入研发，而在于找到最正确的指导理论，建立最公平有效的碳中和顶层设计。碳中和制度土壤好了，碳排放的正反向激励机制高效了，那么所有资源都会有，所有的碳中和技术都会出现。这是政府最应着力的，不能再把精力放在碳排放权分配交易、CCER核证上了。

（2）高成本的碳排放管理体系重复建设。

因缺乏先进的气候经济学基础理论体系，为了减碳，政府当前采用了很多低效政策工具，去建立无比复杂的碳排放管理体系。成本高、效率低，包括配额分配、碳排核查、碳交易市场等，过程中还形成了各种利益格局。像CCER体系，形成了200多种方法，生态环境部还在大量招募；北京还在重建CCER交易市场；广州和海南要建设国际碳交易市场。

行业普遍认为碳中和是个风口，搞不清真相，都在急于盲目圈地，而这些工作都难以持续，会造成极大的社会浪费，社会成本很高，效用很低。当新的高效体系研发出来后，要改变这些低效体系容易尾大不掉的情况，所以需要加快对 CELM 体系的论证、完善和落地，未来全社会的减碳代价将低很多，体系也会简单很多。

（3）当前的碳减排体系对宏观经济冲击很大。

当前以碳排放权为核心的碳减排体系，碳减排的效率不高，碳中和进程推进速度慢，但对宏观经济的冲击已不小。如煤电整个行业亏损严重，严重影响发电积极性，巨额煤电行业投资回收期还很长；一到夏季，全国有些地方拉闸限电，一些产业的正常生产受到严重影响，损失严重。

这样的情形表明，当前的体系减排效应不强，对宏观经济方面负面影响过大，亟须改变。而在 CELM 体系下，碳减排速度可以在初期提升 100 倍以上，对宏观经济方面实现正向影响，要尽快加以实施。

（4）国际碳关税边境措施启动。

尽早启动 CELM 体系有助于应对类欧盟 CBAM 机制。西方气候俱乐部已正式成立，形势紧迫。CELM 体系可解决碳排放可信数据的提供和碳排放责任的抵消两大问题。通过 CTMS 能提供可信任可核查的出口产品碳足迹数据；通过负碳碳交易市场，实现出口产品碳排放责任的抵消。

类似的国际碳排放监管机制不断增多，将影响中国的国际贸易和国际资本市场的发展。美国证券交易委员会（SEC）公布了最新气候信息披露规则，在美国上市公司产品和服务中碳排放情况将进行越来越严格的报告机制，中国公司走向国际要有越来越可信的碳足迹数据报告和低碳化产品。

（5）碳排放的国家监管困难多成本高。

2022 年 3 月 14 日，生态环境部通报多起碳排放数据报告造假案。

通报涉及四家机构，这四家机构均为碳核查中介机构，主要职责是为企业出具碳核查检测报告，而报告失实造假、核查不严是上述机构存在的共性问题。碳排放数据的真实性是碳市场的根基，直接影响碳市场的实际配额供需。目前市场上碳相关服务和咨询机构数量众多、鱼龙混杂、专业水准不一。要对碳排放数据进行监控，有赖于一个稳健的 MRV 体系，这一体系主要由测量、报告和核查（Measurement，Reporting，Verification）组成，第三方机构开展的碳核查是保证数据质量的重要一环。

当前碳市场交易监管 MRV 体系投入大，对 MRV 体系的监管面临困难，需要一个非常庞大的系统来确保运营，成本高昂。基于碳排放权配额的碳交易方式，需要全过程监管每家企业的排放过程和排放量。控排的范围很小，只能监控一个行业、一批大企业。其实碳减排关乎全局、所有企业和居民，按现有的机制和技术手段，能监管到的企业只占很小比例，大大减缓了全社会减碳的速度。

CELM体系则使这些问题得到很好的解决。系统自运营，自约束，只要管理好了碳源，全产业链碳足迹的监管成本就会非常低。

（6）碳交易市场改革刻不容缓。

目前基于碳排放权的碳市场还未能对中国碳中和进程起到关键作用，规模发展不起来，碳市场的金融功能没完全发挥出来，负面效应却很大。中国需要加快改革进程，推进到CELM负碳碳市场模式上来，让中国碳市场成为全球领先的碳市场，成为中国"3060"目标的重要推动力。

第13章

双碳政策与行动建议

中国建立起CELM体系，就有了高效率的碳中和政策工具，政策公平性也将大幅提升，中国将有能力在各行业实现双碳目标的精准施策。过去复杂的碳排放权配额制、碳减排指标、用能权分配、双控指标等政策工具可以进行很大的调整，有的可以直接放弃。

在当下国际气候问题局势和中国碳中和目标压力下，中国升级双碳政策顶层设计并采取有效举措是非常紧迫的工作。在清晰的理论和方案指引下，中国双碳工作的规划可以先立后破，快速、有序、高效推进。

13.1 加快启动建设中国 CELM 体系

先立后破，全国一盘棋。加快建立CELM碳减排体系，从容推进碳减排，可避免当前经常出现的碳冲锋、运动式减碳现象。

CELM碳减排体系建立后，政府管理部门可以精准掌握碳足迹大数据，对全局策略进行精准设计，使全局最优。从时间维度上可以通过几个变量的设计，掌控整体节奏，放大正向效应，避免对宏观经济造成过大冲击。

通过碳源总量、碳价调控和"欠负碳"的投入、"真负碳"生产量等组合手段，调控碳达峰碳中和最优进程，通过市场调节机制实现宏观经济的优化发展。拉闸限电等运动式减碳措施完全可以弃用。控盘方案按全国一盘棋来统筹，不需对区域和行业进行分解，实现全国范围的减碳效率提升。

应尽快停止当前的碳排放权配额机制，当前任何碳排放权的分配方法都不能达到效率最优。基于CELM的碳排放责任体系，在现有技术条件下，碳配额分配和执行的难题不再是任何国家碳减排都必然要面对的。基于全局碳足迹数据，任何经济实体都应该为碳排放承担经济责任，通过碳排放存量客观数据和市场交易决定碳排放的定价，达到全社会的效率最优，并实现中国碳中和进程自如调控。

中国不宜再考虑碳税政策工具的采用。碳税政策工具在碳减排作用上问题较多，并不具备落地优势，不宜再继续研究碳税的定价和运营体系的建设。

13.2　实现统一的国家负碳碳市场

省级碳排放权交易试点市场已经跟不上形势。十多年试验也已证实，中国碳市场建设应该尽快升级到基于CELM体系的全国统一负碳碳市场和国际化碳市场建设的层级上来，加快抢占国际碳市场制高点。

CER/CCER激励机制应逐步取消。停止相对减排量激励，转向强化更有发展空间、更能国际化的"真负碳"产业的发展。全面推进碳排放成本内部化进程后，原来如CER/CCER项目的激励，可调整为减税（包括增值税、所得税）和金融政策的补充激励，而不是核心政策。应用财政政策更要慎之又慎。

13.3　行业减碳精准施策，实现良币驱逐劣币

为实现"3060"目标，中国政府全面制定了碳达峰碳中和"1+N"政策体系，"1+N"中的"1"指中共中央、国务院《关于完整准确全面贯彻新发展理念做好碳达峰碳中和工作的意见》和《2030年前碳达峰行动方案》，"N"则包括各重点领域和行业以及各省市的政策措施和行动（参见附录1）。

基于CELM的CTMS大数据系统建成和运营后，全局碳足迹大数据了如指掌，政府的"1+N"政策制定难度将大幅降低，政策工具设计效率可以大幅提升。政府的行业政策中，行业高质量发展的一个关键指标是碳排放强度，即单位GDP的碳排放量，在地方政府、央企和国企的管理层考核中应加入该KPI指标。

如建筑行业，当前有10万家建筑企业，单位产值耗碳量和单位建筑面积耗碳量差别很大。有了CTMS大数据，可以实时对所有企业进行两个碳排放强度指标的排序（以下简称双排序），实施红黑榜管理，设计实现良币驱逐劣币的政策。例如，第一年进行红黑榜管理，施加社会影响力和品牌影响力；第二年可以对双排序前3%的企业加征超排量减碳费用；第三年甚至可开始取消碳排放强度最高的3%企业的经营资格。减碳政策可逐步加码，实现市场的良性高质量发展，有序清退高能耗低质量产能。

其他行业也可以通过对产值、单位产量的碳排量排序双控，对高碳排落后产能企业施压，迫使其提升发展质量或逐步退出市场。

13.4　碳市场启动与税负结构调整

CELM负碳碳市场开始启动时，国家起步试运营阶段可以用零碳价。正式运营后，输入的"欠负碳"碳价从当前的碳排放权价格开始，更容易被市场理解和接受，也可以测试宏观经济的反应。

按当前120亿吨碳排量碳价60元/吨测算，市场将增加7200亿元左右的碳排成本。相对我国120万亿元GDP的总量来讲，压力并不大。当发现市场消费品成本，包括电价，达不到倒逼生产商选择的效果时，应该加快提升碳价。

同时政府应该采取财政联动措施，对税收结构进行调整，减少企业某些税种的税负，更大幅度提升个调税起征点，避免碳费的累退性政策效应。

13.5　政府碳费收入的使用安排

基于CELM体系，政府通过CTMS和碳市场NCTM可以快速地获取巨额碳费收入。如果按中国年度碳排总量120亿吨CO_2计算，按当前碳排放权交易均价计算，中国政府年度将获得约7200亿元资金。当前欧美碳价已经每吨80欧元左右。国内碳价到了100元/吨时，中国政府年度将获得约1.2万亿元资金。

政府这些碳资金，来源于消费者和企业增加的费用，应该全面应用于双碳目标事业中，例如碳汇地区的民生发展项目，低收入群体补贴等。政府应明确管理主体，收支两条线收好用好，将这些消费者承担的碳排放成本利用好。

在双碳目标事业的投入上，资金在各方向效率也很不相同，一定要在比较高效率、宜投入的资金方向上着力。

（1）直接向市场购进"真负碳"。这是对碳汇企业的直接激励，市场机制的公允有效可以极大地激励碳汇产业的发展。"真负碳"是一个巨大的产业，政府要争取在这个产业上领先国际。作为最大的"真负碳"输出国，中国既可以赚取大量外汇，又可以助力建立国际碳市场，助力人民币国际化。社会组织采购"真负碳"抵消后市场仍有多余的"真负碳"，政府也该全部买进，以保护产业发展的积极性。

（2）建立"国家碳中和基金"。建立基金，投入对双碳目标有利的各领域项目，集中力量办大事。基金用于碳市场调节资金池，成为碳市场稳定器，进行回购和投放操作，确保碳市场的活跃和稳定。投资"一带一路"绿色经济转型，支持合作国家和地区发展绿色能源、碳中和体系。

（3）向绿色能源和再生能源项目投入信贷支持甚至直接投资。加速化石能源替代，在绿色能源建设项目上应给予利息优惠和担保支持。这些投资应该完全基于市场原则，注重投资回报，而不是不计产出的政策性投资。

（4）向世界能源互联网项目提供资金支持。世界能源互联网是解决绿色能源工作时效、太阳能资源充分利用的关键，在这方面中国已取得领先地位。中国还应加强相关技术的研发，在金融方面保证较大的支持力度，以保持我国的领先地位。

（5）向能源资源省区市和碳汇省份投入资金建设碳中和项目。助力这些地区产业转型和经济发展，增加就业和提升民生水平，实现良好的专项地区间的转移支付。（详见第13.6节）

（6）向减碳项目和碳汇项目发放贷款与利息补贴。企业能源利用和能源转换改造项目资金通常十分短缺，国家碳中和基金可以通过评估体系评估后，给予信贷资金支持。减碳技术创新企业的项目贷款应该低息，但不宜直接支持资金，也不能免息，否则效果不好，易产生廉政问题。碳汇项目也应该是贷款支持的重点方向，包括生态型碳汇和技术型碳汇项目。

（7）投入双碳关键技术公司股权投资基金。要加大对国内外双碳创新技术企业的股权投资，特别是碳捕集技术CCUS创新企业的投入，和CO_2资源利用技术的研发投入。对技术创新激励要市场化投入，而不是直接无偿资助。通过向多个股权基金投入资源的方式进行市场化运作，对效率低的合作基金收回资金管理权。要进行多组合比较分析，选择绩效好的合作投资机构。

（8）投入实用性价值高的双碳软课题研究项目。软课题研究项目没有直接市场回报收入，但对于中国建设双碳体系、提升全球气候问题影响力是非常必要的，需要国家资金支持。纵观近30年的双碳课题研究项目，软课题研发的投入产出比较低，非常值得政府重视与反思。政府必须改变资金投入产出、碳排放量投入产出低的双碳研究领域的现状。

（9）加大双碳人才培养力度。如政府组织统一的双碳人才认证，相关人员考试通过可获得相关证书，而培训机构可以按通过认证的人才数量获得津贴。目前双碳教培产业已经兴起，可以加大发展力度，个人和企业资质规范与认证标准要尽快建设，认证体系的建设也要加快发展并逐步规范化。当前很多双碳教育项目存在严重的问题，是消灭财富的。目前这个领域有些走偏，因为体系要变革，目前学的知识体系要进行更新。

（10）碳中和碳市场机制和体系建设。碳中和目标进程中，建立"1+N"政策体系，包括各个CELM系统的开发维护，还需要大量的研究设计，这个体系非常庞大，牵涉到社会的所有方面，如何让政策工具更有效率，是学术界的任务，政府也需要有足够的投入。要保证投入的有效性，立项的科学性、合理性也非常重要，以保证中国的双碳研究在正确的方向上行进。

（11）政策引导，大力引导绿色消费行为和生活方式。摆在气候治理面前更迫切的一个问题：如何助推人类消费决策，建立绿色消费理念，建立绿色生活习惯。光伏发电便宜了，企业和家庭愿意安装光伏面板吗？电动汽车技术发展了，人们愿意开电动汽车吗？大量的社会调查表明，消费习惯、生活方式的改变并不容易。

在现实的人类行为决策中，成本只是决策考量的一个维度。事实上，由于关注力和行动力都有限，人们并不是总能做出经济上最好的选择。

一个经典例子就是"能源效率差距"（Energy Efficiency Gap）。比如，即使简单装修、增强建筑保温就可以大幅降低取暖费用，很多有条件的家庭仍然不愿意改造旧屋；比如，即使节能电器长期更省钱，很多人还是买更低效的冰箱、空调和洗衣机；又如，买汽车不考虑排量，之后油费花费很多；等等。

这些不那么理性的选择，可能仅仅是因为消费的惯性，或者压根没有关注过自己的能源消费，抑或并不知道有更节能、更省钱的选项 。因此，气候政策很多时候需要致力于行为改变。这些政策可以很简单。很多研究表明，只需让消费者关注他们的能源消费就能起到促进绿色行为的作用。比如一些实验发现，安装实时用电计量表或者及时发送用户用电信息，就可以促进家庭电力消费下降3%~15%。

当然，有了意识也不代表一定会付诸行动。英国的一项实验把几百个家庭随机分为两组，其中实验组家庭参与碳足迹计算讲座，请专家为这些家庭计算每年的碳排放量，并指出具体的减排方法 。但是，跟踪结果表明，相对于控制组，实验组家庭在实际行动上没什么不同——家庭用能没有减少，交通方式没有改变，大多数人表示自己已尽最大努力环保，剩下的低碳行动都太麻烦了。这应该从社会学角度研究如何改变社会群体习惯。

改变一个社会的消费理论和建立新绿色生活习惯，政府需要大量的投入：

一是更大力度地宣传推动，示范教育工作，并且要行之有效。政府通过试验、观察和实践去找到更有效的方法，在联合国的牵头下，在世界范围内进行推广。

二是经济手段和精神激励相结合。基于CELM的家庭碳账户机制是很好的策略。但需要在碳账户的基础上，对家庭的碳减排正反向激励用足，就要将物质、精神的激励都用好。在物质正反向激励上，人均碳排放低于标准值的，会收到经济激励，碳费会受到从低价到减免正向激励；高于标准值的，会受到分级的加价，承担更多倍的费用。大房子大空调、大排量交通工具受到费用的压力，是加大物质层面的反向激励。在精神的正反向激励上，利用家庭碳账户的数据，在家庭结算信息页面上，进行社会家庭碳排量排名，明确每一个家庭人均碳排放量在全社会排什么位置。人均碳排放量低的，政府在家庭碳排结算单上，要给予感谢、表扬和鼓励。反之，对高碳排的家庭给予提醒。这样不花费用，但对民众会有较好的影响作用。

如果政府有了全社会详细的碳足迹数据，政府可以想更多的办法。

需要指出的是，目前各地政府十分重视并花大精力推行碳普惠机制，但作用甚小；各地政策不宜消耗过多资源。

碳中和目标所需要投入的资金规模十分庞大，政府必须珍惜资金的使用效率。以下两种资金使用效率较低，建议政府加以关注。

（1）无偿资助企业研发项目。无偿资助企业研发项目往往容易成为关系型项目和人情项目，效率低下，且廉政问题突出。关于研发项目的挑选，需要通过市场化投入，由市场做出选择。对技术创新企业比较好的支持是减税和股权投资，如对市场表现突出的双碳领域股权基金加大投入力度会更有效率。

（2）无效的软课题研究。双碳领域的研究课题已做了非常多，但投入产出并不理想，增加的碳排放却不少。软课题研究非常重要，但要资助有突破性的、真正带来实际价值的课题研究。很多方向性不对、不能落地的双碳研究要加以控制。如碳排放权配额方案的研究、CCER体系研究、CCER核证方法学研究、宏观数学模型计算研究等。就热闹的气候宏观经济模型研究来看，合乎现实的变量之多和复杂性经常超出数学模型的假设，这些研究成果被束之高阁，政府权力部门很少采用，反而产生了碳排放。基于碳排放权的碳市场研究也一样，要全面转向基于负碳交易的碳市场研究。

13.6 能源资源省份和碳汇省份的补偿和转移支付

全球碳中和，必须实现国际协调；中国碳中和，必须全国一盘棋。

政府已经认识到，碳中和必须是全国统筹，区域利益公平、共赢，才能成功。能源资源省份和碳汇省份与经济发达地区的碳中和进程中的责权利如何安排，两类地区的发展在双碳目标下如何安排，是很重要的问题。但现在因理论上理不清不同地区在碳排放上的责权利，政策设计有些尴尬。

能源资源省份为经济发达地区提供能源生产供应，同时要投入资金进行环境治理和产业转型。生产和服务业主导的地区如何合理承担相关责任，由于缺乏理论依据，没有根本性解决地区之间在碳中和进程中责权利量化计算问题，导致发达地区为能源资源省份碳排放担责的积极性不高，能源资源省份碳减排也缺乏足够动力。碳排放权配额机制用计划经济模式强压减排指标责任，但说不清且效率低，长期处于争论吵架阶段。这会挫伤两类地区的双碳战略担责和执行积极性，极大地影响中国碳中和进程。

中国碳市场试点十多年无法发展起来，无法为解决地区差别问题提供资金来源，是碳排权碳市场一个很大的局限。

CELM理论从法理学和经济学属性两方面解决了全社会乃至全球碳中和所有相关方的

责权利问题。基于CELM体系，中国地区间特别是能源资源省份、碳汇省份与发达地区的责任和利益明晰，地区间补偿方案和转移支付及相关市场运营将更顺畅。

通过CELM体系的运营，政府每年从碳市场出售"欠负碳"获得的巨额资金，首先应该投资于能源资源省份和碳汇省份的"3060"目标的项目建设，助力两类地区经济转型和社会发展，提升民生水平。

针对两类地区的专项转移支付资金规模，建议原则上按以下公式估算：

国家向能源资源省份转移支付额=国家核定的本省能源碳源量 × 碳价−本省消费者（含组织）支付碳费

其中，基于CELM理论的一省碳量平衡公式如下：

国家核定的本省能源碳源量+省外开进本省的碳进项=向省外开出的碳销项+本省消费者（含组织）消耗的碳量

即本省应该担责的碳排放量就是本省消费者（含组织）消耗的碳量。

本省应该担责的碳排放量=国家核定的本省能源碳源量+省外开进本省的碳进项−向省外开出的碳销项−本省吸碳总量

碳汇省份还可以在碳市场上直接出售"真负碳"获得收益。一开始收益总量可能并不大，"国家碳中和基金"可以再倾斜性投入。如果市场上"真负碳"的需求量不大时，"国家碳中和基金"应该直接从市场上收购市场交易余下的真负碳量，让碳汇省份及时获得收益。这就体现了习近平总书记强调的"绿水青山就是金山银山"这一理念，让碳汇省份有积极性、有资金去建设和保护森林，建设碳汇项目，在保护好环境的基础上，经济得到发展，人民生活水平得到提升。

建立好两类地区的碳中和补偿和转移支付，将大大加快全国碳中和进程，建立基于CELM的区域间责任机制和专项转移支付的新体系已经非常迫切。

不仅如此，国家碳中和基金投资的绿色项目应尽可能地放在这两类地区进行项目建设，以带动两类地区发展。在国际上和"一带一路"建设上，中国应该带头在发展中国家投资绿色项目，推动碳减排的全球协同。

13.7　加大循环经济激励政策力度

循环经济在资源重复利用和碳减排两个方面都有重要作用，应该大力发展。回收行业、旧物分享平台等循环经济的重要模式值得大力发展。当前国内回收行业发展得还不充分，应该设计较大的激励政策。我国人均资源匮乏，循环经济可解决很大比例的资源需求。爱回收（www.aihuishou.com）、元公社（www.ygs.live）等物物交换公益平台做出了非常好的探索，把物品的生命周期大大拉长，节约资源、减少碳排，国家应予以大力支持。

建议在以下两方面加大政策力度：

（1）增值税、利润所得税减税；加强税收优惠政策力度，支持该产业发展。

（2）支持循环经济产业企业A股上市。

13.8　九项行动建议

基于第12章建立CELM体系的必要性、可行性和迫切性分析，在当前国家"3060"目标明确、全面开始推动的情形下，CELM体系的推行刻不容缓。CELM体系将为应对国内和国际碳中和挑战带来极大优势，具有重大战略意义。

建议有关方面加紧采取以下行动：

（1）组织落实。在中央层面设立专班，领导CELM系统的深化研究和落地实施，领导推进CELM负碳碳市场顶层设计建设。加强中央领导，突破当前利益格局，一切以大局为重。

（2）进一步完善CELM理论体系。全面论证CELM理论体系的正确性与优势，CELM解决方案对碳减排进程的影响、对宏观经济各方面的影响，并不断予以完善。

（3）加快进行碳票管理系统CTMS的实施方案深化。不断优化CTMS运营方案，厘清落地执行会遇到的各类问题，制定对应解决方案。

（4）进行CELM负碳碳市场顶层设计和碳市场建设。为碳市场变革升级设计顶层方案，加快中国碳市场的市场化、国际化发展。

（5）CELM理论体系配套政策研究设计。梳理出CELM体系运行需要的配套政策，并加快落地，尽早为CELM体系运行启动创造条件。

梳理当前已有的碳减排政策，不符合当前发展需求的政策要清理淘汰。当前的政策体系十分复杂，效率低而不实用。清理过程中会触及很多利益方，中央政策要坚决地将措施推行下去。这是一场事关民族复兴的赛跑，政府需要抢时间布局，任何阻力都应该克服。

（6）CELM体系运营配套立法工作。立法工作周期长，需要尽早启动。中国碳中和制度立法是一个系统工程，需要长期坚持行动。进行正确的顶层设计工作是必需的，否则很多工作会被推倒重来。

（7）CTMS系统研发和试运营。借鉴和利用金税工程的建设经验，加快CTMS系统及各配套子系统的研发。设计推进在整个电力产业链中的全面试运营并获得经验，为推向全国和全球打基础。

（8）CTMS运营体系研究设计。CTMS在全国的实施需要从中央到地方的运营管理体系，高效、廉政和低成本运营组织设计至关重要。责任主体要明确，进行运营制度建设，并通过长期的运营，不断进行优化。

（9）上线试运营和全面推广。通过试运营，观察数据的准确度，优化和调整软件系统和运营管控系统。

13.9　中国气候雄心和全球贡献

本章内容初稿成稿时，全球新冠疫情已持续三年，上海正遭受新冠病毒奥密克戎变种的严重冲击。上海承受了空前的压力，也对全国影深远。同时俄乌冲突自2022年2月24日全面爆发，至今未能结束，引发世界局势严重动荡，国际社会阵营分裂，对世界和平与安全造成威胁。对国际社会安全和合作造成重大影响的中美关系仍难以改善，对国际社会正常运行形成巨大压力。

然而，今后10年人类要面对的更大挑战是气候灾难暴击，时间已十分紧迫。气候灾难可能是人类战胜新冠病毒后更大、更长期的挑战，人类要作出的牺牲会更大。作一个假设：当气温升高南北极冰盖融化，海平面升高4米，全球沿海城市处境会如何，又要如何应对？

中国政府在联合国会议上作出"3060"目标承诺，体现了大国担当，展现出人类命运共同体的伟大理念和坚决实践，确实也是中国作为大国的责任所在。

如今，中国约占三分之一全球碳排量。中国更早实现碳中和对解决全球气候问题具有决定性意义，重要的是中国的碳中和理论体系和技术路线得到验证，就是对全人类最成功的实践示范，引领世界各国走上碳中和成功之路，最终为解决全球气候问题作出最大贡献。

中国敢于作出"3060"目标的承诺，是政府有了相当的底气。但政府还没有解决前进道路上的所有重大问题，只是有信心和决心在后续的时间内能找到更有效的途径。

综观中国碳中和全局，政府在绿色能源技术产业、绿色能源生产、能源互联网和绿色金融方面已处在世界前列，但在碳排放治理理论、政策工具设计、环境治理、碳市场、碳汇技术产业等各方面还未达到先进水平，需要政府奋起直追，才有可能真正实现中国气候雄心，为解决世界气候问题作出重大贡献。

解决全球气候问题，引发的是一场经济社会系统性变革。

第一次工业革命，英国形成了"煤+火车+银行"的体系，成长为日不落帝国；第二次工业革命，美国形成了"石油+汽车+资本市场"的体系，成长为超级大国。新一轮产业革命将形成"风光新能源+全球能源互联网+碳金融"的体系，各国都在争夺这一体系的主导权。中国既要摆脱气候问题上的道德困境，更要力争取得全球绿色经济转型上的领先地位。

在世界气候问题上，中国今后要改变被动局面，只有从气候经济理论与全球绿色经济顶层设计、绿色能源产业与科技、全球能源互联网主导地位和绿色金融能力四大方面全面发力，并取得优势，才能立于不败之地。

13.9.1 中国实现气候雄心的解决方案和支撑体系

CELM理论的问世，可以改变中国气候经济基础理论落后的局面。中国的碳排放治理体系建设、碳市场发展、碳汇技术和产业发展有机会获得重大突破，取得领先地位。

中国实现气候雄心和全球气候重大贡献，要在CELM理论体系指导下，围绕CELM全球碳中和解决方案，发展两大体系（全球碳减排体系与全球绿色能源供应体系）、四大系统（CTMS、NCTM、GEI、IETM）相关技术和产业，积极投资打造相关软硬基础设施，推进碳元货币体系的建立，积极引领，主动作为，获得国际社会绿色转型更多市场份额和国际社会影响力。更重要的是形成相关产业和软件体系建设有机组合，以获得更大的整体优势，中国政府完全有机会在今后40年取得全球气候问题上的领导权。

中国实现气候雄心的支撑体系架构（见图13-1）就是：

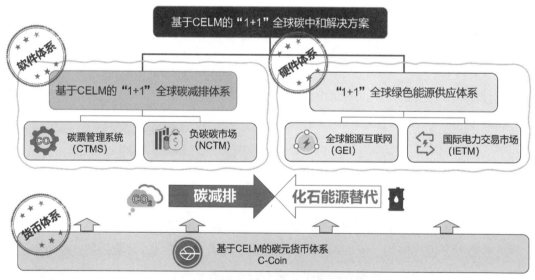

图13-1 中国实现气候雄心的支撑体系架构

通过各个子系统有机集成，形成中国实现气候雄心的强大支撑。积极在国内试点发展，有一定成熟度后，及早推向国际市场，为全球碳中和贡献力量。如各子系统领域实现专项突破，集成优势将不断增大，实现中国气候雄心和全球贡献就为期不远了。这将有助于提升中国的国际影响力与话语权。

13.9.2　支撑体系专项突破关键

全球气候雄心的实现，各大子系统的建立，中国都有较好的基础，重要的是要争分夺秒地完善和推进此支撑体系。一是全球气候问题的进展时不我待；二是与欧美在各领域的话语权、技术、产业和金融的竞争上，中国政府也完全没有时间可以松懈。

（1）不断完善基于CELM的气候治理理论体系。

中国要实现气候雄心，在全球气候治理的学术层面一定要站到世界前列，取得学术和理论的制高点，在全球气候治理游戏规则和标准的制定上提高话语权。政府的相关学术研究导向一定要从顶层设计、问题导向、解决实际问题出发，要控制以发表论文、申请课题经费为目的的纯学术研究数量。社会学、法学和经济学的研究能力要提升上去，要在制定标准的国际学术组织中占据重要位置，在这方面过去30年中国吃亏较多，必须加以改变。

CELM的发布是一个突破点，国内双碳学术研究力量加强整合和协作，加快完善相关理论体系，为实施方案的不断完善做好支持工作，不断解决实践中出现的问题，同时积极影响国际，让更多国家认同和支持中国政府的解决方案。

（2）加快建设面向国际的CTMS系统。

政府需要尽快上线CTMS系统，尽早取得应用效果和经验。CTMS的上线将发动全社会所有组织和民众加入碳减排行列，而不是现在全国仅2000余家企业参与。

取得经验后，迅速向全球推广，既扩大中国解决方案的影响力，建立中国主导的国际碳足迹数据标准，又为数据打通渠道，建设国际碳市场打下坚实基础。

（3）建设基于CELM的面向国际的负碳碳市场。

当前广州、海南都在积极建设国际碳市场，要取得突破必须改变基于碳排放权的方案，加快向CELM负碳碳市场变革，尽早取得经验，向全球扩展。

（4）加快推动全球能源互联网建设。

全球能源互联网可能是信息互联网之后最伟大的发明之一，是实现碳中和的最关键基础设施。传输数千公里，能源损耗在2%以内。只要在整个地球3大时区的沙漠上各建立一个巨型光伏能源基地，就可以形成可靠的光伏清洁能源供应，就能完全满足全球24小时清洁能源的充足供应，这是无限美好的图景。中国要充分发挥特高压电网技术优势，加快其在国内的建设与应用，取得良好效果后通过联合国向全球推广，主导全球能源互联网建设。

加快发展智能电网技术，支撑国际电力交易市场建设和运营，取得全球能源互联网输配电更多话语权。

（5）建设规模大、成本低的绿色能源生产网络。

加快建设以光伏、风电为主的绿色再生能源生产基地，发挥中国绿色能源产业规模优势和技术优势，加快国内化石发电的替代。扩展规模优势，通过能源互联网向全球供电，获得绿色供电市场更大份额。

（6）加快发展绿色能源技术制造业。

光电、风电产业的装置制造，中国在技术、质量和成本上都取得了领先优势，需要保持和扩大这种优势。中国要在技术、原材料、品质和制造成本上保持领先，需扩展更大的全球市场份额，取得竞争优势。在政府正确政策的引领下，中国绿色能源技术制造取得成功，获得了国际产业地位，也付出了血的代价，殊为不易，要持续加快发展，保持优势。

（7）加大激励碳汇技术与制造产业。

各种碳汇技术——CCUS技术、CO_2 开发利用技术有非常大的发展空间。CO_2 可能成为各个行业可以利用的资源、材料，现在用于油田驱油、新的发电介质材料，都有一些突破。政府需要利用市场规模优势和碳市场的金融优势，大力扶持研发各种碳汇技术，对将 CO_2 作为生产资源的各种技术和创新给予充分的激励，扶持其技术尽可能取得国际领先地位。

（8）发展碳汇（负碳）产业。

有好的碳汇技术，就可以大力发展碳汇产业，生产大量"真负碳"，在国际碳市场中交易创汇，既能帮助中国加快实现碳中和目标，又能发展出一个面向全球国际市场的"真负碳"产业。解决全球气候问题，碳汇产业将担负重任，潜力巨大，值得一搏。当然大量造林、保护海洋红树林、保护沼泽等也是碳汇产业重要的方向，既产生碳汇，又改善环境。

（9）发展绿色金融和绿色国际投资。

绿色金融是碳中和的推动力、加速器，在建设碳减排项目、技术研发等各方面需要全面金融支持。全球碳中和投资规模高达200多万亿美元，如果中国的解决方案发挥出优势，中国资本优势可以发挥更大的影响力。中国碳中和进程、中国对全球气候问题的贡献既需要中国绿色金融助力，又会反过来推动中国绿色金融发展并促进人民币国际化。

中国政府需要以发展国际负碳碳市场为先导，制订出周详的绿色金融发展计划。如带头在不发达国家（地区）和发展中国家（地区）投资建设绿色项目——可再生能源生产基地、碳汇项目，增加在第三世界的正面影响力。

13.9.3　前景展望

综上，碳中和过程既是挑战又是机遇，其过程将是经济社会的大转型，将会是涉及广泛领域的大变革。"思想引领，技术为王"将在碳中和进程中得到充分的体现。中国要在以气候问题为核心载体的新一轮国际竞争中取得领先优势，国家需要积极研究和谋划，顶层规划，系统布局，力争通过思想理论和技术先进性获得产业上的主导权，让全球碳中和成为民族复兴的重要推动力。

中国气候雄心、实现"3060"目标已有很好的基础。中国政府在中国共产党的坚强领导下，充分发挥中国体制的优势，调动各领域人才积极性，在世界领先的理论和技术支持下，政府完全有能力最早打造出全球领先的世界气候问题综合解决方案，成为世界气候问题的学术、技术、金融的领先者和领导者，带领世界各国大幅提前实现碳中和目标，为保护地球和人类命运共同体可持续发展作出最大贡献。

第14章

新公共物品原理

通过对全球气候问题30多年来理论探索和治理实践的全面回顾分析，本书梳理了当前气候变化经济学理论和碳减排治理实践中存在的问题，并提出了从基础理论到解决方案的全新体系。CELM理论给气候变化经济学带来了新的理论框架与创新思维，为彻底解决全球气候问题带来更多机会。在具有跨时空外部性的大规模复杂公共物品的管治领域，CELM理论突破了传统庇古税原理、科斯定理和诺德豪斯气候经济模型理论等西方权威理论的局限，对全球气候问题治理基础理论进行了重大创新和升级。

CELM理论揭示了当前全球气候问题的核心和本质（第一性原理），建立了全新的全球气候治理顶层理论，为国际社会脱离全球气候治理困境，建立公平高效的全球气候治理体系奠定了基础。CELM理论创造性地提出，全球气候治理必须基于人类命运共同体思维，突破气候变化经济学的传统理论局限，从测算远期碳排放社会折现碳定价，转变到基于碳排放总量目标和净零排放时间目标，通过完全市场信息的获取，依托碳足迹大数据和碳价对宏观经济效应的智能分析，进行高效准确的市场化整合碳定价。通过单一的碳价要素来调节控制整个碳中和进程，平衡宏观经济、国际贸易、地区发展、消费者利益等宏观要素，达到全局效率最优，并实现碳减排目标，以建立更公平更高效的政策体系，为实现IPCC全球升温1.5℃内的高目标创造条件。

CELM体系有望帮助全球提前10年实现碳中和的目标，并节约数十万亿美元的资金投入。这将使颇令人绝望的全球气候问题拨云见日，走上坦途。

不仅如此，在气候治理领域大显身手的CELM理论，还可以在其他大规模复杂公共物品中加以应用，从而升级为普适性更强的新公共物品原理。

14.1　气候变化经济学创新

在气候变化经济学上，CELM理论在以下几个方面有重大创新。

14.1.1　气候变化经济学命题的新定义

问对问题，问题就成功解决了一半。气候变化经济学30多年的困境在于各个流派的问题定义有偏差，导致政府走了很多弯路。很多人引用庇古税原理，即碳税的方法来解决碳排放外部性问题，其实将问题定义成了如何计算远期社会成本和折现，方向出现了大问题，就有了美国三任总统根据政治需要计算出三个碳价的戏剧故事。诺贝尔奖获得者诺德豪斯和英国御用经济学家斯特恩也各自算出了差距极大的碳价，让政府不知所措，无从下手。师从科斯定理的碳排权碳市场的方案聚焦在碳排放权的分配上，不论是国际间还是国内各地区和组织间都陷入权利分配的误区。这些错误不能归咎于庇古和科斯这些经济学家，而是后人的错误应用。他们的思想和理论仍是政府解决气候问题最重要的基石。当年这些经济学家所处的年代，根本没有碰到碳排放这样超级复杂的公共物品问题，因此他们所分析的都是简单公共物品模型。如农场和牧场的矛盾，工厂污染排放与周边居民的冲突问题。这些简单的公共物品问题与全球气候问题差距实在太大，不能简单套用前人的理论。

我们面对的全球气候问题，是具有跨时空外部性的大规模复杂公共物品的管治问题，必须在理论上和政策工具设计上有很大的创新，才有可能真正应对全球气候问题的挑战。需要提出的是，科斯对近代经济学家的研究工作提出激烈的批判，反对"黑板经济学"，要求经济学家到现实中调研，从实践中寻找解决方案，而不是生搬硬套现有的经济学理论。

CELM理论对气候变化经济学的研究进行了拨乱反正，全新定义了气候变化经济学的真命题。

一是提出了全球气候问题公共物品的新认知。全球气候问题是一个复杂系统、巨系统，具有诸多一般公共物品不具有的复杂度。第一个特点是跨时空特性。近期的排放影响远期，地球上的任何一个角落在烧煤，导致的碳排放都能影响到整个地球。气温升高2℃，有的地方被淹没了，有的地方可能会增加粮食产量。第二个特点是涉及利益相关方规模巨大。全球气候问题会无差别影响所有国家、地区、非生产组织、企业和个人，利益相关方总数量太大，政策设置引起的利益协调难度是前所未有的。第三个特点是系统复杂度高。碳减排对所有国家、组织和个人都产生利益影响，谁来承担成本，如何分配责任，具有一定挑战性。

CELM理论提出了碳排放是具有跨时空外部性的大规模复杂公共物品的新认知，整合更多学科的知识和技术，在前人的理论上进行突破，找出合适的解决方案，能更好地实现公平和提高效率。

二是提出了全球碳中和解决方案关键任务的新定义。全球碳中和问题的核心不是计算碳远期的社会成本，不是如何设置碳关税，也不是如何分配碳排放权；而是如何达到IPCC最优控温目标，如何使国际协调简单化，如何投入产出收益最好，如何让宏观经济受冲击最小，如何让社会福利损失最小。基于此，CELM理论提出，全球碳中和解决方案的关键任务是：面向碳排放的跨时空外部性和大规模复杂系统，厘清责任体系，搞清全社会全局碳足迹大数据，实现市场化整合碳价，公平有效率地制定政策，高效协调国际间、各利益相关方的问题，实现全球碳中和目标。

14.1.2 洞察了气候问题上的消费者责任机制的重要性

CELM理论提出了消费者责任机制，可以更有效率也更公平地解决气候问题中国际协同的难题和地区间利益协调的难题。CELM进行了可信的研究分析，得出明确结论：责任机制的选择以往的研究未给予充分重视，或者故意回避，这恰恰是问题关键所在。

14.1.3 设计出高效率低成本获取全社会完整碳足迹大数据的方法

CELM只有从全社会碳足迹大数据的突破入手，进行全新的碳减排管理体系顶层设计，才能取得整体效率的极大提升。在当前数字化时代，特别在中国已有丰富的"金税工程"经验下，对碳足迹大数据可以有很好的解决方案。通过碳票的进销项进行处理，就可以从一个组织到全社会产业链高效率、低成本地建立全社会碳足迹大数据库，全社会动态、准确、完整的碳排放因子库可利用大数据和算法自动生成、高频更新。

14.1.4 整合碳定价新方案

解决碳排放的跨时空外部性问题，必须将社会成本通过一定形式进行内部化。当前基于社会成本的碳定价（碳税，也称"价格协调机制"）和基于碳排放权的碳定价（碳市场，也称"定量机制"）方法的理论基础来源于传统简单公共物品经济学模型，存在诸多不足，不能解决碳排放定价问题。CELM提出了基于目标、完全市场信息、以市场机制为主的解决方案，利用完整碳足迹大数据、碳中和进程和宏观经济动态数据，通过机器学习、人工神经网络智能分析系统地进行整合碳定价策略（CELM based Integrated Carbon Pricing strategy，CICPS）。CICPS是基于CELM理论创建的，为跨时空大规模复杂公共物品外部性成本定价的新方法。这样的整合碳定价新方案规避了公共物品外部成本传统定价方法的诸多不足，带来多方面优势。

一直以来，经济学界对全社会全物品碳足迹大数据系统的建设，没有探索过其可能性，对数字化信息系统、大数据和智能分析系统的能力利用不够。而这三个要素给经济学带来了越来越大的影响。经济学家仅用经济学范畴内的理论解决大型复杂公共物品问题，很难取得成功。经济学界应更重视整合应用各学科的理论、工具和方法论。

利用碳足迹大数据和宏观运营数据，充分发挥机器学习和智能分析系统的重大作用，比政府现在使用的宏观经济分析模型要强大很多。随着运营时间的增加，数据积累大幅增加，算法日趋成熟，智能系统分析结果将更为精准有效，以充分市场化整合碳定价为主的碳减排政策工具将越来越实用。

这与当前各国的宏观经济将单一货币利率作为主要控制工具类似，如中国人民银行、美联储通过以利率工具为主、配套财政和货币政策的方式能对宏观经济进行有效干预和调节。

14.1.5 驱动全社会碳减排

CELM体系巧妙地通过碳票管理系统运营和组织及家庭碳账户体系运营，高效低成本地将全社会所有组织和成员发动起来积极碳减排，利用系统的力量建立低碳消费理论与文化。这是当今全世界都未出现过的高效方法。

上述CELM的创新，对突破当前气候问题困境相当重要，需要国际社会不断加以完善和应用。

14.2 气候治理政策工具创新

当前国际国内已有大量的碳减排政策工具在施行，但结果令人失望，基于CELM的全球碳中和解决方案具有多方面的创新和较好的可行性。

14.2.1 可以解决当前气候问题政策设计的大多数难题

CELM体系能较妥善地兼顾到碳中和进程、国际贸易、宏观经济的冲击、社会福利损失、碳减排技术的激励和碳减排资金来源等各个方面，避免发生大的风险。各利益团体的协调难度大大降低。

14.2.2 可以大幅降低国际间几乎所有利益团体的协调难题

通过消费者责任机制和碳票管理系统，可以简单量化解决国际贸易的碳关税难题。一是解决了碳足迹数据可信问题，二是国际间协调难度大为降低。诺德豪斯的碳税协调和不同原则的碳排放权分配几乎都是不可能完成的任务。CELM理论下的国际协调只需要谈判"国际负碳"的价格，进行分阶段定价，难度很小。这是30多年国际碳减排政策协调方法的重大突破。

14.2.3　政府将拥有简单可控、效能强大的碳减排智能控制系统

通过碳价与宏观经济数据相关性，进行系统建模，建立基于碳定价的碳减排智能控制系统。通过逐年大数据积累和智能系统机器学习，可以越来越精准地进行碳中和进程控制，使宏观经济的效应达到最优，实现国际化、全社会效率最优。政府可以具备通过碳价单一要素有效控制整体碳中和进程的能力，甚至比政府通过货币利率调节宏观经济更为得心应手。

14.2.4　政策工具的公平性、效率得到根本性提升

碳减排政策极易形成累退性效应，CELM体系通过消费者责任机制、家庭碳账户管理等工具，较好地改善社会公平性，调节政策非常容易。

14.2.5　CELM 体系的可执行、可落地性

与长期以来的碳税和碳排放权等管治政策工具不同，CELM体系是一个综合性好，却又更简单更强大的解决方案。落地性好，执行成本低，政府干预少，市场化程度高。但对碳减排进程和碳定价，中央政府都要有较强的控制力。正因为市场化程度高，对政府部门的行政能力要求低，也不会出现廉政难题。

14.3　CELM 体系待研究课题

CELM理论的提出和实践，将开创全球碳中和新局面，并为国际和地区两个范围内的碳减排问题找到更高效率、更为公平的解决途径，且对宏观经济的负面影响极小，正面效应比较大。CELM理论刚刚提出，还需要各方面配套研究，让理论体系和实施方案更加完善，真正落地，快速形成解决全球气候问题的中国方案。

需要深入研究的方向和课题非常多：

14.3.1　全球气候问题的社会学、法学和政府治理

方向1：全球气候问题的国际法律框架体系。

梳理当前全球气候问题的国际气候法律框架体系，深入研究问题的症结与根本原因，评估和继承已有的资产，根据新的先进理论体系提出国际气候法律框架新体系。

方向2：评估和解决全球气候问题中的公平性问题。

深入研究当前利益集团之间、国家之间、国内地区之间和群体之间的公平性问题，梳

理现状、深入分析并提出解决之道。

方向 3：全球气候问题治理中的三角悖论和解决之道。

深入研究 CELM 体系与全球气候问题治理中"全球协同、公平与效率、国家利益的三角悖论"的关系，并寻求更好的解决之道，创新全球公共物品的治理理论和操作方案。

14.3.2　气候变化经济学

方向 4：新气候变化经济学研究。

全球碳中和对过去 40 年占据主导地位的新古典经济学提出了挑战。对于气候问题这样跨时空的外溢影响而言，仅用外部性来弥补新古典经济学的完整信息、确定性、充分竞争的基础性假设，不足以体现生态环境对经济发展的约束。碳排放这一单一指标将成为全球经济社会发展的一个统一的约束因素，要分析其对经济发展带来的影响。在实现碳中和过程中，公共政策、社会治理与市场机制之间的互动会如何演变。

这些问题时间将会给出答案，碳中和的过程将促使人们探索现实市场经济和新古典经济学的理想市场经济之间差距的弥合之道。

方向 5：CELM 体系全球推行对不同集团的利益影响。

碳排放的外部性是全球化的，全球统一的减碳行动非常难以协调。过去一直将碳排放权和碳发展权等同起来，一种新机制的推行对各国、各地区、各利益集团利益的影响将引起国际社会强烈关注。新的碳排放游戏规则的确立是关键，从"生产者责任"到"消费者责任"的转变将引起相关方较大的利益调整。国际社会需要花大力气建立新的话语体系和治理协作体系。

14.3.3　碳排放责任机制（CELM）

方向 6：CELM 体系的实施对宏观经济的影响。

负碳价格从零元到实际碳中和成本价，如何影响宏观经济。

CELM 体系是一个全局系统，对不同层级经济组织都有影响。20 多年来，政府对碳税和碳排放权配额等碳减排政策的推出，一直比较谨慎，主要还是担心对宏观经济的影响。

CELM 力主对各行业采用相对较统一的减碳政策，对宏观经济及各行业影响如何。此外，还需要考虑各细分行业必须特殊增加的政策工具设计与效应分析。

方向 7：CELM 政策效应深入研究。

公平性、有效性是检验政策工具好坏的关键标准。碳税具有累退性效应，碳票的影响如何？农民是否付出的代价更大？穷人是否付出的代价更大？是否对发达地区更有利？如何应对？当前的研究判断是正向效应，但还需要更深入的量化研究结论。

如果有问题，如何与财政税收政策配合进行调剂。

方向8：中国率先施行CELM体系，对中国产品国际竞争力的影响。

国际碳关税启动在即，CBAM整装待发，发达国家气候俱乐部虎视眈眈。中国率先施行基于CELM体系的CTMS系统和NCTM负碳碳市场，将碳价尽快提升到合理价位，并加速向CCUS市场价靠拢，是加快实现碳中和目标的必由之路。在推进过程中，对中国出口商品的成本影响几何？竞争力影响几何？能增加出口还是减少出口？这些问题都十分重要。本书的初步判断是，西方国家类似CBAM碳关税政策一旦启动，中国如先行启动CELM体系，对国内出口贸易十分有利。

方向9：国家通过整合碳定价对碳市场、宏观经济的调控方法。

政府通过碳交易市场两个要素的控制：输入碳源（负碳）数量、负碳价格，利用调整供给来调节碳市场价格，调节控碳对宏观经济的影响。

通过对宏观经济模型和历史数据人工智能神经网络算法比较分析，找到更优的算法工具，研究出更好的调控策略。

方向10：CELM对区域经济的影响。

可以判定，CELM非常有利于欠发达地区，并且公平性较高。CELM体系对能源地区、碳汇地区与发达地区的经济互动会如何影响，需要进一步量化分析地区间碳排放足迹和碳费补偿的互动关系，通过国家碳中和基金让国家整体发展更为良性和健康。

可以基于模型模拟预测各种参数设置不同的影响，找出相对最优解。

方向11：CELM体系运营对居民群体影响分析。

政策的累退性对平民阶层不利。CELM体系运营后，消费者担责引起的个人担责的公平性问题，在富人与穷人间、城市与农村间效应影响需要进一步量化分析，并设计出更好的调整政策工具。

14.3.4　碳票管理系统（CTMS）

方向12：碳票管理系统实施方案的深化设计。

CTMS的落地执行方案有许多细节问题需要研究验证。要形成完整可靠的实施方案，很多配套的法律、技术、数据标准和运营方案都要有可行性，还需要做大量调研将各个子系统研发落地。

方向13：碳票系统的国际化运营。

将CTMS推广到全球，建立国际标准，对实现全球碳中和的价值巨大。负碳作为一种标准化商品，可以在全球范围内交易，资源应该流向负碳成本低的国家，才是公允的、社会福利最大化的。如何在一个国家取得经验的基础上，推向国际社会，要做更多设计。

方向14：覆盖全社会物料、产品和服务的编码系统。

编码系统是全社会数字化管理的一个痛点。需要一套全新的商品编码系统的解决方案，高效、全面且智能，既能胜任极高粒度的海量种类分析，也能胜任每天激增的物件、产品和服务种类。

现行的国际标准GS1能否满足CTMS的应用。当前国际形势下，中国是否需要有一套自己能掌控的编码标准，都值得深入探究。

14.3.5　CELM 负碳碳市场和绿色金融

方向15：CELM负碳碳市场顶层设计深入研究。

CELM负碳碳市场以"负碳"为标的，以碳中和为目标，以建立全球统一碳市场为愿景，还要能应对国际碳关税挑战。因此围碳负碳碳市场，需要设计的方案还有很多，例如：

（1）全球统一负碳碳市场推进路径详细设计。

（2）负碳碳市场应对国际碳关税处理方案研究。

方向16：国际碳市场发展与全球金融格局演变研究。

中国如何推进国际碳市场建设，如何实现当前基于碳排放权的碳市场向基于负碳碳市场的转型变革。国际碳市场如何影响全球金融格局，还有很多课题需要研究。

14.3.6　基于 CELM 政府碳中和政策和行业政策

方向17：CELM体系与现行减碳政策工具的优劣势比较分析。

现行政府政策工具有碳税、配额规制、碳排放权交易、政府补贴、能源税方案、环境税方案等多种减碳政策工具，需要比较分析CELM与当前政策工具的优劣势。尤其在公平和效率、寻租问题、重复征收和全球治理效果等方面应当深入分析。

方向18：基于CELM的"1+N"政策设计研究。

CELM体系是实现碳中和的"1"，各行业根据这个体系设计的行业政策、财政政策为"N"，形成政策矩阵，将更好地加速减碳。顶层政策工具设计好后，各行业政策设计仍然非常重要，好的政策设计可发挥出巨大的作用。

方向19：各项绿色转型技术产业创新激励机制、支持补贴政策设计研究。

碳中和整个产业体系中有很多细分领域，如何激励创新和产业发展，如何设计支持补贴政策？这些年新能源汽车每年骗补规模达上百亿元，较长时期未能解决，很不应该，其政策制度顶层设计一定存在漏洞和问题。

产业补贴政策一般都容易产生严重的负面问题：骗补、监管成本高、审批腐败等。在激励机制设计上应该尽量将外部性成本内部化，反映到实际产品成本中，凸显出新技术的成本优势和品牌价值优势，尽量减少对新技术的补贴政策、项目大额无偿资助政策。税收优惠、低息贷款等政策可能更合适。当然每个技术细分领域情况差异很大，需要做专门的研究和政策设计。

14.3.7 其他温室气候排放管理

方向20：其他温室气候控排管理方案。

CELM体系可以完美解决碳排放公共物品难题，为其他温室气体和环境公共物品问题的解决方案创造了很好的范式。国际社会完全可以利用CELM体系，加以改进，用于解决甲烷（CH_4）、一氧化二氮（N_2O）等温室气候控排问题。其中，CH_4的温室效应是CO_2的20倍，N_2O的温室效应是CO_2的300倍。

更进一步，CELM体系可以为其他环境公共物品问题的解决方案提供范式和参考。

14.3.8 全球能源互联网和国际电力交易市场

方向21：全球能源互联网建设方案。

全球能源互联网三大机制体系研究：一是全球能源互联网的硬件网络连接机制，包括技术目标、技术机制和技术实现方案。二是全球能源互联网的市场机制搭建，各参与方的责任分配和投资分配，如何得到投资回报和足够激励。三是法律保障机制体系，如技术标准、市场准则如何通过法律的保障得到严格的执行，保护大国与小国的权益。

方向22：国际电力交易市场建设和运营方案。

国际电力交易市场是绿色能源供应市场体系的关键系统。

国际电力交易市场的顶层设计、定价机制、碳成本处理机制、交易规则、运营管理体系等很多方面需要研究设计。

方向23：中国电力市场改革顶层设计。

总结中国前20年改革的成败，当前技术条件、市场环境条件下的顶层设计改革包括管理体系、技术架构和市场体系，该如何消除垄断，提升效率，降低成本。

方向24：中国输电网络建设方案。

中国能源互联网的最佳技术架构、市场机制架构设计，在保证安全运营的基础上，破除自然绝对垄断，形成更高效的市场竞争格局，提高投资效率，降低输电总成本。

方向25：中国电力价格体系改革方案。

寻求中国最有效率的电力资源配置价格机制，消除交叉补贴和减少财政补贴。利用价格机制促进新能源发展，加快对化石能源的替代。研究家庭电账户机制，保障民生福利不受或少受碳排放成本影响和电力价格改革影响，让居民在电力市场改革中体会到获得感。

14.3.9　中国在国际气候合作中科学话语权和影响力问题

方向26：中国碳中和解决方案研究的成就、问题、挑战和新阶段策略。

当前中国在国际气候合作中学术话语权严重不足 。以IPCC第六次评估报告为例，虽然中国引文量显著增加，比例明显提升，但在气候变化科学、影响适应和减缓三个领域，被引用的中国文献占总引文数的比例分别仅为6.1%、2.6%和3.0%，这与中国的碳中和相关产业实力、国家地位严重不符，在一定程度上制约了"中国声音"在全球气候治理中的影响力。中国在减碳技术、绿色能源、碳中和经济学、政策工具等方面都应加快创新，以取得更高的国际地位。

方向27：中国学术界如何在全球气候问题上发挥影响力。

中国30年来在碳中和上的研究资源投入并不少，如何在全球气候论坛上、标准制定上发挥更大影响力和话语权。这就需要政府有规划有组织地开展有效行动，仅投入资金是远远不够的。

14.3.10　基于 CELM 的碳元碳货币体系

方向28：基于CELM碳元碳货币体系顶层设计。

基于CELM碳元碳货币体系顶层设计，如何丰富和完善整个实施体系的设计，并逐步设计可落地的操作方案。

方向29：CELM碳元碳货币体系的发展路径。

CELM碳元碳货币的发展路径设计，可能会遇到问题和风险以及解决方案与措施。包括碳元碳货币与美元、国家数字货币和类比特币虚拟币的关系。

方向30：CELM碳元碳货币体系发展与人民币国际化、数字化。

CELM碳元碳货币体系发展与人民币国际化、数字化关系是什么，中国政府应对新时代货币竞争时该如何设计方针政策，以应对美元危机和脱钩挑战。

14.4　新公共物品原理分析

经过本书的全面论证和对当前全球碳中和体系的全面考察，CELM理论和解决方案无疑将在气候问题上发挥巨大作用。这是人类社会解决全球气候问题的希望所在，相信国际社会将从基于生产者责任制和碳排放权的碳减排道路全面转向基于消费者责任和负碳的CELM碳减排道路。

不仅如此，源起碳排放公共物品管治思想的CELM理论具有更强的普适性，可以进行抽象升级，上位成一般的公共物品管治理论，与传统的处理公共物品问题依赖的庇古税原理和科斯定理相比，更具实用性和落地价值。

进一步抽象升级本书提出的碳排放责任机制（CELM），可得出一般性新公共物品原理（New Principles for Public Goods，PPG）：如果公共物品的负外部性责任是可以明确的，责任数量可以通过一定的方法测量或交易谈判确认，且存在对应的抵消品，则可以通过设计一定的责任机制、创建一个责任抵消品交易市场，以提高社会资源配置效率，实现帕累托改进。

PPG原理有望成为继庇古税原理和科斯定理后，一种更重要的公共物品问题应用理论。

14.4.1　新公共物品原理特点

不同于科斯定理以权利为抓手出发解决问题，CELM理论在碳排放公共物品问题上，从责任出发着手解决问题。这与庇古税原理相同，是从公共物品的外部性责任出发。

PPG原理通过明确责任，寻找到合适的责任抵消品，建立了责任抵消品市场，成为一个完全相容、责任对冲的有效市场。PPG原理通过成功构建出负外部性公共物品解决方案的市场化机制，建立有效的责任抵消品市场，提升社会资源的配置效率。这打破了科斯定理中市场机制的局限：只能应用于简单大范围或复杂小范围的公共物品领域。

对于大规模公共物品问题，政府基于负外部性权利的交易市场设计，往往无法建立一个完全相容的有效市场，难以实现资源优化配置。甚至引发反作用，如导致某个产业整体亏损和淘汰，引起整个产业链的连带损失。此时的交易市场只是权利的交易，没有责任抵消的交易机制，也就没有人会来花钱购买责任抵消品以抵消公共物品的外部性。

科斯定理是主要依托市场机制解决问题，受到大家的普遍推崇。那除了ETS，市场机制解决公共物品问题还有其他出路吗？PPG原理为我们提供了一条可行的市场化道路。

庇古税原理依靠政府定价、行政执法实施。虽然社会不欢迎加税，但庇古税原理也有它的优点：从基于责任出发，将社会成本实现产品内部化，让社会总成本和私人总成本趋同，PPG原理完全融合吸收了庇古税原理的这两个优点。通过碳票流转高效确定所有组织的责任数量，并通过责任抵消品——负碳的交易来抵消责任，巧妙地实现了碳排放成本的内部化，并通过市场机制解决问题。

总之，新公共物品原理兼具了庇古税原理和科斯定理两者的优点，规避了两者的弱点，是公共物品管治理论的重大进步（见表14-1）。

表14-1　三种公共物品理论解决问题的思路对比

公共物品理论	解决方案	解决思路
庇古税原理	税	责任→责任数量→纳税→责任承担
科斯定理	产权交易市场	产权→产权确认→产权交易→支付成本
PPG 原理	责任抵消品市场	责任→责任数量→抵消品交易→责任抵消

14.4.2　新公共物品原理应用举例

新公共物品原理不仅可以通过CELM碳排放责任机制的建立在碳排放领域发挥重大作用，也可以应用到当前很多环境污染公共物品领域，以改善当前的治理政策。

化工行业污染治理，政府一般严格要求厂家配套建设污染处理装置。污染处理装置的运营成本很高，会大幅增加产品成本，厂家有极大动力不经过污染处理装置，偷排污染物。厂家污染处理装置平时不开，在监管部门核查时打开应付检查，也造成了监管的"灰色地带"。由于污染处理和污染排放是一家，政府监管非常困难，需要突击检查，对政府监管能力、监管成本的要求都很高。

污染排放的抵消品是污染物处理，达到标准后排放。如果在制度设计上，将污染处理与排放切开，由第三方经营管理，形成一个责任抵消品市场，在一些大的工业区甚至可以形成竞争性市场，以提升服务质量和降低成本，政府监管将大大简化。政府可以简单通过对上下游交易合同、设备用电量、原材料使用量的校核检查，进行高效污染管治。

类似碳排放、污染排放的负外部性公共物品管理场景较多，政府决策部门可优先考虑PPG原理设计管治方案。

14.4.3　新公共物品原理与科斯定理碳排放管治应用差异

科斯有一个非常重要的洞察，即在市场交易费用足够小的情况下，初始的产权无论如何界定，都可以通过市场交易达到资源的最佳配置。这是科斯定理最有价值的思想贡献。

科斯定理指出了两个至关重要的社会真理：一是产权的界定非常重要，有恒产者有恒心，产权界定清楚，才会有人致力于将产权发挥出最大价值。产权的重要性无以复加，再怎么强调都不为过。一个财产权得不到保护的社会，其总财富的增长将非常困难。二是市场能发挥资源配置作用的领域政府应尽量少介入，因市场的自由交易会提升社会资源的配置效率。科斯定理在简单大范围、复杂小范围外部性的领域非常重要和有效，是很多社会政策制定的基石理论。

科斯定理的有效应用情景有较高的假定条件：一是产权完全界定清楚；二是交易费用不能太高；三是能实行自由交易。正因科斯定理的应用情景要求极高，在大规模公共物品问题上难以直接应用。它为我们提供了一种思想，而不是直接的解决方案。当今公共物品领域的经济学者和政府决策者，往往都是拿来主义，直接当作解决方案应用。于是，一开始就忙于授予政府分配公共物品领域的权力，结果不一定理想。

在大范围、超大规模和复杂公共物品问题上，科斯定理因其较大的局限，导致不可用。科斯定理无法应对大型公共物品利害相关者利益难以相容的问题，一是产权界定将十分困难，或代价极高；二是不完全相容市场的交易结果会导致较差的社会资源配置结果。几个交易者或少量交易者的交易结果，并没有给其他利害相关者带来利益，甚至造成了损害。

利用科斯定理处理碳排放公共物品问题，进行碳排放权分配与交易，从理论分析可以得出该思路存在重大缺陷与不足。

一是碳排放权的初始分配是极为困难的，即便投入极大的成本也无法完成。30多年共27届COP会议对国家间的碳排放权分配无法获得人人满意的结果，国家间的冲突越来越大，最后不得不放弃，改为自主贡献目标方法（NDC）。其实一个国家内碳排放权分配也是一个无解的局面，也应该放弃。虽然国家政府有绝对的权力强行分配，却也不能得到理想的结果。

二是还有一个非常重要的问题：碳排权碳市场交易结果并不导向社会资源的优化配置，社会支付成本过高，明显不合理。中国碳排权碳市场差不多是导向破坏性后果，出现大量拉闸限电的现象，极大地损害了经济增长。

其原因在于碳排放权交易的结果导向是，单位碳排放权边际收益高的组织增加购买，扩大使用量；碳排放权边际收益低的企业减少生产，最后可能被淘汰出局。随着碳价的不断提高，甚至整个行业都被淘汰出局，煤电行业也不例外。最后行政命令亏损发电，这对宏观经济极为不利，社会福利损失很大，整个社会资源配置效率极差。

整个行业亏损或淘汰对经济增长非常不利。即便煤电行业是碳排放最高的行业，我们仍不建议让煤电行业亏损和关停。当下若整个煤电行业关停，对我国经济将造成巨大打击，中国的GDP总量会趋近于零。碳减排抓大放小，抓煤电钢铁水泥几个行业，是全球碳中和进程中最大的理论谬误之一，且长期持之以恒地在全球范围内高代价低效率推进，已让国际社会付出极高的代价。

如果基于碳排放责任，进一步基于消费者责任进行碳减排机制设计，通过负碳碳市场进行负碳资产交易，交易结果导向将是碳减排边际成本低的企业和产品优先减排，碳减排边际成本高的企业后减排，但碳排放成本内部化后减少生产量，社会资源配置效率提高，全社会碳排放成本支付减少，社会福利就能实现更大化。更进一步，实施CELM体系后，高碳排企业如果比同行业平均水平低，可以得到较高的奖励，所有行业所有产品竞争单元只淘汰最小领域的最差的高碳排强度的企业和产品，且优胜劣汰的范围压缩在最小竞争单元，保证产业链不受伤害，碳减排的社会成本最低，社会福利最大化，实现资源的最优配置。基于行业企业最小竞争单元碳排强度的优胜劣汰，非常有利于高质量发展和经济增长。

综上所述，同是市场机制的科斯定理和基于新公共物品原理的 CELM 责任机制，效果将相差巨大，中国应重新审视正在推行的碳排权碳市场机制。

14.5　展望

气候问题仍在恶化，人类自救尚未成功，同行仍需更加努力！

CELM 体系建立了从理论到碳减排管治政策体系一整套完整的全球碳中和解决方案，与当前 30 多年来形成的治理体系具有非常大的差异，碳减排效率更高，社会成本更低，社会福利效益更好，迫切需要加快推行。

虽然当前的体系效率不够高，宏观经济代价高，国际、国内协调困难重重，远不能达成政府的目标，但要实现变革也将面临许多困难。当前很多已在运营中的体系要进行重大变革，甚至推倒重来，会面临巨大的利益冲突，阻力定然不小。但当前的体系无法达到 IPCC 预设的目标，政府将不得不正视问题。

正如 IPCC 报告中提出一样，人类仅存最后一次机会。在这种情况下，我们仍需要做最大努力推动全球气候治理体系变革。一是国际规则体系的变革。要推动中国的"人类命运共同体"理念，推广"消费者责任"机制，建立基于 CELM 的国际化统一负碳碳市场。二是各国国内碳减排管理体系的变革。面向碳中和目标，注重公平和效率，建立投入产出高的政策工具体系。建立新理论体系下的治理规则和相关法规，建立国家级的碳票管理系统"CTMS"，建立新型负碳碳交易市场"NCTM"，形成新理论体系下的"1+N"政策。

我们必须破旧立新，实现突破，这需要国家决策层的认可和决心。如果中国 CELM 体系能率先取得实践成功，对中国下一阶段的发展和国运都将产生重大的积极影响，期待 CELM 理论和解决方案助力中国实现"3060"目标承诺，达成气候雄心，为全球碳中和树立中国示范。

当然，CELM 理论体系刚刚问世，需在很多方面加以完善。

第15章

CELM 理论与方案常见问题的解答（FAQ）

碳排放责任机制CELM与全球碳中和解决方案一经发布，业界人士便提出了不少问题，这非常有利于理论方案的完善，现将相关问题讨论编辑整理，方便业界人士理解。

15.1 碳票的基本概念

Q1：CELM的碳票与目前国内一些省市在探索的林业碳票有什么不同吗？

A：CELM体系所指的碳票是记录物品（服务）碳排放责任量流转记录的票据，也可称为碳足迹记录票据。

供货一方开出的称为销项票；采购一方收到的称为进项票。类似于中国增值税系统的进项、销项票。

当前国内一些省市，如福建、浙江等在探索的碳票应用，是指林业碳汇项目核证碳汇数量的证明，是属于当前CCER体系中的一部分，用于碳排放购入去抵消一部分碳排放指标，其代表的含义与CELM中的"碳票"概念有很大不同。

这些省市试点的林业碳票在CELM体系中称为"负碳"数量证明，通过碳汇核证体系核定后，应该在国家统一的"负碳"登记系统中进行登记，可进入碳市场进行交易。

Q2：碳排放责任机制是独立构建的吗？与新奥集团主席王玉锁先生和南开大学钟茂初教授在2022年两会中提出的"碳票"，有何异同？

A：碳排放责任机制CELM是同和研究院杨宝明博士带领研究团队在国际气候变化经济学前人成果的基础上，进行集成创新，提出的全新气候变化经济学创新理论和全球碳中和解决方案。

新奥集团主席王玉锁先生、南开大学钟茂初教授两位提出的"碳票"是一种碳排放消费权凭证。类似计划经济年代的粮票、布票。在数字化时代，这样的方案效率低下，且碳消费权的分配政策很难制定，个人还好说，按人平均分配（其实也不合理）；不同企业组织、社会组织如何分配，就无解了。这些所谓的碳票方案，是一种 idea，实际操作难度较大，可行性小。

Q3：碳票内含的量到底是什么？是商品的"含碳量"还是"碳排放责任的转移量"？

A：碳票内含的量，可以定义为：商品交易双方对碳排放责任的承担量，也是碳排放责任的转移量；也可看作商品内部未完成抵消的碳排放量；如果中间环节相关组织没有进行碳抵消程序，就等于商品内部的完整碳足迹的碳排放责任量。

CELM 机制下，允许生产者自行购买负碳进行碳抵消，这样，某个生产环节收到的进项票，不一定是真实的商品碳含量，而是流转过来的碳排放责任的转移量。

Q4：碳票能否与增值税发票结合？

A：碳票与增值税发票有着紧密的联系，但二者并不适合结合在一起，应该独立运行，增加商业交易的便利性。两个系统的数据要打通，有相互校核的能力。二者的目的和处理原理有一定共性，但差异也很大。

碳票一开始就要全面实现电子发票，不需要再经过纸质票据的过程。

Q5：碳票能否与电费、煤气费、燃油气费、热力费结合？

A：碳票在组织间通过独立的国家碳票管理系统进行流转，各社会组织自行负责定期进行碳排放存量的抵消。

在消费终端，根据产品和行业不同的具体情况，碳费的收取可灵活设计。电费、煤气费、燃油气费、热力费中的碳费，可以和当前消费收据相同，只需在当前的收据中增加一项碳费即可。与现在排水费的收取方式非常类似。

Q6：CELM 碳管理体系相关碳票内容中提到的红票和绿票的具体含义是什么？有什么差异？

A：各个组织的碳排放责任通过碳票流转来确认，这里的碳票流转的是碳排放的责任，是组织的负资产，也可以称为红票。碳票管理系统利用碳票记录各部门全行业全产业链中，从碳源到各类产品或服务碳排放责任量的累积和流转。

各类负碳资产的权证，可以称为绿票。绿票是种正资产，可以在国家碳市场中获得收益。红绿票存在对冲抵消关系。

每季度，所有组织须进行碳责任的汇算清缴。碳进、销项扣减后有碳责任余额的组织需在国家碳市场采购负碳产品，即获得绿票，实现红绿对冲抵消，即承担了相应的碳责任。

15.2 碳排放的责任与承担

Q7：化工公司的产品碳排有六成到七成来自上游能源和大化工。且再考虑到往下游企业本身在产品中碳排的贡献值占比就会更低。因此产业链后端企业在碳减排上能发挥的作用也层层降低。从抓大放小考虑出发，抓上游的大企业是否会更简单、更有成效？

A：这是一个很好的问题，但从近20年国际及国内碳减排的理论和实证上看，情况是相反的。抓大放小是当前碳减排领域一个极大的误区。

国际与国内抓碳减排，因没有建立好的理论体系和高效方案，所以一直在沿用抓大放小的策略，重点在抓煤电、钢铁和水泥等行业，效果很差。

本书的研究结论是，上游产业的煤电、钢铁和水泥虽然是排放大户，但它们的排放量取决于下游产业链的资源需求（影响需求总量）和化学反应式（影响单位碳排）。这才是全社会碳减排的第一性原理。这两点都是上游企业无法自己决定的。这些行业对本行业碳排放量的主要影响是工艺的提升，在双碳目标压力下，这些行业推进技改多年，通过工艺提升碳排放对行业碳排放的影响率会降至5%以下。也就是说，即使这些行业的碳排放总量占全社会的90%，但对全社会的碳排放影响也不会超过5%。就碳中和的进程来讲，只抓了全社会的5%是远远不够的，必须将全社会的碳排放总量纳入管理，驱动全社会碳减排，才能按期实现我国的"3060"目标。

当前很多学术界和管理层人士都认为，中国的碳中和只要抓大放小就可以了，这是不切实际的幻想，是对碳中和本质缺乏认知。

中国必须尽快调整，尽快按照CELM理念及"1+1"碳减排体系，推进全社会碳减排，才能实现中国"3060"目标。

另外，经济学理论市场机制非常清楚，下游企业的选择对上游企业的影响是相当大的，这是市场的力量。在碳减排政策设计上，我们要充分利用和借助市场的力量。CELM强调产业链中每个节点上的企业都要对上游供应商的碳排总量负责任，这将更好地倒逼驱动全产业链碳减排。

有的产业链中的企业，自身环节的碳排量在产品中的碳排量占比很低，就认为自己在产业中碳减排的作用是不重要的，这低估了企业在产业链中的作用和责任。事实上，你的选择，决定了上游企业的生存和发展；你的选择，很大程度上决定和影响最终产品的碳含量。展开来讲，虽然企业本身的直接碳排量很小，但如果企业选择了低价高碳的前端材料配件，放弃了对低碳价高的产品的选择，仍将极大地影响一个产品最终碳含量。

CELM原则1：消费者承担碳排放成本，产业链后端对前端碳排放总量承担责任。这一机制在碳减排管理体系中是决定性的。

Q8：CELM 理论和实施方案的消费者定义只是个人和家庭消费者吗？

A：CELM 理论关于消费者的定义是广义的，并非只有个人和家庭才是消费者。企业事业单位、学校医院、政府部门等都是广义的消费者，这些社会组织同个人家庭一样会购置车辆和不动产，也是最终消费者。

产业链中的生产者对于上游的厂商来说，也是消费者，同样适用于 CELM 理论中的"碳排放的消费者担责制"。最终消费者对产品中所有的含碳责任量负总责，产业链后端对前端碳排放总量担责。

Q9：碳排放责任机制把碳排放的负担转移到用户端，如何考虑碳源企业的减排责任？

A：在有效市场中，碳排放责任是前端还是后端承担，并无大的差别，产业链所有相关者会按市场机制分配成本和责任承担。在交易成本较高的市场体系下，消费者责任机制对驱动全产业链减排更有效率。最终用户承担责任，消费者在市场机制下有选择权，可以有效驱动全产业链所有组织实施碳减排，部分碳排放成本可以反向传导给生产者及碳源企业承担。全球碳中和需要国际协调，要处理国际贸易的碳排放责任分担和转移，与生产者责任机制相比，消费者责任机制要更有效率，也更公平。因此，在交易成本较高的市场中，用户端承担最终碳排放责任，并不会完全免除碳源企业责任，这是由经济学市场交易原理所决定的。特别是在消费者责任机制下，全产业链中所有高于行业平均水平的碳排放量，会及时承担这部分责任。

Q10：政府可否在碳票源头收费？

A：不适合在源头收费。政府在碳票源头收费对宏观经济的效应要差很多。

一是给煤炭能源企业、煤电企业增加了负担，扰乱了宏观经济运行。这两类前端企业为宏观经济提供能源，即动力，需要足够的活力。如果将全社会的碳排放成本一下子施加在这两类企业身上，对宏观经济效应十分不利。

CELM 体系的重要优势之一，是将碳减排社会成本平均分摊到全社会产业链的所有节点，可以减少对宏观经济的扰动；并且，高碳排企业承担得更多。这提升了经济质量，对宏观经济效应也是十分有利的。

二是从源头收费，每个产业链环节都会占用很大的流动资金。当前中国宏观经济的 M2 边际效应很低，如从源头收费，增加了资金占用，对宏观经济效应是不利的。

三是由于市场失灵，有些价格信号传递不到终端，导致价格机制失灵。中国的电价和一些市场还是以计划经济为主，在当前的情形下，终端收费就比前端收费的效果要好很多，可以克服修正较多市场失灵的问题。由于碳关税的存在，国际贸易也存在市场失灵的情况。

四是交易环节就涉及碳费，会增加每个环节的交易成本，整个宏观经济效率会有很大损失。前端过程全部由纯碳票来传递碳排放成本，资金成本不用参与，大大降低了产业链过程的交易成本。

因此，基于CELM的利用碳票流转碳排放社会成本的碳减排机制有很大效率优势。

Q11：理想情况下，组织的碳排放水平为平均水平，碳票进销项相同，碳负担最终传递给接受进项而不能开出销项的个人和组织，是不是意味着碳责任主要由家庭和个人负担，而企业一般可以转移？

A：CELM理论的核心原则之一是"消费者担责"，生产因消费需要而产生，生产不会是无目的的。因此，消费者承担碳排放一大部分成本是必然的。当前主流碳减排治理思想是"谁生产谁负责"，"谁排放谁负责"机制也不能免除消费者承担成本。按经济学基本原理，在有效市场中，前端生产者成本都会传导到消费者端。反过来，消费者担责也必定将责任反向传递到生产端，生产者将减少利润，这样会驱动生产者努力减碳。因此，有效市场中，生产者责任和消费者责任机制对市场效果并无大的差别。

CELM"1+1"体系下，碳票进销项能平衡的企业，意味着它的碳排放强度基本达到了行业平均水平，不用直接承担成本。按经济学原理，它仍然会承担相应的成本，影响到它的利润，责任并非全部转移到消费者身上，而是消费者与整个产业链商家共同承担的。生产者和消费者分担的比例会是多少，由消费者需求的弹性和供给弹性决定。

对于碳排放强度高于行业平均水平的生产组织，CELM体系将迫使这样的企业直接承担超排放部分的碳成本，这种高效的机制将大大加快全社会的碳减排进程。

Q12：如何平衡国内地区间（能源资源省份与工业生产省份、消费省份之间，东西部之间，可再生能源生产省份与可再生能源消费省份之间，西电东送的东西部之间，东数西算的东西部之间）的碳排放责任？

A：基于CELM理论的"1+1"碳减排体系，对解决地区间的碳排放利益平衡问题有极大优势。

CELM理论的重要原则：消费者担责，产业链后端对前端碳排放负总责，并通过碳票系统进行碳排责任量的传递流转，明确产业链间各组织的责任。在这一机制下，碳排放外部社会成本进行了内部化，并通过碳票将成本直接传递到了消费者终端。这样，能源资源省在碳中和进程第一阶段中并没有直接承担成本，减轻碳减排的成本压力。同时，国家通过碳市场收到碳费后，将较多的碳减排资金投入能源资源省份，形成转移支付，支持能源资源省份实现经济转型。因此CELM理论体系和解决方案对能源资源省份是有利的，这也符合公平原则。能源资源省份承担了能源资源供应，产生了碳排放污染和其他污染，需要进行去污染处理，能源消费省份对其承担责任和进行补贴是合理的。

CELM碳减排体系，为国家创造了上万亿元的碳费收入来源，对调节能源资源省份与工业耗能省份、消费省份间，东西部间，可再生能源生产与消费，西电东送和东数西算引起的地区间利益平衡有了更有力手段，从理论到方案都有更好的科学性和落地性。

Q13：企业法人和单位作为不动产基础设施和固定资产的拥有者及使用者，是否应该与终端产品的个人及家庭消费者一样，负有共同的碳责任？

A：这是肯定的。CELM消费者支付碳排放费用的原则是一个泛定义，不只是商品的最终消费者，下游对于上游也是消费者。

CELM最基础的原则就是消费者责任制，由消费者支付碳排放费用，产业链后端对前端碳排放负总责。

基于CELM的碳减排责任机制，全社会每个组织都要在每个季度内进行抵消清缴，因此每个组织，要么将碳排责任量通过销项票传递到下游，要么自己完成清缴，这个问题自然就有市场机制下的解法。

Q14：除了车辆和不动产，企事业等单位的生产设备和办公用品等间接碳成本，是否也应该自己负担？直接固定到产品中的从供应商购置来的原材料和中间品的碳足迹以及生产过程中消耗的能源附带碳成本，才应该计入销项碳票，这样也能够提升生产部门的自身减碳水平。比如航空航运部门购置的飞机和船舶的碳足迹，不应该分摊到运输的旅客和产品中去，仅应把燃油直接成本计入销项。

A：想复杂了。CELM体系下，这些问题都可以通过市场机制解决，不需要政府去操心。

CELM就是市场机制原则，只要产品中有碳排责任量，就有承担主体，政府不用担心会有碳泄漏。谁去承担可以通过市场原则，通过交易博弈解决，不需有关部门操心。

至于产业链上如何分担，由自由交易原则确定即可，不需要人为地、详细地去规定。这样一个牵涉面如此之大的公共物品，政策规定越少越好。现在的碳减排政策最失败的原因就是太复杂，复杂了就无法展开实施。

Q15：融资租赁的飞机、出租屋房产、高铁线路和动车，还有还贷高速……只收取运行费吗？例如，出租房屋、水电由租客付，碳费是否免除？

A：航空器中的碳费是否应该分担给旅客，由市场机制原则决定，不需要我们进行讨论，市场会自动调节好，会自行形成不用政府去管的行业惯例。

原则上，服务供应商的任何成本都是要消费者承担的，无论有无列项，如何规定，这是市场机制决定的，不是政策能决定的。CELM的优势便是政府不需要出台很多执行细节，尽可能由市场说了算。

Q16：关于建设周期比较长的房屋不动产和基础设施、流程工厂、碳成本——"谁消费谁承担"。"消费"应该也包括持有，如不动产和车辆，应该是谁持有谁承担，而租户仅应承担直接碳成本，如电费和油费。

A：同前面几个问题一样，市场自由交易原则确定。不需要政府出台政策细节规定。

Q17：房屋不动产——谁开发谁拥有，由谁负责中和销项碳票呢？零售型商业物业，由于开发交付与零售可能有时间差，是否应该由开发商负责中和？个人住宅也应该类似考虑，开发商才会在设计和建设过程中考虑低碳材料和产品。

A：政府不用管，由自由交易原则确定。只有个人消费者的原则是零售商代收便由零售商去抵消。CELM要求一个组织碳排放存量汇算清缴周期是一季度，时间到了，组织自然会清楚如何处理。

包括个人住宅也是如此，不存在开发商承担碳中和责任在建设过程中考虑低碳材料和产品的问题。只要碳排放成本进入产品内部，市场机制、消费者的选择都会倒逼厂商努力减碳。这一点不用担心。

Q18：工艺流程工厂建设过程中土建和工艺设备也汇集了大量的碳足迹，应该由项目业主负责中和，而不能摊销到产品中，比如火电厂中的锅炉、汽轮机和发电机等固定资产碳足迹很高，应该由电厂业主负责中和，而不能摊销到电价中。

A：与前面几个问题一样，如果是市场化电价，政府就不用管。交易双方碳票的数值，即碳排放责任的转移量，不用政府规定如何核算，而是市场交易双方博弈和谈判的结果。

Q19：CELM体系方案能否驱动项目开发者业主通过低碳设计、供应链采购、建造措施等，来最大限度地降低自己项目的碳足迹？

A：这是肯定的，一点都不用担心，并且是用市场的力量去驱动的。CELM体系将碳排放成本实现了产品内部化。市场这只无形的手，会驱动全产业链组织包括开发商，努力碳减排。

Q20：代扣代缴是个人所得税和销售税等主要手段，碳费是否也可以借鉴？

A：对的，零售终端的碳费收取方案与销售税类同，各国有很多经验，可以直接借鉴。在国内，它更类似于排水费的收取，中国各大城市都有很好的运营经验。

Q21：政府部门、非营利性组织、教育机构等不能开出销项碳票的机构，最终是否需要购置负碳平衡进项？财政支出时应如何考量？

A：不能开出销项碳票的组织、机构，进项碳票就成了组织要承担的碳排放责任成本，需定期从碳市场购进负碳进行抵消。即没有收入的部门并不能免除消耗能源的碳排放成本承担，碳费成为一种能源消费的固定成本。

这样碳排放成本支出就应该视同水费、电费。今后只要消耗能源，增加碳排放的组织行为，都会增加一项费用——碳费。为实现全球碳中和，碳排放社会成本的内部化，这是必然的。政府机构、教育机构这部分碳费增加，将体现在增加部门的年度财政预算上。

Q22：如何平衡投资、贸易和消费之间的碳负担，从而减少或免除最终消费者个人和家庭碳费支出？

A：CELM 体系下，投资、贸易和消费三者之间碳排放费用负担并不需要考虑平衡问题，这是 CELM 体系的优势。当前碳减排体系下出现的问题，在 CELM 体系下都可以由市场自动调节，不需要主管部门操心。按照 CELM 责任承担原则和实际情况，各自负担即可，不会有大的问题。

事实上，只要上游承担了碳排放成本，在有效市场条件下，产品成本一定会传导到消费者。只要实现碳减排，消费者承担一部分甚至大部分碳排放费用是不可避免的，也是必要的。在解决气候问题、全球实现碳中和的目标下，免除消费者碳排放成本支出是不可能的。也不需要担心这个问题，利用碳排放成本承担机制的设计，可以成为政府共建美好社会的重要工具。

消费者和个人家庭的碳费支出政策细节，是一定要慎重研究的。CELM 体系在这个问题上强调了以下四大原则。

（1）消费者担责原则。消费者一定要承担一定的碳排放费用，有以下几方面的作用：

一是含碳的产品价格提高，会调节和减少消费量。

二是消费者承担碳排放成本，会产生良好的市场逆向选择机制，将高碳排产品从市场淘汰。

（2）要实现政策的累进性。即富人要承担得更多，富人碳费支出占收入的比例也要比穷人更高。这个要进行专项研究，可以考虑的办法：建立家庭碳账户，按人均分梯级收费，基础梯级价格很低，更进一个梯级后，碳费单价依此增加。

（3）占居民收入的支出比例要合理。碳费总支出占居民消费总支出的比例不能过高，需要一个渐进的过程。

（4）个人收入二次分应的综合优化调整。居民增加碳费支出后，个人所得税应该提高起征点。

因此，要实现碳减排，就不会有消费者要不要承担的问题，而是应该如何承担的问题。可参照的例子是排水费，排水费从几分钱一吨提升到与水价差不多，分开单独收费，由于水环境改善，老百姓承担意愿较高。对于改善空气和气候，老百姓是能够理解的，这个举措没有问题。

15.3　碳票进销项与流转

Q23：组织开出碳票的依据是什么？由自己决定或第三方核定？还是由政府部门监

管？组织销项碳票的形成机制是怎样的？

A：组织开出碳票销项，由组织与交易对手谈判确定，不需要由第三方核定，也不需要由政府部门监管，完全由市场机制发挥作用。

一个产品的碳票量是多少，将是交易双方谈判的核心条款之一。只要交易双方认可，政府就认可，便不需要由第三方核定，更不需要由政府部门监管。因此，基于CELM的解决方案，政府的监管成本很低，碳排放量的数据质量却很高。因为市场机制确定了交易双方具有很有效的双向约束，一般情况下是市场公允的水平。

CELM体系下，政府不需要严加监管的原因与增值税原理类似，无论产业链各节点交易双方如何确定交易碳排量流转情况，对全局而言，不会出现碳泄漏，总有人承担责任，整个系统内总碳排放量不会增加，也不会减少。

政府要做的监管是，控制有人利用非真实交易达到诈骗的目的。系统对数据会进行智能分析，及时发现异常情况，不断升级核查程序。

销项碳票的形成机制非常简单。一个组织的销项碳票，是根据进项的碳责任总量汇总，按每一种产品实际耗能情况，再分摊到自己的每一个产品中，按照每一单的销售量开出销项碳票。因此，组织销项碳票的核算是一件非常简单的事情，利用加减乘除法运算就可以了。不像现在的碳盘查，成了一门高深显学，耗费巨大，需要多轮核查，造假还是不断出现。政府和企业都不堪负担。

Q24：碳票流通取决于碳票开出，即销项碳票。应如何核定一个组织的销项碳票呢？比如一个组织提供的产品和服务有上百种或一项订单就含几十种产品。

A：一个组织的碳票销项非常容易操作。通过简单的加法，就能知道上游供应商开给自己的进项量总共有多少，通过合理原则可以分配到各个产品和各个交易合同中，如根据企业自身范围内每个产品线的消耗量和相关供应商的碳票数量进行分配，这样便会使得核算难度低、成本也极低。

一个组织虽然有数十种甚至上百种产品，但是，根据各产品的材料消耗量和能源消耗量经验统计值，就能相对准确地分配到产品中。另外，这个碳排量的分配，并无绝对精确分配的必要，产品碳排放含量会自然地形成社会标准值，组织可以参考社会标准值。

目前，各行业的碳排放量计算变成了一门高深显学，要培养一大批专业顾问团队协助企业核算。这样的碳排放管理成本，社会难以承担。CELM体系解决方案下，将碳销项票数据核算变成了企业内部的事情，并且不需要额外的交易成本。

Q25：某种物品的销项碳票的平均排放水平，是不是某一产品的基准线碳足迹？

A：行业人士都知道，要想搞好全社会碳减排的管理，建立一个完整、准确、动态的包含所有社会物品和服务的碳排放因子数据库十分必要。但这样的一个数据库依靠当前的方法和能力恰恰无法建立。

CELM 体系下的碳票管理系统（CTMS）可以巧妙地解决这个问题。几乎不需要什么成本，就可以建立起一个覆盖全社会和所有物品的完整、准确、动态的碳足迹大数据库，同时很容易形成一个覆盖全社会和所有物品的完整、准确、动态的碳排放因子库。这样可以为宏观政策的制定、执行、建设项目方案评估分析等提供依据。

有了完整、准确、动态的碳足迹大数据库，形成全社会和所有物品的碳排放因子库就很容易了。是取平均值，还是用别的定义，标准和规则通过碳减排主管部门和行业协会来确定就可以，每个行业应该会有区别。

Q26：终端零售商应该如何操作碳票？

A：终端零售商将商品卖给消费者，向消费者收取碳费。零售商收到碳费后，到碳市场购买负碳抵消自己的碳票存量。零售商向上游产品的供应商进货，有很多碳票进项，要定期（如按季）抵消清缴。

通常，终端零售商从碳市场购进的负碳是"欠负碳"，是政府提供给碳市场中用于所有社会组织解决碳排量抵消用的。

Q27：基础设施、固定资产和出租房产等，其拥有者并非使用者（消费者），通常其资产成本通过折旧向使用者收费，有些资产折旧可达十几年，这种情况下碳票应该如何开具？如果不开，由资产的业主来支付，是否不符合消费者买单的原则？能否用一种简单的办法形成固定资产原值中包括进项碳票费并通过折旧形成使用者价格的呢？

A：应该将碳费视为一种成本，类似材料费是一次性进入资产的费用成本。为避免复杂，不应该分期多年支付，碳排放的外部性在项目结束就已全部产生，碳费成本对社会一方不可以分期支付。因此，对政府方面的碳票抵消肯定是一次性完成的。CELM 体系明确了清算周期是一个季度，有存量的都要抵消掉。

固定资产持有者出租资产，是否向租用方开碳票，政府不用管，由交易自由原则执行，政府不用担心会发生碳泄漏。经过一段时间的自由运行，市场会自行生成一些规则，政府不用管也不用干预。

CELM 体系有一个很大的优势，就是政府不用花费很多精力制定很多规则，很多事项都可以由市场机制较轻松地解决。

Q28：固定资产购置和交付使用的价格中是否应该包括进项碳票费？拥有这些资产的法人或自然人出租转让或运营收入中是否也可包括销项碳票费抵扣？

A：按照自由交易原则，双方商定交易方案即可。出让、转让或运营收入中可以开出销项碳票，购置和交付使用的费用一定是包含碳费的，即使出售方不单独立项，出售方的总成本一定是有这一项的。CELM 体系强调政策执行成本低、交易自由的原则。交易过程是否要强制收碳费，政府可以不管，市场机制会自动形成市场惯例。

这和增值税的原理差不多。不管交易双方的哪一方交，政府都不会少一分税费。碳票系统也是如此，可以让交易双方有较大的自由度，不是上家交就是下家交，并不需要管理部门监管。

Q29：服务类企业应该如何核定销项碳票？

A：处理碳票的进销项，所有服务类企业与其他社会组织并无大的不同。它没有具体的产品，只需要将碳票进项的总量分摊到各个服务合同中，按合同额、实际消耗等方法分配进去，尽可能按实际即可。

有些服务类企业，碳票的进项很小，就可以自行碳中和，不再向下传递碳排责任量。这样可以获得绿色企业、碳中和企业的品牌声誉。

CELM体系给企业组织的碳排量处理带来很大的灵活性，政府介入很少，自由交易形成上下游约束很强，并不会有大的问题。这一点是基于CELM的碳减排机制有非常大的优势。

Q30：长链房地产业建设过程自身排放相对比较大，应该如何考虑持有、租赁、购置和拆除过程中的隐含碳和碳交易？比如一栋楼宇或项目汇集的碳票数目可能非常大。

A：无论行业的产业链条多长，基于CELM体系的CTMS系统记录的碳足迹数据都是真实可信的，与产业链的长短并无多大关系。就像增值税系统一样，无论流转多少个节点，增值税基数也不会出错。

房地产持有、租赁、购置和拆迁过程中的碳票流转，与其他行业一样，按CELM规则和市场自由交易原则，行业能自行处理好，不存在特别的问题。

一栋楼宇汇集碳票的累计数量应该是比较大的，这符合真实情况。CTMS在解决大型复杂工程项目的碳排放责任量计算难题方面很有优势，碳排放责任量计算变得非常容易，且非常准确。

CELM体系这一优势，让政府碳减排和监管成本几乎降为零。这恰恰是当前碳减排机制无法胜任的。

Q31：买大件收据单独列明碳票，以及直接用电、燃油和燃气的要列明；卖个烧饼之类（其实也有碳）就免了吧？

A：CELM体系运行可以灵活，并不会有问题。零售商自己会很灵活地处理，政府不需要强求形式。一件商品出售如果打印小票，都会在现有的小票上增加一项含碳量和碳费，并不复杂。

按CELM体系，碳费可以做到应收尽收，不会产生碳泄漏。

目前为止，学术界提出碳减排的管理方案中，CELM的方式是最简单的。这是CELM

方案的一大优势。

15.4　碳源管理

Q32：农业化肥、畜牧业、钢铁、有色金属、水泥建材等碳源也不小，应该如何考虑这些行业碳源数据管理呢?

A：碳源管理抓大放小，逐步精细化。除了煤矿、油田和天然气外，化肥、畜牧、钢铁、水泥等碳源也需要逐步管理起来。

管理的方法与前面三大碳源方法是类似的，即将碳源组织和碳源数据按不同的行业特点进行管理。管理难度也不大，可以精准地管理起来。

如化肥，化肥施用到田地里，会释放 CO_2。将化肥厂作为碳源组织管理。化肥厂申报产量，政府进行核定，政府对不同种类的化肥单位产量的碳排量进行测定，即掌握了精确的碳源数据，政府将碳票销项开给化肥厂，成为化肥厂碳票进项，化肥厂出售化肥产品，开出碳票销项给自己的客户。这样层层传递流转，就可以在农业产业链将碳排量准确地流转起来。本问题提到的其他行业也是类似的，并无难处。

碳源组织和碳源数据管理可以分步走，政府逐步将所有的碳源管理起来，这是一个渐进的过程。基于 CELM 的碳源数据的管理是应该用抓大放小的原则来逐步完善，而当前基于碳排放权的碳减排机制用抓大放小原则是完全错误的，二者性质完全不同。

Q33：政府确定碳源数量，开出碳票销项进入整个系统，应该如何区分石油和煤炭是作为化工原料还是一次能源燃烧呢?

A：这确实是个问题，需要专门制定操作方案。煤和石油不仅是能源，也是很多生产化学材料的原料。对于不是用来作为能源燃烧的煤、石油等化石能源原料，其生命周期中，并未向大气排放 CO_2。因此，这部分煤、石油产品的碳含量，不应计入碳源数量。

处理方案大致是，化石能源的生产厂家将一部分产品销向非燃烧部门，碳源组织按同样的方法开出销项票，将碳票传递出去。非燃烧部门在 CTMS 系统中，提出核销进项碳票的申请，经政府核定后，予以核销相应的进项碳票。处理方法并不复杂。

15.5　能源与电力行业

Q34：碳排放责任机制是如何考虑新能源的减排激励的? 比如氢能。

A：碳排放责任机制对此已经有了充分的考虑。CELM 体系可以成功地实现碳排放社会成本内部化，虽然考虑到宏观经济承受力，碳价还不能一步到位。每一吨的碳排放成本都内化到产品中后，低碳新能源就会自然体现出成本优势（无碳排放成本）。如果新能源成本优势在开始的阶段还不足以推动能源转型，理论上讲，最好的方案是增加碳排放成本单价，直至其达到了具备能源转型的市场条件。

当然这是理想化的，甚至可能不合适，现实也不会这么简单。如果长时间无法通过碳定价让新能源产生价格竞争优势，可以采用一些税收政策和财政政策进行支持，增加新能源竞争优势。但一定要减少财政直接补贴的方案，直接补贴往往容易产生较大的问题。可采用的政策包括对新能源项目低息贷款，增值税和所得税税收优惠，如上海对新能源汽车给予免费牌照，相当于对车主补贴了10万元，都是非常好的政策。

Q35：前几年风光电场有上网价补贴，政府累积下来的资金缺口也非常大。现在规模的风光电场已经完全具备成本竞争优势，应该如何看待补贴？能否通过火电碳票征收解决风光新能源的补贴问题呢？

A：现在的基于碳排放权和CCER的碳减排机制很多重复、过时、缺漏的地方。国家非常有必要基于CELM体系对现有政策进行统一梳理。

问题主要体现在以下几方面：

（1）没有顶层理论和体系总指引。这样导致各部门都希望设计一套对自己更有利的政策体系。

（2）部门利益不同。碳排放权和碳排放成本的政策被推行后，低碳转型引发的部门利益调整很大。

煤电企业承担全部碳排放量成本后，即全社会所有产品都实行了碳排放成本内部化后随着碳价的提升，风光电场的补贴应该取消，否则就是不公平竞争。

如果政府觉得还需要加快发展风电，尽量用财政政策（减税）和金融政策（低息）进行支持。尽量减少直接的财政补贴政策，这样可减少大量骗补、寻租等问题。事实上，财政补贴政策对政府的能力要求太高、执行成本投入太高，大部分财政补贴政策的效率是非常低的。

当前的各种新能源补贴和CCER都已不是好的政策，而是过时的政策了。

Q36：CELM体系应该如何激励煤电碳减排，减少电力集团对煤电依赖？

A：CELM理论和解决方案对煤电碳减排有足够的激励，并且是适当的激励。促进煤电企业碳减排，同时对宏观经济负面影响很小才是好的方案。当前煤电行业的碳排放权配额政策显然是低效率、高成本的，并且严重影响宏观经济。

CELM"1+1"碳减排体系，只要煤电企业将政府开具的碳票进项全部开给电网公司，煤电企业就不需要直接增加现金成本。但这并不意味着煤电企业不用承担碳排放责任和碳排放责任成本，CELM理论已经巧妙地将碳排放责任成本通过碳票隐含在产品里面，实现外部成本内部化，即在网电分离总价上网的前提下，电网公司采购电力会选择将包括碳票成本在内的低报价的电力上网。这样就实现了政策的双重目标：

（1）对煤电产品实现了碳排放成本的内部化，激励煤电企业碳减排。煤电企业只有努力实现碳减排，才能提升上网价格竞争力。

（2）减少了对宏观经济的负面影响。目前煤电还是电力供应的主力军，承担调峰保供的重大责任，客观技术条件和宏观经济需求决定了煤电生产要得到很好的安排。当前抓煤电行业和重点行业的碳减排是一种想当然的行为，对宏观经济影响极大。CELM 体系做出了最好的安排，既将碳排放成本隐含到煤电产品中，促进煤电行业碳减排，又不立即对煤电行业产生巨额的成本负担，保证了煤电行业的健康运营。

电力集团对煤电的依赖，当前更多的是技术问题。

CELM 体系下，煤电产品隐含了越来越高的碳排放成本。市场机制决定了，购电公司自然会减少对煤电的采购，根本不需要政府担心。当前的情况是，新能源替代的本领有限，电网的供电能力受到技术限制。虽然当前新能源成本已经降下来，但新能源发电呈现随机性、波动性、间歇性的特征，且存在供电时长、能源储备等技术局限的问题，使电力公司的电力供应主要还依赖煤电企业。并且传统煤电的技术发展更成熟，技术力量更强，发电成本更低，尤其是调峰调频稳定电网的能力更强。所以，当下煤电仍扮演着保障电力安全稳定供应的"顶梁柱"和"压舱石"的角色。

有些问题，确实要依靠技术的进步来解决。在新能源的技术问题解决好之前，将煤电行业"打得半死"并影响宏观经济是不明智的行为。

Q37：水价的形成机制相对简单。而电价考虑核电、水电、煤电、油电、气电、海上陆上风电、太阳能光热光伏、生物质能、垃圾焚化等不同原料，场地占用，投资，等等，上网价都不尽相同，而消费侧又有农业、工业和商业等销售电价区分，如果碳票选择电和油气费作为载体，应该如何统筹考虑电网中的各种电源而设计含碳的销售电价呢？

A：CELM 体系最大的优势就是可以避免各种复杂的核算，所有的计算只有加减乘除法，几乎只要一个小学生就能将全社会产业链中每个组织的碳定价问题搞清楚。

CELM 体系完全不同于现在的碳减排机制中的 MRV，后者成了一门显学，需要庞大的咨询顾问团队和巨额执行成本。

供电部门作为产业链中的重要一环，与其他商品的碳票进销项处理碳定价并无不同之处。供电部门收购各种不同的电源，每个电生产单位都会开具碳票销项，相加后形成己方的总碳票进项。供电部门根据内部需求或战略可设计一套原则，如根据电网碳排放因子将碳排放责任总量分配到每度电中，可以每度电相等，也可以分时区别对待。供电部门可自行研究方案。

CELM施行后，每个企业都要配置各个产品的碳含量。企业有很多产品，要制定原则把大量的碳票进项分配到自己的产品中。分配到产品中的原则应该考虑到以下几点：

（1）将碳票进项总量尽可能分配掉。如果不将碳票进项总量分配掉，它就会形成碳存量，则要按季从碳市场购进负碳来抵消。

（2）符合实际原则。一个组织会生产很多产品，碳票进项来源数量很多，应进行适当的管理，按各个产品实际的碳消耗量分配。对一个组织内部来讲，做到这一点并不难。

（3）市场竞争和下游接受原则。企业的碳排放强度如果比行业平均水平高，就分配不出去，下游不接受则只能自己购买负碳来抵消。这样，企业增加了成本、减少了利润，受到高碳排放的惩罚。

在CELM框架下，市场机制自始至终发挥着重要作用，而不是由政府来规定碳排放因子或企业花费巨额费用请专业顾问团队核算。

Q38：CELM体系下的负碳碳市场看似完全用来资助碳汇和CCUS，是否需要支持CCER项目呢？比如风电和太阳能。

A：CCER已经完成历史使命，政府不应该再用核证减排量机制来激励了。

在CELM体系下，所有物品的碳排放量都承担了碳排放责任的社会成本，低碳项目就应该以低碳形成的成本优势参与市场竞争，不能再适用核证减排量方案激励。这是重叠机制，缺乏市场公允性。

基于CELM的碳汇核证体系，与CCER有重叠的部分，包含CCER中类似森林碳汇、CCUS绝对减排量这部分，不含相对减排量的内容。即该考虑的要考虑，不该考虑的就不考虑，这样就全理顺了。就再也不用做出类似当前CCER 5%的抵消比例限值了，核证碳汇量越大越好，反而释放了负碳产品的空间。

另外，核证减排量体系复杂、不标准、问题多、运营成本高，难以国际化，应及时停止。今后要将主要资源投入"真负碳"的核证体系建设。

15.6 碳定价

Q39：CELM体系的碳定价，是一种税还是费？是否需要经过人大立法？

A：CELM体系下碳定价是一种费，不是税，类似于水费中的排水费。参考排水费的制度建设，碳费的收取需要通过人大立法，但价格的调整不需要立法，是通过国家发展改革委组织的听证会来确立不同年份价格的变化的。

CELM理论提出整合碳定价方案，碳价格是国家根据碳中和目标进程和宏观经济承受能力来综合考量确定的。政府是碳源销项的第一个输出者，是碳市场的抵消类负碳（欠负碳）的主要提供者，相当于污水处理系统的提供者。政府出售负碳收取碳费，并拥有较强的负碳碳市场的定价能力。

Q40：碳价与碳达峰、碳中和有何关系？

目前情况下，"真负碳"的成本是比较高的，市场进行碳票责任的抵消主要是通过"欠负碳"。一方面随着碳中和的进程，"欠负碳"的价格也会逐步提高；另一方面，随着碳汇产业的规模化发展和技术进步，"真负碳"的成本会逐步降低。当"欠负碳"价格与"真负碳"价格相等时，市场上就可以全部由"真负碳"来实现碳抵消，即实现了碳中和。

不会出现政府开出的碳票销项量，涨到不能再涨就碳达峰了，也不可能跌到不能再跌就碳中和了。

15.7 国际贸易与碳关税

Q41：应对即将到来的类似欧盟的CBAM碳边境调节机制，CELM体系有何作用？

A：CELM对类CBAM碳关税有彻底解决方案，中国需要尽快推行。

CELM提出了消费者责任机制，理顺了生产国与消费国的碳排放责任承担关系。国际贸易碳排放存在市场失灵的问题。欧美西方国家在碳排放问题上一直坚持的"谁生产谁负责"机制存在严重缺陷，现在CELM理论给予正本清源。这样，中国有10%的碳排放责任将出口到欧美消费国。

CELM体系解决了国际贸易碳关税的两个关键问题：

（1）提供碳足迹可信数据。基于CELM的碳票管理系统（CTMS）提供全社会所有物品的碳足迹可信数据，解决了国际间的贸易商品碳排放数据核查难题。成本低，数据精准可信，将减少在数据方面的争议。

（2）基于CELM的负碳碳市场帮助中国出口企业在国内进行碳抵消，免于在国外被征收碳费。出口企业在国内按两国约定好的"国际负碳"碳价，只要在国内碳市场购进负碳进行抵消，就可以在国外免交碳关税了。

Q42：CELM理论是如何处理碳关税各利益相关方的呢？能源资源出口国（石油、天然气、铁矿等）如巴西、澳大利亚、加拿大、俄罗斯、中东各国等；消费大国如欧盟各国、美国等；制造输出国如中国、印度、东南亚各国等。

A：CELM理论处理国际、国内碳减排利益相关方的总原则：消费者担责，产业链后端对前端负总责。根据这一原则，理顺全球各国家间和国家内部地区间碳排放责任体系就不难。在CELM体系下，各国要处理的唯一问题只是分阶段的碳定价谈判，非常实际和容易落地。

当前欧美主导规则的碳排放规则体系中强调谁排放谁担责，这些问题反而难以处理好。近30年的联合国气候大会一直花费金钱、时间和碳排量在碳排放权的分配上，方向错了，是非常失败的。

CELM体系将全球社会视为一个整体，避开了国家间、地区间、组织间碳排放权分配的问题，充分利用市场机制，上下游自行约束，驱动国际社会全局碳减排。

化石能源输出国：CELM体系下，实现了碳排放成本的内部化，使用化石能源的实际成本被提高，会抑制化石能源的使用量。具体操作上，政府对石油进口商开出碳销项票，视为碳源组织。如果出口国已完成国际负碳抵消，则免除碳票销项。

产品制造国：CELM体系下，商品出口到其他国家，原则上碳排放成本应该由进口国（消费国）承担，但会增加自己产品的总成本，削弱产品的竞争力，所以制造国必须努力降低自己产品中的含碳量。

产品消费国：应该为产品中的碳排放量买单，但拥有消费者选择权，使碳排放量低、成本合理的产品得到更多人的选择。从需求端对全球市场进行碳减驱动。

15.8 CELM 体系与现有碳减排体系的差异

Q43：为什么说围绕碳排放权概念打造碳减排体系是低效的？

A：碳排放权配额体系有很多局限性，无法实现全球、全社会高效率的碳减排。

（1）对政府的能力和投入要求太高。对全社会数亿个组织和个体进行碳排放权的分配是不现实的，政府没有这个能力。分配方法是个很高深的学术问题，虽然这方面有无数的论文，但实际上是无解的。无论政府用什么方法分配，在公平和效率上都存在问题，运营成本就会极高。当然，行政权力的分配也会极易引发政府部门的寻租和腐败问题，造成的后果相当严重。

（2）概念不标准，概念标准化和资产化比较困难。"碳排放权"这种概念变化和伸缩性是相当大的，国家与国家之间、地区与地区之间、年份与年份之间的碳排放权的内涵是完全不同的。这样就无法成为标准化碳资产，无法成为对碳减排有重大作用的资产标的。20多年的全球各国碳排放权交易发展的结果说明了这一点。

（3）国际化、国际协作困难。全球碳中和是必须实现全球协同的公共物品难题。作为实现目标最重要的一个工具——碳排放权，如果不能实现地域维度和时间维度是高度标准的，就难以担此重任。迄今为止，国际碳减排机制难以统一、形成国际协作，对实际的碳减排作用甚小，主要原因就在于，目前主流的碳政策工具——碳排放权无法担此重任。一个被委以重任的政策工具在国际范围内通行，而不能通过它形成国际协作，一定是搞错了对象。

（4）基于碳排放权的碳市场难以做大。正因为碳排放权这一工具存在以上问题，大家寄予厚望的碳交易市场至今在世界范围内仍难以做大。核心问题是碳交易市场的标的选错了，即碳市场交易标的不一定非碳排放权不可，CELM 提出标的变革为"负碳"情况将大不一样。

Q44：CCER 体系为什么应该停止？

A：CCER 体系在碳减排的第一阶段是有效的机制，但是，在当前碳中和目标下，是一种低效机制。中国应该全面转向基于"负碳"的碳汇核证体系。

CCER 是核证减排量，是一个相对量，标准无法统一，无法国际化，减排量非常不客观，方法学还不断在开发，已达数百种。这样复杂的体系，就意味无法控制质量，且运营成本极高，没有推广价值。事实也的确如此，国际社会不得不将抵消总量限制在碳排量指标的 5% 以内。同时，受核证减排量激励，在碳排放成本内部化后，这部分激励理论上就不应该存在。因此，CCER 体系前途不大，成本极高，应该尽快停止。中国政府不应该花大力气构建新的专业的 CCER 市场，完全没有价值。

Q45：碳中和要与国际接轨，现在各国都在争话语权，控制各种方法学、数据库。CELM 体系要和现有的体系竞争是不是件容易的事儿？

A：一定有很大的挑战。但现在的机制很低效，CELM 能大幅提升效率，无论如何，都要尽力去推动。

现在国际上不仅是欧美，各国都在争夺气候问题的话语权。相对而言，中国学术界和实践领域在国际气候问题上的创新思想太少，影响力太小。中国是碳排放大国，如果在学术理论和政策制定的影响力方面不做努力，代价会很大。CELM 从基础理论和解决方案上，为中国走上全球应对气候变化领导地位奠定了基础，为中国提升话语权创造了有利的条件。如果中国率先实施 CELM 体系，并取得成效，将极大提升中国在全球气候问题上的地位。这是中国政府必须努力的方向。

Q46：如何看待现在的几个城市碳交易市场以及全国统一碳市场？如何统一排放权、CCER、碳汇、碳信用、碳税等各种交易产品？

A：由于缺乏应对气候变化制度经济学基础理论的研究，理论思想和顶层机制设计自我创新存在不足，主管部门机制设计还在模仿西方欧美国家，整体进度不够理想。

我们有必要充分发挥国人创造力，在充分讨论的基础上，找到中国碳中和的最优路径。在此基础上，重新设计顶层机制体系和配套体系，加快碳中和进程，减少社会成本和资源浪费。

当前的体系是试点，成本投入大，成效不明显。

各省的碳交易市场既无理论指导，又缺乏专业力量，都在试点和探索，分散了市场，分散了资源，作用是负面的。应该尽快停止这类成本投入。

有效率的碳市场：建立全国统一的负碳碳市场。

要尽快将当前的碳排权碳市场升级，向负碳碳市场过渡。碳排权碳市场已基本完成历史使命，它已无法承载中国和全球碳中和的使命。

CCER同样如此，核证减排量是阶段性需要，负碳则直指向碳中和发展。中国的核证体系建设要全面转向负碳的核证。当前很多激励机制重复、复杂、漏洞多，政府行政能力跟不上，财政投入大，这些机制需要全面清理。

Q47：CELM的碳市场与现有的碳排权碳市场、CCER交易的关系是如何的？颠覆还是有待补充？

A：CELM体系的碳市场是负碳碳市场，现有碳市场是碳排权碳市场（CEA），另外一些自愿减排量（CCER）交易，二者的顶层设计有很大的不同。

CELM负碳碳市场是当前碳排权碳市场的变革与升级，突破了碳排权碳市场的很多局限，具有模式简单、标准化、容易做大规模、驱动碳减排效果强等优势。

因此，实施CELM碳市场就要放弃碳排放权（CEA）交易模式和CCER模式。即CELM负碳碳市场模式对当前碳排权碳市场是替代关系，而不仅仅是补充。

Q48：碳市场变革应往哪个方向走？当前碳市场遍地开花，对吗？

A：当前的碳排放权、CCER及其他碳市场只有全面向"负碳碳市场"转型变革升级，才可以实现可持续发展和国际化。碳市场的主要功能是帮助政府实现碳排放成本内部化，帮助企业实现碳抵消。因此负碳碳市场是面向碳中和的，是科学的、可以成为标准的可存续资产，可实现国际化。

当前碳市场遍地开花一定是错的。中国碳市场只需要一个，即负碳碳市场，应该全国统一大市场，各个省的碳市场都应该取消掉，也不需要单独建设CCER交易市场，否则将造成新的巨大的浪费。

Q49：各路专家提出和正在实施的碳减排机制层出不穷，各地政府也各自试点探索，企业该如何应对？

A：确实，当前各路专家不断提出各种方案，各地政府在各路专家帮助下，用不同的方案进行探索。这种无序地探索碳中和方案存在严重的问题——专业性不够，各自构建一套体系成本过高，无法可持续发展。各路专家输出的方案大多停留在idea阶段，无实际意义。

目前中国碳中和进程的一大问题是，重复低效的方案和体系太多，耗费了很多资源，甚至很多方案负面效应大、正面效应小，对宏观经济效应破坏严重。

应对气候变化、实现碳减排面对的是史无前例的公共物品问题，远没有诸多专家设想的那样简单。碳排放公共物品问题的本质：碳排放是具有跨时空外部性的大规模复杂公共物品。碳中和是国家级、全球性系统性问题，需要严谨的经济学、科学理论支撑，有全局思维和顶层设计，要进行国际协调和国家级统筹。因此，有些"专家"没有从系统性角度思考，仅从单点出发，难以解决实际问题，各地自行其是的探索也大多收效甚微。

当下，气候问题严峻，尽快找到最有效率、兼具公平的碳中和路径，并加快推行的必要性与紧迫性不断提升。当前 CELM 理论和解决方案是国际上比较具有优势的全球碳中和理论和解决方案。建议政府加快研究与论证，如果论证有效，可以此为核心，进行全面的顶层设计，梳理调整现有的体系，加快落地。

企业目前相对是被动的，需要明确两点原则：产品中有碳排放就一定要承担成本，低碳产品将是建立品牌的基础。明确这两点，企业经营理念和战略该如何调整大致就清楚了。

Q50：现在部分省市有绿电和绿证交易，而有些还是线下交易，碳票能否将它们统一在电网售价交易？

A：这些机制存在着大量的重合、不科学和低效率的情况。CELM 体系下，需要对这些机制一并进行梳理和调整，建议应该被整合掉。

Q51：消费者承担的产品碳负担，主要是生成产品过程中能源成本附带的碳成本，除了碳足迹，现在也有水足迹（Water Footprint）的概念，能否通过一个碳票系统整合在一起？

A：CELM 理论的价值不仅在碳减排上取得了顶层理论和解决方案的突破，对其他公共物品的政策设计也有很大的理论和落地方案的参考价值。

CELM 理论在公共物品理论和解决方案上具有以下三点重要价值：

（1）责任机制的设计。CELM 的理念和方案在公平和效率上突破了市场信息不足和市场失灵的局限。

（2）各责任主体责任分担量化解决方案。利用数字信息技术系统，低成本自运营获得全社会碳足迹数据，每个主体的责任承担量绝对准确公平。

（3）市场化的正负外部性必抵消机制（负碳碳市场）。这样可以把政府解放出来，解决了政府的能力问题、行政成本和寻租问题。

这些好的方法完全可引用到其他大型复杂公共物品的政策工具设计中，如另一大温室气候甲烷的减排机制设计，原理应该完全相通。

15.9　CELM 解决方案的推行

Q52：CTMS 作为顶层设计的具体体现，需要国家的全力支持，打通不同部委间的边界。这一点从目前的环保治理过程来看有较大难度。大气治理了那么多年，虽然很有成效，但信息分享还是在单一系统里进行，CTMS能否突破这一现状？

A：CELM体系构建是历史性工程，包括基于CELM的碳票管理系统CTMS是一个类似于我国"金税工程"的"金碳工程"，是一个国家级基础设施，也是一个顶层设计、自上而下的国家级碳排放管理系统，一定要打破所有边界才能做成。

因此，毫无疑问，金碳工程的实现有巨大的难度，它的成败取决于国家意志。在技术上和运营难度上，金碳工程要远低于金税工程。且CTMS是一个碳足迹数据交易记录系统，不直接关联资金，这也降低了复杂度。因此，只要国家有决心，就容易实现。

从2022年人类承受气候暴击的影响和损失来讲，这些难度都不在话下，只是认知的问题。更何况现有体系并不能真正解决问题，现在已经到了不得不变革的阶段。

Q53：在中国建立一套CTMS系统需要多少时间？需要哪些资源？

A：碳票管理系统的进项销项的原理类似于当前我国的增值税系统原理。我国有金税工程的建设和运营经验，碳票管理系统相对要简单得多，因此，建设一个全国性的碳票管理系统CTMS并不会太困难，投入成本也不会过高。

系统建设一年内应该可以进入试运营，比政府现行的各种碳减排管理体系推进速度会快很多。

CTMS一旦建立，就可以很快将全社会所有组织和个体纳入碳减排管理。时间和资金投入产出将提升百倍。

CTMS是"一套管理体系 + 一个软件系统"，需要以下几个方面的投入：

（1）进行立法，建立配套的碳减排管理制度体系。

（2）建立相应的运营体系。指定主管部门，建立各层级运营组织。

（3）开发运营国家级的"碳票管理系统"——CTMS。

Q54：CELM解决方案是否同CEA碳配额一样，先从几个大的行业领域开展试点？

A：CELM解决方案在一座城市或一个地区试点是合适的。CELM解决方案合理的试点范围是一个国家或试点电力行业一个完整的产业链也是可行的。

但不能像碳排放权交易一样先试点某个产业链中的某个节点，这是不行的。

事实证明，像我国CEA市场，先试点煤电行业也是失败的。

全国范围的CTMS可以直接试点，风险较小，不需要担心：先建设好国家级碳票管理系统——CTMS，试点阶段只记录数据，只实施基于数据的奖惩机制，试点阶段碳价设定为0元/吨，或1元/吨，这样的方案对宏观经济影响很小，可以起到启动试点的效果。

只要通过CTMS系统产生了动态、完整、准确的全社会碳足迹大数据，不动经济标杆，就可以获得很好的碳减排政策效果。如在建筑业，对10万家建筑企业进行单位产值、单位产量的碳排放强度进行绿色红黑榜排序，甚至对碳排放强度过大的企业淘汰其经营牌照，可以产生极为有效的碳减排效果。

Q55：产品种类繁多，新产品日新月异，现在完成的产品EPD碳标签碳足迹只占非常小的一部分，应该如何快速推进产品碳足迹核定呢？

A：在国际贸易中，环境产品声明（Environmental Product Declaration，EPD）越来越得到支持和采纳，EPD是经由第三方验证的、科学的、可比的、国际认可的产品整个生命周期的环境影响的综合信息披露。

但是，在大数据时代，这种方案已经过时。其成本高昂，数据更新也跟不上。基于CELM的解决方案是建立国家级的碳票管理系统CTMS，完整、准确、动态的碳足迹大数据就能够低成本、高效率建立起来，这个难题就迎刃而解了。

Q56：长链制造业，如汽车、造船、飞机、手机、电脑等供应链很长，应该如何避免范围1-2-3的重复统计呢？

A：这恰恰是基于CELM "1+1" 方案的优势，基于CELM的碳票管理系统CTMS既不会发生碳泄漏，也不会发生重复统计。

CTMS是基于真实交易的碳排放量的流转记录，即碳足迹，只要碳源数据核准后，全社会全产业链的数据真实性就会非常可靠，就像增值税系统，上下游的互相制约将保障数据的可靠性。

CTMS的进销项碳票流转过程，是伴随真实交易产生的，因此不可能产生与实际不符的重复统计问题。

Q57：很多人担心消费者负担碳成本会引起社会抵触的风险，应该怎么办呢？

A：要想实现碳中和碳减排，消费者必然要承担成本，这是不可避免的。消费者应该也是可以接受的，排水费的收取是一个经验。政府出钱搞碳中和、解决气候问题，这种说法是自欺欺人的，政府的钱也是纳税人交的。

所有的组织和个体都要承担碳排放成本，碳排放成本是产品中的一个正常成本，就像材料的物流运费一样。消费者不可能只承担材料费，而不承担运费。例如，消费者买猪肉不能只承担肉价，不承担冷藏费，在最终肉价中肯定是包含了冷藏的费用。这里需要一个动员过程，消费者的工作是可以做通的。2022年全球气候暴击，谁都不愿意看到环境和气候再恶化，那就需要每个人出钱出力。

2022年，政府做了较大规模的社会调查，数据分析的结果比较乐观。随着老百姓对气候问题感受的加深，对碳中和概念和重要性理解的加深，愿意承担合理的商品费用的提高。

事实上，基于CELM的家庭碳账户机制，是改善社会分配机制的全新高效手段，将为低收入群体带来极大的好处，是实现共同富裕的好工具。CELM体系的实施，社会抵触的风险不大。

Q58：终端收费商品数量太多，是否更麻烦？国内不太习惯终端收费，通常加在生产环节，比如消费税。源头收费和终端收费各有利弊，习惯改变是否有难度？

A：终端收取碳费肯定更简单，减碳效应也更高。消费者选择对减碳的作用要发挥出来。另外，只有消费端收碳费才能解决市场失灵的一些难题。所以CELM体系没有选择在源头收费。

事实上，终端收费相比于现况增加的难度并不多。可以将碳费理解成商品中的税。现在每个商品的价格中都有税的部分。消费者并未觉得复杂。

现在：消费者支付商品费用=商品价格+税

将来：消费者支付商品费用=商品价格+税+碳费

没有增加复杂性，只是15cm长的收据中，增加了一行碳费信息。终端的好处是效果直观、明显。消费者选择商品一般只比较总价，今后绿色人士会比较碳含量，这个力量对碳减排作用很大，对企业减碳压力很大，一定要利用起来。这也是日美国家终端收取消费税的意义，地方税部分还可以便捷调整。

碳票费用在终端由消费者支付，像现在的污水处理费一样。其他商品一般含在价格内，政府是知道的，会对供应商计算应缴纳增值税额。美国叫Sales tax，是终端另列收取的归州税收入，有几个州不收的。

Q59：基于CELM的"1+1"体系的复杂程度是否超高？全社会、全部门、全国民家庭短期内全部纳入碳减排，复杂程度可能比现有的财税系统和证券交易系统复杂4~5个数量级，要如何简化系统？

A：要实现双碳目标，就必须加快全社会碳减排，必须放弃当前所谓抓大放小的模式，要尽快发动全社会参与碳减排。政府努力了10多年，只抓了煤电行业的碳减排，只影响到全社会碳减排量的5%，效率极为低下，且对宏观经济伤害相当大，甚至到了拉闸限电、用能权分配的程度。这是整个碳中和业界缺乏智慧的表现。

在大数据、人工智能时代，将全社会、全部门、全国民家庭一下子全部纳入碳减排，复杂程度并没有想象得那么高。最重要的是，要有能力进行基础理论创新、顶层机制设计创新和实施技术方案创新，这样才能做到实现全社会碳减排总制度执行成本比当前搞一个行业的执行成本还低。基于CELM的"1+1"体系就可以实现这样的效果。

基于CELM的"1+1"体系，利用国家级的碳票管理系统（CTMS）和一个全国统一的负碳碳市场，就可以基本搞定全社会的碳减排顶层管理体系，极大地调动全社会所有组织、所有家庭的碳减排积极性。全面利用数字信息系统的能力，可极大程度地减少政府监管的强度、难度，实现系统的自运营，充分发挥数字化和市场机制的力量，整体体系已极为简化。

Q60：金碳系统，感觉与金税系统比较类似。但不同的是金税是企业和政府之间的关系，而金碳是企业和产业链及政府的关系。作为能源成本占总体成本较高的企业，或有敏感信息泄露的担心，容易被市场算出如生产成本、产量等信息。

A：信息安全是大家普遍关切的，但不需要过于担心。碳票管理系统（CTMS、金碳工程）是一个国家级数据管理系统，是国家碳中和的基础设施，由政府来控制数据库的安全性，它的数据安全性一定有非常好的保障。CTMS 对一个企业来讲，数据关系与金税工程是类似的，金税工程也体现了企业、产业链和政府间的关系，在这一点上，二者是一样的。因此，企业的经营数据已在金税工程上运行，增加金碳工程后，企业不会增加额外风险。

CTMS 的平台研发和运营由国家来掌控，CTMS 的数据安全性非常重要，完全有保障。

Q61：CELM 好像效率很高，不需要那么多碳排放咨询顾问，过去 20 多年的几万碳排放研究从业人员应该怎么办？

A：当前碳排放管理政策体系是畸形的。碳减排的作用不够大，管理体系却很庞大，社会成本很高。全国碳排放市场运营了两个完整年度才刚刚实现交易额过百亿元。但一些专家推算出来，碳减排咨询行业很快要发展到百亿元级规模，这是相当荒唐的。

当前很多政策机制设计，感觉不是为了碳减排，而是为了创造新的市场和生意而设计。方法学、规则、算法开发了无数套，相当复杂，不是专家顾问根本无能为力、人为地去创造一个碳咨询、碳金融市场。这些违反社会价值、灭失社会财富的情况是难以持续的。

CELM 理论和解决方案非常简单，一个组织应承担的碳排放责任，一个出纳简单地用加减乘除算法就算好了，不需要专家，也不需要投入太多时间。

碳减排咨询行业的人士并不需要悲观。碳排放咨询行业的发展战略要改变，要助力全社会加快碳减排，而不能只搞碳盘查、碳排量计算，这些工作可以由大数据系统完成。

碳减排咨询业最重要的三个发展方向：

（1）帮助社会组织建立碳减排管理体系。全社会所有组织都要建立碳减排管理体系，需要专业顾问的帮助。

（2）碳源组织和碳源数据的核查。政府会从煤矿、油田、天然气开始，碳源组织和碳源数据会管得越来越细，需要咨询顾问的支持。

（3）帮助政府进行碳汇组织管理和碳汇数量核证。这部分工作量应该是最大的，也是政府要大力发展的，并且是面对国际市场，规模会做得很大。这些工作也需要大量的咨询顾问。

Q62：CELM体系推行是否会遇到政府监管能力的挑战？VOCs（挥发性有机物）监管了那么多年，到了地方政府，科学管理始终在路上。

A：这方面CELM解决方案有巨大的优势，对政府的监管能力和投入降到了最低，至少降低了两个数量级。

碳减排是最复杂、最大规模的公共物品，确实考验国家治理能力。碳减排与所有行业、所有组织、所有个体有关，对政府管理能力和管理资源投入要求太高了。事实上，国际社会，包括我国碳减排管理努力了近20年，只能在个别行业实现碳减排的强管理，即使在很多行业顾问公司的支持下，依然存在很多问题。这已成为企业和国家比较大的负担。

CELM体系，在优势气候变化经济学理论的指引下，利用数字技术能力建立全社会数字碳足迹，利用市场机制确认全社会各组织碳排放责任，通过整合碳定价，协调宏观经济和碳中和进程。CELM最大限度地降低了政府能力要求和资源投入。

（1）利用CTMS系统，轻松建立全社会完整、准确和动态的碳足迹数据库。减少了当前复杂的碳排放核算，降低了核算难度、大大减少了核算工作量、减少碳排放核算中面临的各种问题。目前仅一个煤电行业，便需要动用巨大的顾问单位资源，才能搞定碳排放量核算，且依旧存在诸多数据质量问题。基于CELM的CTMS可以减少相关工作量，且数据准确度足够高。

（2）避免了政府分配碳排放权配额的巨大难度和巨额投入的问题。当前碳减排机制基于碳排放权配额分配，吃力不讨好，工作量大，工作难度大，监管成本也极高，政府没有这个能力做好这件事。CELM方案直接取消了碳排放权配额分配这一事项，完全由市场机制调节，高效、公平、低投入。

（3）避免了动态碳定价的难度和挑战。如果碳价低了，碳中和进程难以达标；碳价高了，宏观经济承受不了。碳定价是个技术活儿、系统工程。目前的机制缺乏科学性，且面临巨大的操作难度。CELM体系通过整合碳定价方案，利用CTMS确定全社会各组织的责任，政府利用负碳提供垄断者身份，平衡好碳中和进程和宏观经济的表现，通过负碳碳市场高效、准确、动态调整碳价，降低了政府定价难度，加强了碳减排效果。

Q63：企业代收消费者碳费，类似于EPR。但冰箱行业实施那么多年，钱是收了，似乎没有起到真正的作用，CELM是否会面临同样的情况？

A：生产者责任延伸（Extended Producer Responsibility，EPR）也是一项环境政策，要求生产者对其在市场上所推出商品的整个生命周期负责，即从商品设计开始到商品生命周期结束（包括废弃物收集和处理）。根据生产者责任延伸法规的规定，责任主体必须在整个商品生命周期内降低其商品对环境产生的影响。它的主要目的是鼓励制造商设计更多可重复使用和可回收的产品。

CELM 与 EPR 在运行的策略上可能有较大不同，虽然二者都会牵涉到费用。由于 CELM 可以实现准确的外部性成本内部化，按经济学规律一定会起到预期的作用，即降低碳消费，并进行有效的资源配置。

冰箱行业的 EPR 政策效果不明显，机制上的科学性还有一定的欠缺。

Q64：政府如何从碳费中获得收入？

A：政府的碳费收入是从碳市场中获得的。政府向碳市场提供了可供组织抵消碳排放存量的"负碳"，即政府在负碳碳市场卖出负碳，获得收入。

政府每年向碳市场提供的负碳数量，与全国每年碳源的总量减去碳汇组织提供"真负碳"数量的值基本相同。如果按当前碳市场价格 50 元/吨算，中国一年碳排量约 120 亿吨，政府获得碳费收入约 6000 亿元。如果有投资者入场购进负碳资产，政府将增加收入，这部分收入先用于投资碳减排，未来将用于回购。

15.10　CELM 与全球碳中和解决方案的综合

Q65：碳排放责任机制的核心思想是什么？

A：CELM 的核心思想有三大方面：

第一，消费者责任制。历史上全球在实行的所有碳减排机制都是生产者责任制，这是西方发达国家制定的游戏规则，却是低效的、不公平的。CELM 理论洞察了国内、国际都是非有效市场的情况下消费者责任制更公平高效，能更好地在整个产业链传递碳排放责任，更易处理碳关税问题。

第二，基于负碳。历史上全球在实行的所有碳减排体系都是基于碳排放权设计，计划色彩太浓，公平性不高、效率低、执行成本高。CELM 碳减排体系完全基于负碳设计，公平性、效率和执行成本三个方面都远胜以往的各种碳减排方案。

第三，市场机制。当前基于碳排放权的碳市场，其实是大计划小市场，市场化程度很低，对宏观经济的行政干预大，对经济增长的冲击极大，效率极低。基于 CELM 的负碳碳市场市场化程度高，政府通过"欠负碳"资源掌控对碳价有很大的影响力，但全产业链的碳排放责任确定、碳排放权分配等政府都不参与，完全市场机制。政府参与度最小，机制运行成本低，资源配置效率高。

CELM 体系有三项重要创新：

（1）利用进销项碳票机制和碳票管理系统高效、低成本实现全社会全物品碳排放责任确定。利用创新机制和数字化系统将当前碳排放MRV的工作量大、准确度差和成本高的难题彻底解决。现有体系搞了10多年碳减排只能涵盖一个煤电行业，CELM体系可以一下子将全社会、所有组织、所有家庭纳入碳减排，大大加快了碳中和进程。

（2）碳排放责任抵消机制。每个社会组织碳排放责任确定后，有碳排放存量要承担抵消责任，碳排存量为负的可出售负碳获得奖励。通过负碳碳市场交易的负碳进行碳排放责任抵消，按季清缴。对全产业链碳减排高效及时双向激励。

（3）负碳碳市场。当前的碳排权碳市场完全不能承载碳中和目标。基于CELM的负碳碳市场，直接实现"碳排"和"碳汇"的双向激励，市场化程度高，政府有巨额财政收入，高效支持碳中和目标。

Q66：CELM碳中和解决方案最有利于谁？又不利于谁？

A：CELM碳中和解决方案，是当前政府能够发现的最有效率也是最具公平性的全球碳中和路径，有利于全局、全社会。

当然，CELM碳中和解决方案对各个行业的影响会有所不同，正向影响最大的（最有利的）是当前被重点碳减排的行业、出口行业，也比较有利于能源省份和碳汇地区。CELM体系下，没有不利的行业，碳减排责任分担的公平性是最好的。只对高碳排组织不利，因为相对竞品，它们产品中的碳含量更高，所以产品总成本中的碳费更高；高碳消费的消费者也将增加碳费支出，社会总体碳排放成本更高。此外，用能净进口的地区将增加碳排放成本支出。

正向影响最大的行业、地区和组织包括：

（1）煤电、钢铁和水泥等行业。

这些行业当前被重点碳减排，承担了较大的碳减排成本。像电力市场尚未完全市场化定价，碳减排导致成本的传导失效，煤电企业的亏损加大。

CELM框架下，煤电行业并非政府重点监管碳排放的对象。只要碳票的进项和销项能平衡，就不需要直接承担碳排放成本。另外，也不需要进行复杂的碳排放数据管理。通过进项、销项碳票来确定企业应承担的碳排放责任，比原来的MRV的成本要低很多。

所以，煤电将是一个完全被CELM体系解放的行业。后续所谓的碳排放八大行业也面临这样的情况。

（2）出口企业。

中国出口企业面临类似欧盟的CBAM碳边境调节机制问题。基于CELM的"1+1"体系可以很好地解决极为重要的两个问题：能提供可信的碳足迹数据、在国内承担可接受的碳排放成本。

（3）能源省份。

能源省份将能源出口到制造和消费大省，在 CELM 体系下，通过 CTMS 系统将碳排放传递到整个产业链，相当于能源省份将碳排放量转移到用能地区，碳排放成本也转移了出去。国家收到碳排放费用，如果投资到能源省份和碳汇地区，转移支付就有了更好的方案。

（4）碳汇企业。

包括森林碳汇、CCUS 在内的碳汇组织，将有充分发展空间，生产得越多越好。碳汇需求量将迅速扩大到百亿吨 CO_2e 级别的市场规模。用于碳排放组织的抵消量再也不需要类似 5% 的限额。

加大责任承担的行业、组织和地区包括以下三类：

（1）高碳排企业。

高碳排企业，进项碳票不能全部开具出去，马上就需要承担碳排放成本（按季清缴）。CELM 体系倒逼任何一个企业、组织和家庭单位都要重视碳减排。

（2）高碳消费者。

高碳消费者将承担更多的碳费。建立家庭碳账户后，人均碳消费量，将按档次增加碳费。这样，高碳消费者将承担更多的碳费。这样的机制有利于建设资源节约型社会，有利于调节分配，共建美好社会。

（3）能源净进口地区。

消费和制造业发达省份，即能源消费量大的省份，将承担更大的碳排放社会成本。

当前的碳减排责任机制是"谁排放谁担责"，CELM 体系下，是"谁消费谁担责"。能源净进口地区将按能源实际消耗量承担相应的碳排放成本。

大道至简

——后记

经过两年艰苦努力，在众人帮助下，项目研究团队克服种种困难，本书终于完稿，如释重负。虽付出极大代价，终感欣慰。

几年前，鲁班软件研发团队和原同济大学绿色建造研究中心肖建庄教授团队合作研发工程碳排放计算软件解决方案。利用BIM软件很容易通过数字建模计算出整个工程设计方案的所有材料和设备用量，但碰到一个极大的困难：不论是在国际还是在国内，碳排放计算必不可少的一个完整、准确、动态的碳排放因子库（碳足迹）都难以找到，导致不同工程设计方案的碳排放量难以方便顺利做出评估。这样一来，缺少合适的碳排放因子数据库成了工程项目碳排放计算的一个大难题，这个问题在国际或国内都普遍存在，当前只能靠东拼西凑、东抄西抄、国内抄国外等方法应付。碳排放因子库问题终成为政府碳排放管理的难题之一。

为完成一个数字化、智能化的工程碳排放计算方案，我们研发团队只能追根溯源向上研究，直至研究到整个气候变化经济学基础理论和各国正在施行的碳减排机制，才发现国际社会在应对气候变化碳减排领域存在严重的顶层设计问题。全球上百万的研究人员和政策制定者一起努力工作了30多年，不论是基础理论还是解决方案，都没有根本性的突破，还是在西方国家设定的"生产者责任制""碳排放权配额"两个框框里打转，并未能为国际社会提供公平高效的气候问题基础理论和可行的碳中和解决方案。

当前施行的全球碳减排政策体系严重威胁着全球经济增长，在气候公平和正义上亦乏善可陈。应对气候变化，作为人类历史上最大的学术研究项目，投资上千亿美元研究经费、投入巨大的碳排量，可能是学术史上研究经费投入产出比、碳排量投入产出比最差的研究项目。一年一届、每届全球3万~5万人参加的COP会议就是一个翔实注脚，因缺乏公平高效理论方案的支持，只是无效谈判博弈，而少有推进。而另一边，气候暴击之手在不停敲击着我们易碎的玻璃门窗。

面对如此局面，面对每年不断增加的气候受难者，作为一个新加入的气候变化经济学研究者，内心有一种深深的自责感。对中国而言，气候雄心"3060"目标还面临诸多问题的挑战，时间十分紧迫。

基于对制度经济学的热爱，又在数字化领域研究实践了20余年，当我们开始认真审视全球气候问题和国内碳中和种种困境时，我们强烈意识到当前碳排放管治政策体系存在严重问题，应该有更好的解决之道。在同济大学各级领导的支持下，本人立即着手组建研究团队，自行投入大量资源，展开专门的项目研究。2022年，我正式脱离企业家身份，成为一名专职的气候变化经济学领域的研究者。

随着研究工作的深入，针对当前国际社会在气候问题上面临的巨大困境，我们有以下几个重大发现：

一是不同利益群体由于立场和思想局限，在面对一个具跨时空外部性的大规模复杂公共物品的管治领域——气候变化问题时，难免碰壁。在气候变化经济学上，目前的研究还主要依赖庇古税原理、科斯定理和诺德豪斯等用数学模型来分析社会成本的传统方法。学术界未对气候问题治理置顶理论进行重大创新和升级，缺乏更高的维度视角、更顶层的系统思维、数字化思维、互联网思维和集成创新思维来认知我们面临的问题，导致找不到合适的路径。

传统经济学家有一个固定思维习惯，想用经济学理论和数学模型解决人类社会面临的所有难题，但相对缺乏互联网思维和数字化思维，集成整合其他学科知识工具解决问题的能力也比较欠缺。对于很多大规模复杂的公共物品问题，在大数据数字化时代，获得一个公共物品问题的全息数据已非难事，且成本可以十分低廉。这样解决问题的思路，并不需要多复杂的理论和数据模型，只要设计相对简单的责任机制和责任抵消方法，问题即可迎刃而解。

二是全球气候问题要突破"全球化治理协同、效率和公平、国家主权利益"的困难三角，需要每个社会领导者、科学家、经济学家和经济集团领导者具备济世情怀和命运共同体思维。快速实现碳中和、彻底解决气候问题的可行道路是存在的。如果只是利益博弈的单边思维，国际社会永远得不到博弈的均衡解。

30多年的碳排放权争斗史历历在目，佐证了这一点。碳排放权与人权平等、发展权紧密地联系在了一起，利益平衡何其艰难。好在30多年来，绿色能源技术的突破、各国发展质量的需求，使气候问题矛盾已缓和不少，国际社会形成了自下而上的自愿承诺减排机制，即《巴黎协定》。国际社会越来越认知到，发达国家需要为发展中国家承担责任，富人要为穷人着想，这其实很大程度上也是为自己着想。在气候问题上，中国提出的"人类命运共同体"理念显示出强大的生命力。

需要指出的是，在气候问题上，学术界、政策制定者应具备必要的大局观，放弃创造非必要的学术需求、商业市场。

三是大道至简，只有简单理论和方案才能解决大规模复杂的公共物品问题。如果理论和方案复杂了，想解决问题一定不可能。当前世界各国正在施行的碳减排体系就犯了这个大忌。其实理由很简单，正因为碳减排政策体系需要全球约200个国家协同，还要获得无数相关利益组织的认同支持，如果体系不足够简单就无法达成共识，无论他们召集多少人开多少年会议。COP会议历经30多年，每届参会人数3万~5万人，所取得的成果与理想目标却相差甚远。当前，国际社会探索的碳税、碳市场政策道路，都因体系过于复杂，政策变量众多，致使长期无法达成共识、无法形成一致行动。

基于上述三点，同和研究院团队独辟蹊径、大胆创新、突破当前国际国内的理论局限，发挥跨界整合研究的优势，从哲学、法学、社会学、政治经济学、信息学和数字化思维多学科整合研究全球气候问题解决方案。

非常幸运，同和研究院团队的工作很快取得了一些重要突破。我们发现，在前人理论的基础上，实现集成化创新，全球气候问题可以柳暗花明又一村。我们的研究表明，国际社会只需以较低的代价甚至正收益，就可以完满实现全球碳中和；更进一步，结合基于CELM的碳元碳货币体系，有机会彻底清除工业时代后大气中所有CO_2存量。

新碳排放责任机制——CELM和全球碳中和解决方案应运而生。

CELM理论的提出，给国际社会提供了思路。从"消费者责任、超过行业碳排强度平均水平的立即担责、通过负碳碳市场交易品——负碳进行抵消"三条基本原则出发，几乎可以轻松解决当前绝大多数应对全球气候变化面临的难题。不仅可以加快碳中和进程，促进经济增长，增加社会福利，支付成本也不高，而且公平与效率兼具，国际协调更容易。CELM理论对全球气候治理和国内碳中和的体系设计进行了全面的创新，有望形成全球气候治理的统一解决方案。

面对全球的生存挑战，CELM可以解决跨时空外部性的大规模复杂公共物品问题，并且能提供协同全球约200个国家落地的解决方案，CELM的基本原则却十分简单，再一次让我们体会到大道至简的天道法则。30多年全球气候问题突破不大，只因各方站位不同，未发挥出人类智慧，现在我们必须抓住本质，实现理论和解决方案的双突破。人类气候问题的解决一定是用最简单的原则，才能找到国际社会可以实现目标的最大公约数。

CELM理论成功地实现了这一点。

新碳排放责任机制（CELM）可以让我们更加从容应对当前碳中和进程中国际和国内的各项挑战，实现IPCC提出的控温目标，也可以让中国在气候问题上更快地从被动转向主动，为解决全球气候问题作出更大贡献。

现有30多年建立起来的庞大国际和国内碳减排体系要进行重大变革，很多部分甚至要推倒重来，阻力和难度可想而知。我们对解决方案落地面临的困难和挑战有充分估计和思想准备。作为学者，将研究成果发表出来，已经尽责。但我们不会止步于此，而是将继续投入资源，努力向国际社会交流推广我们的理论和方案。我们也清醒地知道，不能急于求成，太多的专家、朋友和领导告诫我们：要变革这么多的现有体系是极其困难的。我们相信，总有那么一些人的工作，是在为理想而奋斗，成与败都不是第一重要的。

气候暴击的敲门声每天都在变得更为剧烈。CELM理论体系刚刚问世，需要在很多方面加以完善。我们期待更多的同行并肩作战，为中国"3060"目标、为全球气候问题的彻底解决贡献智慧和力量。

升级维度，突破自我，全球命运；

大道至简，问题导向，公平高效；

消费责任，负碳抵消，市场机制。

我们认为，这就是全球气候问题的解决思路。

致　谢

本人研究生毕业后，即进入上海建工集团从事工程行业项目管理工作，由此见证了20世纪90年代初开始的中国基建野蛮增长期，中国工程项目管理的落后程度和巨大的资源浪费。一家国内地产龙头企业发动的一项研究显示，中国建设高峰期，"全球非法合法砍伐的木材70%到了中国，其中70%到了建筑工地"，用于制作模板、支撑和装饰材料等。因为工程项目管理粗放，砍伐的木材很大一部分是被浪费掉的。正处最高峰期的中国建筑业，全国工地每减少1%木材浪费，全球可减少0.5%森林砍伐量。见此情景，自己就有了一种越来越强烈的责任感和愿望：利用先进的管理思想和管理技术来改变中国建筑业管理模式，提升精细化管理水平，减少资源浪费。1999年创办鲁班软件，我走上研究推广工程数字化和城市数字化技术的创业之路。创业伊始，就将自己的全部原始积累投入BIM数字化技术的研发和推广。20多年如一日，一直在致力提升中国建筑业的精细化和集约化管理水平，推动中国智慧建造，实现建筑业的可持续发展，与自然和谐共存。虽然BIM数字化技术20多年的研发和推进十分艰难，本人都全力以赴，从未懈怠。

我硕士研究生阶段在同济大学学习工程专业，博士研究生阶段学习技术经济专业，主攻产业制度经济学研究。博士研究生论文课题的研究工作、长期对制度经济学观察思考和自己在数字技术产业领域20多年的创业实践，给自己带来两大体会。一是产业制度经济学的研究价值巨大。我国很多产业发展遇到的问题，如大飞机、工业软件、芯片和人工智能等，核心问题都在顶层产业战略和政策制度设计上，导致产业发展的制度、环境和土壤有所欠缺。二是产业制度出问题的重要原因之一往往是受到学术界与决策层问题认知的影响。产业发展的本质（第一性原理）认知不足，不能找到或建立正确的产业发展基础理论，导致顶层设计方向错误，影响产业健康发展。

不幸的是，当前人类面临的最大挑战——气候问题，也落入制度经济学的陷阱。由于基础理论的严重缺陷，在前人的基础上未能突破，人类社会在上百万领域研究者、管理工作者和政策制定者历经长达30多年的努力下，付出极大代价后，仍未能取得显著的进展，经济增长受到严重的制约，国际社会预期的控温目标难以实现。

因与同济大学绿色建造中心项目合作之需，自己深入了解国际社会应对气候变化工作进展情况后，一面忧心日益严峻的气候问题，一面坚信气候变化经济学、制度经济学的研究工作一定能有重大突破，全球碳中和之路不应该如此艰难，进展不该如此缓慢。这激发了本人强烈的兴趣，于是开始组织团队、投入资源，一发不可收拾。之后更是全面退出公司业务，倾自己财力投入人类历史上最有挑战的工程：应对气候变化。

非常幸运的是，团队的研究很快取得一些进展，我们自己都非常惊诧于团队在理论和方案上的一些重要突破。毕竟这是国际社会无数领域专家和政策制定者长达30多年努力的方向。通过与众多专业人士交流探讨，越来越深信我们的研究工作对解决气候问题具有重要价值。

在我们的研究工作推进过程中，得到很多方面的帮助和支持，否则仅以自己和团队的能力，进展不可能如此顺利，且能有这么多项在本书中呈现出的成果，谨此一一致以诚挚谢意。

首先感谢上天的拣选和指引，自己本不是圈中之人，想不到还有机会在这样一个重大领域一展身手，有机会为人类社会应对最重大挑战做出一些贡献。并且我们团队研究工作进展如此之快，两年不到实现这么大的突破，输出多项重要研究成果，如果没有上天的启示和指引是难以想象的。

所有人中，我最先需要感谢的是我的太太卢连华。我萌生研究气候问题和碳中和解决方案计划后，当她了解到当前气候问题的严峻现实和我的一些工作构思，便义无反顾给予了我极大的理解和支持。当时疫情严重，自己的公司经营和家庭生活都面临诸多挑战。在她的支持下，我退出公司的业务，组建团队，投入不菲资金开始研究应对气候变化这个世界性难题。没有她的全力支持和鼓励，自己难以有如此毅力和勇气长期执着于一项无法考虑回报和成败的事业上。不仅如此，卢连华为项目研究做了大量支持与后勤行政工作，还参与了全书多轮校对工作，对本书的质量提升亦有重要贡献。

我的导师黄渝祥教授（同济大学经济管理学院原院长），是我不知道用何种言语感谢的项目的重要参与人员。据他所说，并不因为我是他的学生而支持我，而是以他深厚的公共经济学功底，敏感地发现了我们碳排放责任传递等理论与方法的创新性、合理性和可行性，因此给予了积极鼓励。项目研究至今，先生一直不计回报地为项目团队在经济学和公共财政学方面提供相关的理论知识，帮助我们节约了大量的时间去了解中国公共经济政策发展的方方面面。先生对我们提出的每个新论点均在学术上给予规范、指出问题和给出建议意见，是研究项目重要的学术顾问。研究报告的很多稿，先生都逐字逐句进行修改，对每一个细小的专业问题，都审慎推敲，与我们一起认真探讨。83岁高龄的先生不顾身体辛劳、家庭事务和诸多困难，努力认真地帮助我们。先生的严谨治学精神、对我们研究工作的肯定和鼎力支持给了我和项目团队极大的激励和力量。先生迄今为止一直在与项目团队互动探讨整个研究课题的问题。

同济大学党委副书记冯身洪、常务副校长吕培明给了我们很大支持。他们为成立项目研究平台——同济大学经管学院辖下的中和研究院，给予了多次指导和具体帮助。

过程中课题研究团队群策群力，贡献大家的智慧。同济大学经管学院党委书记施骞教授、同济大学可持续发展和新型城镇化智库主任韩传峰教授和刘兴华教授对项目全过程给予了指导、学术把关并帮助推广研究成果。尤其韩传峰教授在研究院平台建设、项目研究过程中组织学术论证和研究资源支持等各方面做了大量工作。

我的同事贺灵童研究员承担了众多的工作项目和极大的工作量，克服诸多困难，卓有成效地在理论体系完善、数据分析、资料整理、编辑统筹等方面出色地完成了相关工作，还承担了本书出版的项目管理整体工作，堪称高效高质量。项目研究员徐培征为项目研究付出了极大的热忱和努力，尤其在全球能源互联网和电力市场变革方面做了大量深入研究工作，也为整个项目的资料整理、各项专题研究支持，做了大量工作。

感谢我的学长上海国际集团总裁、浦发银行原行长刘信义先生。刘信义先生在整个项目研究过程给予了项目团队很多专业指导建议和鼓励支持，帮助我们与多个相关政府主管部门进行沟通汇报交流，同时帮助联系很多专家为项目团队的研究报告提出宝贵建议意见，付出了大量时间。刘信义先生还给我相当多的指导，如何与政府部门交流学术思想，如何向政府部门提供政策建议，让我受益匪浅。这些对于我们的学术思想和研究成果落地发挥了非常重要的作用。

感谢我的同门师兄弟们，罗欣先生、王正东先生、马运东先生、上海大学刘伟教授、同济大学邵颖红教授和佟爱琴教授，他们给予了诸多意见建议，为我们提供了一批公共政策研究资料，特别是上海市电力水务等公共政策历史发展变迁的回顾，对我们的研究帮助很大。不仅如此，他们还热情地推介我们的学术思想和研究成果，帮助项目研究解决了不少问题。

感谢上海人工智能实验室规划发展部部长、第一财经研究院原院长杨燕青。杨燕青教授对我们项目研究内容提出很多学术建议，并为项目研究成果在学术界的交流提供了很多机会。

感谢广西大学副校长、同济大学绿色建造研究中心原主任肖建庄教授对本项目研究的贡献。正是我们双方的工程碳排放计算合作研究，引发了本项目的深入研究。肖教授为本项目研究成果推广、应用做了很多努力。

同济大学诸大建教授是国内气候问题、公共政策领域的著名专家，对我们项目研究工作给予了热情指导，提出了诸多学术建议，对学术新人的创新思想、创新思维始终给予鼓励和支持。

我的师弟应宇垦博士是BIM数字化技术的创业者，对气候问题碳中和领域颇感兴趣，为我们项目研究工作提供了很多资源信息，热情为项目研究成果的推广奔走。感谢上海市可持续发展研究会执行会长高桂花为本项目研究提出了很多意见和建议，一直关心和支持项目的研究进展。

感谢我的好友南京银行上海张江支行行长金雪军先生，一直关心支持项目研究，为项目团队对接了多方业务同行交流和诸多资源，热心宣传CELM理论和解决方案。

我的小儿子杨泽田是高一学生，已开始经济学课程学习。受大人的影响，耳濡目染，对气候问题、碳中和有了一些兴趣，对低碳生活也已有较强意识。2022年上海市十部委联合举办首届青少年双碳提案大奖赛，在家长鼓励下，泽田与三位同学组成了课题组，以选题《建立家庭碳账户机制，动员全民减碳》参加了这次双碳提案大奖赛并获奖。其中社会调研成果和机制方案建议，相较当前的碳普惠机制，有很大创新。本书吸收引用了他们的社会调研项目成果。绿色环保、节约低碳的价值观和生活方式需要让娃娃、让年轻人重视。

感谢元公社团队成员俞慧为本书校对工作投入了大量时间，为保证本书的文字质量作出了贡献。元公社（YGS.LIVE）是一个绿色低碳的公益项目，可简单比喻为公益版的闲鱼，以物易物，整个平台完全公益，探索旧物循环经济的新模式。团队成员卢连华、俞慧等同事为绿色公益、节约低碳所做出的努力，令人尊敬。

感谢焦毅博士认真仔细的核对工作，为本书提出很多好建议。

给予我们工作支持与帮助的人还有很多，不能完全一一列举，在此一并致以诚挚的谢意。

参考文献

［1］IPCC AR6 SYR. Climate Change 2023［R］. Switzerland：IPCC，2023.

［2］IPCC AR6 WG III. Climate Change 2022：Mitigation of Climate Change［R］. Switzerland：IPCC，2022.

［3］IPCC. Special Report：Global Warming of 1.5 ℃［R］. Switzerland：IPCC，2018.

［4］WMO. State of the Global Climate 2022［R］. Switzerland：WMO，2023.

［5］中国气象局. 2022年度中国气候公报［R］. 北京：2023.

［6］中国气象局. 全球气候状况报告（2022）［R］. 北京：2023.

［7］IEA. CO_2 Emissions in 2022［R］. Paris，France：2023.

［8］IEA. Global Energy Review：CO_2 Emissions in 2021［R］. Paris，France：2022.

［9］IEA. Energy Technology Perspective 2023［R］. Paris，France：2023.

［10］IRENA. World Energy Transitions Outlook：1.5℃ Pathway［R］. Abu Dhabi：2021.

［11］World Bank. State and Trends of Carbon Pricing 2023［R］. Washington，USA：2023.

［12］Carbon Pricing Leadership Coalition. Report of the High-Level Commission on Carbon Prices［R］. New York：2017.

［13］United Nations Environment Programme. Emissions Gap Report 2022：The Closing Window—Climate Crisis Calls for Rapid Transformation of Societies［R］. Nairobi. https：//www.unep.org/emissions-gap-report-2022，2022.

［14］UN. Climate change：No "credible pathway" to 1.5C limit，UNEP warns［EB/OL］. New York：UN，［2022-10-27］. https：//news.un.org/en/story/2022/10/1129912.

［15］杜偲偲. 解振华：中美欧能源转型合作前景广阔［EB/OL］. 财新网.（2022-06-16）. https：//www.caixin.com/2022-06-16/101899683.html.

［16］中金公司研究部，中金研究院. 碳中和经济学［M］. 北京：中信出版社，2021.

［17］新华社. 中国应对全球气候变化的主要举措［EB/OL］.（2015-11-30）. https：//www.gov.cn/xinwen/2015-11/30/content_5018396.htm.

［18］Kripa Jayaram，Chris Kay，Dan Murtaugh. China reduced as much pollution in 7 years as US did in 30 years［EB/OL］. Bloomberg，https：//www.bloomberg.com/news/articles/2022-06-14/china-s-clean-air-campaign-is-bringing-down-global-pollution.

［19］刘振亚.新时代的特高压使命［J］.瞭望，2021（11）：40-45.

［20］龚鸣.坚持绿色低碳发展　共建清洁美丽世界（命运与共）［N］.人民日报，2021-10-30（3）.

［21］Drew Johnson，Tennessee Center for Policy Research. Al Gore's Personal Energy Use Is His Own "Inconvenient Truth"-And Replies［EB/OL］. https：//www.chattanoogan.com/2007/2/26/102512/Al-Gores-Personal-Energy-Use-Is-His.aspx，2007-2-26.

［22］面对面.丁仲礼：什么是公平的减排方案［EB/OL］.央视网，（2010-02-31）. https：//tv.cctv.com/2010/03/31/VIDEdgu5EUoJiNv6LWsou3Yz100331.shtml.

［23］Sharanya Hrishikesh，Meryl Sebastian. Delhi suffers at 49C as heatwave sweeps India［EB/OL］. BBC，（2022-05-16）. https：//www.bbc.co.uk/news/world-asia-india-61242341.

［24］Aniruddha Ghosal. South Asia's intense heat wave a "sign of things to come"［EB/OL］. AP，（2022-05-24）. https：//apnews.com/article/climate-science-politics-pakistan-a015aa2a05a1a433afde43414e3d16b4.

［25］姜维.威廉·诺德豪斯与气候变化经济学［J］.气候变化研究进展，2020，16（3）：390-394.

［26］黄晶，付延，梁昱，何霄嘉.再谈《斯特恩报告》与气候变化的挑战［J］.可持续发展经济导刊，2021（12）：19-24.

［27］胡鞍钢，管清友.中国应对全球气候变化的四大可行性［J］.清华大学学报（哲学社会科学版），2008，23（6）：120-132.

［28］比尔·盖茨.气候经济与人类未来［M］.北京：中信出版社，2021.

［29］鲁书伶，白彦锋.碳税国际实践及其对我国2030年前实现"碳达峰"目标的启示［J］.国际税收，2012（12）：21-28.

［30］魏涛，远格，格罗姆斯洛德.征收碳税对中国经济与温室气体排放的影响［J］.世界经济与政治，2002（8）：47-49.

［31］财政部财政科学研究院，苏明，等.碳税的中国路径［J］.环境经济，2009（9）：10-22.

［32］财政部财政科学研究院，苏明，等.我国开征碳税问题研究［J］.经济研究参考，2009，72：2-16.

［33］财政部财政科学研究院，苏明，等.我国开征碳税的几个问题［J］.中国金融，2009，24：40-41.

［34］碳税课题组.我国开征碳税的可行性分析［J］.中国财政，2009，19（10）：52-53.

［35］碳税课题组.我国开征碳税的框架设计［J］.中国财政，2009，20（10）：38-39.

［36］碳税课题组.新形势下我国碳税政策设计与构想［J］.地方财政研究.2010（1）：9-13.

［37］方家喜.碳税！2012年拟开征［N/OL］.经济参考报，（2010-05-28），http：//www.jjckb.cn/gnyw/2010-05/11/content_220733.htm.

［38］李桂琴.全球兴低碳经济大潮　碳税开征渐行渐近.中国经营报［N/OL］.（2010-05-31）. http：//www.cb.com.cn/index/show/jj/cv/cv114153474/p/license/10001.html.

［39］郭夏.反对碳税　别总拿穷人说事［EB/OL］.中国经济网，（2012-06-14）. http：//views.ce.cn/view/ent/201206/14/t20120614_23406099.shtml?from=groupmessage&isappinstalled=0.

［40］张晓娜.“绿色税法”争议中走来［N/OL］.民主与法制时报，（2018-01-20）.http：//e.mzyfz.com/paper/1002/paper_21545_5655.html.

［41］吴晓慧，赵杨.发挥碳市场的有效定价功能［R］.北京：中金研究院，2022.

［42］安永碳中和课题组.一本书读懂碳中和［M］.北京：机械工业出版社，2021.

［43］勾红洋.低碳阴谋——中国与欧美的生死之战［M］.太原：山西经济出版社，2010.

［44］国务院.2030年前碳达峰行动方案［EB/OL］.［2021-10-24］.http：//www.gov.cn/zhengce/content/2021/10/26/content_5644984.htm.

［45］国务院新闻办公室.中国应对气候变化的政策与行动［EB/OL］.［2021-10-24］.http：//www.scio.gov.cn/zfbps/32832/Document/1715491/1715491.htm.

［46］清华大学气候变化与可持续发展研究院.中国长期低碳发展战略和转型路径研究［M］.北京：中国环境出版社，2021.

［47］杨燕青，程光.碳中和经济分析——周小川有关论述汇编［M］.北京：中国金融出版社，2021.

［48］杨姝影，蔡博峰，曹淑艳.国际碳税研究［M］.北京：化学工业出版社，2011.

［49］伯纳德·萨拉尼耶.税收经济学［M］.北京：中国人民大学出版社，2017.

［50］戴彦德，康艳兵，熊小平等.碳交易制度研究［M］.北京：中国发展出版社，2014.

［51］陈红彦.多边贸易体制下的碳税问题［M］.北京：社会科学文献出版社，2015.

［52］赵爱文.碳减排约束下的碳税经济效应研究［M］.北京：中国财政经济出版社，2021.

［53］Bjorn Lomborg. Welfare in the 21st century： Increasing development，reducing inequality，the impact of climate change，and the cost of climate policies［J］. Technological Forecasting and Social Change，2020，156：119981.

［54］Nordhaus，W. D. To tax or not to tax： Alternative approaches to slowing global warming［J］. Review of Environmental Economics and Policy，2007.

［55］刘尚炜.气候治理的“托儿所实验”［J］.财新周刊，2022（4）：18.

［56］全球能源互联网发展合作组织. 破解危机［M］.北京：中国电力出版社，2022.

［57］常洁.碳排放权交易市场定价研究［D］.北京：中央财经大学，2015.

［58］王东风，张荔.气候变化经济学研究综述［J］.经济学家，2011（11）：83-89.

［59］张海滨.全球气候治理的历程与可持续发展的路径［J］.当代世界，2020（6）：15-20.

［60］田成川，曾红鹰，等. 中国碳普惠发展与实践案例研究报告［R］.北京：生态环境部宣传教育中心，北京绿普网络科技有限公司，2023.

［61］罗楠.关于家庭碳核算-交易制度的研究［J］.当代经济，2016，23：123-125.

［62］Wei Y M，Liu L C，Fan Y，et al. The impact of lifestyle on energy use and CO_2 emission： An empirical analysis of China's residents［J］. Energy Policy，2007，35（1）：247-257.

［63］Treasury H M. Stern review： economics of climate change［R］. 2006.

［64］四川省绿色发展促进会.欧盟碳关税最终协议达成！2023年开始实施［EB/OL］.［2022-12-14］.

https://mp.weixin.qq.com/s/_a5gHoSE3cV5NwrSquLrxw.

［65］Lucas Chancel. Global carbon inequality over 1990–2019［J］. Nature Sustainability，2022，5：931–938.

［66］Carbon emissions of richest 1% set to be 30 times the 1.5℃ limit in 2030［EB/OL］. OXFAM，［2021–11–05］. https：//www.oxfam.org.uk/mc/zyd5iv/.

［67］单翀. 城市排水费制改革与经营模式转换研究［J］. 城市道桥与防洪，2017（11）：104–107.

［68］周建亮，诸大建. 对上海城市排水费调价的思考［J］. 中国给水排水，2004，20：87–90.

［69］丁美荣. 水泥行业碳排放现状分析与减排关键路径探讨［J］. 中国水泥，2021（7）：46–49.

［70］王荆杰，胡岩，李代. 碳交易市场对我国发电企业影响分析［J］. 广州期货，2021–8–31.

［71］同济大学第一附属中学家庭碳账户课题组. 建立家庭碳账户，动员全民减碳［R］. 上海：2022年上海市青少年双碳方案提案大赛，2022.

［72］McKinsey. A blueprint for scaling voluntary carbon markets to meet the climate challenge.［EB/OL］. McKinsey，［2021–01–29］. https：//www.mckinsey.com/capabilities/sustainability/our–insights/a–blueprint–for–scaling–voluntary–carbon–markets–to–meet–the–climate–challenge#/.

［73］Robinson Meyer. Not Even Free Money Can Fix a Carbon Tax?［EB/OL］. The Atlantic，［2022–01–26］. https：//www.theatlantic.com/science/archive/2022/01/carbon–tax–rebate–policy/621363/.

［74］谢伏瞻，刘雅鸣，等. 应对气候变化报告（2020）：提升气候行动力［M］. 北京：社会科学文献出版社，2020.

［75］Science 7 Academies. Decarbonization：the case for urgent international action［R］. Germany：2022.

［76］Pierre Friedlingstein etc.. Global Carbon Budget 2022［R］. Australia：Global Carbon Project，2022.

［77］海南省绿色金融研究院. 新发展阶段水泥企业减污降碳路径［EB/OL］. https：//mp.weixin.qq.com/s?__biz=MzI3NzQ1OTA3Ng==&mid=2247515589&idx=2&sn=6f6d66e80a40118914138203e5774ee7，2023.

［78］詹晨，黄奇帆. 双碳背景下的上海金融中心建设［EB/OL］.［2021–12–25］. https：//qzs.stcn.com/zixun/202112/t20211225_4010358.html.

［79］中国建筑业协会. 2022年建筑业发展统计分析［J］. 工程管理学报，2023，37（1）：1–6.

［80］中国建筑节能协会，重庆大学. 2022中国建筑能耗与碳排放研究报告［R］. 北京：2022.

［81］Christian Wigand，Katarzyna Ko Lanko，Jördis Ferroli. Screening of websites for"greenwashing"：half of green claims lack evidence［EB/OL］.［2021–01–02］. https：//ec.europa.eu/commission/presscorner/detail/en/ip_21_269.

［82］Viktor Tachev. Financial Greenwashing：What is it and How Does It Happen?［EB/OL］. Energy Tracker Asia，［2022–06–01］. https：//energytracker.asia/financial–greenwashing–what–is–it–and–how–does–it–happen/.

［83］王海林，黄海丹，等. 全球气候治理若干关键问题及对策［J］. 中国人口·资源与环境，2020，30（11）：26–33.

［84］腾讯.腾讯碳中和目标及行动路线报告［R］.深圳：2022.

［85］新华社.2020年全国可再生能源发电量同比增长约8.4%［EB/OL］.https：//www.gov.cn/xinwen/
2021-01/30/content_5583790.html，2021-01-30.

［86］国家电网.国家电网有限责任公司2020年社会责任报告［R］.北京：2021.

［87］夏才艳.2022年中国售电行业企业大数据全景图谱［R］.北京：前瞻产业研究院，2022.

［88］中国电力企业联合会.2021—2022年度全国电力供需形势分析预测报告［R］.北京，2022.

［89］黄文忠，张烨童.发电侧和用户侧经济性显现中上游厂商或将受益［R］.长城国瑞证券，2023-
04-25.

［90］Brandon Graver，Kevin Zhang，Dan Rutherford. CO$_2$ Emissions From Commercial Aviation，2018［R/OL］.
Washington： ICCT（2019），https：//theicct.org/publication/co2-emissions-from-commercial-
aviation-2018/.

［91］刘衡，黄志雄.论欧盟航空碳税"停摆"的原因与启示［J］.法治研究，2013（10）：63-70.

［92］范若虹，赵煊.增量配电改革何期难［J/OL］.财新周刊，（2023-06-12）.https：//weekly.caixin.
com/2023-06-10/102064173.html.

［93］冯迪凡.碳定价多少才能促进减排？IMF总裁称需达到75美元每吨|COP27［EB/OL］.第一财经，
（2022-11-08）.https：//www.yicai.com/news/101586986.html.

［94］新华社.习近平主持中共中央政治局第三十六次集体学习并发表重要讲话［EB/OL］.（2022-01-
25）.https：//www.gov.cn/xinwen/2022-01-25/content_5670359.htm.

［95］中电联规划发展部.电力行业碳达峰碳中和发展路径研究［R/OL］.北京：中国电力企业联合会，
（2021-12-27）.https：//www.cec.org.cn/detail/index.html?3-305486.

［96］王蒴杰，胡岸，李代.碳交易市场对我国发电企业影响分析［R］.广州：广州期货研究中心，
2021-08-31.

［97］国家能源局.煤电仍将长时期承担保障电力安全的重要作用［EB/OL］.（2022-04-29）.http：//
www.nea.gov.cn/2022-04/29/c_1310579709.htm.

［98］边际财经实验室.央行前顾问："碳中和"将导致煤电企业违约率从3%跃升至22%［EB/OL］.
（2021-04-21）.https：//www.163.com/dy/article/G83PD92J0539BX8Z.html.

［99］孙明春.碳中和侧重碳信用需求，何不搞个碳币？［EB/OL］.第一财经，（2021-03-17）.https：//
www.yicai.com/news/100989532.html.

［100］刘东贤，张定媛，李婧华.IPCC第六次评估报告中的中国贡献及影响分析［G］//应对气候变化报
告（2022）：落实双碳目标的政策和实践.北京：社会科学文献出版社，2022.

附　录

附录1　中国政府双碳"1+N"政策汇总

以下为中国政府双碳"1+N"政策的不完全汇总。

顶层设计

发文部门	政策名称	发布时间
国务院	《关于完整准确全面贯彻新发展理念做好碳达峰碳中和工作的意见》	2021/9/22
国务院	《2030年前碳达峰行动方案》	2021/10/24

双碳战略与国策

发文部门	政策名称	发布时间
中共中央办公厅	《关于推动城乡建设绿色发展的意见》	2021/10/21
国新办	《中国应对气候变化的政策与行动》白皮书	2021/10/27
国新办	《新时代的中国绿色发展》白皮书	2023/1/19
生态环境部等17部门	《国家适应气候变化战略2035》	2022/5/10
生态环境部	《中国落实国家自主贡献目标进展报告（2022）》	2022/11/7

1.能源绿色低碳转型

发文部门	政策名称	发布时间
国家发展改革委等9部门	《"十四五"可再生能源发展规划》	2021/10/21
国家发展改革委、国家能源局	《"十四五"现代能源体系规划》	2022/1/29
国家发展改革委	《完善能源绿色低碳转型体制机制和政策措施》	2022/1/30
国家发展改革委等4部门	《关于推进共建"一带一路"绿色发展的意见》	2022/3/16
国家发展改革委、国家能源局	《氢能产业发展中长期规划（2021—2035年）》	2022/3/23
国家发展改革委等6部门	《煤炭清洁高效利用重点领域标杆水平和基准水平（2022年版）》	2022/4/9

2.节能降碳增效行动

发文部门	政策名称	发布时间
国家发展改革委等5部门	《关于严格能效约束推动重点领域节能降碳的若干意见》	2021/10/18
国家发展改革委等10部门	《"十四五"全国清洁生产推行方案》	2021/10/29
国务院	《"十四五"节能减排综合工作方案》	2021/12/28
国家发展改革委等4部门	《高耗能行业重点领域节能降碳改造升级实施指南（2022年版）》	2022/2/3

发文部门	政策名称	发布时间
生态环境部等7部门	《减污降碳协同增效实施方案》	2022/6/10
国家发展改革委等5部门	《重点用能产品设备能效先进水平、节能水平和准入水平（2022年版）》	2022/11/10
工业和信息化部	《工业节能监察办法》	2022/12/22
国家发展改革委等9部门	《统筹节能降碳和回收利用　加快重点领域产品设备更新改造》	2023/2/20
国家发展改革委	《固定资产投资项目节能审查办法》	2023/3/28

3.工业领域低碳转型

发文部门	政策名称	发布时间
工业和信息化部	《"十四五"工业绿色发展规划》	2021/11/15
工业和信息化部等9部门	《"十四五"医药工业发展规划》	2021/12/22
工业和信息化部等3部门	《关于促进钢铁工业高质量发展的指导意见》	2022/1/20
工业和信息化部等8部门	《加快推动工业资源综合利用实施方案》	2022/1/27
工业和信息化部等6部门	《关于"十四五"推动石化化工行业高质量发展的指导意见》	2022/3/28
工业和信息化部、国家发展改革委	《关于化纤工业高质量发展的指导意见》	2022/4/12
工业和信息化部、国家发展改革委	《关于产业用纺织品行业高质量发展的指导意见》	2022/4/12
工业和信息化部等5部门	《关于推动轻工业高质量发展的指导意见》	2022/6/8
工业和信息化部等6部门	《工业水效提升行动计划》	2022/6/20
工业和信息化部等6部门	《工业能效提升行动计划》	2022/6/23
工业和信息化部等3部门	《工业领域碳达峰实施方案》	2022/7/7
工业和信息化部等7部门	《信息通信行业绿色低碳发展行动计划》（2022—2025年）	2022/8/22
工业和信息化部等5部门	《加快电力装备绿色低碳创新发展行动计划》	2022/8/24
工业和信息化部等5部门	《关于加快内河船舶绿色智能发展的实施意见》	2022/9/27
工业和信息化部等4部门	《建材行业碳达峰实施方案的通知》	2022/11/2
工业和信息化部等3部门	《有色金属行业碳达峰实施方案》	2022/11/10
工业和信息化部等6部门	《推动能源电子产业发展的指导意见》	2023/1/3
中矿协	《冶金矿山行业碳达峰实施方案》	2023/4/7
中轻联	《轻工业重点领域碳达峰实施方案》	2023/4/17

4.城乡建设领域低碳转型

发文部门	政策名称	发布时间
中共中央办公厅、国务院办公厅	《关于推动城乡建设绿色发展的意见》	2021/10/21
国务院	《"十四五"推进农业农村现代化规划》	2021/11/12
住房城乡建设部	《"十四五"建筑业发展规划》	2022/1/19
住房城乡建设部	《"十四五"住房和城乡建设科技发展规划》	2022/3/1
住房城乡建设部	《"十四五"建筑节能与绿色建筑发展规划》	2022/3/1
农业农村部、国家发展改革委	《农业农村减排固碳实施方案》	2022/5/7
住房城乡建设部、国家发展改革委	《城乡建设领域碳达峰实施方案》	2022/6/30

5.交通运输绿色低碳行动

发文部门	政策名称	发布时间
交通运输部	《绿色交通"十四五"发展规划》	2021/10/29
国务院	《"十四五"现代综合交通运输体系发展规划》	2021/12/9
交通运输部	《绿色交通标准体系（2022 年）》	2022/8/10

6.循环经济助力降碳行动

发文部门	政策名称	发布时间
国务院	《关于加快建立健全绿色低碳循环发展经济体系的指导意见》	2021/2/2
国家发展改革委	《"十四五"循环经济发展规划》	2021/7/1
国家发展改革委等 7 部门	《加快废旧物资循环利用体系建设》	2022/1/17
国家发展改革委等 7 部门	《促进绿色消费实施方案》	2022/1/18
工业和信息化部等 8 部门	《加快推动工业资源综合利用实施方案》	2022/1/27

7.绿色低碳科技创新行动

发文部门	政策名称	发布时间
教育部	《高等学校碳中和科技创新行动计划》	2021/7/12
国家能源局、科技部	《"十四五"能源领域科技创新规划》	2021/11/29
国家发展改革委等 3 部门	《关于加快建立统一规范的碳排放统计核算体系实施方案》	2022/4/22
科技部等 9 部门	《科技支撑碳达峰碳中和实施方案（2022—2030 年）》	2022/6/24
国家发展改革委、科技部	《关于进一步完善市场导向的绿色技术创新体系实施方案（2023—2025 年）》	2022/12/13
国家知识产权局	《绿色低碳技术专利分类体系》	2022/12/13
标准委等 11 部门	《碳达峰碳中和标准体系建设指南》	2023/4/1

8.碳汇能力巩固提升行动

发文部门	政策名称	发布时间
市场监管总局、标准委	《林业碳汇项目审定和核证指南》	2021/12/31
自然资源部	《海洋碳汇经济价值核算方法》	2022/9/26

9.绿色低碳全民行动

发文部门	政策名称	发布时间
国家发展改革委等 7 部门	《促进绿色消费实施方案》	2022/1/18
教育部	《加强碳达峰碳中和高等教育人才培养体系建设工作方案》	2022/4/19
教育部	《绿色低碳发展国民教育体系建设实施方案》	2022/10/26

10.保障措施

发文部门	政策名称	发布时间
国务院	《关于鼓励和支持社会资本参与生态保护修复的意见》	2021/10/25
国务院国资委	《关于推进中央企业高质量发展做好碳达峰碳中和工作的指导意见》	2021/11/27
生态环境部	《做好 2022 年企业温室气体排放报告管理相关重点工作》	2022/3/15
财政部	《财政支持做好碳达峰碳中和工作的意见》	2022/5/25
银保监会	《银行业保险业绿色金融指引》	2022/6/1
税务总局	《关于支持绿色发展税费优惠政策指引》	2022/5/31

附录 2　国际重要气候协议与法案

名称	主要内容
《联合国气候变化框架公约》（UNFCCC）（1992）	将大气温室气体浓度维持在一个稳定的水平，在该水平上人类活动对气候系统的危险干扰不会发生。根据"共同但有区别的责任"原则，公约对发达国家和发展中国家规定的义务以及履行义务的程序有所区别，要求发达国家作为温室气体的排放大户，采取具体措施限制温室气体的排放，并向发展中国家提供资金以支付它们履行公约义务所需的费用。
《京都议定书》（1997）	到2012年欧盟的排放量要削减8%，如果完成不了这个指标，欧盟可以掏钱从发展中国家购买减排项目，这个购买来的项目减少的排放量就视为欧盟的减排量。
《巴厘行动计划》（2007）	加强应对气候变化国际合作，促进对气候公约及《京都议定书》的履行。
《哥本哈根协议》（2009）	在资金方面，要求发达国家根据《公约》的规定，向发展中国家提供新的、额外的、可预测的、充足的资金，帮助和支持发展中国家的进一步减缓行动，包括大量针对降低毁林排放、适应、技术发展和转让以及能力建设的资金，以加强《公约》的实施。 在资金的数量上，要求发达国家集体承诺在2010—2012年提供300亿美元新的额外资金。在采取实质性减缓行动和保证实施透明度的情况下，发达国家承诺到2020年每年向发展中国家提供1000亿美元，以满足发展中国家应对气候变化的需要。
《中美气候变化联合声明》（2014）	中美两国元首宣布了两国各自2020年后应对气候变化行动，认识到这些行动是向低碳经济转型长期努力的组成部分并考虑到2℃全球温升目标。美国计划于2025年实现在2005年基础上减排26%~28%的全经济范围减排目标并将努力减排28%。中国计划2030年左右二氧化碳排放达到峰值且将努力早日达峰，并计划到2030年非化石能源占一次能源消费比重提高到20%左右。
《巴黎协定》（2016）	将全球平均气温较前工业化时期上升幅度控制在2℃以内，并努力将温度上升幅度限制在1.5℃以内。
《欧洲绿色协议》（2019）	协议提出，2050年实现欧洲地区的"碳中和"，通过利用清洁能源、发展循环经济、抑制气候变化、恢复生物多样性、减少污染等措施提高资源利用效率，实现经济可持续发展。
美国《通胀削减法案》（2022）	法案将通过降低能源成本来对抗通胀，并使得美国可以向减少温室气体排放的目标迈进。计划投资3690亿美元用于气候变化和能源安全领域，市场广泛认为是美国有史以来最大规模的气候投资法案。
《格拉斯哥气候公约》（2021）	公约强烈要求发达国家尽早实现为发展中国家每年提供1000亿美元气候资金支持的承诺，并将该承诺延续至2025年；发达国家在2025年前将向发展中国家提供的气候资金支持在2019年水平基础上增加一倍。与会的近200个国家将在2022年底前再次评估各自的2030年减排目标，还未更新或提交国家减排目标的国家在2022年完成更新。
《欧洲碳边境调整机制》EU CBAM（2023）	CBAM将于2023年10月启动，2026年正式实施，2034年全面运行。2023年10月1日至2025年12月31日为过渡期，首批纳入的行业包括水泥、钢铁、电力、铝和化肥。在此期间，这些行业仅需要履行报告义务，即每年需提交进口产品隐含的碳排放数据，而不需要为此缴纳费用。

附录 3　双碳专业词汇中英文对照

英文	中文
Anthropogenic Emission	人为排放
Baseline Scenario	基线情景
Baseline Net Greenhouse Gas Removal by Sink	基线碳汇量
BIM（Building Information Modeling）	建筑信息模型
Cap-and-Trade	限额与交易
Carbon Budget	碳预算
Carbon Credit	碳信用
Carbon Density	碳密度

英文	中文
Carbon Finance	碳金融
Carbon Intensity	碳强度
Carbon Leakage	碳泄漏
Carbon Pools	碳库
Carbon Sequestration	碳封存
Carbon Stock	碳储量
Carbon Trading	碳交易
Carbon Trading Mechanism	碳交易机制
CAR（Clean Air Act）	清洁空气法案
CARS（Carbon Asset Registration System）	碳资产注册登记系统
CBAM（Carbon Border Adjustment Mechanism）	碳边境调节机制
CCER（China Certification Emission Reduction）	中国核证自愿减排量
CCUS（Carbon Capture, Utilization and Storage）	碳捕获、利用与封存
CDM（Clean Development Mechanism）	清洁发展机制
CDR（Carbon Drawdown Reduction）	二氧化碳移除
CER（Certification Emission Reduction）	核证减量，即碳排放权
CELM（Carbon Emission Liability Mechanism）	碳排放责任机制
CGE（Computable General Equilibrium）	可计算一般均衡模型
CICPS（CELM Based Integrated Carbon Pricing Strategy）	基于 CELM 的整合碳定价策略
CORSIA（Carbon Offsetting and Reduction Scheme for International Aviation）	国际航空碳抵消与减排计划
CO_2e（Carbon Dioxide Equivalent）	二氧化碳当量
COP（Conference of the Parties）	UNFCCC 的缔约方大会
CS（Carbon Sink）	碳汇
CTMS（Carbon Ticket Management System）	碳票管理系统
Carbon Emission Liability Mechanism and Implementation	碳排放责任机制与实施
Double Dividend	倍加红利
EA（Emission Allowance）	（碳）排放配额
EF（Emission Factor）	（碳）排放因子 / 排放系数
ESG（Environmental, Social, Governance）	环境、社会和公司治理
ET（Emission Trade）	排放贸易
ETS（Emission Trade System）	碳排放权交易体系
EUA（European Union Allowance）	欧盟排放配额
EU ETS（European Union-Emission Trade System）	欧盟碳排放权交易机制
GDP（Gross Domestic Product）	国内生产总值
GEI（Global Energy Interconnection）	全球能源互联网
GHGs（Green House Gases）	温室气体
Green Wash	漂绿，或洗绿
IETM（International Energy Trading Market）	国际电力交易市场
IRENA（International Renewable Energy Agency）	国际可再生能源署
IPCC（The Intergovernmental Panel on Climate Change）	政府间气候变化专门委员会
LT-LEDS（Long-term Low Greenhouse Gas Emission Development Strategies）	长期温室气体低排放发展策略
MRV（Monitoring, Reporting, Verification）	监测、报告、核查体系
NCTM（Negative Carbon Trading Market）	负碳碳市场
NCS（Nature Climate Solutions）	自然气候解决方案

续表

英文	中文
NDCs（Nationally Determined Contributions）	国家自主贡献
PPG（Principles for Public Goods）	新公共物品原理
SDG（Sustainable Development Goal）	可持续发展目标
SSE（United Nations Sustainable Stock Exchanges Initiative）	联合国可持续证券交易所倡议组织
RGGI（The Regional Greenhouse Gas Initiative）	区域碳污染减排计划（美国）
VCS（Verified Carbon Standard）	自愿碳减排核证标准

附录 4　全球重要碳市场

全球重要碳交易所名单		碳金融产品
中国	北京绿色交易所	碳排放权
	上海环境能源交易所	
	广州碳排放权交易所	
	深圳碳排放权交易所	
	湖北碳排放权交易中心	
	重庆碳排放权交易中心	
	福建海峡股权交易中心	
	天津排放权交易所	
	四川联合环境交易所	
	海南国际碳排放权交易中心	VCS
	香港交易所 Core Climate	
亚洲其他	新加坡亚洲碳交易所（ACX-change）	远期合约或已签发的 CERs、VERs
	新加坡贸易交易所（SMX）	碳信用期货以及期权
	东京碳市场 TCTP	购买其他企业碳配额或碳信用
	埼玉县碳市场	ETS
	韩国碳市场（K-ETS）	ETS
欧洲	欧洲气候交易所（ECX）	EUA、ERU、CER 类期货权类产品
	欧洲能源交易所（EEX）	电力现货、电力、EUAs
	欧洲碳排放交易所（EU ETS）	EUA、碳远期、碳期货、碳期权、碳掉期
	英国碳市场（UK-ETS）	ETS、碳期货、碳期权
	荷兰气候交易所（Climex）	EUAs、CER、VERs、ERUs 和 AAUs
	欧洲环境交易所（BlueNext）	EUA 和 CERs 的现货和衍生品
	北欧电力交易所（Nord Pool）	电力、EUA、CER
	奥地利能源交易所（EXAA）	EUA 现货，以电力现货为主
美国	区域温室气体减排倡议 RGGI	ETS、碳远期、碳期货、碳期权
	加利福尼亚州 - 魁北克碳交易体系	ETS、碳期货
	俄勒冈州问题控制与交易体系	初始配额发放以拍卖为主
其他	澳大利亚气候交易所（ACX）	CERs、VERs、RECs
	新西兰碳交易体系（NZ ETS）	碳配额交易（分配和拍卖）、碳远期

附录5 碳中和重要图表

一、欧洲碳价趋势图

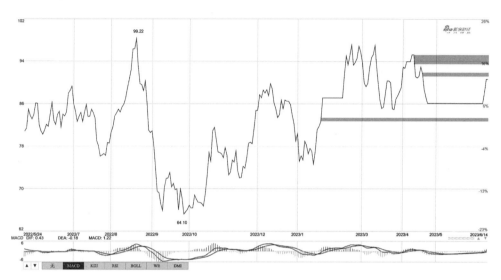

二、上海环境能源交易所碳排放权交易走势图

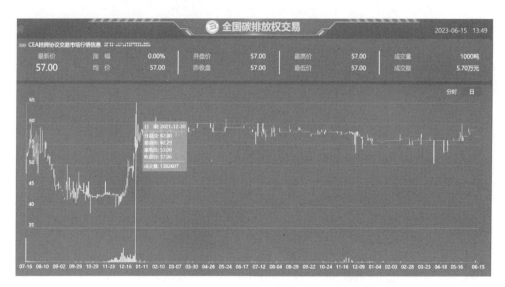

三、排碳大国（地区）排碳总量走势图

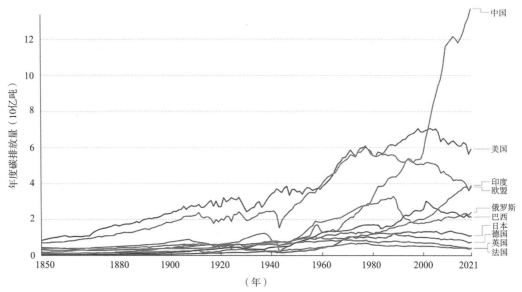

数据来源：Our World in Data（https://ourworldindata.org/co2-emissions）

四、部分发达国家已经达峰

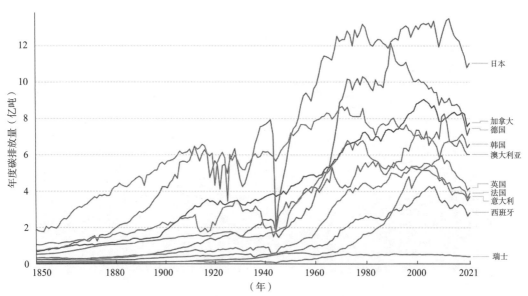

数据来源：Our World in Data（https://ourworldindata.org/co2-emissions）

五、发展中国家未达峰

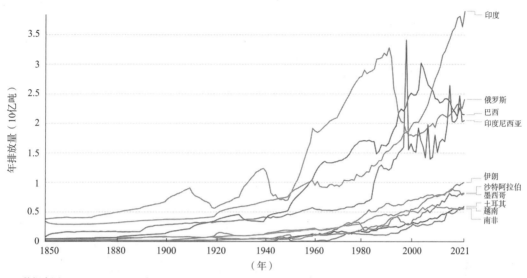

数据来源：Our World in Data（https://ourworldindata.org/co2-emissions）

六、中国人均碳排放与德日水平接近

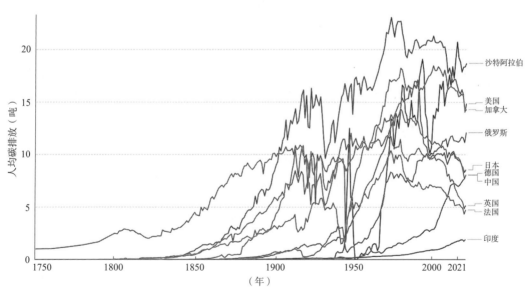

人均碳排放：能源大国排放较高，中国与制造业大国日本和德国水平接近

数据来源：Our World in Data（https://ourworldindata.org/co2-emissions）

七、主要经济体的单位 GDP 排放水平

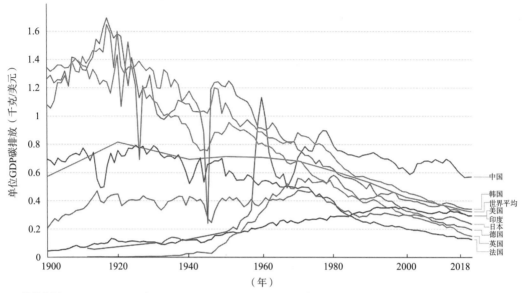

数据来源：Our World in Data（https://ourworldindata.org/co2-emissions）

八、部分国家（地区）的碳排放水平

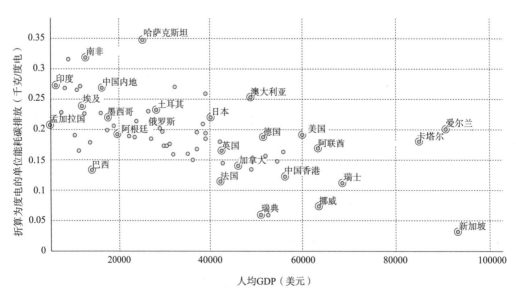

数据来源：Our World in Data（https://ourworldindata.org/co2-emissions）

九、人均消费碳排放水平中国与欧盟接近

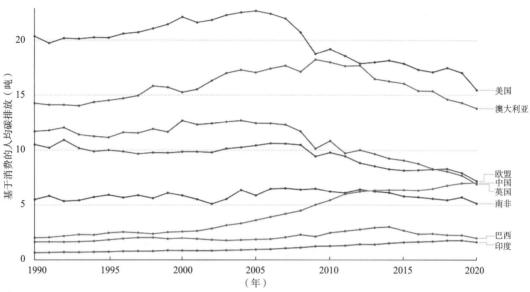

数据来源：Our World in Data（https://ourworldindata.org/co2-emissions）

十、中国与部分资源输出国家（地区）一样，为碳排放净输出国

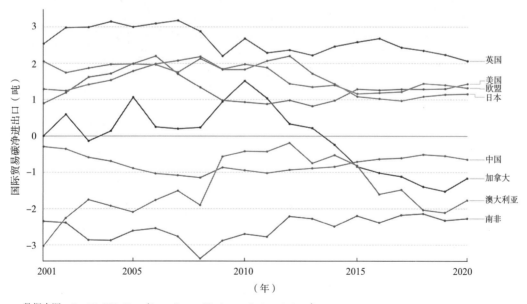

数据来源：Our World in Data（https://ourworldindata.org/co2-emissions）

十一、各类能源消耗总量与占比

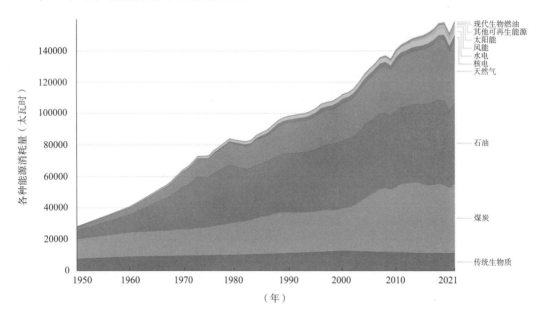

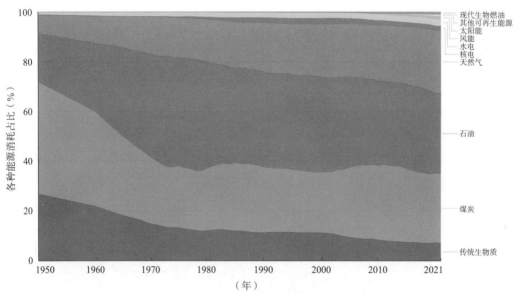

数据来源：Our World in Data（https://ourworldindata.org/co2-emissions）

十二、中国的历史碳排放总量仅次于欧盟

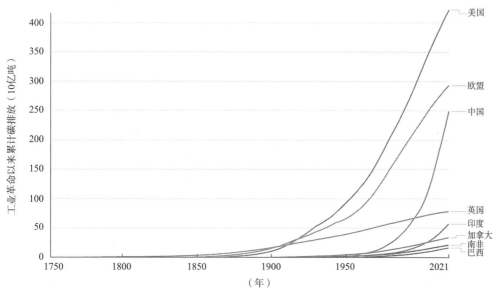

数据来源：Our World in Data（https://ourworldindata.org/co2-emissions）

十三、主要经济体历年碳排放全球占比

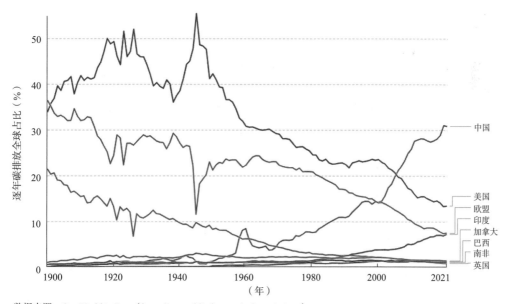

数据来源：Our World in Data（https://ourworldindata.org/co2-emissions）

十四、基于生产和消费的人均碳排放水平与人均 GDP 增长率的相关性（中美对照）

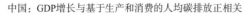

中国：GDP增长与基于生产和消费的人均碳排放正相关

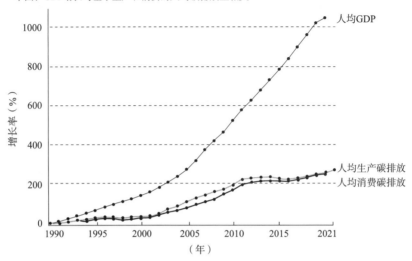

美国：GDP增长与基于生产和消费的人均碳排放负相关

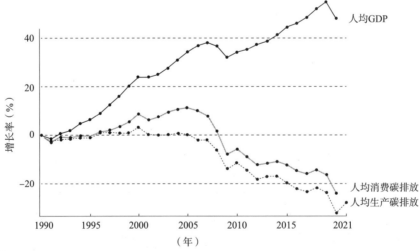

数据来源：Our World in Data（https://ourworldindata.org/co2-emissions）